村镇建设资源环境承载力评估系列图书

村镇建设生态安全评估与绿色生态建设模式研究

张龙江　等 著

中国环境出版集团 · 北京

图书在版编目（CIP）数据

村镇建设生态安全评估与绿色生态建设模式研究/张龙江等著. --北京：中国环境出版集团，2023.11
（村镇建设资源环境承载力评估系列图书）
ISBN 978-7-5111-5681-5

Ⅰ. ①村… Ⅱ. ①张… Ⅲ. ①乡镇-生态环境-安全评价-研究-中国②乡镇-生态建设模式-研究-中国 Ⅳ. ①X21

中国国家版本馆 CIP 数据核字（2023）第 223649 号

出 版 人　武德凯
责任编辑　雷　杨
封面设计　彭　杉

出版发行　中国环境出版集团
（100062　北京市东城区广渠门内大街 16 号）
网　　址：http：//www.cesp.com.cn
电子邮箱：bjgl@cesp.com.cn
联系电话：010-67112765（编辑管理部）
发行热线：010-67125803，010-67113405（传真）

印　　刷　北京鑫益晖印刷有限公司
经　　销　各地新华书店
版　　次　2023 年 11 月第 1 版
印　　次　2023 年 11 月第 1 次印刷
开　　本　787×960　1/16
印　　张　23.5
字　　数　462 千字
定　　价　168.00 元

主要编写人员

张龙江　李海东　纪荣婷

马伟波　姚国慧　王　楠　刘臣炜　张云华

柳本立　刘　畅　张继飞

前言

村镇作为与城镇对应的概念，有别于城市和乡村二元地域空间划分，不但包括广大农村地区，也包括部分城乡之间的过渡地带。加快村镇建设发展，是建设社会主义新农村的重要内容。2004年至今，中央连续20年发布一号文件强调“三农”问题的重要性，村镇地区也发挥着联系城乡的纽带作用，村镇建设对于实现区域城乡融合，促进更广阔的农村地区发展有重要意义。乡村振兴是缩小城乡差距、构建和谐共生的城乡关系、实现新时代“三农”工作现代化高质量发展的重要路径。长期以来，农业、农村、农民问题一直是决定我国全面建设小康社会进程和现代化进程的关键性问题，也是关系党和国家工作全局的根本性问题。村镇建设问题集中体现在非农化、老弱化、空废化、污损化和贫困化的“五化”问题上，其实质是村镇建设与资源环境承载力不协调的结果。因此，研究村镇建设承载力与绿色生态建设模式，有助于建立健全城乡融合发展体制机制和政策体系，推进乡村振兴和美丽宜居村镇建设。

产业兴旺是村镇存续和长期发展的基础支撑。因地制宜、充分利用当地水土资源优势，实施“一乡一品”，发展特色农产品及其产业链是振兴乡村的成功途径。村镇农产品和工业原材料丰富，并具备土地费用、投资门槛、交易成本低等优势，创业和就业潜力大。做大做强村镇经济和集体经济，要抓好村镇产业兴旺发展和居民就业增收两大任务。因地制宜选取特色产业，培育现代农业产业园、产业强镇等产业载体，推动产业生态化和生态产业化，打造村镇产业升级版和经济增长极。要将村镇产业发展作为农民就近就地转移就业的主阵地和增收的主渠道，大力振兴村镇产业，吸纳村镇居民就地就近就业，防止“人口-产业”结构性失衡。

区域主导生态功能和产业布局是制约村镇建设生态安全的关键因子，协调好主导生态功能保护与村镇空间布局、人口规模和产业发展之间的关系，对于推动“产业兴旺、生态宜居”乡村振兴战略具有重要意义。村镇建设与生态承载力密不可分。一方面，村镇承载的人口数量和产业规模不能超出生态承载力阈值；另一方面，基于主导生态功能保护的村镇绿色生态建设，可提升村镇承载力和可持续发展能力。因此，基于山水林田湖草系统原理，研究筛选确定天目山—怀玉山区水源涵养与生物多样性保护重要区、大娄山区水源涵养与生物多样性保护重要区、三峡库区土壤保持重要区、黑河中下游防风固沙重要区和川西北水源涵养与生物多样性保护重要区 5 个重点功能区，并分别选择安徽省黄山市新明乡、贵州省仁怀市茅台镇、重庆市万州区武陵镇、甘肃省敦煌市月牙泉镇和四川省汶川县威州镇 5 个典型村镇开展村镇建设生态安全评估与绿色生态建设模式研究，可以为提升我国村镇建设生态安全保障能力、缓解主导生态功能保护与村镇建设发展之间的矛盾提供借鉴，从而为巩固脱贫攻坚成果和支撑乡村振兴提供技术支撑。

本书是国家重点研发计划课题“村镇建设生态安全评估与绿色生态建设模式研究”（2018YFD1100104）的研究成果，研究得到国家重点研发计划项目的资助，在此深表感谢。研究内容包括不同区域/类型村镇建设主导生态功能辨识研究，村镇承载力测算体系和评价模型构建，区域生态安全对村镇建设的约束影响，生态安全约束下村镇发展的适宜产业与优化途径，美丽宜居村镇绿色生态建设和可持续发展模式等部分。研究由生态环境部南京环境科学研究所，安徽农业大学，中国科学院西北生态资源与环境研究院，中国科学院、水利部成都山地灾害与环境研究所，重庆交通大学共同承担，凝结了课题组 30 余位研究人员 4 年来的研究成果，在此深表敬意。

鉴于作者水平有限，书中仍有可能存在疏漏和不足之处，恳请读者批评指正。

张龙江

2023 年 12 月

目录

第 1 章

导　论

1.1　背景与意义

村镇是多要素组合的地域单元，由于其区位条件复杂多样，资源禀赋差异明显，村镇建设具有多元发展特点。全球约 75%的贫困人口生活在农村地区，村镇建设受区域主导生态功能（生态调节、产品提供和人居保障）和承载对象（土地、人口和产业等）的双重约束，不同区域/类型村镇建设生态空间管控和产业布局直接影响其可持续发展能力。

乡村地域系统是一个由城乡融合体、乡村综合体、村镇有机体和居业协同体等组成的地域多体系统，转型发展过程中面临严峻的资源供给紧张、生产环境恶化、生态环境污染和功能退化等问题。乡村生态系统是全球最大的受人类干扰的生态系统。传统的生态承载力研究对象经历了物种、人口、资源、环境、资源环境和生态系统等视角的演变过程，逐步发展为表征“自然资源-生态环境-社会经济”复合生态系统的综合承载能力。我国水土资源总量大而人均量少，村镇建设的自然禀赋和生态条件复杂多样，传统生态承载力理论和评估方法，例如，生态足迹法、能值分析法和状态空间法等，主要面向区域和流域尺度，鲜有面向小尺度的方法。结合乡村振兴战略实施和村镇建设生态安全评估，开展村镇建设生态承载力测算，对传统理论方法进行降尺度和降维度处理，建立小尺度复合生态系统承载力测算方法，将突破生态承载力测算的空间尺度局限，进一步完善承载力测算理论和方法，为村镇地域系统的资源环境承载力的测算奠定理论基础。

现阶段，我国不少村镇出现非农化、老弱化、空废化、污损化和贫困化现象，以农业生产为主导功能的村镇产业布局和人口数量亟待多元转型，从而巩固脱贫攻坚成果和支撑乡村生态振兴。国外相关经验表明，因地制宜、充分利用当地水土资源优势，实施“一乡一品”，发展特色农产品及其产业链是振兴乡村的成功途径。

目前，对于村镇建设生态承载力和村镇产业适应性的研究正处于起步阶段，从理论和实践角度探索村镇生态安全，指导村镇建设，减少村镇建设的生态适宜性问题，是我们进行村镇建设生态承载力研究的目的。结合主导生态功能保护，科学评估与测算村镇建设生态承载力，是制订乡村振兴规划和管理政策的基础，也是开展村镇绿色生态建设和实施可持续发展管理的客观需要。开展村镇建设生态承载力和产业发展适宜性研究，将助力探索综合考虑国家和省级功能区划、协调村镇周边区域功能和衔接省市国土空间发展战略，为村镇规划和乡村振兴战略提供现实依据和借鉴。

1.2 研究目标与内容

1.2.1 研究目标

面向村镇建设生态安全与可持续发展的需求，结合不同区域/类型村镇建设的资源环境约束和主导生态功能辨识，构建村镇承载力测算指标体系与评价模型，研究区域生态安全对村镇建设的约束影响，从水源涵养、生物多样性维护、水土保持、防风固沙、减灾防灾等主导生态功能保护的角度，研究生态安全约束下村镇发展的适宜产业与优化途径，提出美丽宜居村镇绿色生态建设和可持续发展模式。在村镇建设资源环境分类分区研究的基础上，研发基于主导生态功能的承载力测算模型，为村镇建设综合承载力提供目标参数，并为绿色生态建设和可持续发展模式提供路径。

1.2.2 研究内容

（1）村镇建设的主导生态功能辨识和承载力测算模型

从水源涵养、生物多样性维护、水土保持、防风固沙、减灾防灾等主导生态功能保护的角度，探究不同区域/类型村镇建设人居环境的适宜性和生态敏感性；基于不同类型村镇建设的指标和资源环境特殊性，识别村镇建设的主要影响因素和生态空间管控要求，确定不同类型村镇承载力的内涵特征、测算指标与评价模型等关键问题，构建基于主导生态功能保护的村镇承载力测算模型。

（2）区域生态安全对不同类型村镇建设的约束影响

开展近年来5个典型重要生态功能区生态安全评估；研究村镇建设生态压力、生态弹性力和生态承载力的动态变化，分析村镇复合生态系统变化的社会和经济驱动因素，识别村镇建设人居环境灾害的生态风险；结合“三线”（生态保护红线、环境质量底线、资源利用上线）要求，研究区域生态安全对村镇发展布局和人口规模的影响，绘制区域生态安全等级状况图，揭示村镇建设的生态安全调控机制。

（3）不同类型宜居村镇生态建设成效评估

针对村镇建设管理的需求，调查与评估典型村镇的生态建设模式、技术政策和管理办法；采用多属性决策（VIKOR）方法对不同类型村镇生态建设成效开展综合性评估，从建设效果和建设程度两方面，确定不同类型村镇生态建设效果—程度评价指标集，剖析村镇生态建设模式的影响因素和生态安全制约因子，筛选确定有利于村镇主导生态功能保护的生态建设模式。

（4）村镇建设生态安全约束下的产业适宜性

结合“一单”（生态环境准入清单），研究村镇建设的生态安全约束边界及对产业发展的影响。从主导产业选择、产业结构优化、产业特色培育等层面，研究村镇承载力与产业发展的一致性；从引导和管控两方面，构建不同类型村镇建设的产业发展引导和管控技术体系，提出不同区域/类型村镇建设的适宜性产业发展对策。

（5）美丽宜居村镇承载力提升和可持续发展模式

针对村镇建设和产业发展面临的生态安全问题，研究村镇建设生态空间布局与功能协同提升技术，提出不同区域/类型村镇建设的承载力提升方案；从生态安全与绿色生态角度，基于“产业兴旺、生态宜居”的乡村振兴战略要求，提出美丽宜居村镇的“三生”（生态、生产、生活）空间优化布局及可持续发展模式，支持国家生态乡镇、特色小镇、森林小镇等典型村镇建设。

1.2.3 技术路线

（1）重要生态功能区和典型村镇选择

结合《全国主体功能区规划》和《全国生态功能区划（修编版）》，筛选确定5 个重要生态功能区，分别为天目山—怀玉山区水源涵养与生物多样性保护重要区（R_1）、大娄山区水源涵养与生物多样性保护重要区（R_2）、三峡库区土壤保持重要区（R_3）、黑河中下游防风固沙重要区（R_4）和川西北水源涵养与生物多样性保护重要区（R_5），主导生态功能包括水源涵养、生物多样性维护、水土保持、防风固沙、减灾防灾等，村镇建设生态安全评估与绿色生态建设模式研究区域包括5 个重要生态功能区和 5 个典型村镇，其基本情况见表 1-1。

表 1-1　5 个重要生态功能区的基本情况

编号	区域	范围	面积/km^2	主导生态功能
R_1	天目山—怀玉山区水源涵养与生物多样性保护重要区	位于浙江、安徽和江西 3 省交界处，涉及浙江省的杭州、湖州、衢州，江西省的上饶、景德镇、九江，安徽省的宣城、黄山、池州	59 747	水源涵养与生物多样性保护
R_2	大娄山区水源涵养与生物多样性保护重要区	位于四川、云南、贵州和重庆 4 省（市）交界处，是赤水河与乌江水系、横江水系的分水岭，涉及四川省的泸州，云南省的昭通，贵州省的毕节、遵义，重庆市的江津、綦江	32 872	水源涵养与生物多样性保护
R_3	三峡库区土壤保持重要区	包括三峡库区的大部，主要涉及湖北省宜昌、恩施州，重庆市的巫山、巫溪、奉节、云阳、开县、万州、忠县、丰都、涪陵、武隆、南川、长寿、渝北、巴南等	48 555	水土保持
R_4	黑河中下游防风固沙重要区	位于黑河中下游冲积平原和三角洲内，行政区涉及内蒙古自治区的阿拉善盟，甘肃省的张掖和酒泉	12 255	防风固沙

编号	区域	范围	面积/km²	主导生态功能
R_5	川西北水源涵养与生物多样性保护重要区	位于四川省的西北部，是长江重要支流雅砻江、大渡河、金沙江的源头区和水源补给区，也是黄河上游重要水源补给区，主要涉及四川省的甘孜藏族自治州和阿坝藏族羌族自治州	180 606	减灾防灾

在上述 5 个重要生态功能区（R_1～R_5）分别选择 5 个典型村镇：安徽省黄山市新明乡（T_1，生态乡镇）、贵州省仁怀市茅台镇（T_2，特色小镇）、重庆市万州区武陵镇（T_3，生态乡镇）、甘肃省敦煌市月牙泉镇（T_4，特色小镇）和四川省汶川县威州镇（T_5，国家级防灾减灾示范社区）（表 1-2），开展不同区域/类型村镇建设模式研究。

表 1-2　5 个典型村镇的基本情况

编号	典型村镇	区位	面积/km²	类型
T_1	安徽省黄山市新明乡	位于安徽省黄山区，辖 5 个村，59 个村民组。属于天目山—怀玉山区水源涵养与生物多样性保护重要区（R_1）	139.03	生态乡镇
T_2	贵州省仁怀市茅台镇	位于贵州省遵义市仁怀市，2016 年以前，茅台镇面积为 87.2 km²，其中城区面积为 4.2 km²，辖 5 个居委会、8 个行政村。其后，设置新的茅台镇，面积为 213 km²，辖 6 个社区、22 个行政村。属于大娄山区水源涵养与生物多样性保护重要区（R_2）	87.2/224.8	特色小镇
T_3	重庆市万州区武陵镇	位于重庆市万州区西南部，辖 13 个行政村、4 个居委会。属于三峡库区土壤保持重要区（R_3）	80.7	生态乡镇
T_4	甘肃省敦煌市月牙泉镇	位于甘肃省敦煌市南郊区，有 6 个行政村，29 个村民小组。属于黑河中下游防风固沙重要区（R_4）	28.53	特色小镇
T_5	四川省汶川县威州镇	位于四川省阿坝州汶川县境域东北部，辖 12 个村、2 个居委会。属于川西北水源涵养与生物多样性保护重要区（R_5）	134.28	国家级防灾减灾示范社区

（2）研究思路和主要方法

1）研究思路。包括“以面束点”和“以点带面”，“面”为重要生态功能区（R_1～R_5），“点”为典型村镇（T_1～T_5）。“面”上主要开展村镇建设的主导生态功能辨识和承载力测算模型、区域生态安全对不同类型村镇建设的约束影响研究，“点”上主要开展不同类型宜居村镇生态建设成效评估、村镇建设生态安全约束下的产业适宜性和美丽宜居村镇承载力提升和可持续发展模式研究。“以面束点”主要是围绕村镇建设生态安全评估研究，解决村镇建设生态安全约束下的产业发展适宜性、区域生态安全对村镇建设的约束影响评价技术，阐明不同类型村镇建设的生态安全约束边界及其对产业发展的影响机制。“以点带面”主要是围绕村镇绿色生态建设模式研究，解决村镇建设生态空间布局与功能协同提升技术，构建基于主导生态功能保护的绿色宜居村镇建设和可持续发展模式，从而提出重要生态功能区村镇承载力提升方案。

2）主要方法。在5个重要生态功能区（R_1～R_5）和5个典型村镇（T_1～T_5），结合国家生态乡镇、特色小镇等不同类型村镇建设的空间分布数据、重要生态功能区和生态保护红线区数据，利用叠加分析法和核密度分析法，对目前公布的全国4 591个国家级生态乡镇、1 542个省级以上特色小镇的空间分布和主导生态功能进行辨识。结合区域野外调查（包括样点、样线和样带）和资料收集，进行区域生态安全对不同类型村镇建设的约束影响、不同类型宜居村镇生态建设成效评估、村镇建设生态安全约束下的产业适宜性等方面的研究，为美丽宜居村镇承载力提升和可持续发展模式提供一手数据支撑。研究技术路线如图1-1所示。

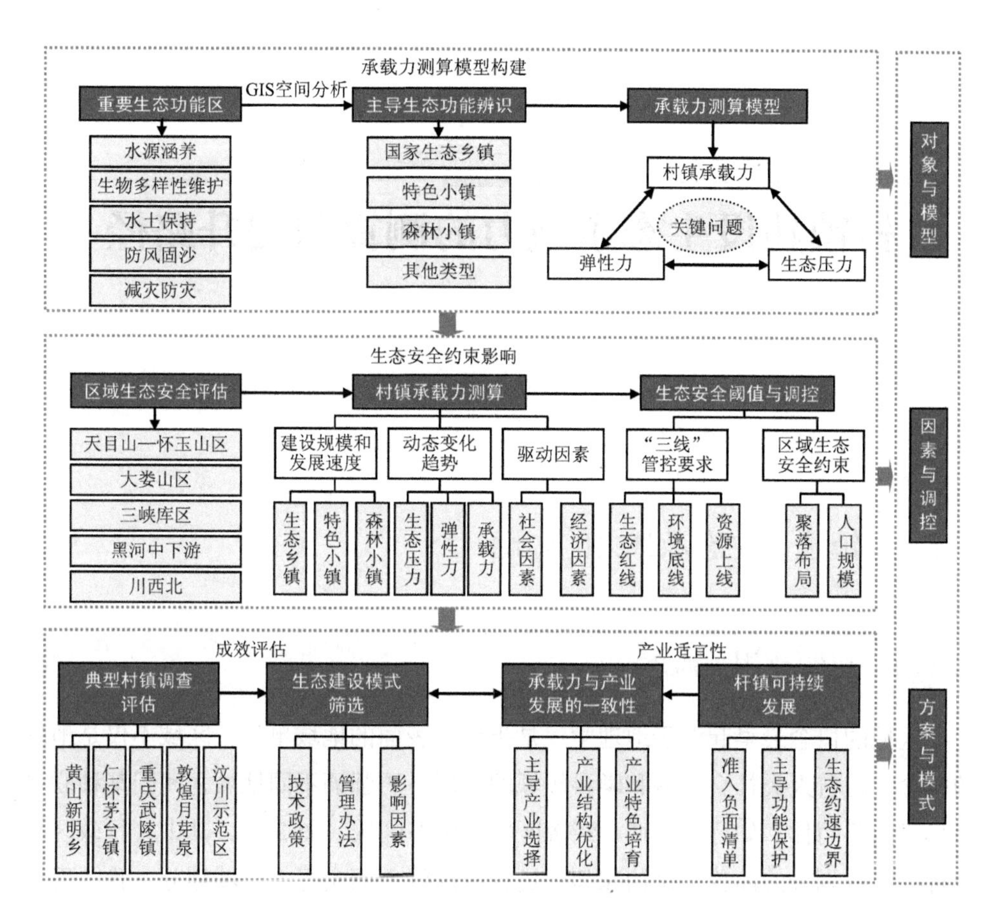
承载力测算模型构建
重要生态功能区
GIS空间分析
主导生态功能辨识
承载力测算模型
水源涵养
生物多样性维护
水土保持
防风固沙
减灾防灾
国家生态乡镇
特色小镇
森林小镇
其他类型
村镇承载力
关键问题
弹性力
生态压力
对象与模型
生态安全约束影响
区域生态安全评估
村镇承载力测算
生态安全阈值与调控
天目山—怀玉山区
大娄山区
三峡库区
黑河中下游
川西北
建设规模和发展速度
动态变化趋势
驱动因素
“三线”管控要求
区域生态安全约束
生态乡镇
特色小镇
森林小镇
生态压力
弹性力
承载力
社会因素
经济因素
生态红线
环境底线
资源上线
聚落布局
人口规模
因素与调控
成效评估
产业适宜性
典型村镇调查评估
生态建设模式筛选
承载力与产业发展的一致性
村镇可持续发展
黄山新明乡
仁怀茅台镇
重庆武陵镇
敦煌月芽泉
汶川示范区
技术政策
管理办法
影响因素
主导产业选择
产业结构优化
产业特色培育
准入负面清单
主导功能保护
生态约速边界
方案与模式

图 1-1 研究技术路线

第2章

村镇建设生态承载力的测算与提升路径

2.1 村镇建设生态承载力的内涵

2.1.1 村镇及相关概念

区域的概念最早起源于地理学，是指地球表面的地域单元。区域不仅是地理的概念，随着人类社会发展和学科领域的拓展，更强调不同地域之间因某种联系而形成的共同体，如行政区域、经济区域和生态区域（图 2-1）。其中，行政区划是行政区域划分的简称，是国家为了进行分级管理而实行的区域划分，我国现行的行政区划包括省级行政区、地级行政区、县级行政区及乡级行政区 4 类。县域是以县城为中心，乡镇为纽带、乡村为腹地的区域空间结构（图 2-2）。经济区域是人的经济活动所造就的、围绕经济中心而客观存在的、具有特定地域构成要素并且不可无限分割的经济社会综合体，例如，长江经济带、长三角区域。生态区域是以生态介质为纽带形成的具有相对完整生态结构、生态过程和生态功能的地域综合体，包括流域、风域和资源域。

聚落是指人们居住、生活、休息和进行各种社会活动的场所，是人民进行劳动生产的场所。从广义上说，聚落包括村落与城市两种居住地，狭义则仅指村落。农村聚落是人口集聚的原生地，而城市是随生产力发展、社会分工深化而形成的人类集聚的次生地。乡村、集镇、村庄、农村等概念是表述我国以农业经济为主的人口聚居的地域单元，其节点的内涵与外延具有一定的关联性和差异性。辨识相关概念的研究范畴与核心要点有助于正确认识和理解村镇建设过程中面临的资源、环境及发展之间的问题。

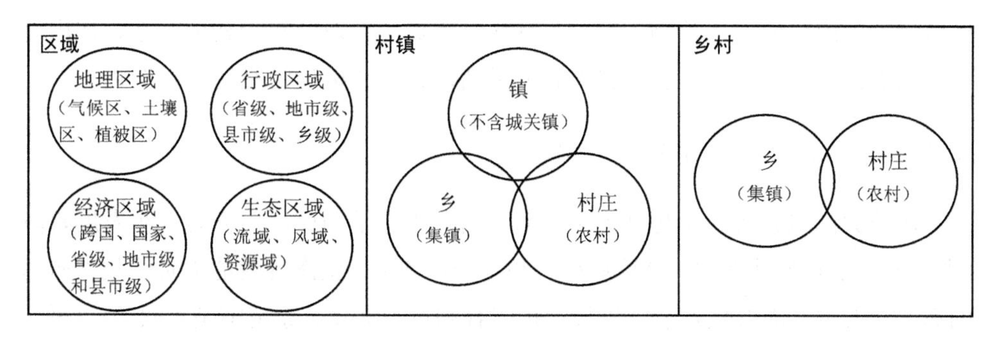

图 2-1　区域、村镇与乡村的概念范畴辨析

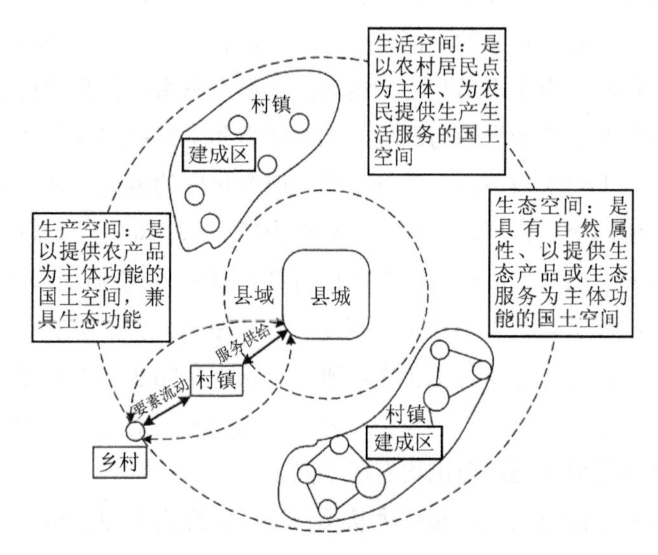

图 2-2　村镇建设的空间范围与“三生”空间构成

村镇是指村庄、集镇及县城以外的建制镇，是在一定区域内，以建制镇为中心由不同层次的村庄与村庄、村庄与集镇、集镇与建制镇之间相互联系、相互作用形成的群体网络组织，是一个完整的具有特定的经济、社会和自然景观特点的地域综合体。村镇是由镇（不含城关镇）、乡（集镇）、村庄（农村）构成的，而乡村是由乡（集镇）、村庄（农村）构成的。乡村与农村有很高的重合性，农村是乡村的主体，而乡村就是由乡（集镇）与村庄两种社区构成的社会生活范围。

村镇空间是由乡镇与村庄及周围区域共同组合而成的空间。在其地域范围内，由区域要素或成分（建筑物、道路、绿地、水域等）及其组合构成关系、作用过程、功能结构共同构成，反映自然和人类活动、演变机理的空间组织形式。

2.1.2 承载力概念的演化与发展

承载力的概念起源于物理力学，后被引入生态学领域，可分为 3 个发展阶段（图 2-3）：生态容纳能力、单项承载力和综合承载力。生态容纳能力是承载力概念的第一次发展，特点是表示一种最大极限容纳量，研究对象范围是有限的。“平衡数量”和“环境平衡范围”理论为承载力提供了新的概念立足点。1985 年联合国教育、科学及文化组织（以下简称联合国教科文组织，UNESCO）首次提出资源承载力概念，根据研究对象的不同，分为土地、旅游、矿产等类型。高吉喜以人类社会活动为核心提出生态承载力的概念，即在生态系统自我维持、自我调节的前提下，自然生态系统的资源与环境的供容能力和可维持的社会经济活动的强度和正常生活水平下的人口数量。王开运通过研究尺度的限定，强调复合生态系统的功能与子系统的交互作用，提出新的承载力的概念，即在一定时期内，以资源合理开发利用和生态环境良性循环为前提，同时保持一定物质交流规模的条件下，区域生态系统能够承载的人类数量的规模及开展相应社会经济活动的能力。现有生态承载力的计算方法主要包括生态足迹法、状态空间法、人类净初级生产力占用法、指标评价法、系统动力学模型法和生态系统服务消耗评价法等，每种方法的侧重点、适用对象和适用范围均有所不同。

随着研究对象的复杂化，承载力从单一因子转变为多因子研究，出现综合承载力的概念，指特定研究区域内两种或两种以上承载力的叠加，如资源承载力（土地、旅游、水、森林、矿产等）、环境承载力、生态承载力。从研究尺度来看，目前生态承载力的研究主要集中在省级行政区、地级市、县和县级市、区域/流域大尺度上。在小尺度承载力的测算上，不同学者分别在国家公园、自然保护区、森林公园、地质公园、湿地公园、风景名胜区等不同类型保护地进行了实践，丰富了生态承载力核算在保护地体系中的实证研究。目前，关于村镇承载力的研究很少，随着与村镇建设有关的新概念、新业态和新模式不断涌现，例如，田园综合体、特色小镇等，村镇建设生态承载力研究面临着新的要求。由于村镇空间尺度较小，数据获取难度大，同时村镇生态系统与外界环境物质循环和能力流动较为频繁，难以直接通过尺度变换进行类推，因此，在村镇尺度上将生态承载力与村镇建设结合起来的研究仍未见报道。

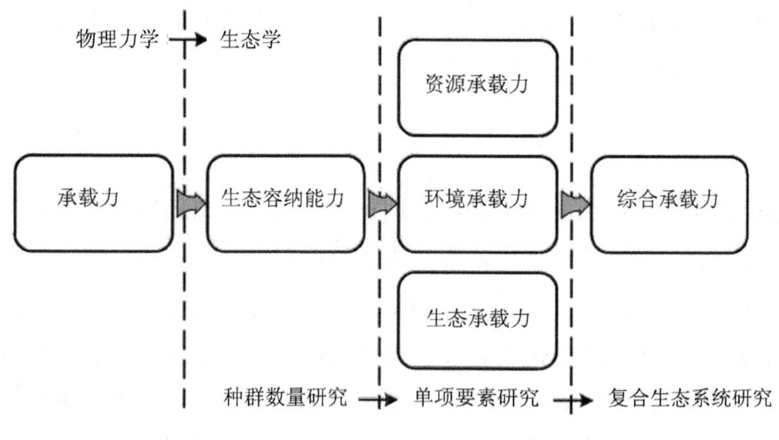

图 2-3　承载力概念发展

我国如期实现了全面建成小康社会目标，打赢了脱贫攻坚战，当前首要任务是巩固拓展脱贫攻坚成果，接续推动脱贫地区发展和乡村全面振兴。贯彻实施党的十八大、十九大提出的“生态文明建设”“乡村振兴”等重要战略思想，是建设美丽中国、健全现代社会治理格局、走向社会主义生态文明新时代的重要基础和关键举措。村镇属于我国第四级行政区或第三级行政区，是生态文明建设的基本单位，也是实现乡村振兴的核心空间载体。目前我国许多地区的村镇仍存在非农化、老弱化、空废化、污损化、贫困化的“五化”现象，同时盲目或不合理的城镇化建设、村镇生态资源破坏和环境恶化等问题严重制约了美丽乡村建设的进程。欧美和东亚的发达国家（地区）在农村建设与改革过程中取得过巨大成就，其成功经验结合我国国情表明，振兴乡村需要重视基础设施建设、加快农村产业升级、培育新型农民等；其中如何充分利用当地水、土、生态等资源环境条件，平衡村镇社会经济发展与资源环境的可持续性是重中之重。

我国村镇建设情况和资源环境复杂多样，区域差异性较大，开展村镇生态承载力的评价研究，有助于正确评估与测算当地资源性状与空间分布，为美丽宜居村镇的生态建设和可持续发展提供理论依据。生态承载力当前的研究工作主要聚焦在国家、省份、区域或市县尺度，精细到村镇尺度的研究仍然缺乏，并且未对村镇生态承载力的内涵赋予明确的定义。尽管不同尺度的生态承载力可通过已知的自然资源、地理环境和社会经济等条件或数据进行类推，但对于科学精准的村镇生态承载力的定性/定量研究还鲜有路径可循。相关研究的薄弱不利于指导村镇的合理开发、精确管理及可持续发展。

2.1.3 村镇建设生态承载力概念

村镇建设生态承载力的本质是以协调自然资源、生态环境和社会经济要素为主要对象的复合生态系统承载力，表征为乡村振兴战略实施和村镇建设的可能影响甚至破坏生态系统健康和良性循环的某种压力、生态系统产生的防御能力、在压力消失后生态系统的恢复能力，以及确保优质生态产品持续达到供给目标的发展能力。其中，“复合”（complex）并非指简单的组合在一起，而是表达一种生态系统的有机联系和相互支持的意义。“承载”（carrying）同时具有携带、承受和维系、支撑的意义，承载力以 carrying capacity 描述。传统的种群承载力、资源承载力、环境承载力等将承载基体与承载对象视为两个有密切联系的不同系统，而村镇复合生态系统承载力的概念与内涵均发生了很大的变化，承载对象与承载基体的关系趋于复杂。

生态系统的自我维持、自我调节能力是生态承载力的决定因素，根源在于生态系统的健康状况。村镇复合生态系统承载力包括 3 层基本含义：第一层是自然资源子系统的供给能力，指本地资源和环境承载能力的大小，是村镇建设生态承载力的基础条件；第二层是生态环境子系统的自我维持与自我调节能力，指村镇建设在压力条件下的防御力和恢复力（弹性力），是村镇建设生态承载力的约束条件；第三层是社会经济系统的发展能力，指生态环境子系统提高人的生活质量和加强资源环境系统承载水平的能力，为生态承载力的“压力—驱动”部分。

村镇复合生态系统承载力以自然资源子系统的持续支持为基础，以生态环境子系统的维持和调节功能为约束，以社会经济子系统的发展为驱动。村镇生态系统健康（village and town ecosystem health）指符合发展适宜目标的村镇自然生态系统状态，实质是判断村镇建设是否有能力达到一定目标状态，以及怎样维持这个状态。“维持自然生态系统健康、达到一定的优质生态产品持续供给目标”是村镇建设生态承载力发挥效用的现实意义。

2.2 村镇建设产业适宜性研究进展

2.2.1 生态约束下村镇产业适宜性

2018 年《中共中央　国务院关于实施乡村振兴战略的意见》指出，良好生态环境是农村最大优势和宝贵财富，只有尊重自然、顺应自然、保护自然、推动乡村自然资本增值，才能实现百姓富、生态美的统一。自然系统的复杂性不仅决定着生态服务的多样性，而且使以土地利用为标志的人类活动趋于多样化，也从另一角度反映出自然生态系统对人类活动具有约束性。“产业振兴”是实现乡村振兴的基础，农村相较城市有生态功能更为重要、生态环境更为敏感脆弱的特点，构建现代农业产业体系更需谨慎。鉴于此，研究小组期望借助 CiteSpace 软件的可视化分析功能，应用文献计量学分析方法，系统归纳总结国内外生态约束下的产业适宜性研究的不同发展阶段、研究热点及研究成果，科学、客观、定量地描述相关研究进展，提出当前我国生态约束下农村产业发展存在的主要问题及未来发展方向。

学术界对于农村产业的研究历史悠久，但以生态约束为限定的交叉研究起步较晚。自 1962 年蕾切尔·卡森（Rachel Carson）的《寂静的春天》面世，现代生态意识开始觉醒，人们开始关注产业发展带来的生态问题；20 世纪 60 年代后期，美国经济学家肯尼斯·鲍尔丁（Kenneth E. Boulding）首次提出“生态经济学”概念，环境保护与经济发展的交叉研究开始兴起。1987 年“可持续发展”理念被提出，产业发展的考量因素中增加了生态的约束，20 世纪 90 年代，关注生态约束下农村产业适宜性的相关研究开始出现。本书以 1992—2020 年的中英文文献作为研究对象，以 Web of Science 数据库和中国知网（CNKI）数据库核心期刊作为数据源，分别以“生态约束”“农村产业”“适宜性”“ecological constraint”“rural industry + ecological”“suitability”为主题词进行检索，检索完成时间为 2020 年 9 月 25 日，除去无关的文献，最后得到中文文献 466 篇，英文文献 928 篇。1992—2020 年国内外关于生态约束下农村产业适宜性研究整体呈现快速增长趋势，发文量有较大幅增加（图 2-4）。其中国内相关研究在 1992—2000 年处于起步阶段，发文量明显低于国际水平；2001—2010 年开始有了明显增加，同国际发文量接近，2004 年发文量更是首次超过国际同期；2011—2020 年国际发文量开始快速增加，但我国发文量却处于一个相对停滞的状态，与国际发文量差距加大。

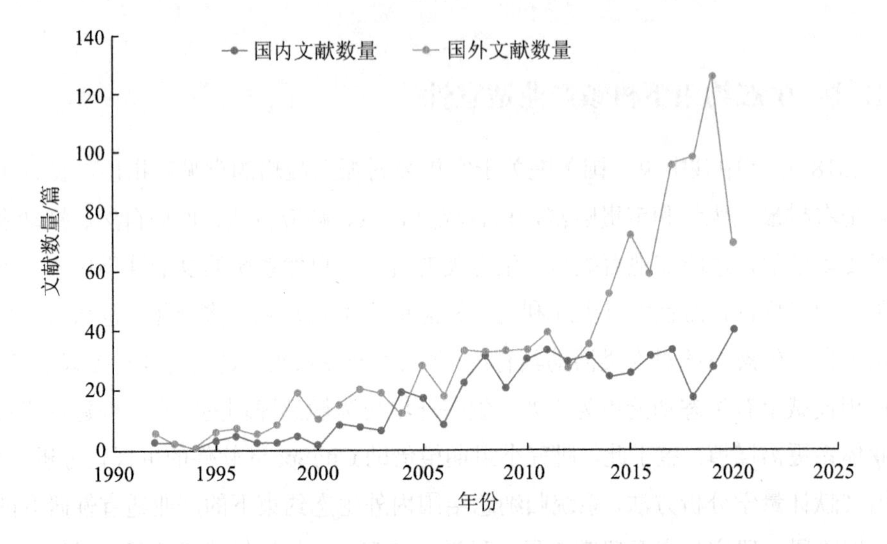

图 2-4　国内（外）生态约束下农村产业适宜性相关研究的发文量变化曲线

课题组借助 Cite Space 软件进行作者、国家、机构及关键词的知识图谱分析，显示研究发展进程和结构关系。选择作者、机构、国家、关键词为节点，时间段（Time Slicing）设置为 1992—2020，时间切片设置为 1 年，其他操作为默认设置，由此得到不同时段的关系图谱。其中，关键词的聚类视图主要体现聚类间的结构特征，突出关键节点和重要连线。节点的大小反映关键词的生命周期与影响力，节点的颜色层次代表不同的年份；节点之间的连线代表两个不同关键词共同出现的频率，连线越粗代表共同出现的次数越多。

2.2.2　国内研究进展

按照研究来源划分：

（1）作者合作网络图谱特征

作者合作网络图谱能够显示该时间段内某个研究领域的主要作者。图谱

（图 2-5）中共 510 个节点、305 条连线，表明在 1992—2020 年，研究生态约束下农村产业适宜性的作者较多，但团队内合作较少，且整体合作较少。主要为 12 个内部联系紧密的科研团队，其中发文量最多的作者是孙伟（4 篇），其次是方创琳（3 篇）、王继军（3 篇）、郝明德（3 篇）等，最后是梁轶（2 篇）、温晓霞（2 篇）、杨改河（2 篇）。此外，还有大量作者发文量相比较少，例如，刘绍权、朱利群、田强、朱小蓉等。国内 466 篇文献中共有 510 位作者，其中 4 位作者的发文量超过 3 篇，说明该领域核心作者较少。

图 2-5　1992—2020 年生态约束下农村产业适宜性研究国内作者合作图谱

（2）机构合作网络图谱特征

机构合作网络图谱可以定量分析各研究机构的研究进程和研究成果，反映某研究机构在该研究领域的科研能力。图谱（图 2-6）中共有 399 个节点、185 条连线，发文量最多的是中国科学院南京地理与湖泊研究所（11 篇），其次是中国科学院地理科学与资源研究所（9 篇）、中国科学院大学（9 篇）、中国科学研究生院

（7 篇）、中国科学院水利部水土保持研究所（6 篇）、中国农业大学资源与环境学院（5 篇）、中南财经政法大学经济学院（4 篇）、南京农业大学公共管理学院（4 篇）等。整体来看机构发文量较多，大学发文量相对较少，中国科学院南京地理与湖泊研究所及其他机构的合作次数最高，表明其在生态约束下农村产业适宜性研究领域有较强的研究能力。

图 2-6　1992—2020 年生态约束下农村产业适宜性国内研究机构合作图谱

（3）研究热点网络图谱特征

国内近 30 年发表与生态约束下农村产业适宜性有关的文献共检索到 466 篇，1990—2000 年、2001—2010 年、2011—2020 年 3 个时间段发文量分别为 20 篇、166 篇、280 篇，占总数量的 4%、36%、60%。运用 CiteSpace 软件绘制的知识图谱可以较好地反映关键词在文献中出现的频次和关键词间的关联，关键词词频能反映研究的主要热点领域。结果表明 2001—2010 年相关关键词出现频率整体较上一阶段增加了 5～6 倍，且“农村产业结构”是 1992—2010 年第 1 高频关键词，显示该阶段该领域交叉研究更强调产业优先；到 2011—2020 年 GIS、生态适宜性、生态约束、适宜性评价等逐渐成为新的研究热点（表 2-1），显示该阶段该领域的研究更加突出生态优先。

表 2-1 国内生态约束下农村产业适宜性相关研究不同年限前 10 位高频关键词

第一阶段：1992—2000 年	第二阶段：2001—2010 年	第三阶段：2011—2020 年
农村产业结构（3） Rural industrial structure	农村产业结构（11） Rural industrial structure	GIS（24）
农村产业结构调整（2） Rural industrial structure restructuring	水土保持（9） Soil and water conservation	生态适宜性（20） Ecological suitability
“两高一优”（1） “Two high，one excellent”	新农村建设（9） Construction planning of new country	生态约束（18） Ecological constraints
生态示范区（1） Ecological demonstration area	乡村旅游（8） Rural tourism	适宜性评价（14） Suitability evaluation
农林复合系统（1） Agroforestry system	可持续发展（8） Sustainable development	生态环境（9） Ecological environment
技术生态创新（1） Technological ecological innovation	农村产业结构调整（5） Rural industrial structure restructuring	乡村振兴（8） Rural revitalization strategy
生态农业产业化（1） Industrialization of ecological agriculture	生态适宜性（5） Ecological suitability	乡村旅游（7） Rural tourism

按照研究年份划分：

（1）1992—2000 年国内相关研究态势

该阶段的聚类视图分析结果表明（图 2-7），生态约束条件下农村产业适宜性相关研究以“农村产业结构”为主要研究内容，应用生态经济学原理和系统论方法，揭示农村产业结构的内容和内在规律，以求实现农、林、牧、渔、副各农村产业的协调发展，并提出了“林-农”复合生态系统模式、“稻-鱼-麻”等复合生态技术工程、以农村产业结构调整为目标的土地利用结构调整等一系列具体措施。由于我国农村环境情况复杂，研究还指出应结合农村地域实际与自身优势，以生态安全为前提，打破传统农业发展限制，积极探索农业产业链延伸途径，培育和发展新的支柱产业和主导产品，优化农村产业结构，推动农村经济可持续发展。

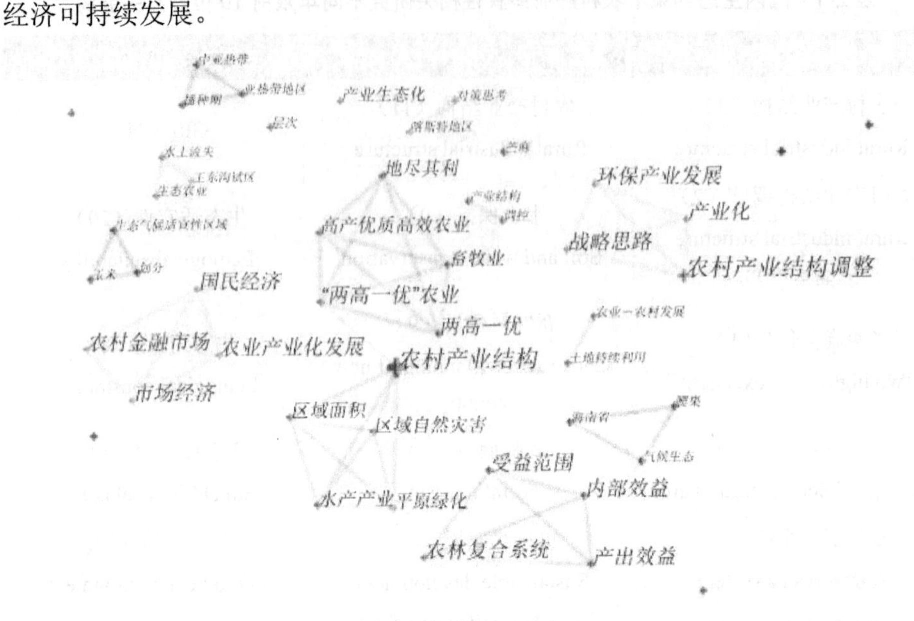

图 2-7　1992—2000 年生态约束下农村产业适宜性研究关键词国内文献聚类视图

（2）2001—2010 年国内研究态势

该阶段的聚类视图分析结果表明（图 2-8），与上一阶段相比，2001—2010 年出现了“新农村建设”“可持续发展”“乡村旅游”“水土保持”“生态适宜性”等新的研究热点。其中“新农村建设”由国家“十一五”规划纲要提出，发展农村产业经济与保护生态环境是其两大主要内容，在 2000 年《全国生态环境保护纲要》提出的“生态安全”概念基础上，进一步强调了生态保护重要性。因此，一部分学者们围绕资源节约型和环境友好型农业建设需要，聚焦农业生态化改造和农村生态安全体系构建两方面开展了相关研究。同时，自 2002 年国家将“可持续发展能力不断增强”作为全面建设小康社会的主要目标之一起，另一部分学者们将提升产业的生态适宜性作为实现可持续发展目标的重要途径，取得了诸如为应对乡村旅游产业发展带来的污染和生态破坏问题，提出了乡村生态旅游发展新模式；为解决黑龙江玉米种植布局不合理的问题，应用 GIS 地理信息系统技术，提出了玉米种植业发展与生态资源的适宜性布局方案；为解决部分农村地区面对的水土流失和农业水资源短缺问题，提出了尊重区域生态格局，统筹开展利水保水工程建设的发展策略等一系列相关研究。研究中生态保护的考量范畴开始扩大，对产业发展的约束导向作用更为明显和具体，生态环境具有适宜性特征的观点开始出现。

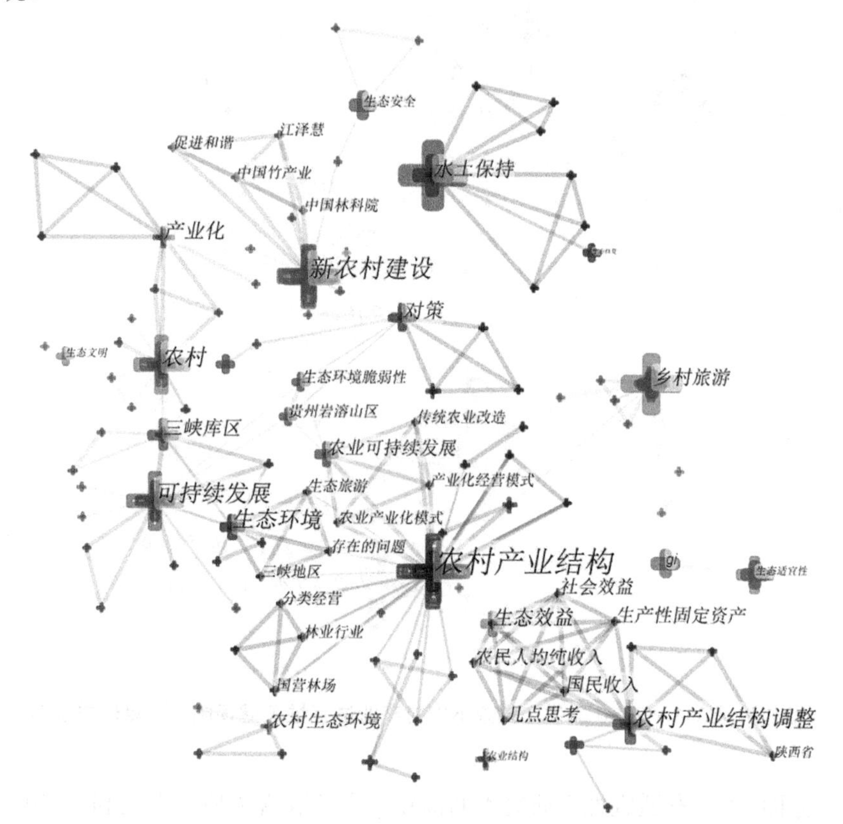

图 2-8 2001—2010 年生态约束下农村产业适宜性研究关键词国内文献聚类视图

（3）2011—2020 年国内研究态势

该阶段的聚类视图分析结果表明（图 2-9），“GIS”“生态适宜性”“生态约束”“适宜性评价”“生态环境”成为这一阶段新的研究热点，随着生态对产业发展约束作用的凸显，“生态约束”的概念正式出现，研究关注的焦点不再限于“生态适宜性”的单向研究。

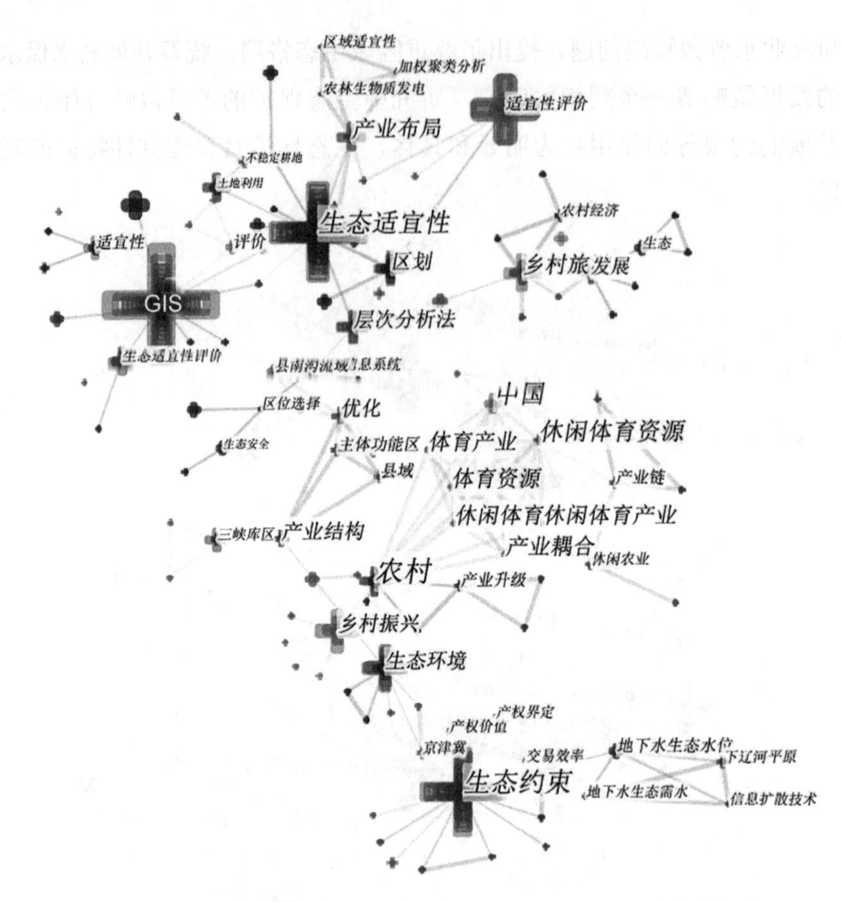

图 2-9　2011—2020 年生态约束下农村产业适宜性关键词国内文献聚类视图

一方面，“生态适宜性”研究不断深化。主要表现为研究者们利用 GIS 地理信息系统，对气候、土壤等进行多因子叠加分析，完成对农村种植产业的生态适宜性进行评估，指导地方政府、职能部门和生产企业进行产业管理决策。另一方面，以水、土资源为主要的“短板”限定，探讨生态资源对产业发展形成的生态约束。如利用模型与实地勘查确定合理的地下水位，计算合理灌溉定额，定量分析了基于生态约束条件下的节水潜力；从生态环境约束、物种多样性约束及环境敏感区约束方面构建生态约束评价指标体系，建立生态约束评价模型，对农村水电站收益进行综合研究。

2.2.3 国外研究进展

按照研究来源划分：

（1）国家合作图谱网络特征

国际上与生态约束下农村产业适宜性的有关文献相对较多，图谱网络生成节点 122 个、连线 205 条（图 2-10）。发文量最多的是美国（206 篇），但中介中心性仅为 0.03，说明其在该领域与其他国家合作较少；其次是中国（200 篇）、德国（71 篇）、澳大利亚（70 篇）、法国（62 篇）、意大利（53 篇）等，这些国家的发文量均大于 50 篇，表明其对生态约束下农村产业适宜性的重视程度。澳大利亚、法国、意大利、新西兰的中介中心性大于 0.1，表明这 4 个国家对外合作具有较高的活跃性。

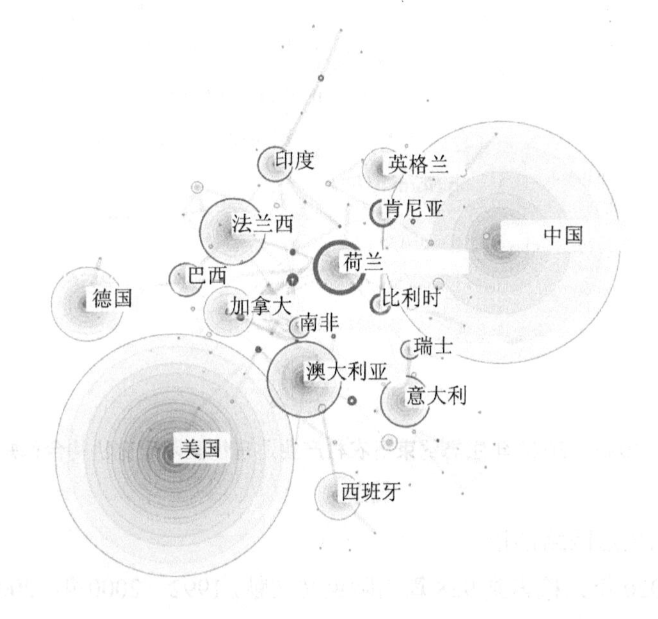

图 2-10 1992—2020 年生态约束下农村产业适宜性研究国家合作图谱

（2）机构合作网络图谱

图谱显示共有节点 531 个、连线 422 条（图 2-11），其中发文量第一的是中国科学院（49 篇），且具有最大中介性 0.06；第二是北京师范大学（19 篇）以及荷兰瓦赫宁根大学（17 篇），此外美国康奈尔大学的中心性为 0.05，未有中介中心性大于 0.1 的机构，表明生态安全约束下农村产业适宜性研究的机构合作度较低。数据显示大学整体发文量虽较多，但单个科研机构的发文量和影响力仍相对较高。

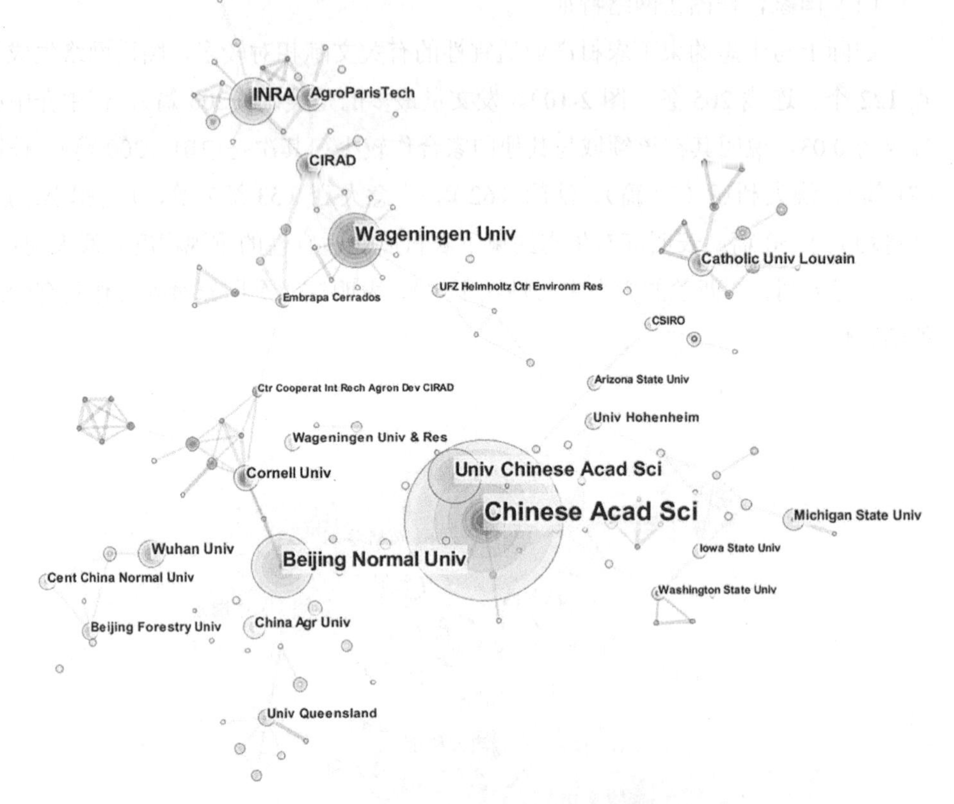

图 2-11　1992—2020 年生态约束下农村产业适宜性国际研究机构合作知识图谱

（3）研究热点网络图谱

1992—2020 年共检索到 928 篇国际英文文献，1992—2000 年、2001—2009 年、2010—2018 年的发文量分别占总文献量的 6%、23%、71%，发文量呈快速增长趋势。数据分析显示各阶段均出现的高频关键词有 management、agriculture、environment 等，表明国际上一直注重从资源管理视角开展农业、环境的相关研究。同时，随着社会经济的发展，biodiversity、climate change、system 等新的研究热点开始出现，生物多样性、气候变化等生态因素对产业系统的影响得到更多关注。

表2-2　国际生态约束下农村产业适宜性研究不同年限前10位高频关键词

1992—2000年	2001—2010年	2011—2020年
management（5）	biodiversity（20）	management（106）
agriculture（4）	management（16）	climate change（71）
population（3）	agriculture（14）	system（68）
developing country（2）	land use（12）	conservation（63）
environment（2）	sustainability（12）	impact（63）
carrying capacity（2）	conservation（11）	agriculture（63）
soil（2）	environment（7）	model（59）

按照研究年度划分：

（1）1992—2000年国际研究态势

聚类视图（图2-12）显示，1992—2000年国际研究关注的热点可分为两大部分。第一部分为农业技术变革及环境承载力的研究。该时期通过对当前环境负荷、临界环境负荷来评估农业与环境的生态相容性。利用环境负荷与可持续农业同时对于农业技术、土地进行研究。例如，Jonathan M. Harris提出建立可持续农业生态系统的区域模型。第二部分为农业土壤环境保护的研究。该时期以农业中大量使用化学氮肥料所造成的经济和环境问题对农业土壤进行研究。以可持续为目标，寻找氮肥代替品，以生物固氮的方法建立固氮系统，减少外部投入和改善内部消耗，保证经济和生态效益的提高。总体来说，该阶段的研究更多集中在生态保护的原理性基础研究。

（2）2001—2010年国际研究态势

聚类视图（图2-13）显示，2001—2010年国际研究的热点内容为农村产业发展与生物多样性的关联研究，并对农村产业可持续发展有了进一步的研究，开始重视农业产业在生态保护中的多重潜在效能挖掘。一部分研究者重在通过对农村用地的类型划分，评估同区域内的生态多样性，探寻农村产业创新模式支持生物多样性的更高潜力。另一部分研究者主要通过综合模型构建对农村环境保护与恢复目标的实现进行路径研究，特别是加强对农业多重功能的潜力挖掘，强调综合考虑农业经济回报、景观质量、自然保护和修复及环境质量，平衡产业生产和生态保护的多方述求。这一阶段的研究，开始以生物多样性为主要对象，进一步深化农村产业发展与生态保护的交叉研究。

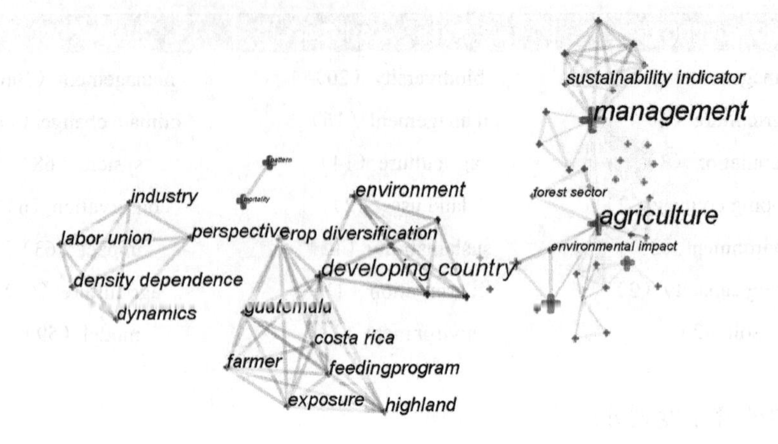

图 2-12　1992—2000 年生态约束下农村产业适宜性研究关键词国际文献聚类视图

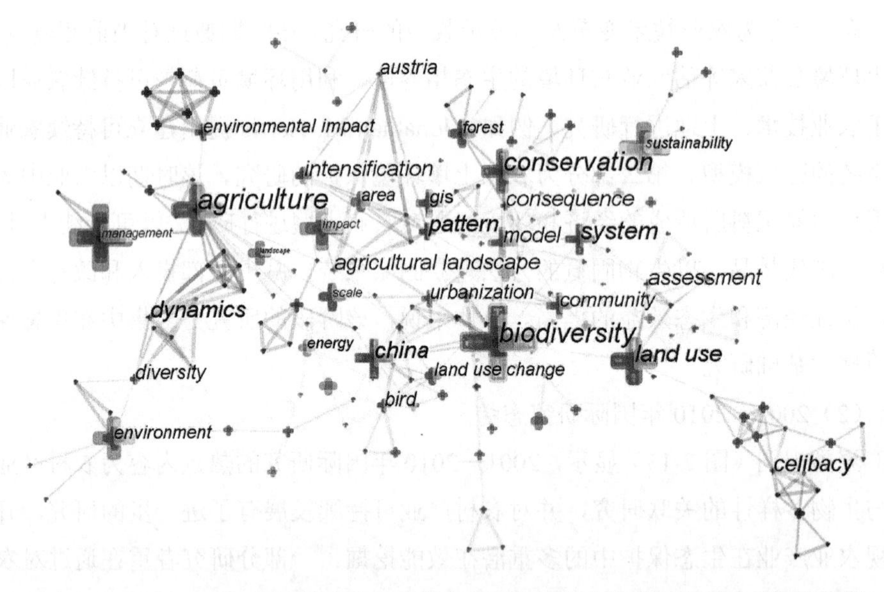

图 2-13　2001—2010 年生态约束下农村产业适宜性研究关键词国际文献聚类视图

（3）2011—2020 年国际研究态势

聚类视图（图 2-14）显示，2011—2020 年国际研究的热点内容聚焦到气候变化引发的产业适宜性和生态资源向资产管理转化等方面。

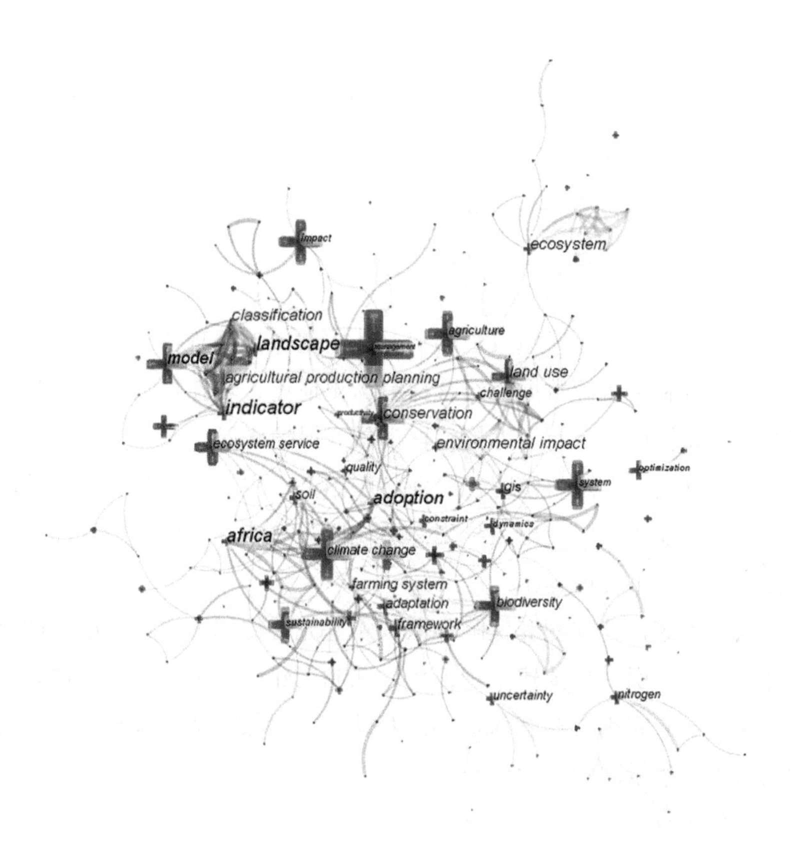

图 2-14 2011—2020 年生态约束下农村产业适宜性研究关键词国际文献聚类视图

一部分学者以气候变化引发的产业适宜性为研究对象，开展了对干旱和高温胁迫下的作物生产、作物焚烧物转化为生物炭、衡量气候变化对农业的影响、评估气候变化下的作物适应性等研究。另一部分学者围绕水资源、土地资源集约节约利用以及碳排放管理，试图找到生态资产语境下的生态保护措施。例如，利用模型对农业灌溉、农村水资源污染、水资源利用效率等方面进行了大量的研究，找寻集约化的农业发展方式；结合种植业、林业、畜牧业与“碳循环”“碳汇”的关联效应，基于碳汇市场构建，实现相关产业生产过程中生态资产的价值转化。这一阶段的研究不再局限于资源承载力生成的生态约束，出现了一些生态资产语境下的相关研究。

2.3 村镇建设生态承载力测算模型

2.3.1 主导生态功能辨识

（1）原则

基于分布特征，优化村镇景观格局。在实地深入调研各类乡村景观基本资源的基础上，综合利用多源数据，结合探究历史遗迹、名胜古迹、生态防控线及生态规划线的分布特征，从而统筹构建村镇景观保护格局。

突出主导功能，营造村镇特色产业。根据基于主导生态系统服务功能类型识别的村镇特色产业布局，突出主导生态系统服务功能，营造村镇特色景观，是实现乡村振兴战略的重要内容。

配合政策引导，建立配套保障体系。实施完善的相关政策措施、建立村镇生态安全体系，对于引导村镇建设规范化、法制化建设也至关重要。加强各个行政区协同合作，建立完善公众参与机制，有助于共同保障基于主导生态系统服务功能识别的村镇生态景观和产业提升。

（2）辨识步骤

建立生态分区判读系统模型，将所选择的典型乡镇矢量边界数据与全国生态功能区划图叠加，初步判断出所选乡镇在全国生态功能分区的位置，再将所选乡镇同所在省份的生态功能区划叠加，判断得出所选乡镇在所在省份生态功能分区的位置，筛选得到所选乡镇的主导生态功能区。

①打开生态分区判读系统模型，点击模型右键，点击编辑。选择典型乡镇的乡镇边界数据。

②对典型乡镇边界与全国生态功能三级区分划进行相交，将所得数据与所在省份生态功能区分划进行二次相交，自动进行，不需要进行操作。

③所得结果有可能由于一个乡镇有两个生态功能分区的情况从而产生两种生态分区。如图 2-15 所示。

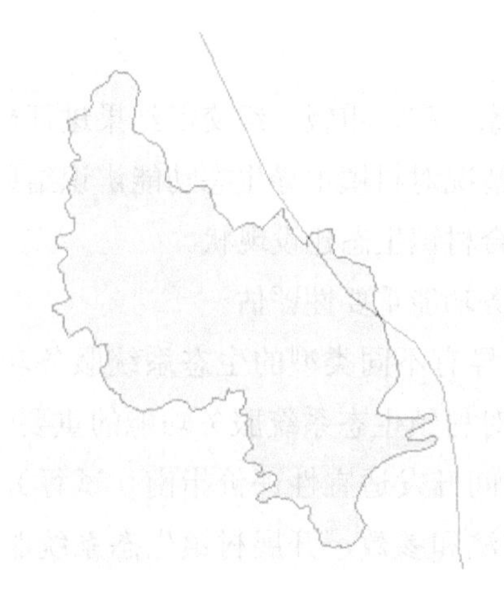

图 2-15　生态分区交汇情况模拟

④两种区划均会被划分出来，在最终相交结果中，由于当前建模还不能提取面积最大的部分，目前筛选过程需要使用人工识别。

⑤点击运行按钮，即可完成操作，如需查看，右键单击识别结果并进行查看（图 2-16）。

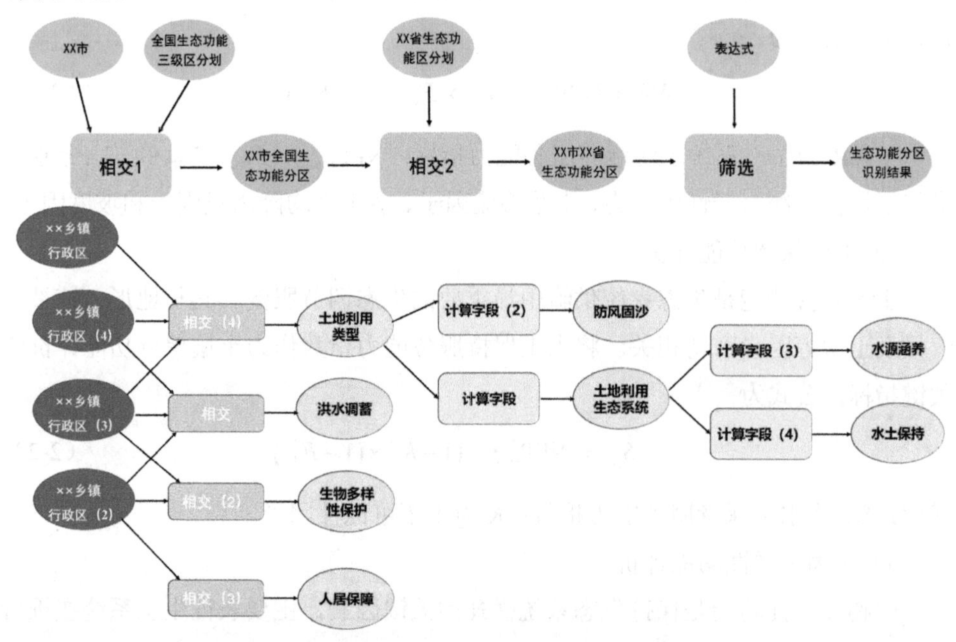

图 2-16　村镇主导生态功能区辨识模型

（3）辨识结果校验

通过现场核查，对国家、省、市级三级交汇结果进行校验，分析村镇具体承载的生态功能，结合现实情况对村镇主导生态功能辨识结果进行二次校正，力求主导生态功能辨识结果符合村镇生态建设现状。

（4）村镇生态系统服务功能重要性评估

同一村镇可能同时主导有不同类型的生态系统服务功能。因此，在上述简单辨识的基础上，进一步对村镇生态系统服务功能的重要性进行评估。参照《资源环境承载能力和国土空间开发适宜性评价指南（试行）》《生态保护红线划定指南》等所推荐的评价方法和参数，开展村镇生态系统服务功能重要性和敏感性评价。

1）水源涵养功能评价

水源涵养功能是森林、草原等不同生态系统与水相互作用，通过截留、下渗、聚积降水等过程，并通过进一步地蒸散调节水流和水循环，降低了区域河流流量的季节性波动，具有缓和地表径流和补给地下水作用，进而保证滞洪，保证水质。研究采用定量指标法综合评价生态系统水源涵养功能，引入水源涵养服务能力评价指标。公式为

$$\mathrm{WR}=\mathrm{NPP}_{\mathrm{mean}}\times F_{\mathrm{sic}}\times F_{\mathrm{pre}}\times\left(1-F_{\mathrm{slo}}\right) \tag{2-1}$$

式中，WR 为生态系统水源涵养服务能力指标；$\mathrm{NPP}_{\mathrm{mean}}$、$F_{\mathrm{sic}}$、$F_{\mathrm{pre}}$ 和 F_{slo} 分别为多年平均植被净第一性生产力、土壤渗流因子、多年平均降水量因子和坡度因子。

2）土壤保持功能评价

土壤保持功能是生态系统供给中最重要的生态调节服务。其与地形、植被、气候及土壤等因素密切相关。将水土保持服务能力指数作为土壤保持功能评价的关键指标，公式为

$$S_{\mathrm{pro}}=\mathrm{NPP}_{\mathrm{mean}}\times(1-K)\times\left(1-F_{\mathrm{slo}}\right) \tag{2-2}$$

式中，S_{pro} 为水土保持服务能力指数；K 为土壤可蚀性因子。

3）生物多样性功能评价

生物多样性功能是保持生态系统强劲的关键因素，主要表征生态系统在维持多样性、物种等方面的作用。本研究引入生物多样性维护服务能力指数作为评价

指标，公式为

$$S_{\text{bio}} = \text{NPP}_{\text{mean}} \times F_{\text{tem}} \times F_{\text{pre}} \times (1 - F_{\text{alt}}) \tag{2-3}$$

式中，S_{bio} 为生物多样性维护服务能力指数；F_{tem}、F_{alt} 分别为多年平均气温、海拔因子。

4）水土流失敏感性评价

为更加科学评估区域水土流失敏感性的变化，根据研究区实际，结合生态功能区划有关规范要求，综合选取坡长坡度、土壤可蚀性、降水侵蚀力及地表植被覆盖等指标，对大娄山区水土流失敏感性开展评价，计算公式为：

$$\text{SS}_i = \sqrt[4]{R_i \times K_i \times \text{LS}_i \times C_i} \tag{2-4}$$

式中，SS_i 为 i 空间单元的水土流失敏感性指数；R_i、K_i、LS_i 和 C_i 分别为降雨侵蚀力因子、土壤可蚀性因子、坡长坡度因子及地表植被覆盖因子。

（5）集成评价

对生态系统服务重要性和生态敏感性进行集成评价，生态环境保护重要性等级判别以二者中较高等级为准，分为极重要、重要和一般重要 3 个等级。

表 2-3　集成评价表

生态功能重要性	生态系统生态敏感性		
	极敏感	敏感	一般敏感
极重要	极重要	极重要	极重要
重要	极重要	重要	重要
一般重要	极重要	重要	一般

2.3.2　承载力评价指标体系

资源承载力是生态承载力的基础条件，环境承载力是生态承载力的约束条件，生态弹性力是生态承载力的支持条件。村镇建设生态压力实质上会破坏生态系统结构和功能，其主要表现是资源占用和环境污染；生态弹性力是生态压力的反作用力，它不仅表现为生态系统的自我恢复和抵抗力，更重要的是表现为人的社会行为的反馈力。在村镇复合生态系统承载力测算中，利用生态压力与生态弹性力的相互作用机制为基础构建评价指标体系。结合《乡村振兴战略规划（2018—2022 年）》《美丽乡村建设指南》（GB/T 32000—2015）和《国家级生态乡镇申报及管理规定（试行）》（环发〔2010〕75 号）等，依据科学性、代表性、层次性和可操作性原则构建村镇建设复合生态系统承载力评价指标体系（表 2-4），共包括 4 层：第一层为目标层，即生态承载力水平指数（S）；第二层为约束层，包括生态压力指数（A1）和生态弹性力指数（A2）；第三层为准则层，生态压力指数评价由资源占用（B1）和环境污染（B2）两部分要素构成，生态弹性力指数评价由生态宜居（B3）、生态经济（B4）、系统开放（B5）和管理政策（B6）4 部分要素构成；第四层为指标层，由表征准则层的具体指标构成（C1～C27）。

表 2-4　村镇建设复合生态系统承载力评价指标体系

目标层	约束层	准则层	指标层	编号	单位
村镇建设复合生态系统承载力（S）	生态压力指数（A1）	资源占用（B1）	人口密度	C1	人/km^2
			人均耕地面积	C2	hm^2/人
			集中式饮用水水源地水质达标率	C3	%
			使用清洁能源的居民户数比例	C4	%
		环境污染（B2）	农用化肥施用强度	C5	折纯，kg/hm^2
			农药施用强度	C6	折纯，kg/hm^2
			农膜回收率	C7	%
			畜禽养殖场（小区）粪便综合利用率	C8	%
			受污染耕地安全利用率	C9	%
			生活污水处理农户覆盖率	C10	%
			农作物秸秆综合利用率	C11	%
			工业企业污染物排放达标率	C12	%

目标层	约束层	准则层	指标层	编号	单位
村镇建设复合生态系统承载力（S）	生态弹性力指数（A2）	生态宜居（B3）	林草覆盖率	C13	%
			河塘沟渠整治率	C14	%
			土地生产力	C15	万元/hm^2
			生活垃圾无害化处理率	C16	%
			农村卫生厕所普及率	C17	%
		生态经济（B4）	农民人均纯收入	C18	元/a
			绿色、有机农产品产值	C19	万元/a
			生态加工业产值	C20	万元/a
			生态旅游收入	C21	万元/a
			单位工业用地 GDP 增加值	C22	万元/a
		系统开放（B5）	互联网普及率	C23	%
			农产品网络零售额	C24	万元
			具备条件的建制村硬化路比例	C25	%
		管理政策（B6）	生态环保投入占 GDP 比例	C26	%
			农村居民教育文化娱乐支出占比	C27	%

2.3.3 承载力评价等级

村镇建设复合生态系统承载力的水平是生态压力与生态弹性力相互作用的表现。生态压力是复合生态系统所承受的压力水平；生态弹性力是复合生态系统抵抗外界压力的能力水平。生态压力若在生态弹性力的可控范围内，则生态系统是安全的；生态压力若超过生态弹性力的作用范围，则生态系统濒临崩溃。评价模型如下：

生态压力模型：$$\mathrm{EPI}=\sum_{i=1}^{n}\mathrm{EPI}_i\times W_i \tag{2-5}$$

生态弹性力模型：$$\mathrm{ERI}=\sum_{i=1}^{n}\mathrm{ERI}_i\times W_i \tag{2-6}$$

生态承载力模型：$$\mathrm{ECC}=(\mathrm{ERI}-\mathrm{EPI})/\mathrm{ERI} \tag{2-7}$$

式中，EPI 为生态压力指数；EPI_i 为生态压力指数第 i 类指标；ERI 为生态弹性力指数；ERI_i 为生态弹性力指数第 i 类指标；ECC 为村镇建设复合生态系统承载力指数；W_i 为生态承载力第 i 类指数所选取因素的权重；n 为指标总数。权重（W_i）采用层次分析法进行赋值确定。

由于对评价指标值进行标准化和相应的处理，每个指标的数值均介于 0～1，生态压力指数和生态弹性力指数的评价结果也介于 0～1。评价结果的值越大，说明生态压力越大或生态弹性力越大；相反，值越小，生态压力越小或生态弹性力越小。根据复合生态系统承载力的大小，将村镇建设复合生态系统承载力水平以“红、黄、蓝、绿” 4 个等级表示，如表 2-5 所示。

表 2-5　村镇建设复合生态系统承载力水平的结果等级

等级	生态承载力指数 ECC	状态	生态系统发展趋势
红色	ECC＜0	失衡	濒临崩溃
黄色	0≤ECC＜0.1	高压	向不利方向发展
蓝色	0.1≤ECC＜0.5	中压	处于良好的平衡状态
绿色	0.5≤ECC≤1	低压	生态系统迅速发展

2.3.4　生态安全约束下承载对象测算思路

有关生态承载力概念的定义均认为载体是生态系统，其支持对象则从种群到社会经济系统。村镇建设涉及一个复杂系统，由自然、生态、社会、经济等各子系统构成，人口、土地和产业分别是社会系统、资源系统与经济系统的重要内容。人口对村镇发展至关重要，人口规模变化不仅会影响粮食安全、乡村贫困趋势等，也会通过自身行为影响其他要素。土地是村镇人口和产业要素的空间载体，体现为其所能承担的人口数量和粮食生产规模，描述的是人类活动和自然环境的动态协调与平衡关系。产业既是村镇地区发展的内生动力，也是一个地区能够实现可持续发展的重要保障。根据村镇建设生态承载力的内涵和构建的村镇建设复合生态系统承载力评价指标体系和模型，村镇建设承载对象包括人口数量、主导生态功能和产业规模。生态安全约束下村镇建设承载对象测算思路如图 2-17 所示。

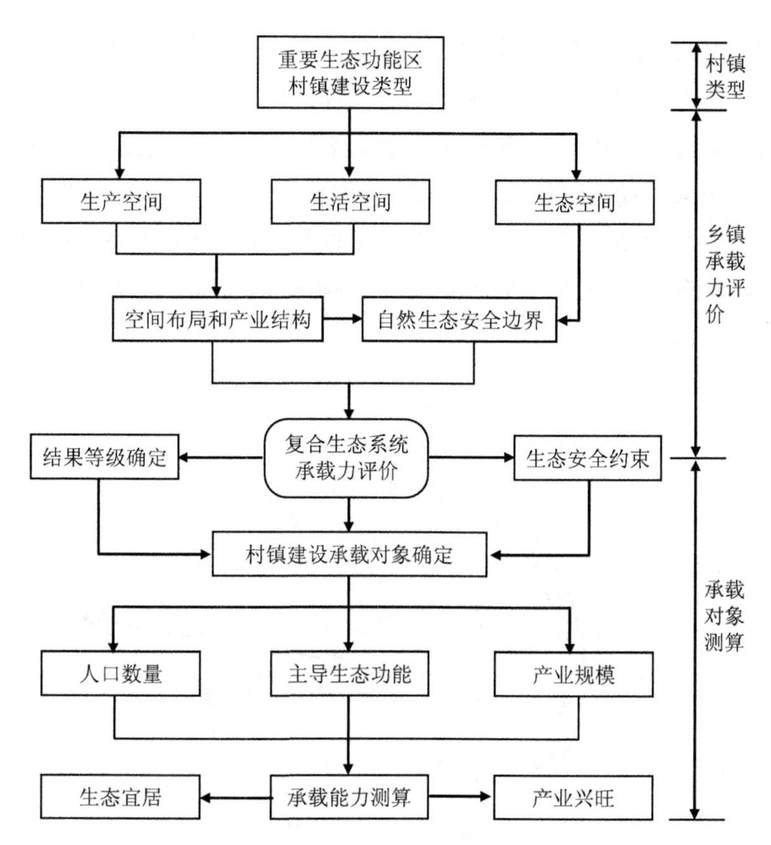

图 2-17 村镇建设复合生态系统承载力评价与承载对象测算思路

2.4 村镇建设产业适宜性状态测算

2.4.1 模型构建思路

中国科学院可持续发展战略研究组于 2013 年提出“生态文明建设的概念模型”，将生态文明建设视为“在经济、社会和生态的多维空间中，通过自我调整和良性互动的自校作用，引导和促进自然-社会-经济复杂系统沿着一定的边界约束通道实现正向演化的积极干预过程”。村镇建设生态安全约束下的产业适宜性正是生态文明建设的主要内容之一，产业适宜性这一系统的可持续性维持将受到社会经济系统的干预，若干预过程超过边界约束，则会进入非自校状态，产业发展将偏离可持续性通道。因此，将影响产业适宜性的相关因素划分为两个子系统，即表征生态安全的约束力（C）和反映社会经济系统的产业发展动力（D），并将其相互作用用后形成的动态平衡边界定义为生态安全约束下的产业适宜性边界状态（B），相当于复杂系统受到生态系统的“向心力”和经济社会系统的“离心力”来运动，以此构建了 DCB（development-constraint-boundary）产业适宜性发展概念模型（图 2-18）。

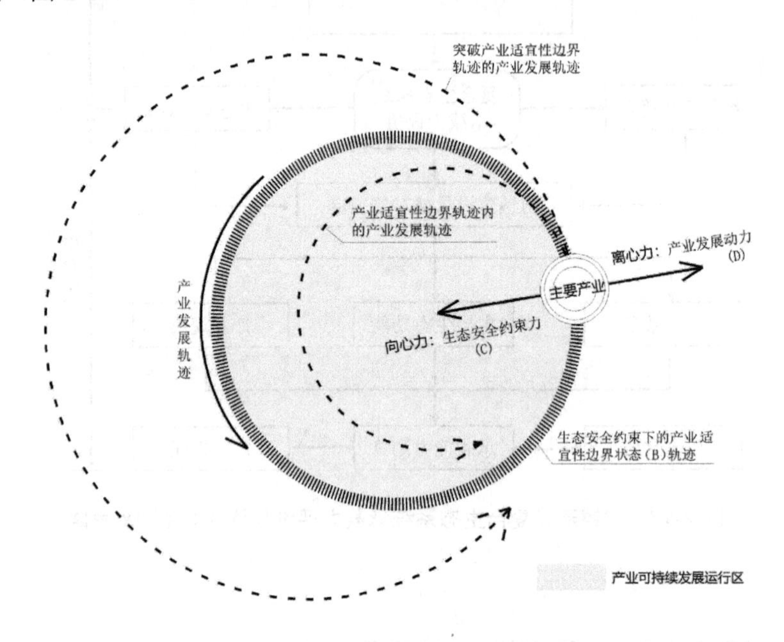

图 2-18 DCB 概念模型图解

2.4.2 评价框架与测算方法

（1）评价框架

生态安全约束下的村镇产业适宜性评价以“镇（乡）”行政边界为基本研究单元，通过构建评价指标体系、筛选评价方法、完成表征指数的测算等具体工作，从“离心力”产业发展动力（D）与“向心力”生态安全约束力（C）两方面进行评价，完成武陵镇产业适宜性矩阵分析，综合提出武陵镇产业适宜性发展建议（图 2-19）。

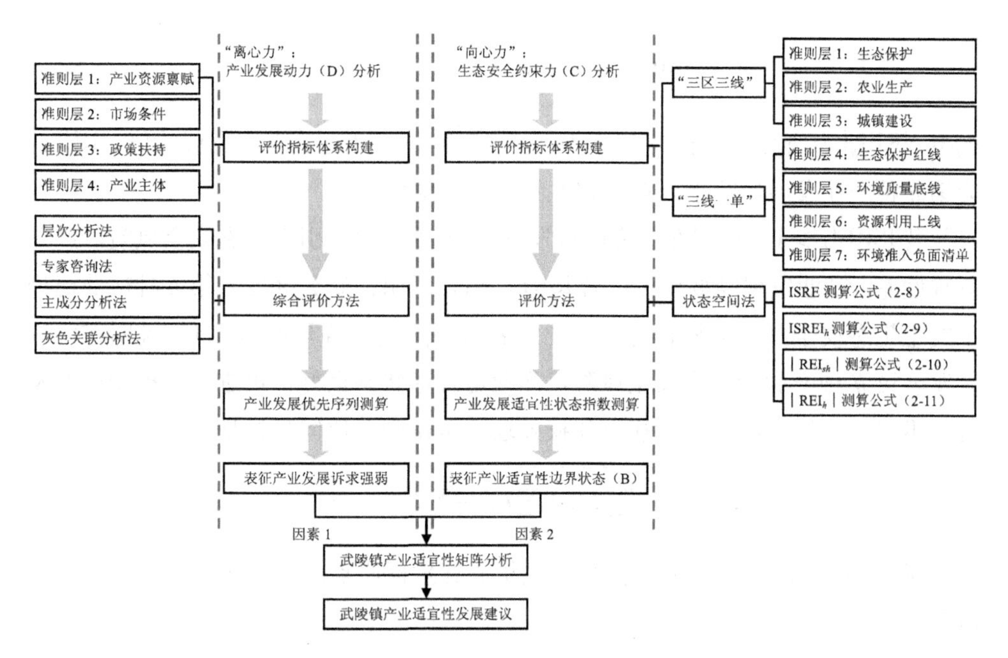

图 2-19 DCB 产业适宜性评价框架

（2）测算方法

村镇建设生态安全约束下产业适宜度 ISRE（Industrial Suitability under the Restriction of Ecological security）取决于生态安全约束力、产业布局动力和产业规模动力3个矢量的共同作用。假设3个矢量大小分别由 Z_i、X_j 和 Y_r 的指标集和各自权重值 F_{1i}、F_{2j} 和 F_{3r}（i=1，2，3，…，n；j=1，2，3，…，n；r=1，2，3，…，n）来表征，则该产业于村镇建设中生态安全约束下的产业适宜度 ISRE 可用数学式表达为

$$\mathrm{ISRE}=E\left(\sum_{i=1}^{n}F_{1i}\times Z_i,\sum_{j=1}^{n}F_{2j}\times X_j,\sum_{r=1}^{n}F_{3r}\times Y_r\right)\tag{2-8}$$

借鉴王红旗等所构建"资源环境承载力承载指数"计算公式[57]，以生态安全约束力为 Z 轴、产业规模增长给生态安全带来的压力为 Y 轴、产业布局扩张给生态安全带来的压力为 X 轴，采用状态空间法将指标集进行综合运算，则第 h 种拟发展产业的 ISRE_h 可通过产业适宜性状态指数 ISREI_h 来表征，综合测算公式如下：

$$\mathrm{ISRE}_h = \mathrm{ISREI}_h = \frac{|\mathrm{REI}_h|}{|\mathrm{REI}_{sh}|} \tag{2-9}$$

式中，$|\mathrm{REI}_h|$ 为研究区域在第 h 种产业发展影响下产业适宜性状态现状值；$|\mathrm{REI}_{sh}|$ 为第 h 种产业发展影响下产业适宜性的单位向量值。

若 $\mathrm{ISREI}_h > 1$，说明在研究区域发展第 h 种产业将引发生态安全风险，产业适宜性差，产业发展需要整治；若 $\mathrm{ISREI}_h = 1$，说明在研究区发展第 h 种产业已处于发生生态安全风险临界状态，产业发展需要限制；若 $\mathrm{ISREI}_h < 1$，说明在研究区发展第 h 种产业无生态安全风险，产业适宜性状态良好，可进一步推动产业发展。$|\mathrm{REI}_{sh}|$ 通过不同向量的权重加权处理，可得到单位向量模型：

$$|\mathrm{REI}_{sh}| = \sqrt{\sum_{i=1}^{n} F_{1ih}^2 + \sum_{j=1}^{n} F_{2jh}^2 + \sum_{r=1}^{n} F_{3rh}^2} \tag{2-10}$$

$|\mathrm{REI}_h|$ 所表征的产业适宜性状态现状值到坐标原点的加权距离计算公式如下所示：

$$|\mathrm{REI}_h| = \sqrt{\left\{\left(\sum_{i=1}^{n} F_{1ih} + \sum_{j=1}^{n} W_{2jh} + \sum_{r=1}^{n} W_{3rh}\right) \times \left[\mathrm{REI}_h(\mathrm{opr})\mathrm{REIC}_h\right]\right\}^2} \tag{2-11}$$

式中，向量 REIC_h 为研究区第 h 种拟发展产业的生态安全约束下产业适宜称量值，其根据短板理论，由综合各指标限制范围得出；opr 为向量的运算符、运算方法和过程，表征现状状态值和适宜称量值的位置关系。

2.4.3 产业适宜性状态指数测算

根据《资源环境承载能力和国土空间开发适宜性评价指南（试行）》，并且参照全国首批市县国土空间规划试点榆林市国土空间规划成果，构建村镇建设的国土空间规划“三区三线”生态约束指标体系。

根据《“生态保护红线、环境质量底线、资源利用上线和环境准入负面清单”编制技术指南（试行）》，结合《水污染防治行动计划》《土壤污染防治行动计划》《大气污染防治行动计划》的要求，并对照市/区“三线一单”技术文件，构建村镇建设的“三线一单”生态约束指标体系。

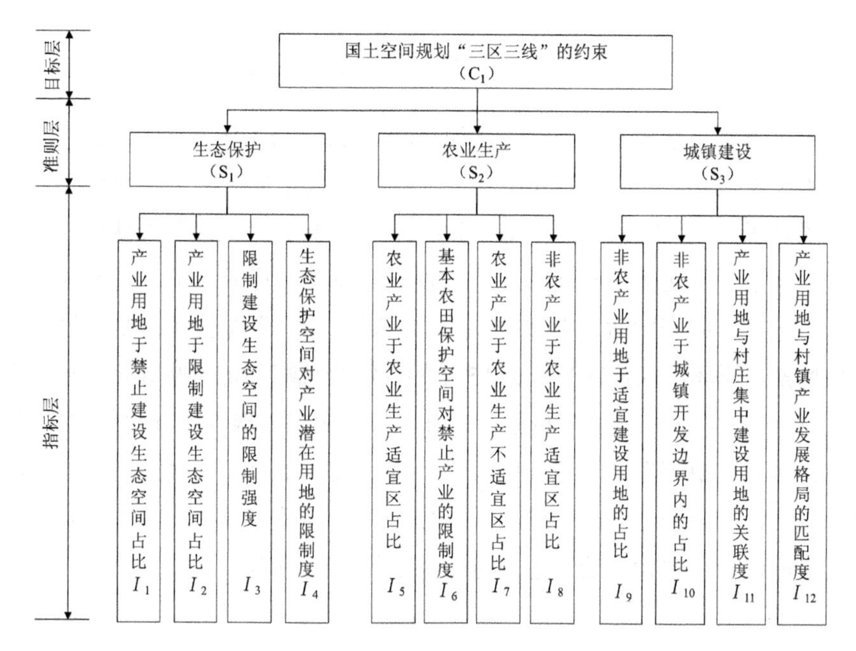

图 2-20 “三区三线”生态安全约束评价指标体系框架

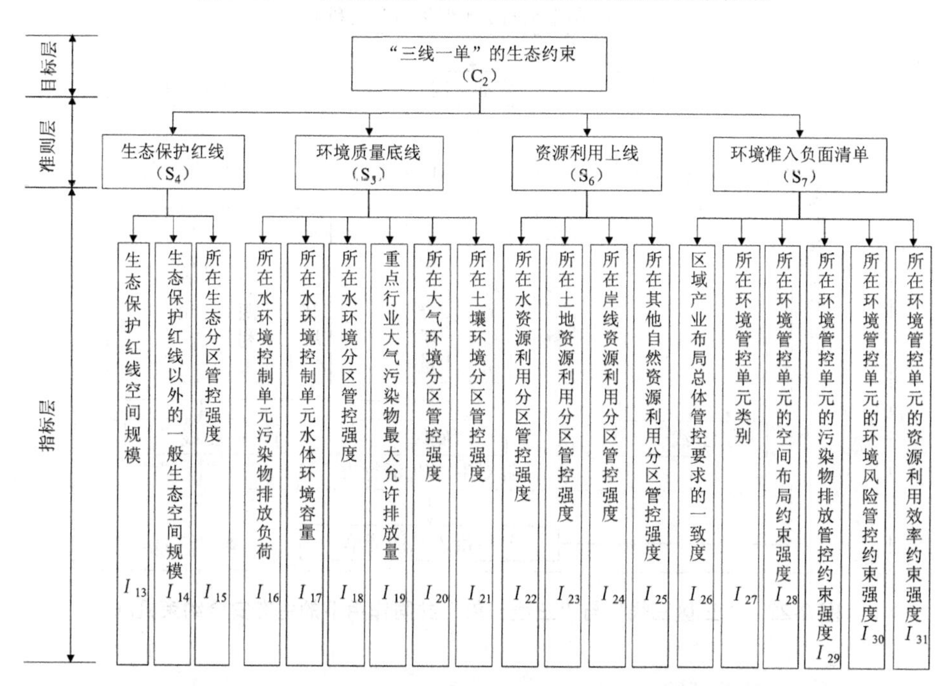

图 2-21 “三线一单”生态安全约束评价指标体系框架

2.4.4 公共管控政策体系中的生态安全约束机制

随着生态文明建设不断深化，“资源分区管控”与“环境分区管控”的相关理论、技术不断成熟。一方面《中共中央　国务院关于建立国土空间规划体系并监督实施的若干意见》明确提出推动“多规合一”，构建“五级三类四体系”的国土空间规划体系，强化规划导向的“资源管控”思维，形成基于“资源环境承载能力评价与国土空间开发适宜性评价”的“三区三线”资源管控机制。另一方面，生态环境部（原环境保护部）自2015年始，结合战略环境影响评价改革，提出以“三线一单”管控方式，“画好框子、定好界线、明确门槛”，推动空间布局优化及产业结构调整，协调发展与底线的关系，确保发展不超载、底线不突破，以达到“环境质量改善”的管控目标。至此，我国公共管控政策体系中的生态安全约束生成机制形成，村镇建设中的生态安全约束边界逐渐清晰。

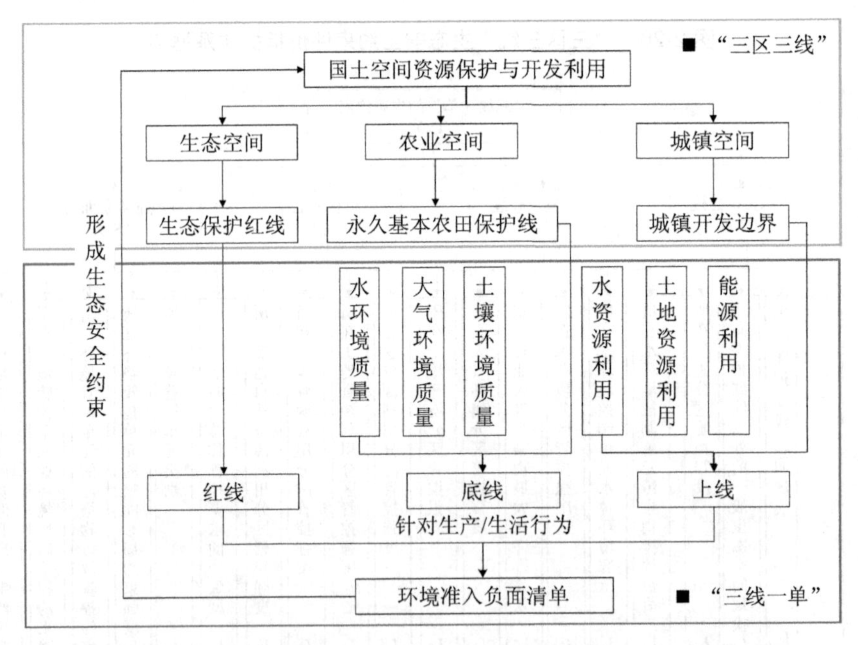

图2-22　“三区三线”与“三线一单”共同作用下的生态安全约束机制

2.5 “一村一品”村镇产业-生态权衡

2.5.1 模型构建思路

2.5.1.1 权衡的核心逻辑

步骤 1：以主导生态功能辨识为导向，兼顾国家与地方生态需求，确定生态建设目标，测算特定产业在生态约束下可发展的最大规模。

步骤 2：以合理的经济效益目标为导向，在明确单位产业用地可带来的产业效益基础上，测算实现经济效益目标需要发展的特定产业规模。

步骤 3：经权衡，在保证“生态建设目标与经济效益目标”均得以实现的前提下，分析不同技术解决方案情景，测算特定产业需要发展的最小规模，即村镇“一村一品”生态产业权衡指向的最优综合效益目标。

村镇“一村一品”生态产业权衡逻辑框架如图 2-23 所示。

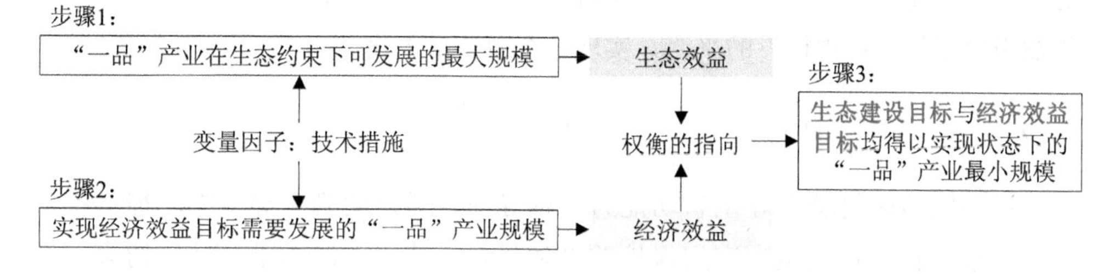

图 2-23 村镇“一村一品”生态产业权衡逻辑框架

2.5.1.2 产业规模测算总体思路

通过当地发展规划与区域经济发展对比，明确研究区社会经济发展述求，确定合理的经济效益目标。聚焦“一品”确定的主导产业，选取合适方法，得出单位产业用地的产品产出规模、单位产品的市场价值，据此推算出单位产业用地可带来的产业效益，采用“区域经济效益总目标÷单位产业用地的产业效益=产业规模”的测算逻辑，得到村镇“一村一品”产业效益引导下的产业规模预测结论。

2.5.1.3 生态产业权衡情景分析

情景一：如果“生态效益限定下的产业规模”大于“经济效益引导下的产业规模”，则代表该村产业发展与生态保护处于适宜性状态，有较好的综合效益。

情景二：如果“生态效益限定下的产业规模”小于“经济效益引导下的产业规模”，且不改进生产技术，在主导产业不变的前提下，则代表需缩减“一品”产业产品生产规模，通过“产业链延伸、复合产业发展”等措施，优化产业结构，提高单位产业用地的经济效益产出，从而达到平衡“生态效益限定下的产业规模”与“产业效益引导下的产业规模”的效果，实现综合效益最大化。

情景三：如果“生态效益限定下的产业规模”小于“经济效益引导下的产业规模”，在要改进生产技术的前提下，单位农产品生产带来的生态荷载（E）将有所缩减；与之相对，生产技术的改进将带来额外的投入，单位产业用地可带来的产业效益（D）将有所缩减。只有当 E 的缩减速度大于 D 的缩减速度时，才可实现“生态效益限定下的产业规模”与“产业效益引导下的产业规模”的平衡。如 E 的缩减速度小于 D 的缩减速度时，则需要综合“产业链延伸、复合产业发展”等措施，优化产业结构，才有可能实现“生态效益限定下的产业规模”与“产业效益引导下的产业规模”的平衡，实现综合效益最大化。

2.5.2 生态效益限定下的产业规模测算

以不同地区村镇主导生态功能为目标导向，通过明确主导生态功能维持、生态环境保护及重要生态空间保护的具体目标，从“资源约束、环境约束、红线约束”3 方面测算单位农产品生产带来的生态荷载，并基于“资源供给量、污染物允许排放量、适宜空间供给量”总量控制，采用“总量供给÷单位荷载=产业规模”的测算逻辑，得到村镇“一村一品”生态效益限定下的产业规模预测结论（图 2-24）。

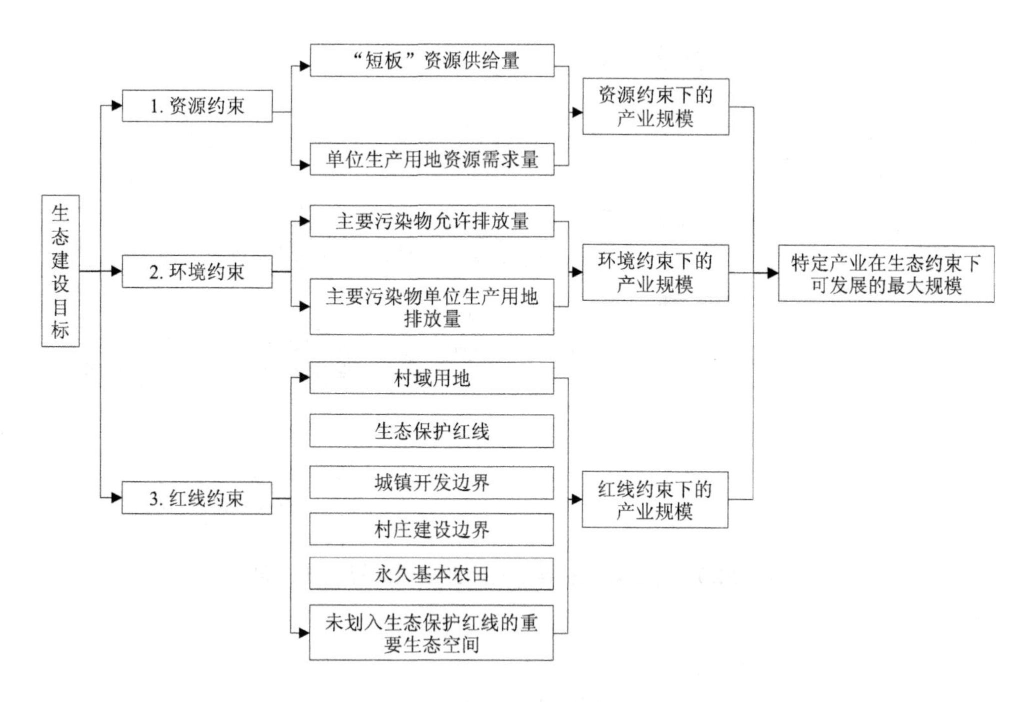

图 2-24　生态效益限定下的产业规模测算工作框架

2.5.3　经济效益引导下的产业规模测算

通过当地发展规划与区域经济发展对比，明确研究区社会经济发展，确定合理的经济效益目标。聚焦“一品”确定的主导产业，选取合适方法，得出单位产业用地的产品产出规模、单位产品的市场价值，据此推算出单位产业用地可带来的产业效益，采用“区域经济效益总目标÷单位产业用地的产业效益=产业规模”的测算逻辑，得到村镇“一村一品”产业效益引导下的产业规模预测结论（图 2-25）。

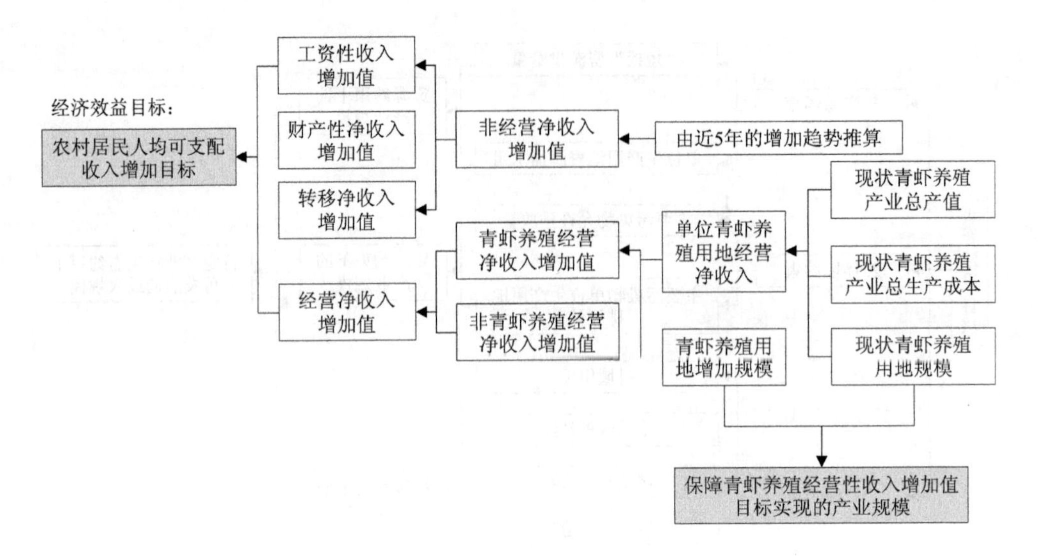

图 2-25　经济效益引导下的产业规模测算工作框架

2.6　村镇建设生态承载力的提升

相关研究表明，在一定时空尺度和经济技术条件下的资源环境承载能力是一定的，有固定的生态承载力阈值。开展重要生态功能区村镇承载力提升方案研究，目的是通过一定的环境管理和经济技术手段，使其不断接近生态承载力阈值，以达到理想的状态。

2.6.1　减轻村镇建设的生态压力

村镇建设生态压力主要来源于资源占用和环境污染两个方面。村镇地域系统和人地关系的协调发展，是实现村镇建设过程中人与自然和谐共生的基础，减轻生态压力是生态安全约束下村镇承载力提升的“核心内容”。主要路径包括以下 2 个方面。

一是实现水土资源高效集约利用。村镇无序建设容易占用大量耕地资源，“空心村”“老人村”现象普遍，亟待优化村镇人口布局，合理确定人口数量，并将农田生态系统嵌入村庄绿地系统。实施迁村并居、退宅还田等工程，通过“空心村”

整治、中心村建设和中心镇转移的地域模式，加强乡村聚落的空间集聚，改善群众的居住环境和生活环境。

二是加强农村环境综合整治和环境污染防治。通过发展绿色有机农业，实现生产与农用化学品脱钩，用绿肥和商品有机肥替代化肥，推广绿色防控，解决化学农药过量使用问题。大力发展种养融合的生态产业体系，解决规模化畜禽养殖污染问题。弘扬生态文化，开展教育、培训和交流活动，增强农村居民的绿色发展理念，引导村民主动参与村镇绿色生态建设和环境保护。

2.6.2 提高村镇建设的生态弹性力

村镇建设生态弹性力包括生态宜居、生态经济、系统开发和管理政策 4 个方面，提高生态弹性力是生态安全约束下村镇承载力的“重要支撑”。主要路径包括以下 3 个方面。

一是实施村镇建设生态保护修复工程。开展农村河塘、沟渠清淤整治，实施河湖水系连通工程，提高山水林田湖草系统的完整性。扩大绿色生态空间，做好山区宜林荒山造林、矿区生态修复、平原绿色廊道建设，构建以景观绿带为支撑、绿色廊道为骨架的互联互通的绿色生态体系，提升生态景观。加强森林、湿地、草原保护与恢复，荒漠化土地治理，提升生态系统的灾害防控能力。实施造林绿化与退耕还林、森林质量提升、湿地保护与恢复、生物多样性保护等工程措施。

二是构建村镇生态经济体系。推进村镇生态产业化和产业生态化发展，立足于村镇资源基础，发展特色和优势农业，实现“绿水青山”转化“金山银山”。以生态优先、绿色发展为导向，推动农业向生产清洁化、废弃物资源化、产业模式生态化发展。推动乡村旅游、休闲观光农业、民宿经济等旅游业向资源节约型、环境友好型的生态旅游转化。

三是完善村镇基础设施建设和公共服务供给。提高农村卫生厕所及互联网普及率、建制村硬化路比例、农村居民教育文化娱乐支出占比，增强村镇居民的获得感、幸福感、安全感。

2.6.3 增强村镇复合生态系统的承载力

做好污染减排和生态扩容两手发力是村镇承载力提升的“关键补充”。在减轻村镇建设的生态压力、提高村镇建设的生态弹性力的基础上，其他路径包括以下2个方面：

一是做好村镇空间布局和产业发展规划引领。立足于村镇建设的水土资源赋存条件和生态约束，把“绿水青山就是金山银山”“冰天雪地也是金山银山”等绿色发展理念融入乡村振兴的生态产业化和产业生态化过程中，建立与主导生态功能保护相适应的生态产业体系。根据村镇建设自然生态安全边界，合理确定生态保护红线、基本农田保护控制线、城镇开发边界控制线，防止出现以牺牲“绿水青山”为代价的村镇建设活动。

二是实施自然生态保护与污染协同治理。统筹山水林田湖草一体化生态保护修复，建立健全自然生态安全边界预警体系，提高村镇复合生态系统的服务能力、自我调控能力和自我修复能力。聚焦村镇水源地保护、农业面源污染、村镇工业企业污染、农业废弃物处置、村镇生活垃圾及污水无害化等，加大污染治理力度，多措并举，切实提升村镇承载力。

第3章

天目山—怀玉山区村镇绿色生态建设

3.1 区域与典型村镇概况

3.1.1 重点生态功能区概况

天目山—怀玉山区（116°21′～120°5′E、28°32′～31°17′N）是我国水源涵养和生物多样性重点保护区域，行政区域涵盖江西、安徽、浙江和江苏 4 个省，主要涉及浙江省的杭州、湖州、金华，江西省的上饶、景德镇、九江，安徽省的宣城、黄山、池州，以及江苏省的无锡和常州，总面积为 59 747 km^2（图 3-1）。天目山—怀玉山研究区不仅是我国东部地区重要河流钱塘江的发源地，也是目前华东地区森林面积保存较大和生物多样性丰富的区域，高等植物超过 2 400 种，是华东地区重要的生态安全屏障。同时，该区域内山地面积大，降雨丰富，多台风，暴雨，资源环境问题也比较突出，以此为研究对象，具有一定的代表性。

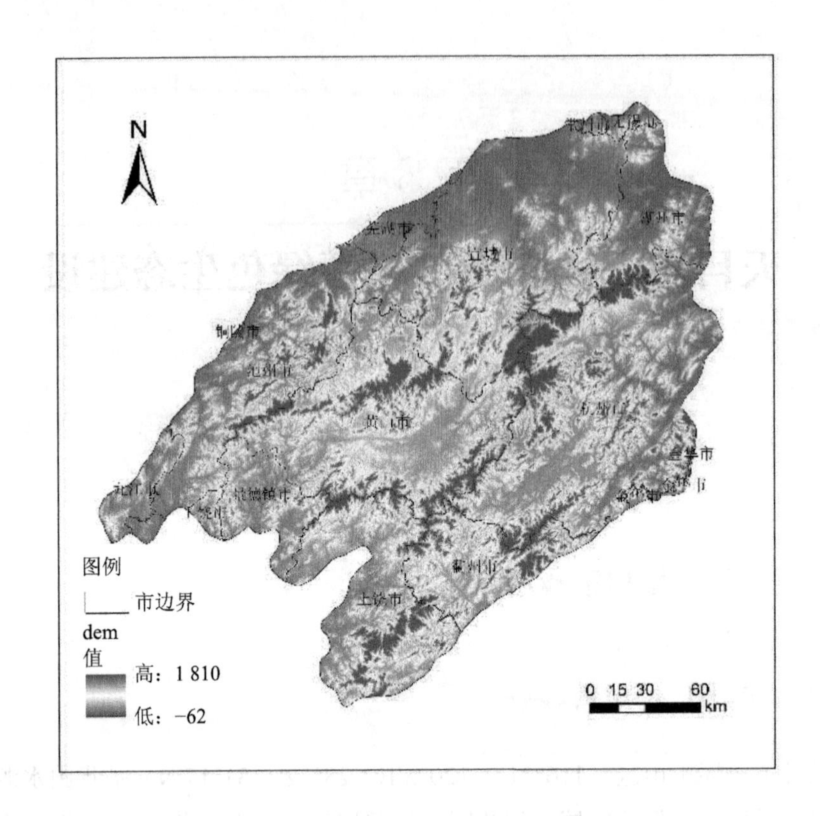

图 3-1 天目山—怀玉山研究区示意图

3.1.2 典型村镇概况与产业发展现状

3.1.2.1 新明乡自然地理条件

新明乡位于安徽省黄山区东北部（图 3-2），其中心位置位于 30°29′N、118°25′E，与龙门乡、仙源镇、三口镇、谭家桥镇、凤村、庙首镇相邻，总面积为 139.03 km^2，其中的茶叶种植面积达 1 733.33 hm^2。乡内地貌以丘陵为主，多山地河谷。境内主要河流为麻川河水系，汇乡境大小河溪，最后注入太平湖。境内主要山脉有两条，均属于黄山支脉。一条是位于麻川河以东的龙王山山脉，另一条是位于麻川河以西的龙门岭山脉。

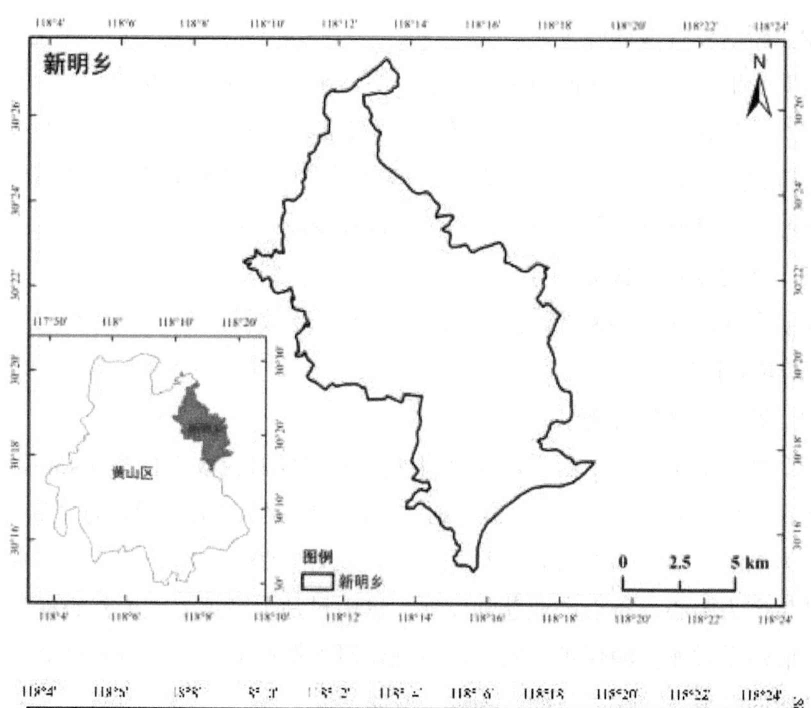

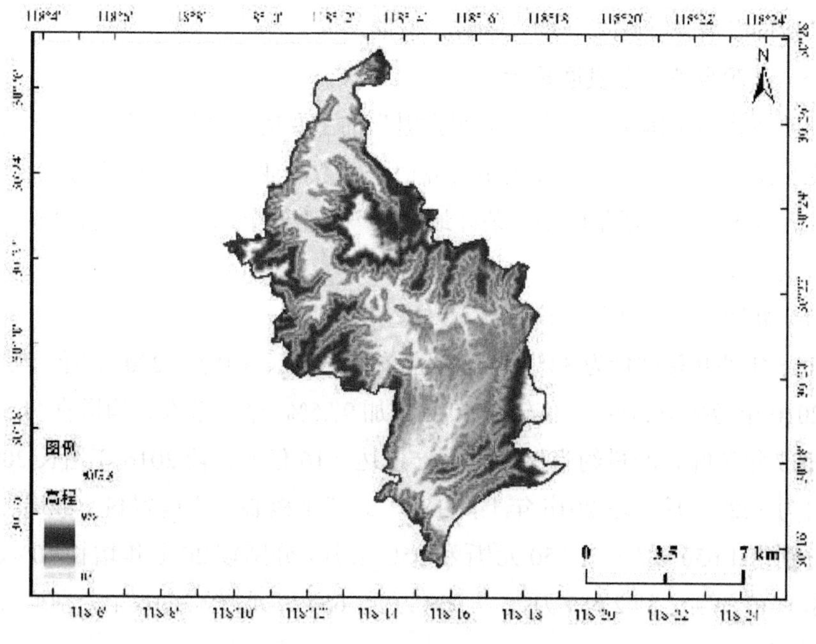

图 3-2　新明乡区位、高程图

3.1.2.2 新明乡气候环境

新明乡地处安徽省皖南山区，四季分明，雨量充沛，日照较少，小气候特点显著（太平湖沿岸区域尤为显著）。春季气温回暖不稳定，雨水多、光照少；夏季雨热，初期降水集中，易产生洪涝，后期高温易旱；晚秋降温显著，常有夹秋旱，白天气温高，早晚凉；冬季干而冷，但冻害较少，属于亚热带气候。

3.1.2.3 新明乡人口状况

新明乡辖葛湖、招桃、新明、樵山、猴坑 5 个行政村，59 个村民组，共有 2 300 余户、7 400 余人。

3.1.2.4 新明乡社会经济

新明乡经济实力稳步增强，2021 年度全乡完成财税收入任务 2 450 万元，固定资产完成投资 1.53 亿元，招商引资到位资金 1.51 亿元，全乡春茶总产量为 286 t、总产值为 1.83 亿元。乡村经济社会发展呈现良好态势。主导产业为茶产业，坚持以茶叶生产为中心，香榧产业蓬勃发展。樵山村是全国第二大天然香榧林。乡党委、政府注重香榧资源保护与发展，专题调研香榧产业，共谋香榧产业发展。同时旅游业的发展也促进了新明乡的经济发展。

3.1.2.5 新明乡茶产业发展现状

新明乡作为中国十大名茶“太平猴魁”的主要的原产地核心区，位于黄山东麓，太平湖畔，泾县、旌德和黄山交界地区。茶产业为新明乡的主导支柱和特色产业，近年来，全乡紧紧围绕“茶叶最强乡”和“五个二工程”，使得新明乡茶产业得到快速发展。

（1）新明乡茶产业量、产值状况

2015 年茶叶总产量为 335 t、产值为 18 090 万元、均价为 270 元/斤。茶叶总产量较 2010 年增加 76.3%、产值较 2010 年增加 97.5%。全乡茶农人均增收 11 307 元。

2017 年茶叶总产量约为 335 t，总产值达 2.16 亿元，较 2016 年增长 20%，干茶均价为 322 元/斤，较 2016 年上升 18.5%。三个核心原产地猴村、猴岗、颜家，均价分别为 1 650 元/斤、1 150 元/斤和 950 元/斤，分别较 2016 年增长 10%、15%、18.7%，产值分别达到 2 689 万元、1 069 万元、684 万元，较 2016 年分别增长 11%、15.5%和 19.1%。

2018 年茶叶全年总产量约为 285 t，干茶均价为 380 元/斤，农业总产值为

2.2 亿元，农产品加工产值达 8.46 亿元，农产品加工业产值与农业产值的比为 3.89∶1。茶叶总产量占全区茶叶总产量的 22.7%、产值占全区茶叶总产值的 34.9%。

2019 年茶叶春茶总产量为 169 t、总产值为 1.62 亿元，较 2018 年上升 5.1%，其中红茶产量为 15 t。

2020 年春茶总产量为 296 t，干茶均价为 300 元/斤，总产值约 1.78 亿元，较 2019 年增长 10%，其中红茶产量为 20 t，较 2019 年增长 33%。生产优质太平猴魁 7.09 万 kg，产值为 7 075 万元，人均茶叶收入达 4.8 万元，其中猴村组生产极品太平猴魁 7 600 kg，产值为 2 204 万元，人均收入高达 24.5 万元（数据来源：新明乡人民政府）。

表 3-1　2011—2020 年茶叶产值统计表

年份	茶产量/t	茶叶产值/万元	平均单价/（元/kg）
2011	200	12 000	600
2012	215	15 480	720
2013	245	16 388	670
2014	311	17 416	560
2015	335	18 090	540
2017	335	21 600	644
2018	285	15 400	540
2019	269	16 200	602
2020	296	17 800	601

（2）新明乡茶园、茶企状况

2015 年全乡茶园面积为 15 634 亩[①]（葛湖村 2 254 亩、招桃村 3 482 亩、樵山村 2 265 亩、猴坑村 3 822 亩、新明村 3 811 亩），占全区茶园总面积的 22.3%。人均拥有茶园 1.98 亩。全乡茶园无公害认证和有机茶园认证面积为 700 亩。2017—2018 年全乡茶园总面积为 2.6 万亩，新建良种茶园 200 亩。2020 年全村森林覆盖

① 1 亩≈666.7 m^2。

率达 90.1%，拥有有机茶园 400 亩，其余 5 000 亩均按照绿色防控进行茶园管理。

全乡拥有大、小茶企及茶叶经营户 50 余家，其中生产销售 5 000 万元龙头企业 2 家，上亿元企业 2 家。省级龙头企业 2 家，中国茶业百强企业 2 家。注册茶叶商标 30 余个，其中中国驰名商标 2 个（猴坑、六百里）、省级著名商标 7 个（猴坑、六百里、新明、黄山猴、凤尾、金竹湾、康谐）、“中华老字号” 1 家；省级名牌农产品 2 个，六百里、猴坑 2 家企业通过 ISO 质量体系认证。进入区工业园区企业 3 家。茶叶合作社 14 家，其中获“中国 50 佳合作社”称号 1 家。全乡现有标准、清洁化茶叶初制厂 23 家。

3.1.2.6 茶产业发展问题分析

（1）部分茶园基础设施较差

茶园多分散于山坡间和路旁地边，株从稀疏；少数茶园树龄偏大，且山高坡陡，水土流失严重，树势老衰。由于建园基础差，管理粗放，生产茶叶以一季春茶为主。

全乡普遍存在以高频率重剪来达到枝粗芽壮的急功近利做法，过度的高强度修剪导致猴魁产区茶叶产量难以提高。

（2）太平猴魁品牌保护措施欠缺

太平猴魁茶工艺未按标准规程，生产加工“布尖”产品假冒太平猴魁茶；或一些不符合生产太平猴魁茶的鲜叶，被两枝甚至三枝叠压仿制成猴魁茶。这些问题影响了太平猴魁茶的品牌声誉。长此以往，太平猴魁茶产业将难以可持续健康发展，最终将影响广大茶农、经营户的切实利益。

（3）茶叶质量安全体系薄弱

茶叶初制厂工艺条件较弱，全乡大部分茶叶仍采用家庭作坊式生产，加工方式多为手工操作，存在茶叶加工工艺不规范，产品规格不一致，茶叶品质难稳定，质量安全难以保障等缺陷。并且存在生产成本高、效率低、市场竞争力弱等突出问题。虽然近几年，在市、区茶产业专项资金扶持引导下，全乡优化改造标准化、清洁化茶厂近 20 家，但是标准化清洁化生产仍需全面推开。

茶园分布较为分散，在茶园管理中，对于农药化肥除草剂的使用没有科学标准，无公害技术体系有待进一步加强，茶叶质量源头的绿色生产问题亟待解决。

对现有的太平猴魁国家标准和工艺规程省级标准的示范、推广力度不够，产品及工艺规程标准在实际生产中没得到很好的应用，生产管理、加工操作欠规范，名茶品质稳定性有待提高。

（4）精深加工产品开发不足，产品单一

茶企茶叶精深加工投入较少，存在茶产品形态单一，夏秋茶资源利用率低，中低档产品开发缺失，精深加工产品开发不足。仍以传统名茶太平猴魁为主导产品，茶叶产品种类少，茶产业链较短，科技含量和产品附加值不高。茶叶的综合开发利用还有很大空间。

（5）龙头企业辐射影响力不够强大，组织化程度较低

全乡成规模的茶企不多，企业整体实力不够。普遍缺乏营销知识和营销技巧，有低价销售恶性竞争的现象存在，市场经营主体数量虽多但规模小，市场竞争力弱，较难形成较大的资本投入，整体综合实力不够强大，辐射影响力不够强大。

（6）茶产业服务旅游文化产业的潜力没有发挥

近年来，虽然持续开展茶文化旅游节、茶乡风情游、太平猴魁开园仪式等活动，又相继建成了太平猴魁茶文化广场等，但茶文结合、茶旅融合尚处于摸索探路时期，产业互动性不强、融合度不高，茶产业推动旅游文化产业的潜力没有发挥。

3.1.2.7 新明乡发展优势分析

（1）茶叶生态条件优越

新明乡是太平猴魁茶的核心产区，自身具有独特的小气候环境。自然条件十分独特优越，适合茶叶的生长。猴村、猴岗、颜家三村作为极品太平猴魁的历史核心产区，生产太平猴魁的品质优于其他区域。同时，自太平猴魁茶获国家地理标志（原产地域）产品保护后，非原产地域的茶叶不得称为“太平猴魁”。

（2）茶叶消费逐年增长

随着时代的变化，人们愈加注重健康，而随着对茶叶健康属性的了解，饮茶的群体逐渐增多，茶叶消费需求将会增大。近年来，世界茶叶生产、消费持续增长。茶叶消费量呈高速增长态势，已经成为全球性的天然饮料。在国际市场上，茶叶药用价值进一步开发，刺激了国际市场对绿茶需求的快速增长，在国内市场上，2013—2019年中国国内产量和茶叶内销总量均呈现稳定增长的趋势。截至2019年，中国茶叶产量为277.72万t，内销总量为202.56万t，同比分别增长6.4%、6.02%。

3.2 村镇建设主导生态功能识别

3.2.1 辨识步骤

根据新明乡的自然地理环境判段新明乡生态功能为水源涵养、水土保持和生物多样性维护，为了辨识出其主导的生态功能，选择在该区域内做了 3 个生态功能的重要性评估，根据自然间断点法，将各生态调节功能分为极重要、高度重要、比较重要和一般重要 4 个等级，并根据这 3 个生态功能的极重要区面积大小辨识出新明乡主导的生态功能。

（1）水源涵养

以生态系统水源涵养服务能力指数作为评估指标，计算公式为

$$\mathrm{WR} = \mathrm{NPP}_{\mathrm{mean}} \times F_{\mathrm{sic}} \times F_{\mathrm{pre}} \times \left(1 - F_{\mathrm{slo}}\right) \tag{3-1}$$

式中，WR 为水源涵养服务能力指数；$\mathrm{NPP}_{\mathrm{mean}}$ 为多年植被净初级生产力平均值；F_{sic} 为土壤渗流因子；F_{pre} 为多年平均降水量因子；F_{slo} 为坡度因子。

（2）水土保持

以生态系统水土保持服务能力指数作为评估指标，计算公式为

$$S_{\mathrm{pro}} = \mathrm{NPP}_{\mathrm{mean}} \times \left(1 - K\right) \times \left(1 - F_{\mathrm{slo}}\right) \tag{3-2}$$

式中，S_{pro} 为水土保持服务能力指数；K 为土壤可蚀性因子。

（3）生物多样性维护

以生态系统生物多样性维护服务能力指数作为评估指标，计算公式为

$$S_{\mathrm{bio}} = \mathrm{NPP}_{\mathrm{mean}} \times F_{\mathrm{pre}} \times F_{\mathrm{tem}} \times \left(1 - F_{\mathrm{alt}}\right) \tag{3-3}$$

式中，S_{bio} 为生物多样性维护服务能力指数；F_{pre} 为多年平均降水量；F_{tem} 为多年平均气温因子；F_{alt} 为海拔因子。

3.2.2 辨识结果

根据新明乡各单项评价极重要区域的面积占比，通过统计学的方法，判段新明乡的主导生态功能。采用自然分点法得到新明乡主导生态功能分区结果，如图 3-3 所示。不同主导生态功能分区之间单项评价极重要区域占该乡镇的比例

有明显差异，如表 3-2 所示。

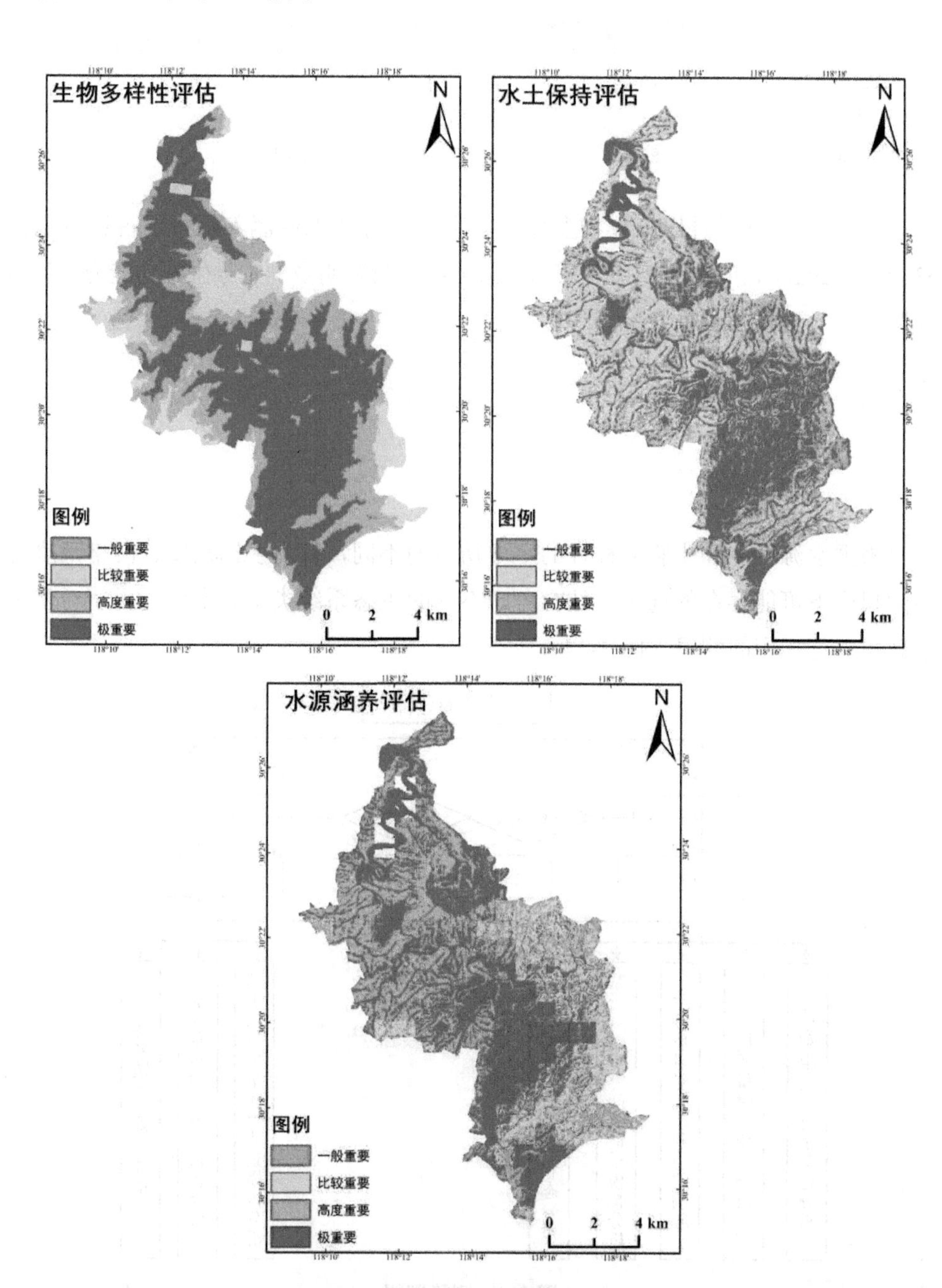

图 3-3 生态功能重要性评估

表 3-2 生态功能重要性评估占比 单位：%

	极重要	高度重要	比较重要	一般重要
生物多样性	53.18	33.57	13.24	0.01
水土保持	29.59	40.72	29.60	0.09
水源涵养	37.83	41.89	13.15	7.13

由表 3-2 可以看出，生物多样性、水土保持和水源涵养极重要占比分别为 53.18%、29.59%和 37.83%；从辨识结果可以判断新明乡的主导生态功能为生物多样性。

3.3 天目山—怀玉山区村镇建设生态安全约束测算

3.3.1 测算逻辑构建

根据水源涵养和生物多样性的主导功能的不同，针对乡镇尺度、网格尺度等不同尺度下可能存在的问题，结合考虑不同的生态系统类型和土地利用，对生态承载力进行相应的测算（图 3-4）。

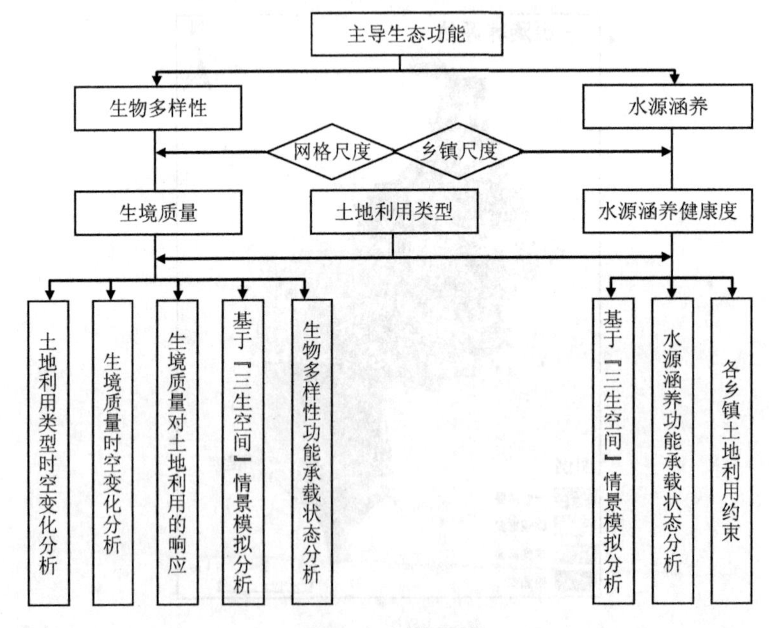

图 3-4 测算逻辑

3.3.2 数据来源

本研究采用的土地利用数据（1980年、1990年、2000年、2010年、2018年、2020年）来源于中国科学院资源与环境科学数据中心（https://www.resdc.cn），为30 m×30 m分辨率的栅格数据集。数据产生制作是以各期Landsat TM/ETM遥感影像为数据源，通过人机交互的目视解译生成的。数字高程模型（Digital Elevation Model，DEM）数据来源于读库空间数据云（https://www.gscloud.cn/），数据分辨率为30 m×30 m。降水量数据是从中国气象科学数据共享服务网（https://data.cam.cn/）中国地面气候月值数据集中获取全国气象站点2020年20-20时降水量数据。运用ArcGIS 10.2中的克里金插值工具对降水量数据进行空间插值，插值完成后在栅格计算器中合成年总降水量，精度为30 m。实际蒸散发数据来源于MODIS的MOD16A2蒸散发数据（https://ladsweb.nascom.nasa.gov/search），空间分辨率为1 000 m，时间分辨率为8 h，运用MODIS Reprojection Tool对影像进行拼接、裁剪，之后在ArcGIS 10.2中进行2020年年值数据的叠加，并重采样30 m空间分辨率，最后得到蒸散发因子栅格图。本研究所有数据统一采用krasovsky-1940-albers投影。

3.3.3 测算过程与方法

3.3.3.1 生物多样性测算过程与方法

（1）InVEST生境质量模块

本书借助InVEST模型中的生境模块计算生境质量指数。该模型结合不同土地利用类型对威胁因子的敏感性和外部威胁强度进行计算，得到生境退化程度，最终得到生境质量指数计算公式为

$$D_{xj}=\sum_{r=1}^{R}\sum_{y=1}^{y_r}\frac{w_r}{\sum_{r=1}^{R}w_r}r_y i_{xy}\beta_x s_{ir} \tag{3-4}$$

$$i_{rxy}=1-\left(\frac{d_{xy}}{d_{\max}}\right) \tag{3-5}$$

$$i_{rxy} = \exp\left(\frac{-2.99d_{xy}}{d_{\max}}\right) \tag{3-6}$$

式中，D_{xj}为生境退化度；R为胁迫因子的个数；r为某个胁迫因子；y为胁迫因子栅格数；w为胁迫因子的比重；y_r为胁迫因子r的某一栅格数；w_r为胁迫因子r的比重；r_y为某一栅格上受胁迫因子作用的胁迫值；i_{rxy}为栅格x受到栅格y中的胁迫因子而产生的影响；β_x为法律保护程度；s_{ir}为土地类型中i型地类对胁迫因子r的敏感度；d_{xy}为栅格x和栅格y的距离；$d_{\max}$为胁迫因子r的最大影响范围。

生境质量指数反映了某个地区的生境质量的优劣，其值域为0～1。数值越高，生境适宜度越高，越适合生物生长发育。其计算公式如下：

$$Q_{xj} = H_{xj}\left[1-\left(\frac{D_{xj}^Z}{D_{xj}^Z + K^2}\right)\right] \tag{3-7}$$

式中，Q_{xj}为土地利用类型j中栅格x的生境质量指数；H_{xj}为土地利用类型j中栅格x的生境适宜性；K为半饱和常数；Z为归一化常数，本书取经验值2.5。

在参考现有研究成果和InVEST模型使用手册后，结合研究区的情况最终选取耕地（水田和旱地）、城镇用地、农村居民点和其他建设用地（建设用地中非城镇用地和农村居民点的用地）4种土地利用类型作为威胁因子，并设定相关参数，见表3-3、表3-4（以下情景一和情景二相关参数选取同上）。

表3-3　天目山—怀玉山区生境质量胁迫因子参数

胁迫因子	最大影响距离/km	权重	衰退类型
耕地	8	0.7	exponential
其他建设用地	5	1	linear
农村居民点	4	0.8	exponential
城镇用地	10	1	exponential

表3-4 天目山—怀玉山区不同土地利用类型对胁迫因子的敏感系数

	耕地	城镇用地	农村居民点	其他建设用地
水田	0.3	0.7	0.5	0.2
旱地	0.5	0.6	0.5	0.2
有林地	0.5	0.8	0.8	0.8
灌木林	0.3	0.7	0.6	0.4
疏林地	0.6	0.9	0.8	0.7
其他林地	0.6	0.9	0.8	0.7
高覆盖度草地	0.4	0.7	0.6	0.3
中覆盖度草地	0.5	0.7	0.7	0.4
低覆盖度草地	0.5	0.7	0.6	0.5
河渠	0.5	0.9	0.7	0.6
湖泊	0.5	0.9	0.7	0.6
水库坑塘	0.6	0.9	0.7	0.7
滩涂	0.7	0.9	0.7	0.7
滩地	0.7	0.8	0.7	0.6
城镇用地	0	0	0	0
农村居民点	0	0	0	0
其他建设用地	0	0	0	0
沼泽地	0.4	0.4	0.2	0.3
裸土地	0	0	0	0
裸岩石质地	0	0	0	0

（2）多尺度地理加权回归模型（MGWR）

为了弥补 OLS 全局回归模型在空间异质性和空间非平性上面的不足，Fortheringham 等（1996）采用局部光滑的思想，提出 GWR（地理加权回归），该模型是基于构建空间权重矩阵的一种回归模型。但是在实际应用中，解释变量在不同的空间尺度上表现出不同程度的空间非平稳性关系。而经典的 GWR 由于不同解释变量的带宽设置恒定，很大程度上限制了空间非平稳性关系的变化。所以针对 GWR 的局限性，Fortheringham 等（2017）提出 MGWR 模型，Yu 等（2019）进一步完善和改进。MGWR 模型的计算公式如下：

$$y_i = \sum_{j=0}^{k} \beta_{b_w j}\left(u_i, v_i\right) x_{ij} + \varepsilon \tag{3-8}$$

式中，y_i 为因变量；x_{ij} 为解释变量；$\beta_{b_w j}$ 表示用于校准第 j 项条件关系的带宽，带宽为 b_w 的第 j 个局部回归系数；（u_i, v_i）为第 i 个样点的空间地理位置；ε为模型的截距和误差项。

与经典 GWR 不同，MGWR 模型中允许每个解释变量在局部回归过程中拥有各自不同的空间平滑水平，从而获得不同的带宽，而不同的带宽意味着在同一位置的每个关系将具有不同的空间权重矩阵，这在经典 GWR 模型中无法得到实现。

MGWR 模型实际是一种基于反向拟合算法校正的广义可加线性模型，具体可表示为

$$y = \sum_{j=0}^{m} f_j + \varepsilon \tag{3-9}$$

式中，y 为因变量；f_j 为第 j 个局部回归系数；ε为模型的截距和误差项。

本书采用 ArcGIS10.2 中渔网工具（Fishnet）创建 4 km×4 km 的网格，将分辨率为 30 m×30 m 的耕地、林地、草地和建设用地的变化量作为解释变量，生境质量的变化量作为因变量，分析 4 种土地利用类型与生境质量之间的关系。

（3）“三生空间”划定

“三生空间”是由生产、生活、生态构成的空间。“三生空间”的划定对乡镇实体空间合理布局、国土空间有序开发、引导社会经济与资源环境协调发展具有重要的意义。由于“三生空间”构成完整的城乡人居环境，“三生空间”划定必然对改善城乡人居环境具有积极的意义。“三生空间”落实到土地利用上反映的是土

地利用方式，反映了物质空间环境之间存在的复合型功能特征，包括生产功能、生活功能和生态功能，基于这三者之间的功能分析，有助于“三生空间”协调发展，并推进可持续发展的乡村空间规划。本研究利用 InVEST 生境质量模块计算天目山—怀玉山区 2020 年生境质量指数，在乡镇的尺度上通过对“三生空间”的调整模拟得到两种情景，并通过两种情景计算得到最优生境质量状态和最差生境质量状态。

情景一（最优状态）：保证其在“三生空间”不发生较大的变化下，对生活、生产、生态空间内部作调整，具体调整如下，耕地不变；林地全部调整为有林地（指郁闭度＞30%天然林和人工林）；草地全部调整为有林地；水域中河渠和滩地调整为有林地，其余不变；建设用地中城镇用地和农村居民点不发生改变，其他建设用地调整为有林地，未利用地全部调整为有林地。

情景二（最差状态）：保证其在“三生空间”不发生较大的变化下，对生活、生产、生态空间内部作调整，具体调整如下，耕地不变；林地全部调整为低覆盖草地；草地全部调整为低覆盖草地（指覆盖 5%～20%的天然草地）；水域中河渠和滩地调整为旱地，其余不变；建设用地中城镇用地和农村居民点不发生改变，其他建设用地调整为城镇用地，未利用地全部调整为旱地。相关参数见表 3-5 和表 3-6。

表 3-5 情景一和情景二下天目山—怀玉山区生境质量胁迫因子参数

胁迫因子	最大影响距离/km	权重	衰退类型
耕地	8	0.7	指数型
农村居民点	4	0.8	指数型
城镇用地	10	1	指数型

表 3-6 情景一和情景二下天目山—怀玉山区不同土地利用类型对胁迫因子的敏感系数

类型	耕地	城镇用地	农村居民点
水田	0.3	0.7	0.5
旱地	0.5	0.6	0.5

类型	耕地	城镇用地	农村居民点
有林地	0.5	0.8	0.8
灌木林	0.3	0.7	0.6
疏林地	0.6	0.9	0.8
其他林地	0.6	0.9	0.8
高覆盖度草地	0.4	0.7	0.6
中覆盖度草地	0.5	0.7	0.7
低覆盖度草地	0.5	0.7	0.6
河渠	0.5	0.9	0.7
湖泊	0.5	0.9	0.7
水库坑塘	0.6	0.9	0.7
滩涂	0.7	0.9	0.7
滩地	0.7	0.8	0.7
城镇用地	0	0	0
农村居民点	0	0	0
其他建设用地	0	0	0
沼泽地	0.4	0.4	0.2
裸土地	0	0	0
裸岩石质地	0	0	0

（4）生物多样性功能承载状态

通过“三生空间”限定下的土地利用调整模拟出不同情境下天目山—怀玉山区生境质量指数，通过最优生境质量指数、现状生境质量指数及最差生境质量指数三者之间的关系，得到天目山—怀玉山区生物多样性功能承载状态，并将承载状态分为 3 个等级：

①最优（现状生境质量指数=最优生境质量指数）；

②可优化（最优生境质量指数＞现状生境质量指数＞最差生境质量指数）；

③过载（现状生境质量指数=最差生境质量指数）。

3.3.3.2 水源涵养测算过程与方法

（1）水量平衡方程

参照《生态保护红线监管技术规范　生态功能评价（试行）》，利用水源涵养量评价区域内生态系统水源涵养功能状况。

采用水量平衡法，以水量的输入和输出为切入点，从水量平衡的角度，将降水量（输入量）与植被蒸散量其他部分的消耗（输出量）之差作为水源涵养量。

$$\mathrm{TQ}=\sum_{i=1}^{j}\left(P_i-R_i-\mathrm{ET}_i\right)\times A_i\times 10^3 \tag{3-10}$$

式中，TQ 为总水源涵养量，m^3；P_i 为年降水量，mm；R_i 为地表径流量，mm；ET_i 为蒸散发，mm；A_i 为 i 类生态系统面积，km^2；i 为研究区第 i 类生态系统类型；j 为研究区生态系统类型数。

水源涵养健康度为水源涵养量与同一物理区域内降水量的比值。

（2）基于“三生空间”的情景模拟

本研究利用水量平衡方程计算天目山—怀玉山区 2020 年水源涵养健康度，并在乡镇的尺度上通过对“三生空间”的调整模拟得到两种情景，并且通过两种情景计算得到最优水源涵养健康度状态和水源涵养健康度状态。

（3）水源涵养功能承载状态

通过“三生空间”限定下的土地利用模拟出不同情景下天目山—怀玉山区水源涵养健康度，通过最优水源涵养健康度、现状水源涵养健康度及最差水源涵养健康度这三者之间的关系，得到天目山—怀玉山区水源涵养功能承载状态，并将承载状态分为 3 个等级：

①最优（现状水源涵养健康度=最优水源涵养健康度）；

②可优化（最优水源涵养健康度＞现状水源涵养健康度＞最差水源涵养健康度）；

③过载（现状水源涵养健康度=最差水源涵养健康度）。

（4）水源涵养功能下各乡镇土地利用的约束

通过情景模拟得到最优和最差状态从而建立预警机制，达到在较好的水源涵养功能下各乡镇的土地利用的约束管控（图 3-5）。

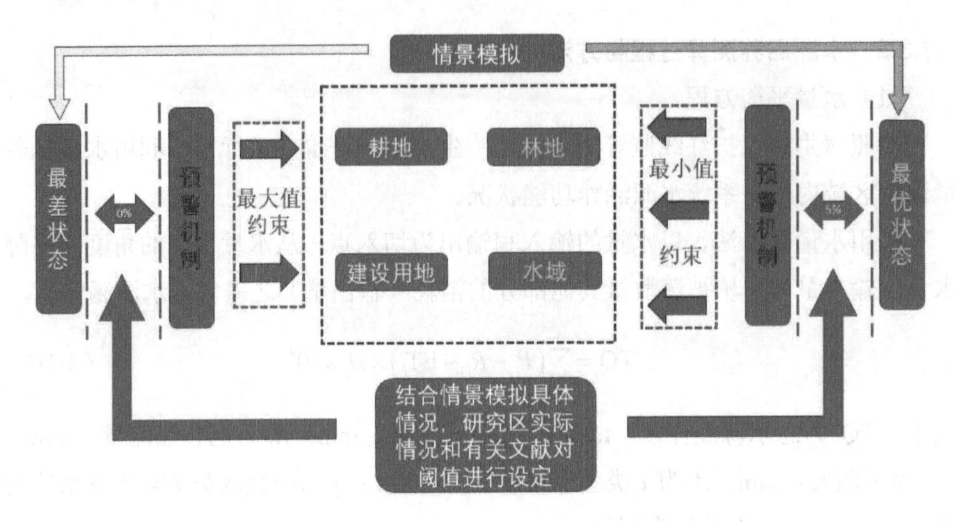

图 3-5 水源涵养功能下各乡镇土地利用的约束流程

3.3.4 测算结果与分析

3.3.4.1 生物多样性测算结果与分析

（1）生境质量对土地利用变化的影响

生境是指可以提供资源和条件以供生物体生存和繁殖的空间。生境质量是指自然环境为个体种群和物种的生存提供所有必要条件的能力，是反映生态环境对人类生存及社会经济持续发展的适宜程度，对生物多样性保护和提升人类生活质量有着重要的作用。近几十年来，经济高速发展，工业化和城市化不断地向前快速推进，人类改造自然的规模和力度在不断增强，这也导致了生境质量严重退化，大量物种在慢慢消失，生物多样性和人类可持续性发展受到了严重威胁。在人类活动中，土地利用变化是一种主要的表现方式，生境质量模型中的胁迫因子、变化的方式和程度更能代表人类活动的意图和强度。因此，探究土地利用变化对生境质量的影响过程和机制，对维护生物多样性和人类可持续发展具有重要意义。

目前，大量研究已经表明在生境质量影响机制研究中，往往存在明显的空间异质性现象，主要采用线性回归模型、地理加权回归模型等方法去探究土地利用变化对生境质量的影响。传统地理加权回归模型可以有效地解决传统回归模型不能处理的空间异质性问题，土地利用类型的变化对生境质量变化的影响具有明显的区域性特征，GWR 模型可以解释两者之间蕴含的规律。GWR 模型中的带宽值表现为影响因素的作用尺度，作为局部回归模型，GWR 模型可以较好地解释自变量和因变量间的关系随空间变化的现象，但所有自变量在模型中的最优带宽值是一样的，而在现实中不同影响因素在空间上的作用尺度不同，目前，关于土地利用变化对生境质量影响，虽然有研究将各土地利用类型与生境质量的空间关系显式化，但是忽略了不同影响因素的尺度差异。本研究采用多尺度地理加权回归（MGWR）模型探究生境质量对土地利用变化的响应，揭示不同土地利用类型变化在空间上的作用尺度以及作用效果的异质性。同时基于相同的分辨率因子，与全局回归模型（OLS）和 GWR 模型进行定量对比。

1）土地利用变化分析

从土地利用时空变化的总体情况来看，1980—2018 年，5 期土地利用数据（表 3-7）显示天目山—怀玉山区土地利用类型以耕地和林地为主，两者面积之和超过 53 369.84 km^2，占比超过 89.33%。其中，面积最大的为林地，各个年份对总面积的占比依次为 70.46%、70.20%、71.18%、71.02%、70.82%，均大于 70%，这也为天目山—怀玉山区的水源涵养和生物多样性等生态功能提供了重要的保障。

表 3-7　1980—2018 年天目山—怀玉山区土地利用类型面积变化　单位：km^2

土地利用类型	1980 年	1990 年	2000 年	2010 年	2018 年
耕地	12 231.02	12 127.93	11 564.76	11 238.57	11 059.31
林地	42 100.22	41 943.34	42 525.38	42 433.48	42 310.53
草地	3 733.87	3 949.27	3 857.20	3 794.29	3 795.77
建设用地	1 127.17	1 146.74	1 150.90	1 199.40	1 199.41
水域	545.38	570.72	642.75	1 067.68	1 370.30
未利用地	9.36	9.00	6.01	13.58	11.68

1980—2018 年，不同土地利用类型也有不同程度的变化，其中，耕地面积的变化较为显著，面积减少了 1 171.71 km^2，下降幅度为 9.58%，并且耕地面积在持续减少。而林地面积存在一定的波动，但波动幅度很小，面积变化较为稳定，其

主要原因是天目山于1956年被林业部划定为森林禁伐区，后又晋升为国家级森林和野生动物类型自然保护区，怀玉山也是国家级森林公园，黄山更是被联合国教科文组织评为世界地质公园，它们的森林覆盖率均超过80%。草地面积先增加后减少，从1980年的3 733.87 km^{2}增加到1990年的3 949.27 km^2，增加幅度为5.77%，又逐渐减少至2018年的3 795.77 km^2。水域面积的变化最为显著，面积从1980年的545.38 km^{2}增加到2018年的1 370.30 km^2，增加了824.92 km^2，增加幅度高达151.26%，其主要原因是因为《中华人民共和国湿地保护法》的出台，各省（区、市）也在不断加强对湿地保护区等水域生态区的规划和保护，以及对生态修复工程的建设。而未利用地变化趋势较显著，但其在研究区内的规模极小。

利用Origin Pro 2021绘制1980—2018年天目山—怀玉山区年份间土地利用转换桑基图（图3-6），其中，去除了各个年份间同种土地利用类型的转换数据。通过桑基图可以直观地表达各个年份间土地利用主要变换。1980—1990年，土地利用转换面积较小，主要是耕地和林地的转换，分别为126.71 km^{2}和242.74 km^2，占整个转出面积的32.86%和62.94%，其中，耕地主要向林地（76.95 km^2）、水域（23.84 km^2）和建设用地（24.12 km^2）转换，林地则主要转换为草地（217.94 km^2）和耕地（21.32 km^2），其主要原因是天目山—怀玉山区在该段时间内人类活动强度较小，土地利用结构较为稳定。与上一段时间相比，1990—2000年，各地类转换面积大幅增加，土地利用类型的变更较为明显，转出面积为1 299.15 km^2，主要是耕地、林地和草地的转换，其中耕地集中向林地（568.88 km^2）和建设用地（60.50 km^2）转换，转换的区域主要发生在地势不平坦，不宜耕作的山区，而林地则主要向草地（235.76 km^2）转换，其余地类转换面积较小。2000—2010年和2010—2018年两个时期的土地利用转换方向相似，转换面积逐期减少，分别为922.15 km^{2}和920.59 km^2，两个时期都有大量的建设用地转入，说明在近18年，由于城市的迅速发展，城镇化进程加速，部分耕地和林地被用来建设城市以满足需求。

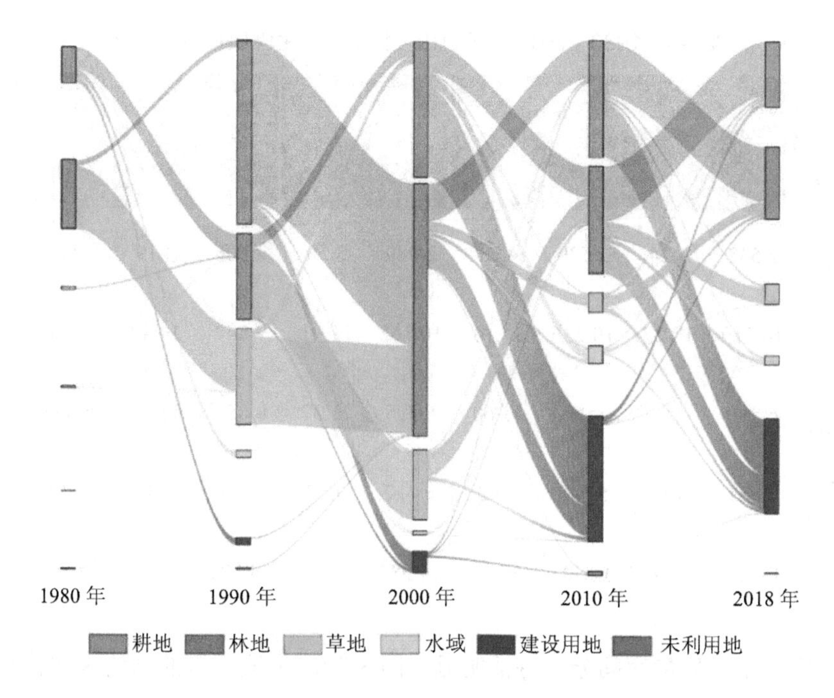

图 3-6　1980—2018 年土地利用类型转移桑基

2）生境质量的时空变化

通过 InVEST 模型中的生境质量模块运算得到天目山—怀玉山区 5 期（1980 年、1990 年、2000 年、2010 年、2018 年）生境质量的空间分布，并根据自然断点分级法，将生境质量指数划为低（0～0.3）、较低（0.3～0.5）、良（0.5～0.8）、较高（0.8～0.9）、高（0.9～1）5 个等级，为了更好地比较和分析，统计出各个等级生境质量所占的面积和比例（表 3-8）。

从时间上看，天目山—怀玉山区 1980 年、1990 年、2000 年、2010 年、2018 年平均生境质量指数分别为 0.831 44、0.830 53、0.836 90、0.832 93、0.829 47，生境质量指数标准差分别为 0.256 15、0.255 22、0.252 04、0.259 95、0.265 66，在 38 年中生境质量指数波动较小且均处于较高等级，但相较而言 1990—2000 年上升幅度最大，从生境质量指数的标准差变化表明栅格单元之间的生境质量的差异在扩大。

表 3-8 1980—2018 年天目山—怀玉山区生境质量等级变化

生境质量	1980 年		1990 年		2000 年		2010 年		2018 年	
	面积/km^2	百分比/%	面积/km^2	百分比/%	面积/km^2	百分比/%	面积/km^2	百分比/%	面积/km^2	百分比/%
低（0.0～0.3）	2 532	4.24	2 529	4.23	2 089	3.50	2 506	4.19	2 804	4.69
较低（0.3～0.5）	10 319	17.27	10 236	17.13	10 162	17.01	9 847	16.48	9 688	16.22
良（0.5～0.8）	6 820	11.41	6 931	11.60	6 795	11.37	6 853	11.47	6 856	11.48
较高（0.8～0.9）	4 881	8.17	5 748	9.62	5 717	9.57	5 620	9.41	5 598	9.37
高（0.9～1.0）	35 195	58.91	34 303	57.41	34 984	58.55	34 921	58.45	34 801	58.25

研究区生境质量空间分布特征明显（图 3-7）。生境质量的高值区和较高值区面积波动较小，多年来均占研究区面积的 67%以上，研究区各个地区均有所分布，分布地带的土地利用主要以林地和草地等自然生境为主，受人类干扰较少，生物多样性丰富。生境质量良好区主要散落在研究区西部的草地和林地上，以及东南部的水库坑塘、河渠和湖泊上，面积波动较小。生境质量低和较低值区面积先减少后增加，整体上从 1980 年的 12 851 km^2 减少到 2018 年的 12 492 km^2，其中，北部边缘地区和中部地区为研究区生境质量较低值区，主要为耕地和农业用地，与人类活动密切相关，受到干扰较大，生态破坏严重；生境质量低值区面积较少，主要为一些建设用地和未利用地。

3）生境质量对土地利用的响应

1980—2018 年和 1990—2000 年土地利用的变迁和生境质量的空间格局都发生了明显的变化，并且为了更加直观地分析不同时期土地利用对生境质量的影响，本书选取 1990—2000 年作为短期研究时段，1980—2018 年作为长期研究时段进行分析。运行 MGWR2.2 软件计算回归系数，相较传统的 GWR 模型，MGWR 模型对不同的解释变量其作用的尺度范围上也有所不同，从而得到更加科学可信的计算结果。

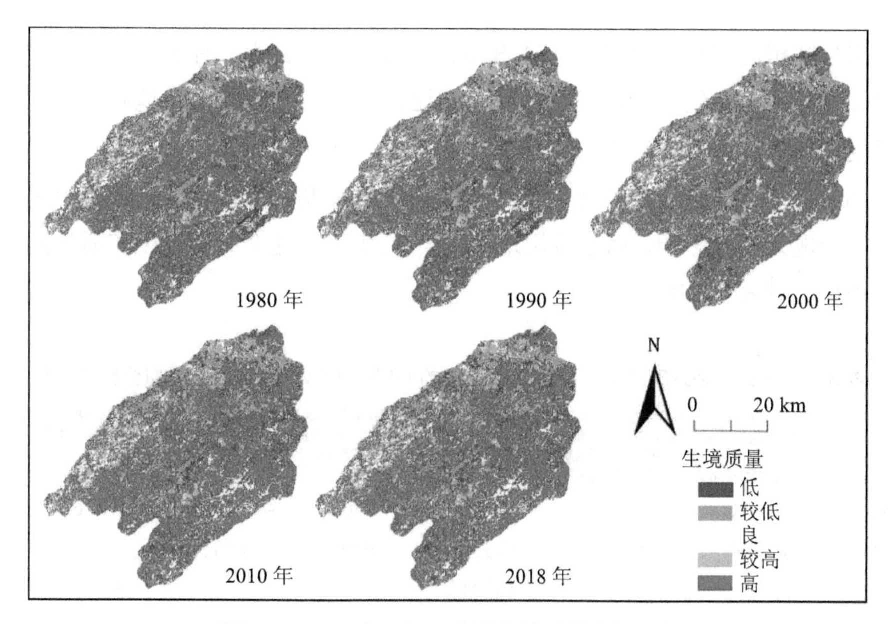

图 3-7　天目山—怀玉山区生境质量空间分布

普通最小二乘法（OLS）下的全局回归模型、GWR 模型与 MGWR 模型计算结果的相关指标（表 3-9）。与传统的 OLS 全局回归模型和经典的 GWR 模型相比，MGWR 模型拥有更小的修正赤池信息量准则（AICc）值，同时拥有更大的 R^2，变量带宽值选取更加丰富和科学。1980—2018 年和 1990—2000 年的数据模型拟合优度分别为 0.735 和 0.867，均处于较高水平。综上，说明 MGWR 模型在拟合效果上比前两个模型更优。

GWR 模型和 MGWR 模型中的变量带宽衡量了解释变量因子的作用尺度，但 MGWR 模型可以反映出不同解释变量因子在空间上作用尺度的差异，也可以反映出不同土地利用类型对生境质量作用尺度的差异。不同带宽的因子在空间上的异质性也是不一样的，带宽小的因子其空间上的作用是相似的，在空间上的异质性就大，对生境质量的影响就较小。从表 3-9 中可以看出，不同时期的同种土地利用类型对生境质量的作用尺度也有所不同，其作用效果的空间异质性也不同。整体上，1990—2000 年的 4 个变量带宽均远小于 1980—2018 年，在空间尺度上表现出更大的空间非平稳性，这主要是因为 1990—2000 年土地利用空间格局发生了明显的变化，土地利用类型转移方向和面积较大。1980—2018 年，林地和建设用地作用尺度相对较小，分别为 194 和 512，反映了天目山—怀玉山区生境质量对林地和建设用地变化的响应较为敏感。相比之下，带宽较大的耕地和草地则在较大尺度内影响天目山—怀玉山区内的生境质量。1990—2000 年，耕地（51）、林地（45）和草地（43）的变化均拥有相似的作用尺度，在天目山—怀玉山区对生境质量表现为局部影响，而建设用地（123）的变化在这个时期对生境质量的影响相对平稳，见表 3-9 所示。

表 3-9　1980—2018 年和 1990—2000 年的 OLS、GWR 与 MGWR 拟合结果比较

	1980—2018 年			1990—2000 年		
模型指标	OLS	GWR	MGWR	OLS	GWR	MGWR
AICc	6 241.102	6 199.231	6 123.156	4 736.110	4 577.857	4 363.980
R^2	0.709	0.712	0.735	0.802	0.832	0.867
变量带宽	—	546	812（耕地） 194（林地） 1 166（草地） 512（建设用地）	—	63	51（耕地） 45（林地） 43（草地） 123（建设用地）

MGWR 模型计算出的各解释变量的回归系数空间分布特征如图 3-8 所示，从整个 1980—2018 年时间来看，耕地的变化对生境质量的影响总体呈现负相关关系，其回归系数整体上呈现为由西向东，由北向南递增的状态，表明天目山—怀玉山区耕地变化对生境质量的影响在这两个方向上逐渐减弱。相比之下，1990—2000 年，天目山—怀玉山区耕地的变化对于生境质量的影响不稳定呈现较为明显的两极化空间格局，生境质量对耕地变化的影响呈现正相关关系的面积增加，相关程度也明显增加，区域主要为湖州、黄山、池州、景德镇及杭州北部地区，这些区域的耕地主要都是向林地和草地等一些生境较好的生态系统转换，并且这些地方大多为交通不便的山区或者半山区，平地相对较少，水土流失的风险较大，不适合耕种，耕地慢慢退回，林地和草地对生境质量的影响逐渐增大，从系数图也可以看出，1980—2018 年耕地相关系数在−0.507 177～0.050 248，而 1990—2000 年区间扩大为−2.775 161～13.204 887。

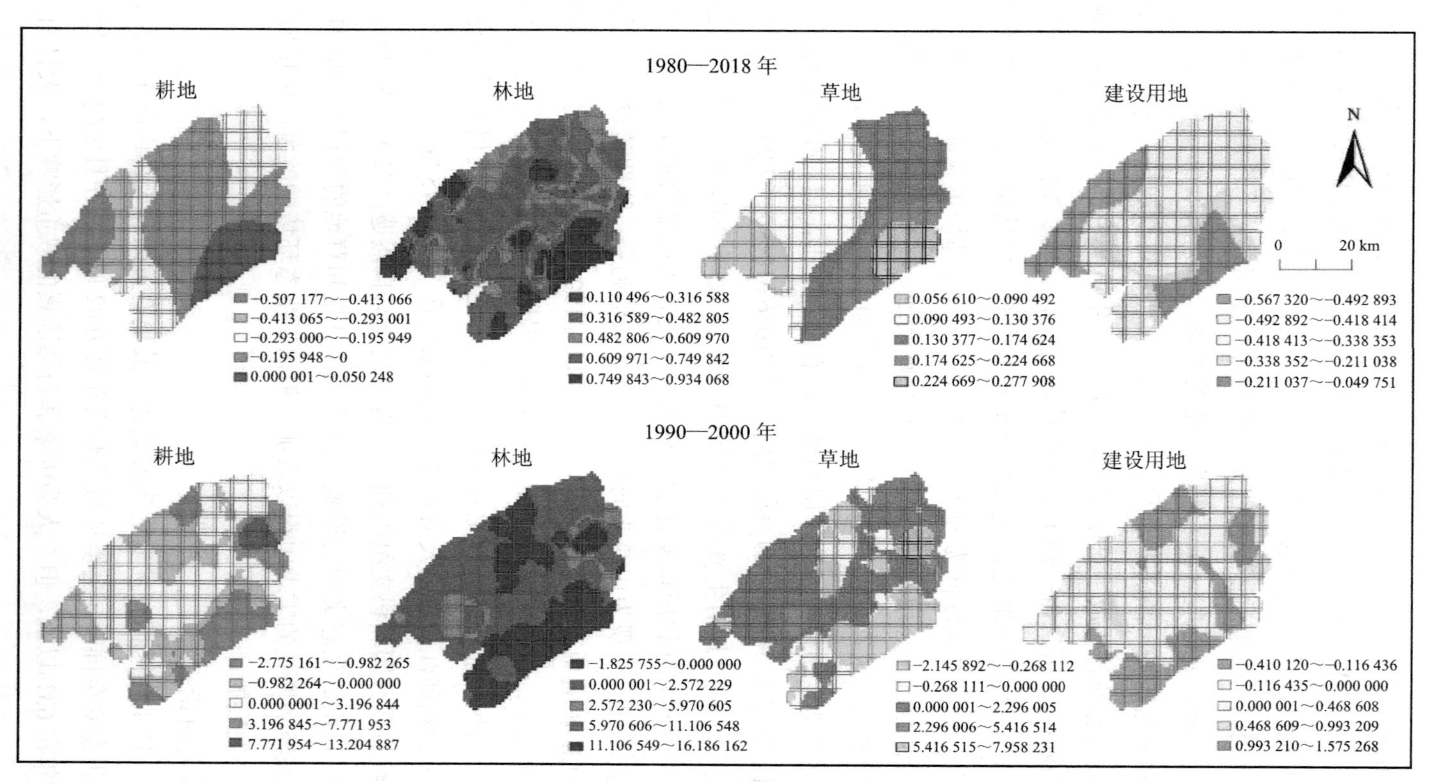

图 3-8 MGWR 模型回归系数空间分布

1980—2018 年，天目山—怀玉山区生境质量对林地变化的影响表现为正相关关系，空间上主要表现为由东到西递减的趋势，林地相关系数区间为 0.110 496～0.934 068，表明在该时间段林地对生境质量是较为稳定的正向影响。1990—2000 年，虽然林地变化和生境质量变化在大部分地区呈正相关关系，但是杭州南部、衢州、上饶及宣城以北这些区域表现为负相关关系，相关系数在-1.825 755～0，主要是因为随着这些城市经济不断的发展，城市化进程逐渐加快，人口不断涌入的压力迫使部分林地转化成了耕地和建设用地，对生境产生了一定的负面影响。

1990—2000 年，天目山—怀玉山区的草地变化和生境质量的变化在空间上的回归系数分布与同时期林地的相关系数分布非常相似，但是影响程度有所不同，其呈现负相关区域的系数区间为-2.145 892～0。该模型结果也验证了在该时间段的这些区域内，部分生态用地转换为农田和建设用地，用来缓解人口增长的压力和满足城市建设的需求。1990—2018 年，草地变化和生境质量变化呈正相关关系，但由于草地在陆地生态保护中的作用和地位没有林地突出，但对生境的保护也起到了不可替代的作用，所以其回归系不显著，在 0.056 610～0.277 908，空间上总体自西向东递增，表明草地对生境质量的影响自西到东逐渐增强，但差异并不显著。

1980—2018 年，建设用地变化和生境质量呈现较为明显的负相关关系，回归系数绝对值在空间上呈现为由西北向东南方向递减的趋势，说明建设用地变化对生境质量变化的影响由西北向东南方向递减。但在 1990—2000 年，建设用地回归系数两极分化明显，说明天目山—怀玉山区建设用地在该时间段对生境质量的影响差异显著，负相关显著的区域主要是因为建设用地的增加，正相关显著的区域主要在安徽黄山和浙江天目山及其周边，回归系数在 0～1.575 268，且随着黄山和天目山陆续被联合国教科文组织列入《世界文化与自然遗产名录》和 MAB 网络，黄山和天目山的生态文明建设被高度重视，林地和草地的面积不断增加，虽然建设用地在经济增长的需求中得以增加，但由于生态环境的改善，生境质量还是向好的趋势发展的。

4）结论与讨论

天目山—怀玉山区拥有优质的生态资源，其更有黄山和天目山两个世界级的生物库作为生态安全屏障，生境质量指数常年在 0.82 以上，并且生境质量指数较高值地区常年在 63%以上，但在人为因素和自然因素的双重影响下，天目山—怀玉山区的发展主要分为两个阶段：1980—2000 年，天目山一怀玉山区大多为地形起伏度较高的山区，地势平坦的地区相对较少，在这种自然条件下，交通不便，发展较慢，大量耕地由于地形不适合开垦逐渐转换为林地和草地，生境质量也稳步提升，其中，1990—2000 年这种现象更加突出，耕地转为林地和草地后导致生境质量上升，这与王燕等和黄贤峰等研究结果一致。2000—2018 年，随着杭州提出工业兴市战略，杭州带动其周围城市的工业迅速发展，人类活动频繁，强度增加，在经济高速发展下，这些区域的建设用地明显增加，其主要由耕地和林地转换而来，生境质量也遭到破坏。周婷等在研究 1995—2015 年神农架林区人类活动与生境质量的空间关系中也表示，密集且强度大的产业聚集对于生态环境有着剧烈的破坏，从而导致生境质量下降。

本书采用 MGWR 模型结合 InVEST 生境质量模块，将土地利用变化和生境质量变化的关系进行空间分析，并通过 ArcGIS 可视化。结果显示，不同的土地利用类型在模型带宽选取中也有所不同，说明不同的土地利用类型对生境质量的影响在空间上的非平稳性也有所不同，并且在不同时期的同一种土地利用类型带宽也有所不同，说明在不同时期，生境质量对同种土地利用类型响应的敏感程度也有所不同。1980—2018 年，由于林地和草地常年占据研究区的 76%，林地更是高达 70%，森林生态系统在生态环境保护中扮演着极其重要的角色，对生境质量的影响也起着主导作用。所以，林地和草地与生境质量的变化在这段时期呈正相关关系，但林地的影响程度更大。耕地虽然具有一定的生境适宜度，但人类干扰频繁，所以耕地变化与生境质量变化总体上呈负相关关系，局部地区呈现正相关关系。建设用地中人类活动强度很高，几乎没有生境适宜性，并且从整个 38 年来看，都是由其他土地利用类型转换而来，所以其变化与生境质量的变化在空间上呈负相关关系。1990—2000 年，土地利用空间格局发生较为明显的变化，四种土地利用类型的变化与生境质量的变化在空间上的关系基本呈现两极化现象。生境质量变化往往受到多种土地利用类型变化的综合影响。因此，多尺度地理加权回归模型需要根据实际情况综合多种土地利用类型的变化去分析。

比起 OLS 全局模型和传统的 GWR 模型，本书采用 MGWR 模型，因为不同解释变量之间的差异性，该模型在迭代运算中可以给不同的解释变量选取不同的变量带宽，更加科学合理。MGWR 模型在经济、人口、生态等多个领域研究中已经得到大量的运用，对于本研究内容来说，采用了 4 km×4 km 分辨率的渔网进行统计并显式化分析，并且 MGWR 模型拟合优度均在 0.73 以上，处于较高水平。

基于天目山—怀玉山区 1980—2018 年 5 期土地利用数据，使用 InVEST 模型评估研究区生境质量时空变化特征，运用多尺度地理加权回归模型，对耕地、林地、草地和建设用地的变化与生境质量变化在空间上的关系定量评估分析。研究结果如下。

①1980—2018 年，天目山—怀玉山区的林地和草地总体上先增加后减少，耕地持续减少，水域面积增加幅度最大，建设用地变化幅度相对较小。空间上，主要以耕地向林地、草地和建设用地转换，林地向建设用地转换和草地向林地转换为主。

②天目山—怀玉山区的平均生境质量指数常年在 0.82 以上，且处于较高水平，生境质量指数从 1980 年的 0.831 44 升至 2000 年的 0.836 90，再降至 2018 年的 0.829 47，其中，超过 67%的区域为生境质量高值和较高值区。生境质量指数标准差从 1980 年的 0.256 15 升至 2018 年的 0.265 66，栅格单元之间的差异性扩大。

③与传统的 GWR 模型相比，MGWR 模型有更加科学的宽带选取及更高的模型拟合效果。MGWR 模型计算结果显示，1980—2018 年，耕地、林地、草地和建设用地在 812、194、1166、512 的较大尺度上影响着生境质量，而 1990—2000 年，则在 51、45、43、123 的局部尺度上影响着生境质量，与 1980—2018 年相比，1990—2000 年四种土地利用类型拥有更小的带宽，其在空间上存在较大的异质性。1980—2018 年，林地和草地对生境质量产生正向影响，耕地和建设用地产生负向影响；1990—2000 年，四种土地利用类型的变化主要与生境质量的变化关系呈现较为显著的两极化现象，这主要取决于土地利用类型转换的方向。

（2）不同情景下生境质量分析

本研究利用 InVEST 生境质量模块计算天目山—怀玉山区 2020 年生境质量指数，并在乡镇的尺度上通过对“三生空间”的调整模拟得到两种情景，并通过两种情景计算得到最优生境质量状态和最差生境质量状态。

通过 InVEST 模型中的生境质量模块运算得到两种情景下和现状生境质量的空间分布（图 3-9～图 3-11），并结合研究区实际情况和 InVEST 用户手册及相关文献将生境质量指数化为差（0～0.4）、良（0.4～0.8）、优（0.8～1）3 个等级，为了更好地比较和分析，统计出各个等级生境质量乡镇的个数和百分比。

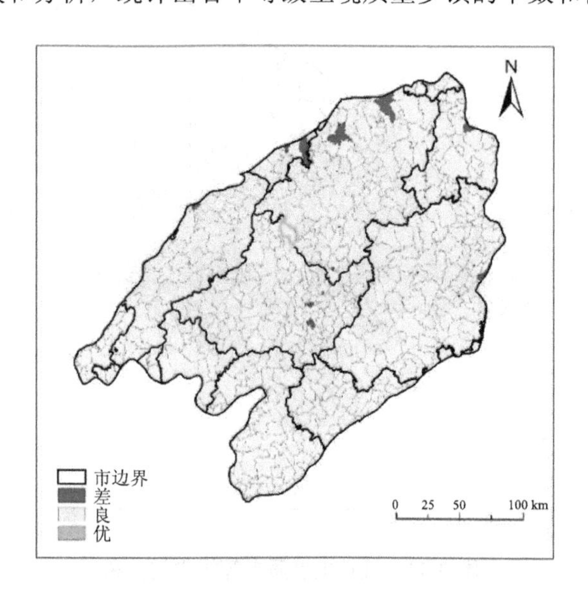

图 3-9 情景一最差生境质量等级空间分布

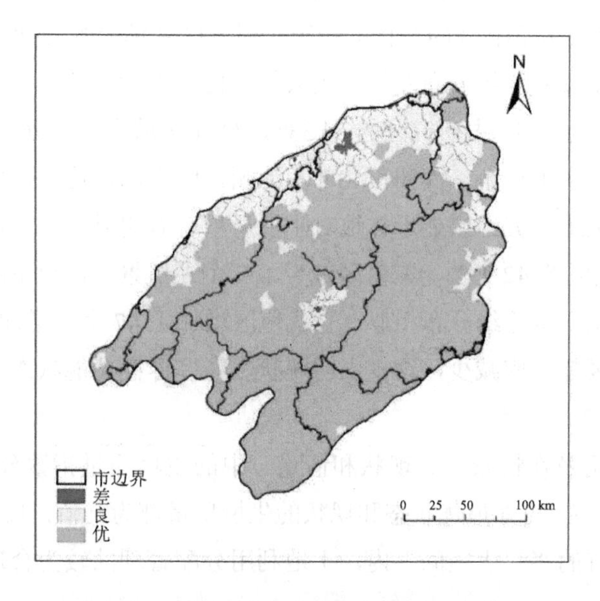

图 3-10 情景二最优生境质量等级空间分布

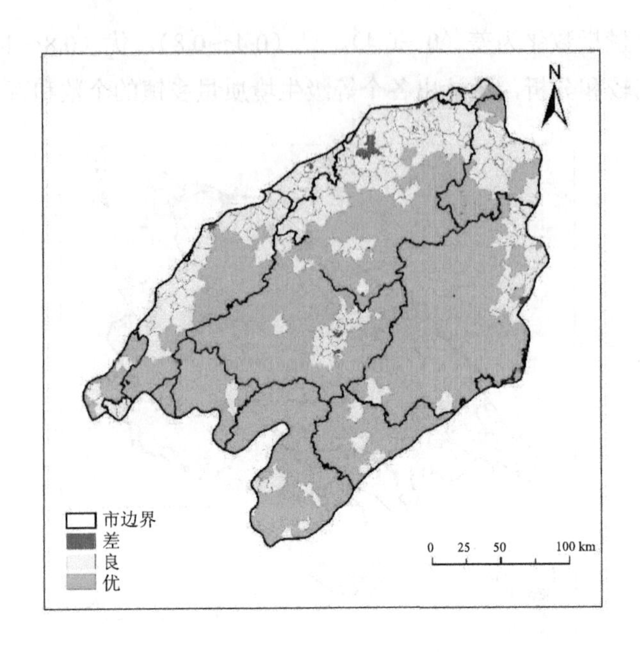

图 3-11 现状生境质量等级空间分布

从整个天目山—怀玉山区来看，情景一模拟的最差生境质量状态中，生境质量等级大部分处于良值区（643 个），占整个研究区乡镇个数的 95.97%。与情景二相比，现状生境质量等级分布发生了较大的变化，大量乡镇由良值区转化为优值区，优值区个数为 364，占研究区的 54.33%，转化区域大部分分布于宣城市南部、杭州市、黄山市、上饶市、衢州市北部和池州市中南部，这些优值区分布着大量的林地。根据上述研究结果显示林地对生境质量有着明显的增强作用；良值区有 288 个，占研究区的 42.99%，差值区减少了 9 个。情景二模拟下的最优生境质量等级和现状生境质量等级分布相似，且优值区增加了 47 个，增加比例为 7.02%，良值区和差值区都对应减少，这也表明现状生物多样性功能状态大部分都已经达到最优状态。

黄山市新明乡在情景二、现状和情景一中的生境质量指数分别为 0.962 4、0.956 4 和 0.776 7，可知最优状态和现状的生境质量都为优值，且非常接近，这说明新明乡在现有的“三生空间”内，土地利用分配管理的较为合理，生态空间结构有序稳定。

表 3-10　天目山—怀玉山区不同情境下生境质量等级变化

生境质量等级	情景一（最优生镜）		现状生镜		情景二（最差生镜）	
	数量/个	百分比/%	数量/个	百分比/%	数量/个	百分比/%
差	16	2.39	18	2.69	27	4.03
良	243	36.27	288	42.99	643	95.97
优	411	61.34	364	54.33	0	0

（3）生物多样性功能承载状态分析

天目山—怀玉山区大部分乡镇生物多样性承载状态为可优化，数量为 621 个，占全部乡镇的 92%以上。最优区乡镇个数为 46 个，占比为 6.87%，主要分布在宣城市和黄山市，这些地区特点是城市化进程较慢，生态空间人为干预较小，空间结构较为完整。过载状态的乡镇数量只有 3 个，分别为芜湖市南陵、宣城市西林街道和黄山市昱西街道，该部分乡镇的生物多样性功能优化空间较大，可采取相应措施优化。

图 3-12　生物多样性功能承载状态

黄山市新明乡处于可优化阶段，总体来说，天目山—怀玉山区大部分处于可优化状态，少部分乡镇处于最优状态，个别乡镇处于过载状态。

3.3.4.2 水源涵养测算结果与分析

（1）不同情景下水源涵养健康度分析

根据不同情景的模拟计算得到天目山—怀玉山区最差生境水源涵养健康度（图 3-13）、最优生境水源涵养健康度（图 3-14）和现状生境水源涵养健康度（图 3-15），并将健康度分为优（>0.9）、良（0.75～0.9）、差（<0.75）3 个等级，并根据中国乡镇行政区划分区统计健康度。

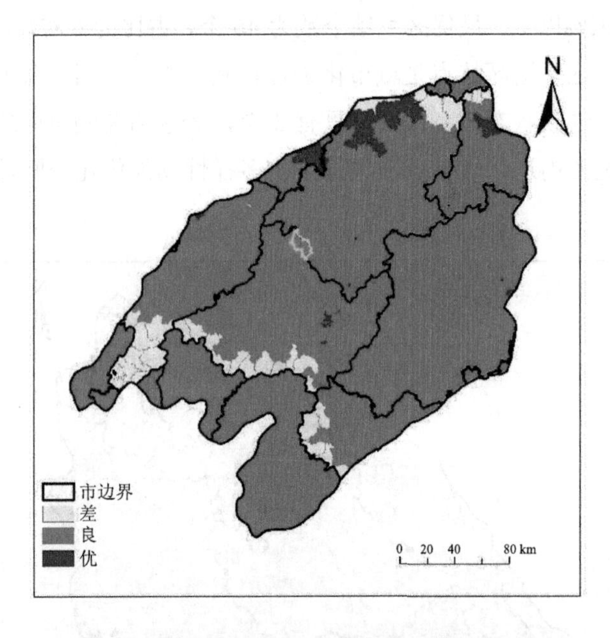

图 3-13 情景一最差生境水源涵养健康度空间分布

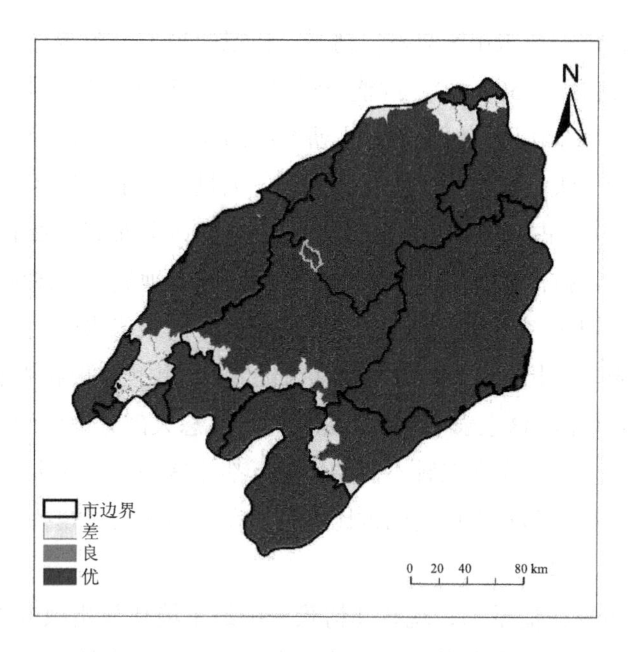

图 3-14　情景二最优生境水源涵养健康度空间分布

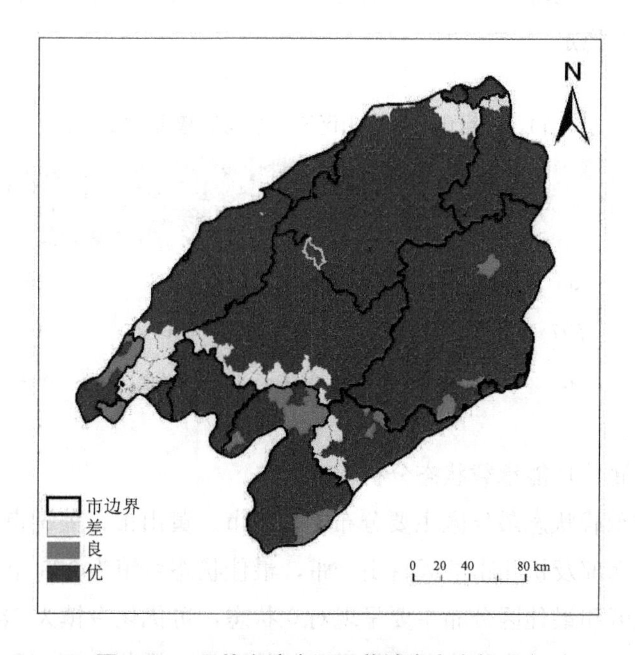

图 3-15　现状生境水源涵养健康度空间分布

从整个天目山—怀玉山区来看，情景一模拟的最差水源涵养健康度中，健康度大部分处于良值区（597个），占整个研究区乡镇个数的89.1%，优健康度（43个）的乡镇主要分布在研究区北部，占研究区的6.42%。与情景一相比，现状水源涵养健康度的等级分布发生了较大的变化，大量乡镇由良值区转化为优值区，优值区个数为610，占研究区的91.04%，这些优值区分布着大量的林地和灌木，而植物根系对土壤抗冲性具有明显的增强作用，极大地提高了水源涵养的能力；良值区有34个，占研究区的5.07%。情景二模拟下的最优水源涵养健康度和现状健康度等级分布非常相似，大部分乡镇都为优值区，并且在现状中的34个良值区乡镇均转变为优值区，这也表明现状水源涵养的状态大部分都已经达到最优状态。差值区乡镇的数量和分布在三种不同的情境下都非常相似，这主要是因为在这些乡镇中，水域、耕地和建设用地的占比很重，在不同的情景模拟下地表径流系数都是相同的。

黄山市新明乡在情景二、现状和情景一中的生境质量指数分别为0.918 6、0.918 2和0.763 5，可知最优状态和现状的水源涵养健康度都为优值，并且非常接近，这说明新明乡在现有的“三生空间”内，土地利用分配管理的较为合理，生态空间结构有序稳定。

表3-11　天目山—怀玉山区不同情境下健康度等级变化

健康度等级	最差水源涵养健康度		现状水源涵养健康度		最优水源涵养健康度	
	数量/个	百分比/%	数量/个	百分比/%	数量/个	百分比/%
差	30	4.48	26	3.88	26	3.88
良	597	89.10	34	5.07	0	0
优	43	6.42	610	91.04	644	96.12

（2）水源涵养功能承载状态分析

水源涵养承载状态最佳区主要分布于宣城市、黄山市、芜湖市南部、池州市西部、湖州市南部及杭州市的天目山一带，最佳状态乡镇为373个，占比为55%以上。可优化区和最佳区分布主要呈现对立状态，可优化乡镇为288个，主要分布于池州市、九江市、上饶市部分地区、景德镇市、衢州市西部和杭州大部分区域，这部分乡镇可以通过植树造林或其他措施进行水源涵养功能的优化。过载状态的乡镇只有9个，该部分乡镇的水源涵养功能优化空间巨大，可采取相应措施进行优化。

黄山市新明乡水源涵养功能处于可优化阶段，总体来说，天目山—怀玉山区大部分乡镇处于可优化状态，少部分乡镇处于最优状态，个别乡镇处于过载状态。

天目山—怀玉山区水源涵养功能总体上处于可优化及最佳状态，极少部分乡镇处于过载状态。

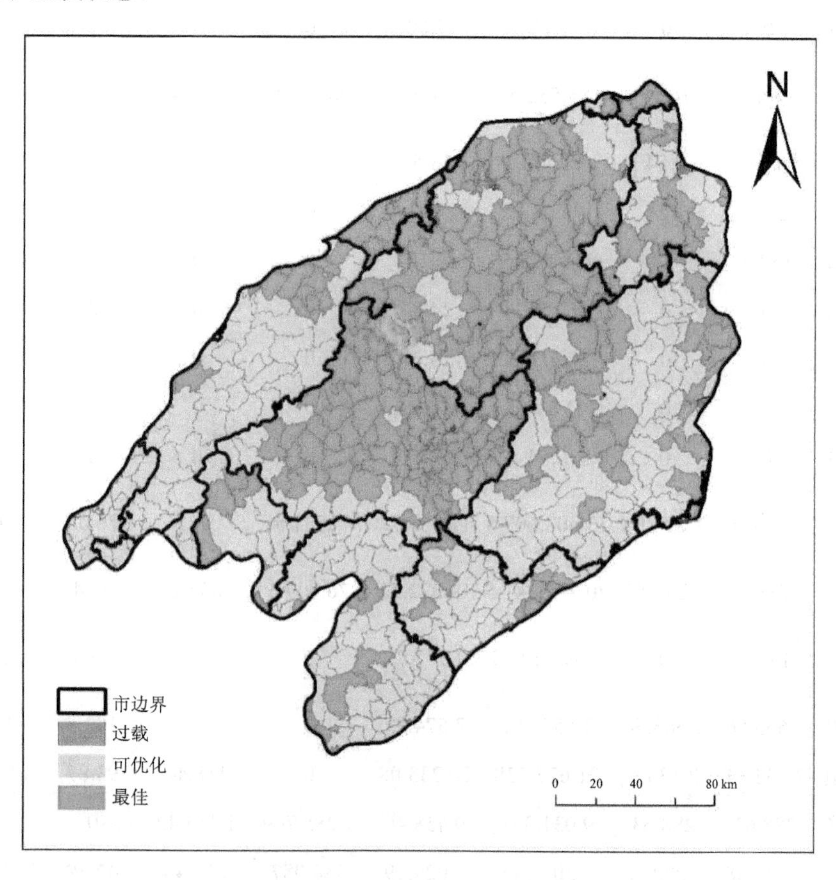

图3-16　水源涵养功能承载状态

（3）水源涵养功能下各乡镇土地利用的约束分析

以安徽省黄山市黄山区为例，按照上述计算思路计算统计以乡镇为基本单元的黄山区 27 个乡镇的耕地、林地、水域和建设用地的阈值（表 3-12）。其中，新明乡 4 种地类现状均在阈值之内。

表 3-12　水源涵养功能下各乡镇土地利用的约束

	耕地不多于	耕地现状	林地不少于	林地现状	水域不少于	水域现状	建设用地不多于	建设用地现状
庙首镇	0	0	1.282 5	1.35	0	0	0	0
兴隆乡	0	0	5.13	4.68	0	0	0	0
桃花潭镇	16.11	16.11	83.533 5	87.93	20.263 5	21.33	0	0
茂林镇	0.54	0.54	22.401	23.58	0	0	0	0
七都镇	3.24	3.24	192.289 5	130.14	0	0	0	0
陵阳镇	15.84	15.84	118.588 5	101.07	0	0	0	0
杨田镇	0	0	23.598	24.84	0	0	0	0
兰田镇	0	0	22.486 5	23.67	0	0	0	0
杨村乡	0	0	42.835 5	45.09	0	0	0	0
富溪乡	0	0	6.84	3.6	0	0	0	0
谭家桥镇	1 294.56	1 294.56	13 608.607 5	11 063.97	5.557 5	5.85	76.05	76.05
焦村镇	3 286.62	3 286.62	20 799.841 5	19 322.55	76.009 5	80.01	326.43	326.43
黄山风景区	15.03	0	7 690.297 5	7 777.71	0	0	9.09	9.09
仙源镇	1 663.56	1 663.56	2 457.783	2 574.99	0	0	109.8	109.8
乌石镇	2 252.34	2 133.9	21 627.738	20 233.08	0	118.44	93.87	93.87
龙门乡	288.63	288.63	9 031.365	9 458.46	1 285.749	1 353.42	0	0
永丰乡	2 282.58	2 282.58	5 301.513	5 029.29	786.087	827.46	42.39	42.39
太平湖镇	1 592.37	1 474.29	10 658.943	9 450.72	2 066.962 5	2 293.83	67.5	67.5
新明乡	572.94	572.94	12 015.315	12 578.76	302.328	318.24	0	0

	耕地不多于	耕地现状	林地不少于	林地现状	水域不少于	水域现状	建设用地不多于	建设用地现状
耿城镇	1 615.32	1 615.32	4 827.757 5	4 968.81	0	0	232.56	232.56
新华乡	1 381.05	1 345.86	3 709.674	3 675.96	736.069 5	810	4.32	4.32
三口镇	1 131.39	1 131.39	4 174.708 5	4 289.94	21.888	23.04	107.19	107.19
汤口镇	186.39	186.39	12 455.127	12 392.28	0	0	100.98	100.98
新丰乡	1 761.66	1 761.66	3 778.245	3 712.68	8.037	8.46	46.71	46.71
甘棠镇	2 027.79	2 027.79	6 225.939	6 437.34	12.568 5	13.23	1 014.57	1 014.57
宏村镇	0	0	85.842	90.36	0	0	0	0
宏潭乡	0	0	159.885	142.65	0	0	0	0

3.4 新明乡产业发展适宜性评估及产业生产生态权衡

3.4.1 产业发展适宜性

3.4.1.1 茶产业适宜性

（1）思路

为研究新明乡茶产业的适宜性，根据新明乡“太平猴魁”的生长特性，采用随机森林赋权的方法，选择平均气温、相对湿度、海拔、坡度、坡向、pH、有机质、氮含量、磷含量、钾含量、道路、河流12个评价因子，对新明乡的“太平猴魁”茶叶的适宜性进行评价。

（2）方法

遵循显著性、实用性、优势性、区域多样性和可操作性、主导因子和综合性等原则，选取合适的评价因子，再针对的新明乡“太平猴魁”茶叶生长区采用随机森林赋权进行茶产业适宜性评价。

1）选取评价因子

为了对新明乡茶园现有分布进行科学合理的分析，从气候、地形、土壤和交通水源4个方面综合考虑选取了平均气温、相对湿度、海拔、坡度、坡向、

pH、有机质、氮含量、磷含量、钾含量、道路、河流为主要的评价因子，如表 3-13 所示。

表 3-13　影响茶叶生长的因素

影响因素	评价因子	描述
地形因素（A）	坡度（A1）	一般的高山名茶种植于海拔 400～700 m，“太平猴魁”茶叶所在的新明乡部分茶园所处海拔在 700 m 以上，但随着海拔升高，气温逐渐下降，当气温在 0℃下时会出现冻害，影响茶叶的产量和品质
	坡向（A2）	
	海拔（A3）	
土壤因素（B）	有机质（B1）	茶树适宜在酸性土壤中种植，最适宜的 pH 为 4.5～5.5，当土壤 pH 超过 6.5 就会抑制茶树的生长，茶树的 pH 下限适宜性较高，但随着酸性的不断增加，也会在一定程度上抑制茶树的生长以及影响茶叶的品质。高品质茶叶生长环境的有机质一般都大于 2%，土壤的养分含量将直接影响茶叶的品质。土壤中的氮、磷、钾含量与茶叶的品质也存在一定的关联
	氮（B2）	
	磷（B3）	
	钾（B4）	
	pH（B5）	
气候因素（C）	平均气温（C1）	茶树喜温喜湿，在同等条件下，温度高、相对湿度大的地区更适宜茶树的生长
	相对湿度（C2）	
交通水源因素（D）	道路（D1）	距离道路的远近会影响茶叶的采摘效率，并且在道路的建设中会破坏土壤原层，造成土壤肥力的下降，水系的分布关系，影响土壤湿度以及灌溉的难易程度
	水系（D2）	

2）随机森林赋权

基于随机森林赋权的方法预测精度高，对噪声和异常值容忍度高的特征，这种方法经常被用作聚类、判别、回归和生存分析以及评估变量。随机森林赋权主要的步骤如下：

①利用 bootsrap[①]抽样从原始的数据集中抽取 K 个样本形成训练集，每个训练集的样本容量与原始样本要保持一致，未被抽中的样本称袋外数据，可用作模型的性能评估，通过构造不同的训练集来增加不同分类模型的差异性；

②针对这 K 个样本构建决策树，每棵树在生成过程中都有节点，节点的分裂

① bootsrap 是一种专用的抽样方法，即有放回的抽样。

通过在样本中随机不重复的抽取出 a 个特征变量，根据特征变量对样本数据集进行划分，对划分的经过进行判定找出最佳的节点分裂途径。目前，常用判定的方法有基尼指数、增益率等；

③重复步骤①和步骤②n 次，得到 n 个训练集（n 为随机森林中决策树的个数）。由此得到一个分类的模型序列 $\{R_1(x),R_2(x),\cdots,R_k(x)\}$；

④用训练得到的随机森林对测试样本进行预测，并选用投票的方法进行结果预测。其分类决策的过程如下：

$$\mathrm{RF}(x)=\mathrm{arc\ max}\sum_{i=1}^{k}H\left[R_i(x)=Y\right] \tag{3-11}$$

式中，RF（x）为组合的分类模型；R_i（x）为单个决策树分类模型；Y 为抽取的特征变量；H 为示性函数。

运用随机森林赋权评价因子重要性的评估基本思想是根据每一个评价因子在随机森林的每棵树上的平均贡献度大小来决定的，贡献度大小一般有两种评估方法：基尼指数（Gini index）或者袋外数据（OOB）错误率来进行衡量。使用基尼指数作为衡量贡献度大小的评判标准，计算公式如下：

$$\mathrm{GI}=1-\sum_{n=1}^{|n|}p_{nm}^2 \tag{3-12}$$

式中，GI 为基尼指数；n 为类别；m 为节点；p_{nm} 为 m 中 n 占据的比例。

通过该公式对从节点 m 随机抽取的两个特征分别赋予不同的概率。

特征 a_i 在节点 m 的重要性记为 V_a，其在节点 m 前后的基尼指数是不一致的。因此，a_i 在节点 m 的基尼指数变化量为 V_{ai}=GI−GI_{a1}−GI_{a2}（GI_{a1} 为节点前的基尼指数，GI_{a2} 为节点后的基尼指数），最后对评价因子的重要性进行归一化处理，计算公式为

$$V=\frac{V_j}{\sum_{i=1}^{c}V_i} \tag{3-13}$$

式中，V 为评价因子的重要性。

将每个评价因子代入上述公式计算，得到的各个评价因子的权重值如表 3-14 所示。

表 3-14　新明乡茶叶适宜性评价因子的权重和层次分析结果

影响条件	评价因子	权重	适宜性分级			
			高度适宜	中度适宜	一般适宜	不适宜
地形	坡度/（°）	0.086	0～10	10～20	20～30	>30
	坡向/（°）	0.126	东南坡、南坡、西南坡	东坡、西坡	东北坡、西北坡、北坡、平地	—
	海拔/m	0.146	200～600	200～400	600～800	>800
土壤	有机质/%	0.036	4～5	5～8	>8	<4
	pH（量纲一）	0.006	4.5～5.5	5.5～6.5	4.0～4.5	>6.5 或<4.0
	总氮/（g/kg）	0.154	2.4～2.8	2～2.4	2.8～3.2	<2 或>3.2
	有效磷/（g/kg）	0.048	5～7	4～5	>7	<4
	速效钾/（g/kg）	0.187	400～500	300～400	>500	<300
气候	平均气温/℃	0.032	17～19	19～20	>20	<17
	相对湿度/%	0.092	70～75	65～70	>75	<65
其他	道路/m	0.027	500～1 000	1 000～1 500	0～500	>1 500
	水系/m	0.060	400～600	200～400	600～800	>800 或<200

3）适宜性分析

利用 GIS 相关软件对指标因子进行空间插值、重分类实现空间化处理，因为不同的指标因子在研究区域内的栅格格网中所表达的属性值是不同的，所以还需要对指标因子进行合理的量化处理。经过上述步骤，根据确定的各个评价因子的权重进行叠加分析，对计算的结果进行适宜性分级处理，主要分为高度适宜区、中度适宜区、一般适宜区和不适宜区 4 个等级，适宜性分析的具体公式如下：

$$S = \sum W_i \times P_i \tag{3-14}$$

式中，P_i 为评价因子值；W_i 为各评价因子的权重；i=1，2，3，…，n。

（2）结果

茶产业适宜性见图 3-17。

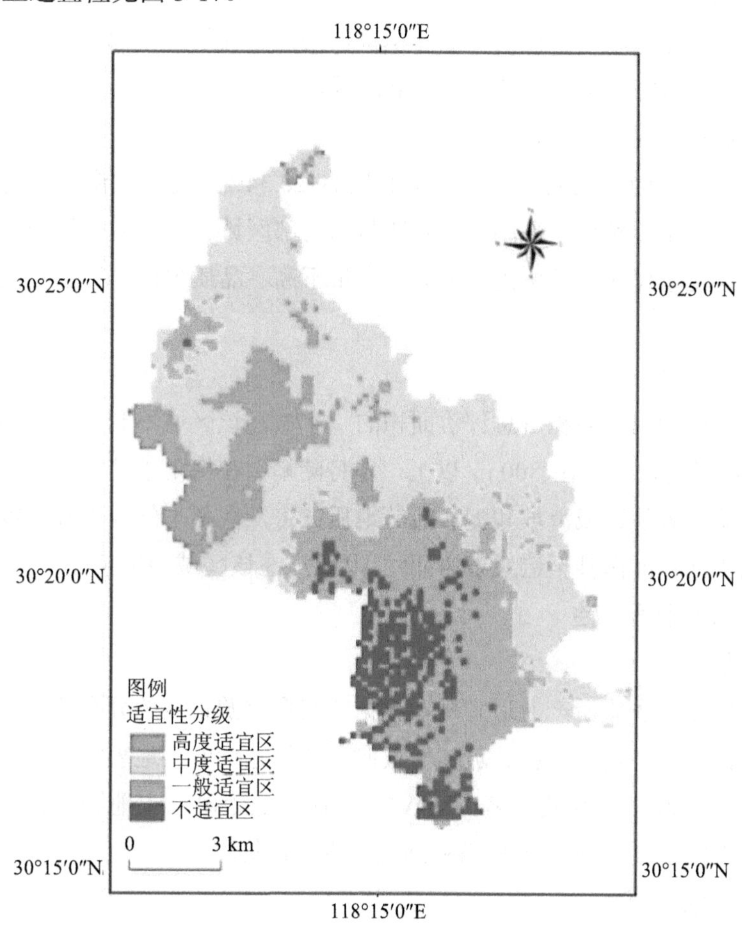

图 3-17 茶产业适宜性

①高度适宜区

高度适宜区即该区域的自然地理条件最有利于茶叶作物生长发育，高度适宜区的用地面积占总评价面积的 13.50%。麻川河流经该区域，为茶树的生长提供充足的水源，不易发生地质灾害。在自然环境相对稳定条件下，该区域茶园产量高、品质好，因此将该区域作为重点茶叶生态保护区域。

②中度适宜区

中度适宜区的用地面积占总评价面积的52.69%，主要分布于樵山村、新明村以及猴坑村部分区域，整体的自然环境条件较为适宜茶树作物的生长发育，茶园产量多，质量较好，可作为茶叶的发展区域。

③一般适宜区

一般适宜区的用地面积占总评价面积的26.34%，能基本满足茶树的生长环境，主要分布于招桃村、葛湖村和新明村西南部区域。该区域的地形、土壤等条件能基本满足茶树的生长所需，但茶叶产量不高、品质欠佳，不适宜大规模发展茶产业。

④不适宜区

不适宜区的用地面积占总评价面积的7.47%，该区域不利于茶叶的生长，坡度大于30°且海拔一般在800 m以上，地势陡峭，在梅雨季节水土流失严重，土壤肥力下降，容易造成滑坡和泥石流等地质灾害，在冬季气温下降到零下，易造成茶叶的大面积冻伤甚至造成茶树死亡。因此，在该区域种植茶园需要慎重考虑。

3.4.1.2 旅游业适宜性

（1）思路

为研究新明乡旅游产业适宜性，根据新明乡旅游景点的分布特点，采用随机森林赋权的方法，选择高程、坡度、坡向、地势起伏度、地表粗糙度、年平均气温、年平均降水、距水域距离、NDVI、距居民点距离、土地利用、距道路距离12个评价因子，对新明乡的旅游业适宜性进行评价。

（2）方法

根据旅游业的特点选取合适的评价因子，再针对新明乡旅游区分布区采用随机森林赋权进行旅游业适宜性评价。

1）选取评价因子

为了对新明乡旅游景点现有分布进行科学合理的分析，从地形地貌、自然环境、社会经济和自然禀赋4个方面综合考虑选取了高程、坡度、坡向、地势起伏度、地表粗糙度、年平均气温、年平均降水、水系密度为主要的评价因子，如表3-15所示。

表3-15 影响旅游发展的因素

影响因素	评价因子	描述
地形地貌（A）	高程（A1） 坡度（A2） 坡向（A3） 地势起伏度（A4） 地表粗糙度（A5）	高程影响气温、降水、湿度等气候环境因子，影响人类旅游活动；坡度影响植被生长发育、水土流失、土壤水分等，限制人类活动；坡向影响局部气候，其引起的热量差异还会深刻影响自然带的分布，进而影响自然生态景观格局；地势起伏度是划分地貌形态的重要参考指标，影响自然景观形态特征；地表粗糙度能有效表征地表覆盖物顶部的山区状况
自然环境（B）	年平均气温（B1） 年平均降水（B2） 距水域距离（B3） NDVI（B4）	年平均气温是影响植被生长的限制性因子，也会影响适宜开展生态旅游活动的时间；年平均降水影响土壤湿度，进而影响植被生长发育和生态景观；距水域距离反映邻近水源的便利程度，不仅旅游基础设施的建设需要水源，而且水是山水和谐的重要元素；植被覆盖越高环境承载力越强，对生态环境保护起重要作用
社会经济（C）	距居民点距离（C1） 土地利用（C2） 距道路距离（C3）	距居民点距离越近，交通越便利，接待能力越强；不同土地利用类型其环境承载力不同，生态旅游对其要求较高；距道路距离反映交通通达度，距离干道越近越有利于生态旅游开发

2）随机森林赋权

步骤同3.4.1.1。

12个评价因子的权重值如表3-16所示。

表3-16 新明乡旅游产业适宜性评价因子的权重和层次分析结果

影响条件	评价因子	权重	适宜性分级			
			高度适宜	中度适宜	一般适宜	不适宜
地形地貌（A）	高程（A1）	0.024 1	92～245	245～378	378～551	551～961
	坡度（A2）	0.037 0	0～12.5	12.5～22.5	22.5～32.2	32.2～61.6
	坡向（A3）	0.037 0	−1～87.7	87.7～180.7	180.7～270.9	270.9～359.8
	地势起伏度（A4）	0.020 7	0～101	101～170	170～242	242～487
	地表粗糙度（A5）	0.073 4	1～1.1	1.1～1.2	1.2～1.3	1.3～2.1

影响条件	评价因子	权重	适宜性分级			
			高度适宜	中度适宜	一般适宜	不适宜
自然环境（B）	年平均气温（B1）	0.029 1	15.6～16.2	16.2～16.7	16.7～17	17～17.5
	年平均降水（B2）	0.029 1	1 701.1～1 743.1	1 743.1～1 783.2	1 783.2～1 838.9	1 838.9～1 950.5
	距水域距离（B3）	0.254 3	0～578.9	578.9～1 255.9	1 255.9～2 101.9	2 101.9～3 954.2
	NDVI（B4）	0.223 4	0	0～96.3	96.3～98.5	98.5～100
社会经济（C）	距居民点距离（C1）	0.104 6	0～579.4	579.4～1 180.7	1 180.7～2 178.7	2 178.7～4 250.7
	土地利用（C2）	0.024 1	水系	有林地	灌木地	高覆盖度草
	距道路距离（C3）	0.143 2	0～1 980.7	1 980.7～4 323.5	4 323.5～6 885.7	6 885.7～10 287.7

3）适宜性分析

适宜性分析方法同 3.4.1.1。

（3）结果

旅游业适宜性见图 3-18。

1）高度适宜区

高度适宜区的用地面积占总评价面积的 25.54%。该区域植被覆盖率高，生态环境承载力强，生物多样性丰富，自然生态景观完整，生态旅游资源丰富。

2）中度适宜区

中度适宜区的用地面积占总评价面积的 31.56%，与高度适宜发展区相比，该区域生态旅游适宜性条件存在些许不足。在自然条件方面，随着海拔降低，该区大部分区域由于受焚风效应影响，气温相对较高，降水相对较少，故而植被生长所需水分不太充足，加之坡度较大，增加水土流失风险，生态环境承载力相对较弱。

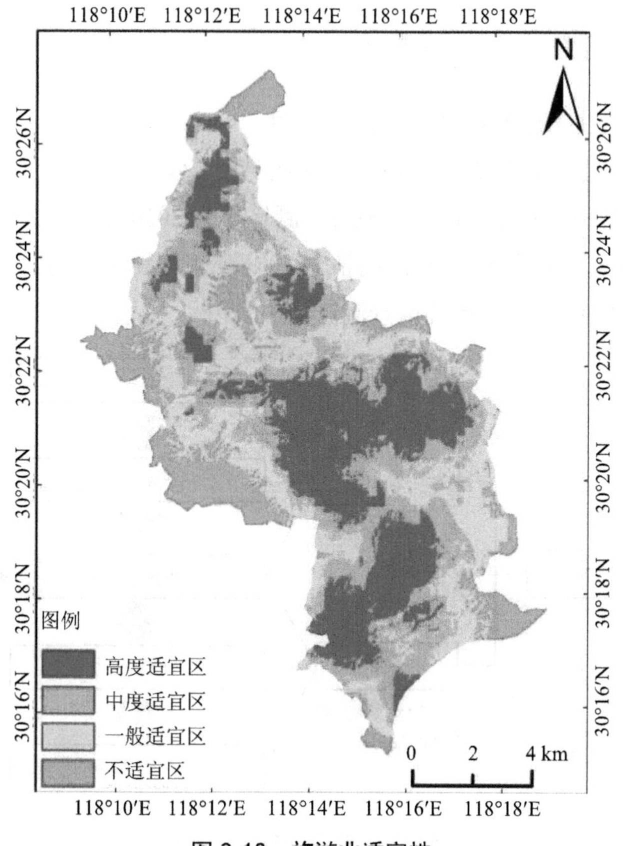

图 3-18 旅游业适宜性

3）一般适宜区

一般适宜区的用地面积占总评价面积的 28.13%，该区域可依托的居民点数量少且分散，地貌景观特征不够典型，海拔较低，气温较高，降水较少，坡度相对较大，植被覆盖度相对较低，加之交通基础设施不够完善，美学价值不够特别突出，生物多样性相对较低。

4）不适宜区

不适宜区的用地面积占总评价面积的 14.77%，其分布特征与边际适宜发展区类似并且与其相间分布。在一些生态敏感脆弱地区如饮用水水源保护区，永久基本农田等区域内，不适宜发展生态旅游，应以保护为主，保持原有的自然生态环境。

3.4.2 茶产业生产生态权衡测算

3.4.2.1 茶产业生产生态权衡测算逻辑说明

新明乡茶产业生产生态权衡模型分别从“生产效益引导”“生态效益限定”两个方面进行了基于现状条件的基础测算。测算年为2020年，规划年限为5年，以2025年为目标年，测算针对不同的情景，以“测算要素”为“衔接层”，通过表3-17、表3-18的测算，得到情景测算结果。

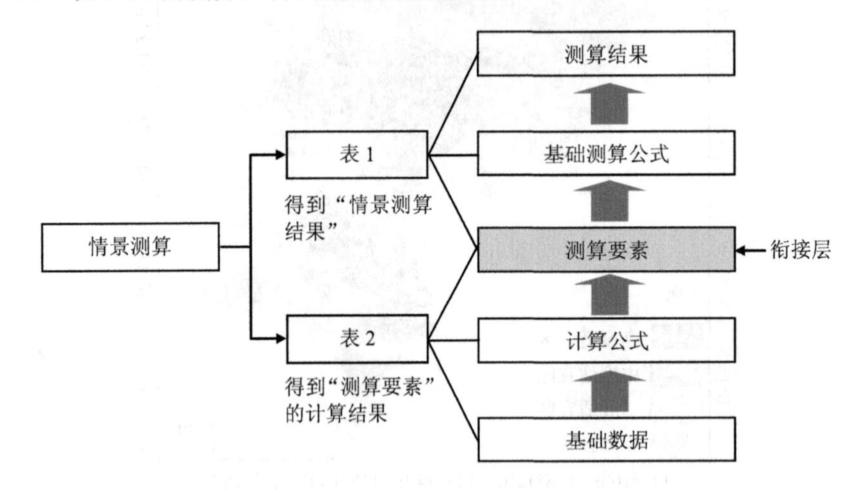

图3-19 情景测算逻辑框架

3.4.2.2 生产效益目标导向

新明乡合理经济效益引导下的茶产业用地规模测算见表3-17。

表3-17 合理经济效益目标引导下的产业规模下限测算（LIET）

测算要素	测算要素取值	测算公式	测算结果
农村常住居民人均可支配收入增加目标值（TIR）	57 713	LIET=（TIR−NIT）·PSI/POI	10 959.12
非经营人均净收入增加目标值（NIT）	29 002		

测算要素	测算要素取值	测算公式	测算结果
茶产业在人均经营净收入增加值中的占比（PSI）	0.335 9	—	—
单位茶用地人均经营净收入（POI）	0.88	—	—

注：“合理经济效益目标引导下的茶产业规模下限测算”采用的基础测算公式为“合理经济效益目标引导下的茶产业规模下限=（农村居民人均可支配收入增加目标值-非经营人均净收入增加目标值）×茶产业在人均经营净收入增加值中的占比/单位茶产业用地人均经营净收入”。

LIET 测算要素取值依据如表 3-18 所示。

表 3-18 LIET 测算要素取值

对应的测算要素	基础数据	单位	数据值	计算方式	测算要素取值
农村常住居民人均可支配收入增加目标值（TIR）	2018 年新明乡人均可支配收入	元	26 093	2020 年新明乡人均可支配收入×（1+年均变化率）^{规划年限}	57 713
	2019 年新明乡人均可支配收入	元	29 225		
	2020 年新明乡人均可支配收入	元	32 736		
非经营人均净收入增加目标值（NIT）	2018 年新明乡非经营人均净收入占比	%	36.89	[2020 年非经营人均净收入占比×（1+年均变化率）^{规划年限}] ×TIR	29 002
	2019 年新明乡非经营人均净收入占比	%	40.11		
	2020 年新明乡非经营人均净收入占比	%	40.25		
茶产业在人均经营净收入增加值中的占比目标值（PSI）	2018 年茶产业在村 GDP 中的占比	%	40.48	2020 年茶产业在村 GDP 中的占比×（1+年均变化率）^{规划年限}	33.59
	2019 年茶产业在村 GDP 中的占比	%	38.89		
	2020 年茶产业在村 GDP 中的占比	%	38.37		

对应的测算要素	基础数据	单位	数据值	计算方式	测算要素取值
单位茶产业用地人均经营净收入目标值（POI）	2020 年茶产业总产值	万元	18 800	[（2020 年茶产业总产值−2020 年茶产业总生产成本）/2020 年茶产业用地规模/2020 年新明乡常住人口] ×（1+年均变化率）^{规划年限}	0.88 元/（人·亩）
	2020 年茶产业总生产成本	万元	3 900		
	2020 年茶产业用地规模	亩	26 000		
	2020 年新明乡常住人口	人	7 548		
	2018 年茶产业户均产值	元	84 325		
	2019 年茶产业户均产值	元	86 805		
	2020 年茶产业户均产值	元	93 253		

3.4.2.3 生态效益目标导向

新明乡环境约束下茶产业用地规模上限测算见表 3-19。

表 3-19 主导生态功能辨识导引的环境约束下产业规模上限测算（RC2）

测算要素	测算要素取值	测算公式	情景测算结果
村域水主要污染物排放总量（VPV）	COD=1 910 t	$RC2 = VPV/PV_i$	COD：318 333 TN：45 000 TP：38 224 最终结果取其最小值亩 38 224 亩
	TN=90 t		
	TP=38.22 t		
单位面积茶树主要污染物排放量（PV_i）	COD=0.006 t		
	TN=0.003 t		
	TP=0.001 t		

注：“主导生态功能辨识引导下的产业规模上限测算”中“环境约束下产业规模测算”公式为“村域环境约束下的茶产业用地规模上限=村域水主要污染物排放量/单位面积茶产业主要污染物排放量”。

RC2 测算要素取值依据如表 3-20 所示。

表 3-20 RC2 测算要素取值

测算要素	基础数据	单位	数据数值	计算方式	测算要素取值
村域水主要污染物排放总量（VPV）	黄山区主要污染物计划排放指标	t	COD=24 060 TN= 1 160 TP=481.2	黄山区主要污染物计划排放指标×（新明乡国土面积/黄山区国土面积）	COD=1 910 TN=90 TP=38.22
	新明乡国土面积	hm^2	14 100		
	黄山区国土面积	hm^2	177 500		
单位面积茶树主要污染物排放量（PV_i）	单位面积茶树化肥使用产生污染物含量	t/亩	COD=0.006 TN=0.002 TP=0.001	单位面积茶树化肥使用产生污染物含量	COD=0.006 TN=0.002 TP=0.001

新明乡红线约束下茶产业用地规模上限测算见表 3-21。

表 3-21 主导生态功能辨识导引的红线约束下产业规模上限测算（RC3）

测算要素	数据获取	单位	测算取值	测算公式	测算结果
村域用地（VL）	新明乡区域国土面积	亩	211 500	RC_3=VL−CA−VCL−EA−FA−ESA−NOL	19 540
城镇开发边界面积（CA）	城镇建设用地	亩	1 200		
村庄建设用地面积（VCL）	农村居民点	亩	2 730		
生态保护红线面积（EA）	黄山区土地利用规划	亩	0		
永久基本农田面积（FA）	永久基本农田面积	亩	11 670		
其他重要生态空间面积（ESA）	市级生态功能保育区+农产品环境保障区+其他村级生态功能区	亩	0		

测算要素	数据获取	单位	测算取值	测算公式	测算结果
村域道路与交通设施等其他不可占用用地（NOL）	交通运输用地+水域及水利设施用地+林地+园地+特殊用地	亩	185 360		

3.4.3 生产生态权衡结果

茶产业生产生态权衡结果见表 3-22。

表 3-22 茶产业生产生态权衡结果

类型	类型	测算结果/亩	限定值/亩
经济效益目标导向（下限约束）	合理经济效益目标导向下的产业规模下限测算	10 959.12	10 959.12
生态效益目标导向（上限约束）	主导生态功能辨识导引的环境约束下产业规模上限测算	38 224	19 540
	主导生态功能辨识导引的红线约束下产业规模上限测算	19 540	

经测算，新明乡“生态效益限定下的茶产业用地规模上限”为 19 540 亩；“合理经济效益引导下的产业用地规模下限”为 10 959.12 亩。可见，如以茶产业为主导产业，新明乡的生产发展与生态保护间关系和谐。

3.5 产业发展短板分析

3.5.1 生态资源

新明乡位于我国水源涵养和生物多样性重点保护区域，同时茶产业作为新明乡主导产业，处理好“生产-生态-生活”的耦合，实现茶产业经济效益，生态效益和社会效益的有效统一，已成为新明乡目前的发展重点。按照生态经济学设计理论，通过茶园系统内部各结构要素的优化组合，促进其在时序有效链接、空间合理布局和生产生态匹配中产生正向联系和优势叠加作用，进而将“绿水青山就是金山银山”的理念转变为乡村振兴的实践。山区茶产业的生态发展需基于封闭或者半封闭的生物链和生态循环系统，在茶园生产过程中推广物质多层多级循环利用，做到废弃物减量化、资源化再利用，实现茶园的绿色振兴。新明乡茶园的生长环境较为脆弱，首先要注重保护生态功能，维护茶园的生态平衡，才能实现茶园的生态效益和经济效益的双重价值。

此外，新明乡为高山陡坡的自然地理特征，山高坡陡、土层较薄，且降雨强度较大，土壤沙化严重，总体抗蚀力不强，表层土质疏松、植被覆盖率低、土壤稳定性较差，在水体长时间的冲刷、剥离作用下，极易造成水土流失，并诱发岸线坍塌、山体滑坡等地质灾害。同时，新明乡处于特殊的地理区位，上游化肥农药和畜禽养殖污染物经过冲刷，直接影响新明乡环境负荷。目前，新明乡境内农耕种植和人为开发建设活动影响较小，因此，现状水土流失程度总体较小。但未来随着茶园种植规模的不断扩大，仍存在水土流失风险，例如，在强降雨、洪水等自然灾害天气下，水土流失形势严峻，将对生态环境造成严重影响。从生物结构上看，新明乡茶园品种较为单一，物种多样性较低，生态系统中的食物链、食物网简单脆弱，生态平衡容易打破，造成茶园生态控制病虫害的能力下降，容易造成病虫害暴发。

茶文化旅游所包含和诠释的文化旅游和生态内涵等诸多优势成为吸引消费者的重要因素。新明乡境内资源丰富，景色秀丽，生态自然环境极佳，其生态属性和茶文化优势成为当前茶旅产业的热点。新明乡在发展茶产业的同时一直高度重视生态旅游的发展，全力打造“猴魁小镇美丽新明”，围绕“以茶为媒、以茶促旅”的思路，吸引大量游客来观赏茶乡之美、体验茶乡风情。据统计，每年农家乐接待游客1.5万余人次；猴坑以及樵山神仙洞、蓝水河等景区年均接待各类游客4万余人次，实现旅游收入近600万元。随着新明乡旅游发展的进一步推广，游客数量持续上升，与之相配套的接待设施，交通设施的建设将不可避免影响当地的生态环境，与此同时，旅游产业持续快速增长，外来游客逐渐增多，过量的旅游接待将造成大量的资源消耗和废弃物的排放，加大环境的污染风险。

3.5.2 人居环境

随着城镇化水平的快速提高、集镇人口规模的不断扩大以及农村生活方式的改变，生活污水量不断增大，造成水体中 COD、NH_3-N、TN、TP 等指标呈逐年增加趋势。入河口、河道蜿蜒处常见固体废物垃圾，河流直接与农田和周边农户居住区相连，缺乏相应缓冲带，农田面源污染与居民生活垃圾污染对保护区的水质产生较大影响。一般认为，人口聚集度和人类开发活动密集的区域，对资源的索取度较高，将直接影响新明乡生态环境。另外，新明乡村组结构分散不均，也极大地降低了资源的利用率以及环境设施的处理效率。饮用水水源存在污染的可能，使茶园生态环境与茶叶安全问题日益突出。

3.5.3 产业发展

（1）新明乡茶产业融合度低，产业链短，精加工少

新明乡茶产业的发展受气候因素、生产能力和市场价格影响较大，与旅游业、电商业的产业融合度较低，依靠单一的茶叶生产加工难以促进产业的高效健康可持续发展。同时，新明乡的产业具有明显的季节性，主要采摘品种是春茶，夏秋茶的开采和精加工能力弱，并且春茶中精加工比例较低，无统一的生产标准，无法保证茶叶的品质，导致其茶叶产值不高。

（2）新明乡茶品牌竞争力不高

新明乡作为“太平猴魁”的产地，高度重视茶企品牌建设工作，积极推进茶叶商标的创建，取得了明显成效。现已创建 2 个中国驰名商标（猴坑、六百里）、12 个省级著名商标、6 个市级知名商标；其中猴坑茶业还被评为“安徽省名牌产品”，获得“中国茶业百强企业”称号，“太平猴魁”品牌价值提升至 37.83 亿元，新明颜家太平猴魁在 2021 年“世界绿茶评比会”荣获最高金奖。但整体而言，新明乡在品牌运营、品牌维护方面竞争力较差，品牌知名度不高，品牌的推动作用不明显。

（3）生产成本增加，质量安全和生态安全压力加大

茶业是劳动密集型产业，我国农村劳动力已进入总量过剩与结构性短缺并存阶段，这一现实对茶产业发展提出了严峻挑战。前期调查表明，新明乡春茶采收期间平均采工短缺比例为 20%以上，未来采茶工短缺会成为制约产业发展的重要

瓶颈。伴随劳动力结构性短缺导致茶叶生产的人工成本不断上升，同时，茶叶生产的物质投入成本也在不断增加，将不断压缩经营利润。消费者对茶叶中农药残留、重金属、环境污染物几乎是“零容忍”；新明乡的茶产业发展仍依赖于高强度的劳动，使一些散户对培肥地力等事关长期发展的项目不愿投入也不敢投入，进一步加剧质量安全和生态压力，影响产业的产量、产出率和可持续发展。

综上可知，新明乡茶产业的发展面临着巨大的成本劣势和竞争压力，传统的产业模式亟待转型升级，在成本控制、产品开发和多元化经营等方面需要大力革新、创新，充分发挥茶业龙头企业优势，促进分散农户与市场紧密对接，引导茶农从数量增长型向优质高效型转变，实现标准化生产、规模化经营，促进经济发展与生态保护共赢。

3.6 村镇建设生态承载力提升方案

3.6.1 总体思路

天目山—怀玉山区是我国华东地区森林面积保存量较大和生物多样性较丰富的区域，也是东部地区重要河流钱塘江的发源地，具有重要的生物多样性保护与水源涵养功能。本研究分析了天目山—怀玉山区在村镇尺度上生物多样性保护与水源涵养承载力的时空变化，基于“三生空间”限定下的土地利用类型调整，分别测算了研究区现状、最优及最差的生境质量指数和水源涵养健康度，得出生物多样性功能和水源涵养功能的承载状态，建立了生物多样性和水源涵养功能对研究区各村镇土地利用的约束管控与预警机制。

根据研究区村镇生物多样性保护和水源涵养承载力现状，基于不同承载状态的约束情景，以减轻村镇建设的生态压力、提高生态弹性、增强复合承载力为指导思想，通过合理调整“三生空间”布局、实行生物多样性保护措施、开展生态恢复和生态治理、优化产业和经济发展模式、增加生态文明建设等具体手段，提出了村镇建设生态承载力的相应提升策略。

3.6.2 承载力超载情景及策略

天目山—怀玉山区生境质量较差的乡镇有 18 个，占 2.7%，主要分布于宣城市西北部、芜湖市和铜陵市的北部边缘区，其土地利用类型主要为农业用地、建设用地和未利用地。处于生物多样性超载状态的乡镇只有 3 个，分别是芜湖市南陵县、宣城市西林街道和黄山市昱西街道。水源涵养健康度较差的乡镇有 26 个，占 3.9%，主要位于研究区北部、黄山市和池州市南部、衢州市西南部，其中，水域、耕地和建设用地的占比很高。处于水源涵养超载状态的乡镇只有 9 个，分别为桃州镇、江南镇、虹星桥镇、金川街道、双桥街道、郎溪经济开发区、池阳街道、歙县经济开发区、江西省对外经济技术合作蔡岭示范区。该部分乡镇的人类活动频繁，工业发展迅速，产业聚集，建设用地明显增加，导致生境质量和水源涵养遭到破坏，生态承载力的提升空间较大，可采取相应措施优化，具体如下：

（1）深入规划和调整生产、生活和生态空间布局

以保护和修复生态环境、维护生态空间为基点，扎实推进生态乡镇化建设。严格管控建设用地扩张模式，避免土地利用不合理与破碎化加剧，降低乡镇发展对生态承载力的负面影响。在确保耕地红线和粮食安全的前提下，全过程推进退耕还林工作，划定退耕范围，按量按质落实制度，严惩毁林行为。实现水土资源高效集约利用，优化村镇人口布局，控制人口密度，完善基础设施，切实改善乡镇生态和生活环境。

（2）加快优化产业结构，发展绿色经济

地区产业存在经济发展能耗高、环境污染重、产业科技含量低和生态环境治理落后等诸多问题，应严格控制高能耗、高污染和产能过剩类企业的落户及整改，加强对已有企业污染物无害化排放的监管力度，加大对创新产业财政支持力度和对创新产品市场的引导，大力发展高新技术产业和低碳环保的绿色产业，逐渐降低第一、二产业的比重而增加第三产业比重，不断升级优化产业结构，以适应乡镇生态承载力的提升需求，促进产业的低碳绿色与高效发展。

（3）严控污染排放，开展生态综合整治

农业、工业污染物排放的增加对于乡镇生态承载力也会带来负面影响，应致力于减少和消除污染源排放，降低工业“三废”排放，推广使用清洁能源，扎实

推进生产生活污水垃圾无害化处理和水资源循环利用等设施建设，保证乡镇群众的生活环境和用水安全。依据国土空间规划指导乡镇建设，开展乡镇绿化行动。完善乡镇生态环境治理体系和基础设施，着力提升乡镇自我恢复和自我调节的生态整体性功能。

（4）重视生态安全，提升生态潜力

天目山—怀玉山区作为我国重要的生物多样性和水源涵养保护区，应严格践行“两山”理念和可持续发展观，坚持人与自然和谐共生，坚定不移地推进生态乡镇化建设，引导公众积极参与保护自然资源和生态环境治理，强调形成绿色、健康、文明的生活方式。

3.6.3 承载力平衡情景及策略

天目山—怀玉山区生境质量良好的乡镇有288个，占比43%，主要散落在研究区西部的草地和林地上，以及东南部的水库坑塘、河渠和湖泊上。处于生物多样性可优化状态的乡镇有621个，占全部乡镇的92%以上。水源涵养健康度良好的乡镇有34个，占5.1%，主要分布于上饶市和九江市的北部及东南部、杭州市北部及南部少部分地区、衢州市的北部边缘区。处于水源涵养可优化状态的乡镇288个，主要位于池州市、九江市、上饶市部分地区、景德镇市、衢州市西部和杭州市大部分区域。该部分乡镇的生物多样性保护和水源涵养功能仍有提升空间，主要提升策略有：

（1）加强自然保护区的建设，提升生物多样性保护成效

天目山—怀玉山区的自然保护区是我国华东地区不可多得的“生物基因库”，拥有典型的、完好的中亚热带森林生态系统，具有极高的人文及科研价值。应秉承人与自然和谐共生的理念，坚持依法保护、科学管理和合理利用的方针政策，针对典型生态系统、生物多样性、珍稀濒危生物等重点方面，完善生物多样性监测观测网络，优化保护区分区格局，不断完善政策法规、强化能力保障、加强执法监督、倡导全民行动，不断提高生物多样性保护成效，持续推进生物多样性治理体系和治理能力现代化。

（2）因地制宜，改善“三生空间”布局

在保障现有林地、草地覆盖格局的基础上，尽量提升植被覆盖度，坚持自然

恢复为主人工恢复为辅，扩大常绿阔叶林面积，进一步优化林草格局。加强林业经营区可持续的集约化丰产林地管理，加大林地产品产量，挖掘林地产业潜力。继续做好退耕还林还草工作，重视和巩固以往退耕还林还草成果。严格管控建设用地扩张，优化建设用地的开发模式和空间布局，对于无法避免的土地转换需建立完善的生态补偿体制，切实保护林地和耕地，协调好乡镇建设与生态承载力的良性发展。

（3）增加生态单元连通性，形成有机的生态系统格局

增加不同土地利用类型之间的连通性，对乡镇生态承载力具有提升作用。通过构建生态廊道、增加绿化带、增加景观踏脚石等手段，可以将孤立且分散的土地利用单元连接起来，增强生态和景观空间格局的连通性，从而形成整体性强、内部间联系紧密的有机生态系统格局，对改善乡镇生态质量和保障生态安全有重要意义。

（4）继续改革经济发展模式，推进资源集约型发展

研究区各乡镇应该根据自身的生物多样性保护、水源涵养等方面的承载情况，进一步优化产业结构，提高产业与科技融创水平，引进能耗低、污染低且发展前景良好的技术型企业，积极引导公共和社会财政投入，鼓励企业创新循环利用资源能源，注重知识产权保护，持续推进低碳循环经济发展，为区域生态承载力提升和经济发展提供支撑。

3.6.4 承载力富余情景及策略

天目山—怀玉山区生境质量等级优秀的乡镇有 364 个，占 54.3%，主要分布于研究区的南部大部分区域；生物多样性承载状态最优化的乡镇有 46 个，主要位于宣城市和黄山市。水源涵养健康度优秀的乡镇有 610 个，占 91%；水源涵养承载状态最优化的乡镇有 373 个，占 55.7%，主要分布于宣城市、黄山市、芜湖市南部、池州市西部、湖州市南部以及杭州市的天目山一带。该部分区域城市化进程较慢，生态空间人为干预较小，空间结构较为完整，受生物多样性和水源涵养功能承载力的约束较小，适宜以下发展策略：

（1）加强和创新生物多样性保护举措

天目山—怀玉山区孕育的丰富而独特的森林景观、生态系统、物种及基因多

样性，关系到华东地区乃至全国人民的福祉，是顺应人与自然和谐共生、保障人类生产和发展的重要基础。面向生物多样性丧失、生态系统退化与质量不高等问题，仍需不断加强和创新生物多样性保护措施，坚持保护优先、绿色发展、制度先行、统筹推进等方针，强化就地与迁地保护体系，加强生物安全管理，加大生物多样性保护领域资金投入，加强生物多样性保护宣传教育，切实改善生态环境质量，推进生物多样性保护与可持续发展。

（2）坚持生态保护，合理开发土地和资源利用

天目山—怀玉山区村镇自然资源与生态环境状况良好，土地利用模式较为合理，能够充分发挥该区域的生物多样性和水源涵养优势，在坚持生态保护优先的前提下，考虑合理开发利用土地资源和自然资源，细化保护与利用功能分区，使诸如林业等行业经济保持健康和可持续化的发展，从而将以优质的生态环境更好地服务于社会。还可以适当增加土地增量指标供应，缓解乡镇发展的用地供需矛盾，提升土地利用效率，实现环境保护与经济发展的双赢。

（3）利用资源环境优势，发展生态旅游和绿色农林业

一些地区生态环境优越，但经济发展相对落后，可通过开展生态旅游、生态教育、生态体验等方式，调整产业结构，形成可持续发展的旅游产业模式，实现生产、生活、生态的和谐统一。充分挖掘区域特色的自然风景和人文景观，大力发展休闲旅游资源，形成高品质的天目山—怀玉山区的生态旅游产品供给，加速“美丽生态”转化为“美丽经济”。合理利用森林资源，发展科技化的培育技术，联合农业生产与林业生产，形成多样化的农林业模式。建立有效的生态补偿机制，完善森林开发管理制度。

（4）推进生态文明建设，鼓励技术创新和应用

构建农村资源高效利用的绿色低碳循环产业体系，推动农业绿色发展全面转型，聚焦绿色发展关键领域和薄弱环节，推广新型高效植保机械，推进化肥农药减量增效，加快信息化建设步伐，推动互联网经济与实体产业的融合创新。加快形成乡村简约适度、绿色低碳的生活方式，加快能源转型、鼓励绿色出行，加强生态文明宣传教育，增强全民保护环境、节能节约的生态意识。

3.7 茶产业可持续发展模式

3.7.1 目标

树立新明乡茶产业高质量发展的鲜明导向，加快茶产业发展方式转变，推动茶产业逐渐由传统农业向精致农业转变，注重培育和引进龙头企业，加强茶园配套基础设施建设，加速产业融合，延长产业链条，打造茶产业品牌，使茶产业成为乡村振兴的支柱性产业。

3.7.2 指导思想和基本原则

3.7.2.1 指导思想

深入贯彻习近平新时代中国特色社会主义思想，深入贯彻党的十九大和十九届二中、三中全会精神，坚持稳中求进工作总基调，牢固树立新发展理念，落实产业高质量发展要求，坚持农业农村优先发展，按照产业兴旺、生态宜居、乡风文明、治理有效、生活富裕的总要求，走中国特色社会主义乡村振兴道路，让农业成为有奔头的产业，让农民成为有吸引力的职业，让农村成为安居乐业的美丽家园。

3.7.2.2 基本原则

（1）坚持发展，合理布局

遵循新发展理念，以农民增收为重点，优化茶叶产品品种结构，规模化种植。提升产品市场竞争力，增强农业发展活力和农民的自我发展能力。

（2）依赖品牌，提升效益

在茶园的管理；茶叶的种植、采摘、加工；茶产品的品牌打造等环节上，严格遵循标准化，绿色化生产意识和品质安全意志，打造高质量、高品质茶叶，形成更具有品牌竞争力的茶企产业链。

（3）绿色生态，发展旅游

围绕美丽乡村建设，保护生态环境。将茶产业和旅游业相结合，借助太平湖风景观光旅游带优势，打造具有特色的新明乡山水田园的茶产业旅游风景区。以茶促旅，以旅带茶。引导茶农开设一些休闲农庄，让游客感受到茶乡风情。

（4）企业带头，招商引资

政府配合引导，大力实施茶企招商引资，打造龙头企业，让龙头企业做大做强，通过龙头企业的带头作用，加快茶叶产业转型升级，提高效益。

3.7.3 具体内容

自党的十八大以来，国务院和农业农村部相继出台《数字乡村发展战略纲要》《数字农业农村发展规划（2019—2025 年）》以推动乡村振兴。通过对新明乡茶产业发展问题的分析，在双循环驱动下打造以生态为依托、以旅游为引擎、以茶产业为市场的国家级特色产业强镇。建设生态优良的山水田园，茶香满溢的百年名茶，欢乐畅享的风景游园，群众安居乐业的幸福家园。

3.7.3.1 茶产业发展

茶产业发展链见图 3-20。

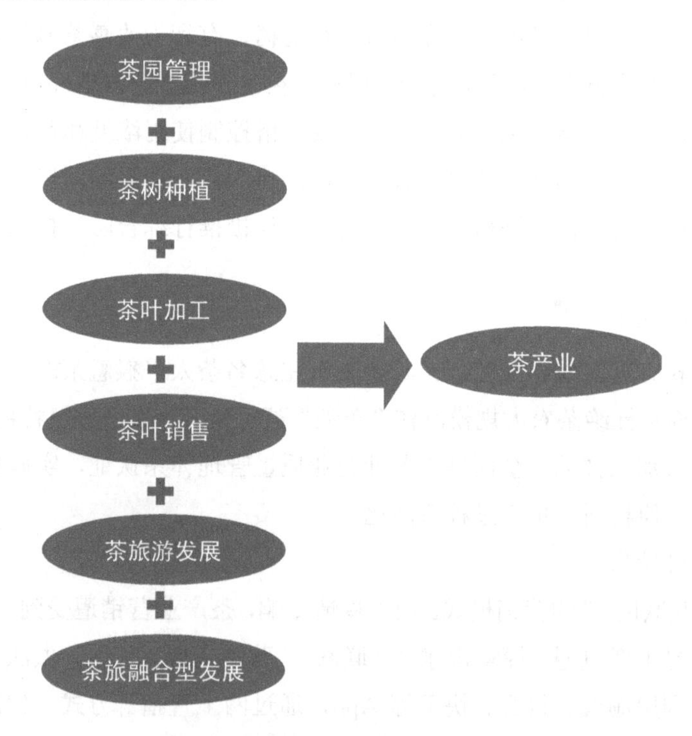

图 3-20 茶产业发展链

（1）茶园管理

茶园管理要遵循“科学、绿色、高产、高效、可持续”的原则，严格按照太平猴魁原产地保护和国家标准来实施，以保护生态环境和水土保持为中心，合理布置茶园的水系、道路、防护林带、遮荫树等，开辟新茶园的同时不能破坏生态环境，每片新茶园的开垦面积不宜超过该山场坡面的60%。茶园四周设置隔离沟。对于树龄在 60 年以上的老茶园应该实行退茶还林。茶园的基础设施应该完善合理，一般性的老茶园应该要做到“四改”，即改园、改土、改树（修剪）、改管理（含耕作、施肥、养棵、合理采摘、防治病虫害等）。培养高产树冠，确保合适的叶层厚度及叶面积指数，减少重修剪次数，推行轻修剪，增施农家肥、有机肥，增加土壤有机质含量，从而提高茶叶单产及茶产品品质。

（2）茶树种植

茶树应种植在坡度25°以下的地区，地面坡度在10°以内的，只挖高填低，适当调整地形，以便茶行布置。地面坡度在 10°以上的，修筑梯级茶园，梯壁高控制在 1.5 m 以内。有条件的地方在道旁栽行道树，有利于改善茶园生态环境和水土保持。在种植前施底肥，其间追肥，根据茶树生长需要，可根外喷施可溶性氮、磷肥、稀土、微量元素和生长调节剂。但要严格控制使用浓度和剂量，并注意使用天气、时间，以提高使用效果。做好茶树修建工作，根据不同树龄选择合适的修剪方法，培养树冠，整饰树型，更新复壮。积极推行综合防治技术，做好茶树病虫害检查。

（3）茶叶加工

要严格执行产品制作技艺。尤其要突出注意名茶太平猴魁茶的杀青和整形技术，引导并逐步杜绝茶农大规模制作“布尖”茶。在确保太平猴魁特色的前提下，谨慎改革制茶加工技艺。全面推进茶叶企业质量管理体系认证，实施加工环境、设备、能源、原材料、生产过程清洁化。

（4）茶叶销售

打造“互联网+”的营销模式。由于疫情影响，茶产业营销遭受到一定的冲击。茶企应积极寻求新机遇，探索构建“互联网+”营销新模式。具体做法为在产品推广模式下，利用淘宝、抖音、快手等 App，通过网上直播等方式，使消费者可以直观地看到茶园基地和茶叶加工车间，从而吸引消费者的关注。同时，鼓励龙头企业发展营销网络，建立连锁店、专营店、代理专柜和直接进入超市销售，形成群团效应。扩大知名茶品的品牌效应，形成优势竞争力。

（5）茶旅游发展

系统整理、规范太平猴魁发展史，统一对外宣传口径，继续办好太平猴魁茶文化旅游节、“茶王树”祭祀等茶文化活动，不断丰富茶文化旅游节内涵，突出国礼茶特色。积极组织茶叶企业做好茶文化旅游节展示、展销、品茶等宣传活动。充分发挥新闻媒体的作用，加强宣传，扩大影响，吸引更多的人参与茶文化旅游

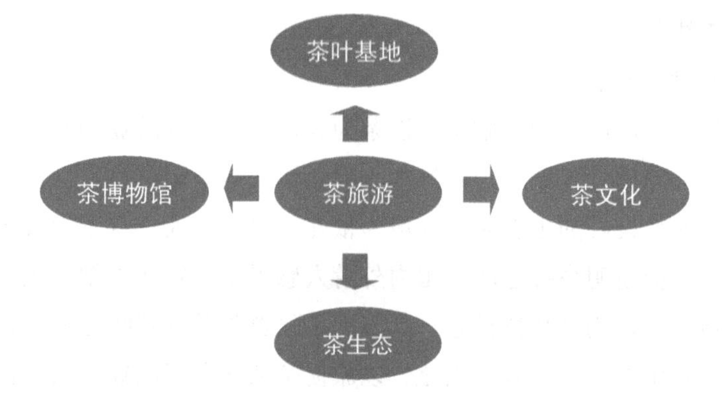

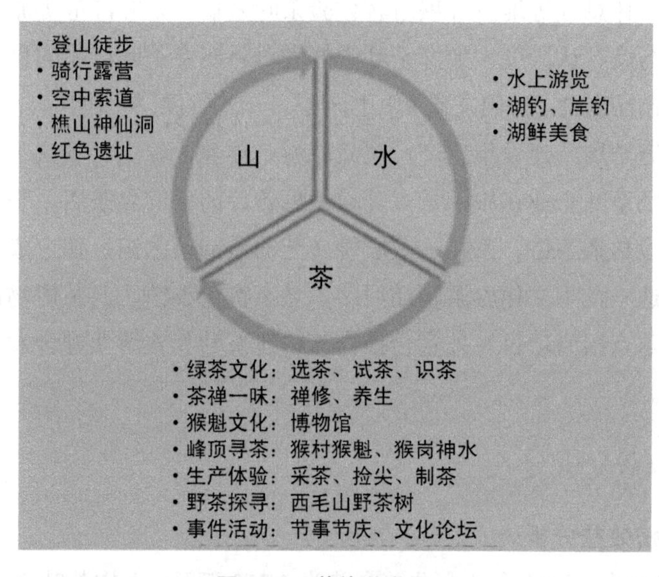

图 3-21　茶旅游发展

节活动。建设茶叶观光园，以观光旅游步道标准，对现有茶园道路进行改造，体现茶园古道文化。新建部分茶园景观建设，合理分布设计几处能够反映太平猴魁茶文化的景观，并在不同节点合理修建休憩亭。建设猴魁文化展示中心，向旅客介绍猴魁茶文化知识。将风光旅游、红色旅游与名茶产区景点、品茶、茶道表演等各项展示有机结合起来。建造茶文化博物馆、农产品展示中心，展示特色农产品，如茶叶、香榧等。依托太平湖风光，打造一批茶文化旅游精品线路、名茶特色小镇、名茶博物馆和名茶主题庄园，培育交通便捷、线路合理、文化浓郁、景点差异的茶旅线路。

（6）茶旅融合型发展

在保护好茶叶原产地的基础上，以茶为媒，促进茶旅游业的发展。例如，新明乡最赋盛名的当属太平猴魁，做好太平猴魁原产地茶园保护和保证茶叶品质的基础上，以新明乡良好的生态旅游环境为依托，以历史人文背景为载体，深入挖掘茶文化内涵，把新明乡打造成让国内外游人感受太平猴魁茶创制生产之神秘、体验太平猴魁茶采、制之独特技艺、品赏太平猴魁茶兰香味醇之猴韵、感叹太平猴魁茶之乡自然生态美景的以茶兴旅、以旅促茶共同发展的猴魁茶文化之乡。在特定的茶园、休息区等地点开展游客体验茶叶采摘、茶叶冲泡等旅游内容，从而提高游客参与度、认同度，加深茶叶爱好者对新明乡茶叶产品的良好印象。积极打造一批集茶园农业、休闲文旅和田园社区于一体的茶乡田园综合体。依托企业、合作社和家庭茶场，建设集生产、观光旅游、体验、养生、餐饮于一体的名茶主题庄园。鼓励茶叶企业在旅游景点开设特色各异的徽韵名茶店、茶楼、茶馆，尤其是鼓励开设传播茶俗、茶礼、茶歌舞文艺的徽韵茶艺馆，使之成为徽茶文化传播窗口。遴选一批茶文化旅游精品线路、名茶特色小镇、名茶博物馆和名茶主题庄园，作为重点招商项目对外宣传推介。构建茶叶和旅游业融合发展的新明乡强镇发展之路。

3.7.4 效益分析

3.7.4.1 经济效益分析

截至2020年，新明乡茶产业总产值为7 075万元，人均茶叶收入达4.8万元，使得农民人均收入远高于区平均水平，成为名副其实的富裕村。2020年全村通过统防统治的实施带动就业岗位76个，减少化肥农药使用量价值20余万元，用工量16万元，同时提升茶叶安全性及品质，有效提升茶叶综合价值。

3.7.4.2 社会效益分析

新明乡已经实现村村通路，户户通电，农村居住环境及交通出行条件优异，使村民的生活便利指数大大提升。

同时，新明乡茶产业的发展有效提升农户的就业创收，龙头茶企的发展、统防统治都有效扩大了农户的就业；由于太平猴魁的采摘加工于谷雨前后至立夏前结束，生产加工仅持续15天左右，茶产业经济效益好，因此茶农大多数时间生活比较轻松，生活幸福指数高。

3.7.4.3 生态效益分析

推广应用绿色防控技术，科学合理用药，应用先进植保器械，提高农药利用率，大大减少了化学农药的使用。不定点的采样检测结果将会为明年春茶的农户销售提供有效保障，为今后全面推广茶园绿色防控（物理防治+生物药剂防治）提供技术上、经验上和典型案列的保障。

新明乡地处黄山风景区周围，在发展茶产业的同时一直高度重视绿色发展。新明乡大力开展统防统治、有机茶园、整治毁林种茶，退茶还林，森林覆盖率达90.1%，拥有有机茶园400亩，其余5 000亩均按照绿色防控要求进行茶园管理，新明乡全年空气质量优良率达96%以上。在茶园管理上，重视采养结合，全年采摘天数控制在30天以内，大多数时间使茶园休养生息，严格控制化肥用量，注重绿色防控技术和产品的示范推广，深化了茶叶良种化、清洁化、标准化生产，引导茶产业从扩量转向提质、粗散转向精深、内向转向外向发展，促进了茶产业的可持续健康发展，提高了茶产业核心竞争力。

3.7.5 保障措施

（1）保障产地安全

做好茶叶质量安全保障，绿色防控及有机模式的推广，做到绿色发展；探索、科学、创新规范的茶园管理模式，努力尝试适合当地推广的最新除草方式，试点优质高效的有机肥、农家肥，全力保障茶叶的品质。

（2）做好市场推广

发挥黄山旅游优势，深入做好茶旅融合，结合丰富的旅游景点做好茶产品、茶文化普及，推广茶产品，打造精品区域品牌。

（3）稳定营商环境

政府职能部门应制定优惠政策，营造良好的政策环境。协助龙头企业申请产业化项目、招商引资、引进人才，改变企业管理模式，帮助企业做大做强。与相关院校和科研机构合作，加快培养龙头企业多层次茶叶专业技术人员和营销人员。

（4）发展茶产业联合体

加快培育家庭茶场、专业合作社和大户等茶业主体，壮大新型职业农民队伍，推进集约化发展。积极培育以龙头企业为核心、专业合作社为纽带、家庭茶场为基础的现代茶产业联合体，推广和完善“茶企+科研机构+合作社+基地+茶农”的组织模式。

（5）发展茶产业链配置

实施茶叶伴手礼工程，通过鼓励和支持茶叶企业结合黄山景区、太平湖景点特色开展专柜销售和专项推介，力争成为游客必带伴手礼和纪念品。

（6）加强市场监管

加强综合执法，广泛开展宣传，重点产茶村组建绿色防控劝阻队，全面劝阻农药进茶园，对违法违规销售化学农药一律予以没收。加强企业生产法律约束，对掺杂使假、以次充好、以假充真、短斤少两等各种违法行为从重处罚。

第4章

大娄山区村镇绿色生态建设

4.1 区域与典型村镇概况

4.1.1 重点生态功能区概况与资源环境面临的挑战

4.1.1.1 概况

大娄山区水源涵养与生物多样性保护重要区（以下简称大娄山区）作为水源涵养、生物多样性保护、土壤保持的极重要功能区，总面积为3.29万km^2，该地区主要属于西南季风气候，其降雨分布主要集中在大娄山北部，年降水量为1 080 mm。从地势上看，大娄山区南高北低，如图4-1所示。从地形地貌上看，大娄山区北部属于丹霞地貌，中南部为喀斯特地貌。受过度开垦影响，大娄山区局部地区水土流失问题比较严重。从区域水文水系条件上看，大娄山区水热状况良好，是赤水河与乌江水系、横江水系的分水岭以及重要水源涵养区。

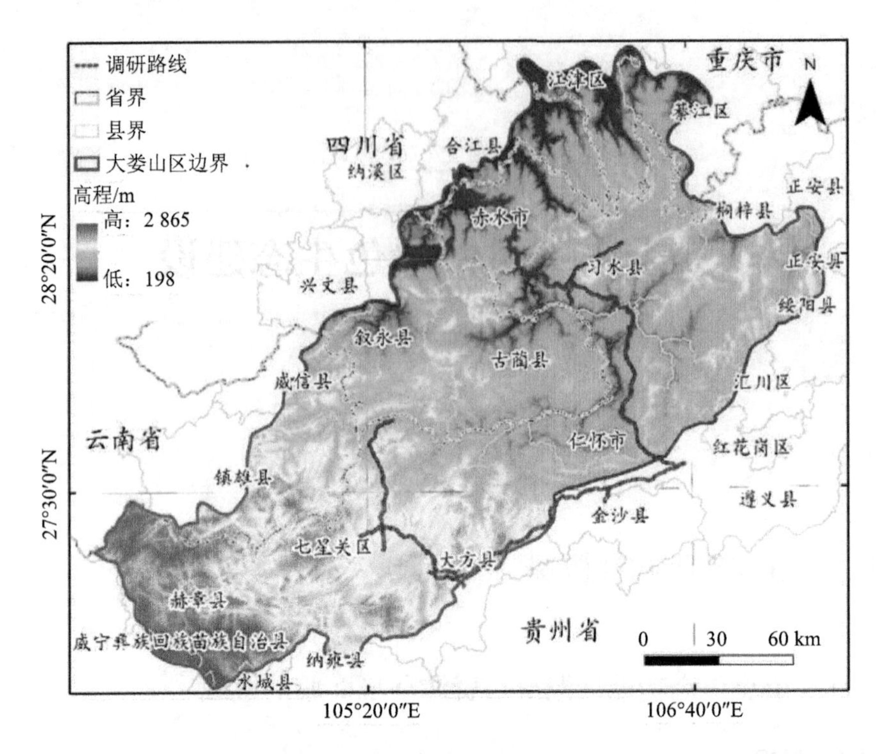

图 4-1 大娄山区位置

（1）土地资源及土地利用变化

大娄山区土地利用以林地为主，生物资源丰富，以常绿阔叶林为主。耕地和草地次之，2018 年林地总面积为 17 987.1 km^2，水域、林地、耕地、草地、建设用地、未利用地共计 3.29 万 km^2。大娄山区土地利用现状主要以林地和耕地为主，现从土地利用类型面积变化和变化量两个方面开展分析。由表 4-1 可以看出，1980—2000 年，大娄山区建设用地面积比例持续上升，耕地和草地面积分别增加 3 366 hm^2 和 6 773 hm^2；林地和水域面积呈下降趋势；2000—2018 年，建设用地面积扩张接近 4 倍，达 28 927.17 hm^2，耕地和草地面积大幅减少，分别减少 26 573.94 hm^2 和 21 473.91 hm^2。截至 2018 年年底，耕地和林地面积为 2 892 468 hm^2，占研究区面积的 88%；未利用地面积在 1980—2018 年整体变化很少，绝对值增加约 31.77 hm^2。

表 4-1 1980—2018 年土地利用结构时间变化特征

土地类型	土地利用类型面积/hm^2			土地利用类型变化/hm^2	
	1980 年	2000 年	2018 年	1980—2000 年	2000—2018 年
耕地	1 116 903.24	1 120 269.24	1 093 695.30	3 366.00	−26 573.94
林地	1 788 469.74	1 777 581.63	1 798 773.03	−10 888.11	21 191.40
草地	373 903.20	380 677.05	359 203.14	6 773.85	−21 473.91
水域	3 336.93	3 231.54	5 091.75	−105.39	1 860.21
建设用地	3 906.36	4 671.00	28 927.17	764.64	24 256.17
未利用地	763.02	798.30	794.79	35.28	−3.51

（2）水资源

大娄山区是赤水河与乌江水系、横江水系的分水岭及重要水源涵养区，区域内水热条件良好。大娄山区范围内的县（市）水域流经大方县的河流属于赤水河水系与乌江水系，赫章县境内属于乌江水系和乌江流域，威信县、江津区属于长江流域水系。

其中，赤水河流域西南高、东北低，大部分流经大娄山区，位于云南、贵州、四川三省交界地带，河流总长度为 444.59 km，流域总面积为 3.6 万 km^2，流经 13 个县（市），其中 10 个在大娄山区。其上游地区包括云南省镇雄、威信和贵州省大方县、金沙县、七星关区；中游地区包括贵州省播州区、桐梓县、仁怀市、习水县和四川省古蔺县、叙永县；下游地区包括贵州省的赤水市和四川省的合江县。上游面积为 1.45 万 km^2，中游面积为 1.67 万 km^2，下游面积为 0.43 万 km^2。流域中上游地区为喀斯特地貌，下游地区为丹霞地貌。赤水河降水主要集中在 5—10 月，赤水河流域年降水总量达 112 亿 m^3。该区域 3/4 的流域主要位于大娄山山体中，主要流经的省份包括云南、四川、贵州等。近年来，由于经济发展的需要，赤水河流域城镇化、工业化加速，土地资源利用结构发生变化进而可能影响流域气候特征。

（3）动植物资源

大娄山区动植物资源十分丰富，在大娄山范围的自然保护区内居多，其中主要物种包括银杉、珙桐、南方红豆杉等国家一类保护树种，黄杉、厚朴、闽楠等国家二类保护树种。国家一级保护植物桫椤，国家二级重点保护动物藏酋猴、穿山甲、细痣疣螈等，国家重点保护鸟类普通鵟、红隼、灰林鸮和省重点保护动物赤麂、毛冠鹿、四声杜鹃等。

除了动植物资源，具有药用价值的中药材资源也很丰富，各县（市）均有，例如大方县的药用菌有 43 种；合江县有中药材资源 100 多种，包括丁香、藿香、当归等；赫章县有中药材茯苓、何首乌、龙胆草等中药材上千种，是贵州中药材主要产区之一。

（4）社会经济

经资料收集和调查发现，2018 年大娄山区域人口为 1 368.9 万人，2018 年区域 GDP 为 3 644.4 亿元。大娄山区范围内 2020 年 GDP 共计 5 742.74 亿元。大娄山区范围内的 17 个县（市、区），2020 年 GDP 共计 3 231.66 亿元，其中，桐梓县 GDP 为 165.96 亿元，习水县 GDP 为 208.16 亿元，赤水市 GDP 为 106.17 亿元，绥阳县 GDP 为 108.08 亿元，古蔺县 GDP 为 179.8 亿元，仁怀市 GDP 为 1 363.99 亿元，金沙县 GDP 为 237.23 亿元，大方县 GDP 为 228.29 亿元，赫章县 GDP 为 151.87 亿元，纳雍县 GDP 为 172.94 亿元，钟山区 GDP 为 309.17 亿元；四川省辖区的合江县和叙永县 GDP 共计 402.74 亿元；云南省的威信县和镇雄县 GDP 为 284.63 亿元；重庆市的江津区和綦江县 GDP 为 1 823.71 亿元。

从大娄山片区的经济发展来看，大娄山区域属于西南连片贫困区，社会经济发展相对滞后，其中总面积为 1 788 km^2 的仁怀市是大娄山区经济发展的重要区域，其 GDP 占大娄山区总量的 23.75%。仁怀市下辖的茅台镇 2020 年实现 GDP 1 092 亿元，占仁怀市的 80.06%，占整个大娄山片区的 19.02%，位居西部百强镇第 1 名。茅台镇是茅台酒的故乡，也是大娄山区域社会经济发展的极重要镇。

4.1.1.2 面临的挑战

（1）村镇建设生态承载能力不足

大娄山区是矿产资源、森林资源等自然资源的主要分布区，也是生态敏感脆弱区，位于国家级水土流失重点治理区和西南岩溶山地石漠化生态脆弱区，生态退化明显，长期面临消除贫困和保护生态环境的双重压力。长期以来，由于上游地区过度的垦殖、乱砍滥伐、土法炼硫炼锌等，致使植被严重破坏，水土流失严重；生态系统敏感性强，受到破坏后生态恢复力较弱。矿产资源富集区及自然保护区以及地质灾害易发区空间上的重叠，加大了生态环境保护难度。矿产资源开发对自然环境的破坏和扰动巨大，可能导致占用耕地、破坏植被、引发水土流失和石漠化等诸多生态环境问题，引发塌陷、滑坡、泥石流等多种次生地质灾害，大娄山区现存多个废弃矿区和尾矿库。中下游区小煤窑、酒作坊和城镇对赤水河水环境威胁较大，加之赤水河沿岸白酒企业密集，局部突发环境事件风险隐患不容忽视。这些外部扰动因素增加了大娄山区村镇建设生态承载力的韧性水平。

（2）村镇建设环境风险挑战持续增加

大娄山区资源依赖型产业发展结构突出，化工、冶金、火电等高能耗、高污染的重化工规模扩张，产业重型化产生的结构性污染问题依旧十分突出，将对区域环境承载能力构成重大的威胁。随着大娄山区矿产资源开发、有色、冶金等重化工业的发展，能源消费、水土资源消耗、污染物排放将显著增加，重点地区水质污染以及区域性复合型大气污染将进一步加重。废弃矿山遗留问题突出，尤其是云南省昭通市镇雄县的黑树镇，长期的土法冶炼，历史遗留问题导致生态环境遭到严重污染。大娄山区属于典型农业区，农业污染是流域的主要污染源，特别是云南境内镇雄和威信，种植结构较为单一，化肥使用强度较大，农药的使用不合理、农膜的回收率低以及秸秆的资源化利用程度低农业面源污染突出。与此同时，随着白酒产业发展持续向好，污染排放将持续增大，维持赤水河优良水质面临严峻挑战。同时，由于山区地形和产业结构，导致大娄山区时常受到酸雨影响，这为地区水环境和水生态质量的改善增加了困难。

（3）村镇建设可持续发展水平不足

受地形地貌的影响，大娄山区自身生态环境比较脆弱，适宜开发的土地少，承载人口能力有限，面临森林植被破坏、水土流失、石漠化、生物多样性减少、湿地面积萎缩、生态功能退化，以及受全球气候变化影响引起的地质灾害、气象灾害增多等问题。污染问题和生态系统退化等生态安全问题使大娄山区生态系统服务功能降低，增加了大娄山区村镇生态建设的压力，构成了村镇发展与区域全局的生态安全之间的冲突，成为大娄山区村镇生态建设和可持续发展的重要障碍。区域内不同类型的土地利用面积变化比较大，建筑面积逐渐增加，而耕地面积逐渐减少，生态系统脆弱退化、土地资源利用简单低效、耕地及城镇发展格局散乱等问题逐渐显现。随着城镇化的快速发展，不少村镇出现非农化、老弱化、空废化、污损化、贫困化（“五化”）现象，村镇产业发展与生态环境保护之间的矛盾日益激烈。

4.1.2 典型村镇概况与产业发展现状

（1）生态环境现状

上游区域受长期乱砍滥伐、过度垦殖等影响，存在水土流失加剧、植被严重破坏、生态系统持续退化等突出的生态环境问题。中下游区域酒作坊、小煤窑等粗放无序发展给赤水河水环境带来明显威胁。历史遗留的生态环境问题较多，恢复难度大。大娄山区作为重要生态功能区，森林覆盖率高，生物多样性丰富，生态系统服务价值巨大，其特有的自然资源和自然生态景观特点造就了其生态的脆弱性和敏感性，需要加大力度进行保护和严守生态红线。

（2）环境综合治理

区域内不同类型的土地利用面积变化比较大，建筑面积逐渐增加，而耕地面积逐渐减少，同时生态系统脆弱退化、土地资源利用简单低效、耕地及城镇发展格局散乱等问题逐渐显现，也易导致山体滑坡、水土流失等生态环境问题。贵州省赤水市大同镇尤为突出，为此，赤水市将大同镇作为研究试点，以“两山”理念为指引，依托大同镇丰富的旅游资源，实现旅游带动产业发展，实现乡村振兴目标。针对土地利用的环境问题，将优化国土空间、优化生产生活、提高国土生态安全水平、构建生态屏障作为主要治理修复手段；对生产、生活环境进行整治，尤其是沟、路、林地、河流等景观进行生态治理修复。

赤水河作为大娄山区范围内主要河流，也是西南地区主要河流，流经云南、贵州、四川3个省4个市16个县（市、区），是长江上游重要生态屏障和珍稀特有鱼类自然保护区，一直以来对流域内及片区的水资源供给和生态环境都具有重要价值和影响。赤水河的存在形成了丹霞地貌和促成了白酒产业。也因地质地貌和产业的发展，使得赤水河畔出现了各种生态环境问题。为此，云、贵、川三省加大对赤水河的治理力度，治河先治污、治污先治企，对重点行业即流域内白酒企业的污水进行有效处理，在赤水河流域的岸上、岸边水域打造层层治理模式，加大生态修复，减少水土流失污染。截至2022年，经过三省努力，赤水河治理已实现可喜的成绩，但是历史遗留的环境问题依然存在，生态环境生态修复的工程量大、耗时久，在发展中平衡资源与环境的问题一直以来都是热点话题。同时，流域环境监管力度，周边环境整治等均需纳入流域环境整治中，确保河清、岸绿的任务还任重道远。

（3）产业发展现状

大娄山区域内重点行业有白酒产业、农业种植业以及农旅融合产业等。此次实地调研了仁怀市白酒产业、云南特色烟叶产业、镇雄县农业种植及农产品开发业，结合收集的资料，大娄山区域属于西南连片贫困区，社会经济发展相对滞后，其中仁怀市是大娄山区经济发展的重要区域，在大娄山区的经济发展中，仁怀市的地区生产总值占整个大娄山区的23.75%，而仁怀市的主要地区生产总值来源于茅台镇的白酒产业，占比达80.06%，茅台镇因其白酒产业的发展带动了当地经济的发展，也是落实“绿水青山就是金山银山”理念的最好体现。结合经济与生态资源及系统的平衡发展考虑，对于后续将茅台镇作为大娄山区典型镇，分析其绿色可持续发展尤其必要。

（a）仁怀市美酒河镇—文旅融合

（b）仁怀市美酒河镇 特色农业—火龙果

（c）云南昭通特色产业—烟叶基地

（d）镇雄县以勒镇—高原农业—黄花菜产业

（e）镇雄县赤水源镇—高原蔬菜种植基地

（f）镇雄县高原农产品开发

图 4-2 大娄山区产业发展现状调研

（a）赤水市大同镇——污染治理

（b）贵州省喀斯特地貌生态脆弱区

（c）茅台镇境内赤水河生态环境现状

（d）镇雄县赤水源镇——生态涵养与修复模式

（e）云南镇雄县滑坡灾害

（f）云南以勒镇过度占用山地玉米耕种

图4-3　大娄山区环境治理生态现状调研

4.2 村镇建设主导生态功能辨识

4.2.1 辨识步骤

净第一性生产力（NPP）定量指标法和模型评价法是目前主要使用的生态系统服务功能评价方法。前者需求参数少，操作便捷，适用范围具有区域性特点；而后者设置参数多、数据规模大、操作相对复杂，但准确度较高。本书研究区为大娄山生态功能区，相对于全国和各省可使用 NPP 定量指标法、模型法及其他常用评价方法。

生态系统服务功能多样，不同功能之间关系也错综复杂。在景观和区域层面的表现主要包括水土保持、生物多样性保护、空气净化和水文科教等功能。人类对自然生态系统的影响和干预随着经济社会发展而不断增强，产生了水土保持能力下降、生物多样性破坏以及水资源短缺等一系列生态环境问题。研究评价区域自然生态系统在水土保持、水源涵养以及生物多样性保护等方面的服务功能，意义重大、影响深远，可为切实保护区域生态环境、解决突出环境问题提供科学依据与支撑。参照《资源环境承载能力和国土空间开发适宜性评价指南（试行）》《生态保护红线划定指南》等所推荐的评价方法和参数，开展大娄山区生态系统服务功能重要性和水土流失生态系统敏感性评价。

（1）水源涵养功能评价

水源涵养功能是森林、草原等不同生态系统与水相互作用，通过截留、下渗、聚积降水等过程，并通过进一步的蒸散调节水流和水循环。降低了区域河流流量的季节性波动，具有缓和地表径流和补给地下水作用，进而保证滞洪，保证水质。研究采用定量指标法综合评价生态系统水源涵养功能，引入水源涵养服务能力评价指标。公式为

$$\mathrm{WR} = \mathrm{NPP}_{\mathrm{mean}} \times F_{\mathrm{sic}} \times F_{\mathrm{pre}} \times \left(1 - F_{\mathrm{slo}}\right) \tag{4-1}$$

式中，WR 为生态系统水源涵养服务能力指标；$\mathrm{NPP}_{\mathrm{mean}}$、$F_{\mathrm{sic}}$、$F_{\mathrm{pre}}$ 和 F_{slo} 分别为多年平均植被净第一性生产力、土壤渗流因子、多年平均降水量因子和坡度因子。

（2）土壤保持功能评价

土壤保持功能是生态系统供给最重要的生态调节服务之一，是森林、草地等生态系统以其结构和过程，减弱由于水蚀过程导致的土壤侵蚀。其与地形、植被、气候及土壤等因素密切相关。将水土保持服务能力指数作为土壤保持功能评价的关键指标，公式为

$$S_{\text{pro}} = \text{NPP}_{\text{mean}} \times (1-K) \times (1-F_{\text{slo}}) \tag{4-2}$$

式中，S_{pro} 为水土保持服务能力指数；K 为土壤可蚀性因子。

（3）生物多样性功能评价

生物多样性功能是保持生态系统强劲的关键因素，主要表征生态系统在维持多样性、物种等方面的作用。本研究引入生物多样性维护服务能力指数作为评价指标，公式为

$$S_{\text{bio}} = \text{NPP}_{\text{mean}} \times F_{\text{tem}} \times F_{\text{pre}} \times (1-F_{\text{alt}}) \tag{4-3}$$

式中，S_{bio} 为生物多样性维护服务能力指数；F_{tem}、F_{alt} 分别为多年平均气温、海拔因子。

（4）水土流失敏感性评价

为更加科学地评估区域水土流失敏感性的变化，根据研究区实际，结合生态功能区划有关规范要求，综合选取坡长坡度、土壤可蚀性、降水侵蚀力及地表植被覆盖等指标，对大娄山区水土流失敏感性开展评价，计算公式为

$$\text{SS}_i = \sqrt[4]{R_i \times K_i \times \text{LS}_i \times C_i} \tag{4-4}$$

式中，SS_i 为 i 空间单元的水土流失敏感性指数；R_i、K_i、LS_i 和 C_i 分别为降雨侵蚀力因子、土壤可蚀性因子、坡长坡度因子以及地表植被覆盖因子。

（5）集成评价

对生态系统服务重要性和生态敏感性进行集成评价，生态环境保护重要性等级判别以二者中较高等级为准，分为极重要、重要和一般 3 个等级。

表 4-2 集成评价表

生态功能重要性	生态系统生态敏感性		
	极敏感	敏感	一般敏感
极重要	极重要	极重要	极重要
重要	极重要	重要	重要
一般重要	极重要	重要	一般

4.2.2 辨识结果

大娄山区内水源涵养服务功能极重要的面积为 25 639 km^2，占功能区总面积的 78%；水土保持服务功能极重要面积为 8 875 km^2，占功能区总面积的 27%；生物多样性保护功能极重要面积为 5 259 km^2，占功能区总面积的 16%；水土流失敏感性极重要面积为 2 300 km^2，占功能区总面积的 7%。

综合生态服务功能极重要性和水土流失极重要性进行整体集成评价，生态环境保护极重要区域面积为 9 203 km^2，占功能区总面积的 28%。

评估结果显示，大娄山区共有 59 个乡镇属于生态环境保护极重要区域。其中贵州省 29 个，四川省 18 个，云南省 3 个，重庆市 9 个。生态系统服务功能重要性及敏感性评估结果见图 4-4。

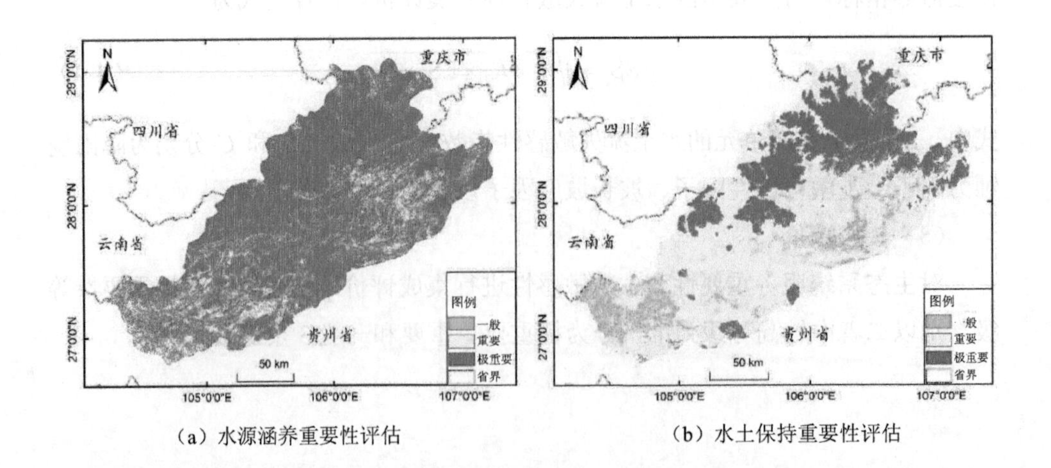

（a）水源涵养重要性评估　　（b）水土保持重要性评估

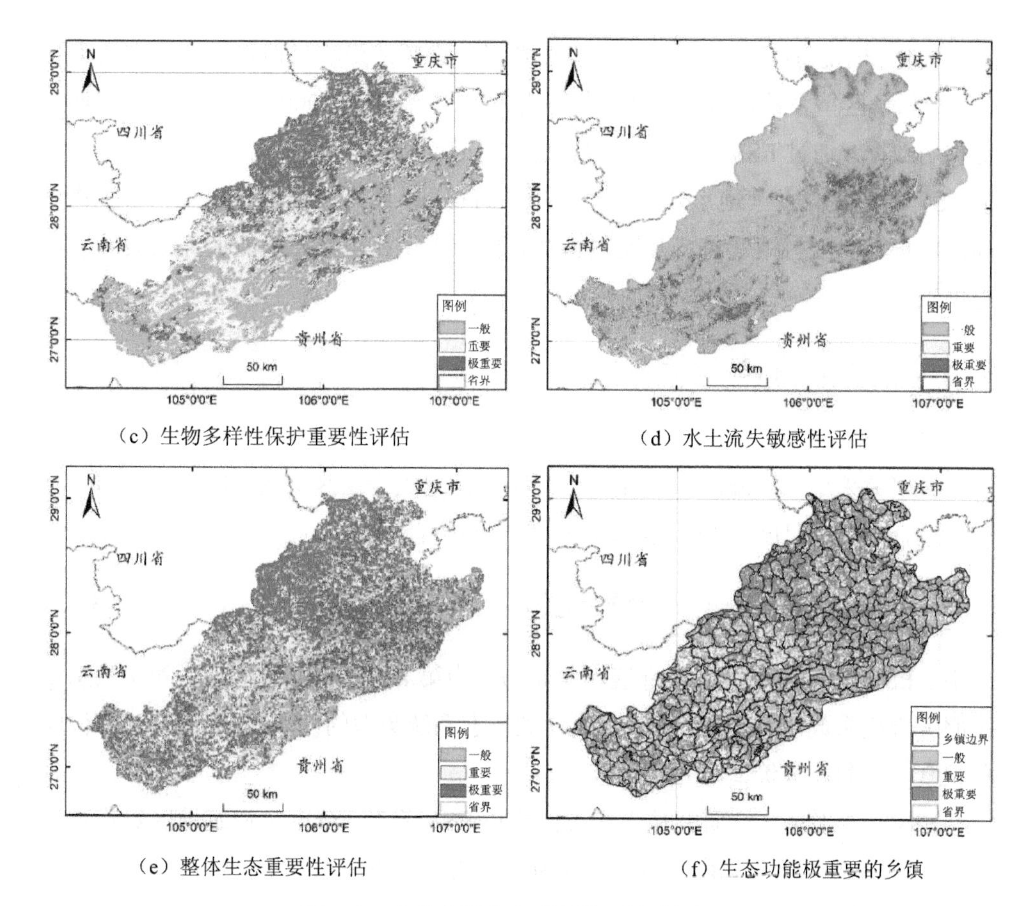

（c）生物多样性保护重要性评估

（d）水土流失敏感性评估

（e）整体生态重要性评估

（f）生态功能极重要的乡镇

图 4-4 大娄山区生态重要性及敏感性评估

此次评估过程中，敏感性评价对于石漠化、土地沙化内容未作出综合评估，后期研究中将继续补充相关内容，并优化完善综合评价的方法。

4.3 生态系统服务价值评估

乡镇尺度生态系统服务价值核算对于制定乡镇差异化发展调控政策具有重要参考价值，为支持乡村振兴战略提供了重要支撑。开展山区乡镇尺度的生态系统服务价值（ESV）及其地形梯度效应研究，分析不同乡镇 ESV 的功能差异和地形特征，解析山区型村镇建设生态约束条件，对山区型乡镇开展生产、生活、生态空间优化和生态服务功能提升具有重要意义。为阐述影响村镇建设的生态约束条件，分析山区型乡镇尺度ESV地形效应特征，本节基于2000年和2018年2期土地利用数据，通过ESV评估、地貌、地表粗糙度和空间统计等方法，分析了乡镇域ESV时空变化及其地形效应和空间关联特征，以期为大娄山水源涵养与生物多样性保护功能区村镇建设及开展生态空间格局优化和差异化功能调控政策的制定提供支撑。

4.3.1 研究材料与方法

（1）ESV核算

该研究采用Costanza等提出的当量因子法对大娄山区ESV进行估算，当量因子法适合大区域尺度的ESV核算。具体计算过程为

$$\mathrm{ESV}=\sum_{j=1}^{n}\sum_{i=1}^{n}A_i\times E_{i,j}\times E_j \tag{4-5}$$

式中，ESV为生态系统服务价值，元/a；$E_{i,j}$为第i种生态系统类型、第j生态系统服务价值系数，元/（$\mathrm{hm}^2\cdot\mathrm{a}$）；$A_i$为$i$类生态系统类型的面积，$\mathrm{hm}^2$；$E$为单位面积粮食产量的经济价值，元/$\mathrm{hm}^2$。

ESV系数修正。该研究从3个方面修正ESV系数，分别是通过地区农作物产值面积、NPP和降水。其中，以无人为干扰的自然生态系统单位经济价值量与农田单产市场价值的1/7相当来修正标准当量因子。修正公式为

$$E=\frac{1}{7}\times\frac{T}{X} \tag{4-6}$$

式中，E为单位面积粮食产量的经济价值，元/hm^2；T为研究区粮食总价值，元；X为研究区粮食播种面积，hm^2。

同时，为尽可能提高以土地利用为主ESV核算的准确性，该研究将NPP和降水数据的空间分辨率重采样至30 m，并根据条件因子法对部分价值系数做逐像元修正。计算公式为

$$\lambda=\frac{B}{B_0} \tag{4-7}$$

$$E_j=\lambda\cdot E_{0j} \tag{4-8}$$

式中，λ为生态系统服务当量区域修正系数；B_0、B 分别对应全国平均 NPP 数值、大娄山区逐像元 NPP；E_j、E_{0j} 分别对应第 j 类生态系统区域修正后的生态系统服务当量、全国平均生态系统服务当量，其中 j=1，2，…，8，分别对应食物生产、原料生产、气体调节、气候调节、净化环境、维持养分循环、维持生物多样性、提供美学景观服务。

在 NPP 对 8 种生态服务价值系数逐像元修订的基础上，再通过降水产品数据对水资源供给和水文调节服务价值当量继续修订。2000—2018 年，遵义市、泸州市、毕节市和重庆市农作物种植面积为 1 543.65 万 hm^2，对应总产值为 2 848.83 亿元，则得到单位面积粮食产量的经济价值为 2 577.21 元/hm^2。通过统计大娄山区不同土地利用生态服务功能价值当量，最终得到表 4-3 所示的生态服务价值当量表。

表 4-3　大娄山区单位面积生态服务价值当量　　单位：元/（$hm^2·a$）

一级类型	二级类型	耕地	林地	草地	湿地	裸地	水域
供给服务	食物生产	3 542.25	1 291.88	1 583.59	2 125.35	0	3 333.88
	原料生产	1 666.94	2 958.82	2 333.72	2 083.67	0	958.49
	水资源供给	54.12	1 001.25	838.89	7 008.72	0	22 433.32
调节服务	气体调节	2 792.13	9 793.27	8 209.68	7 917.97	83.35	3 208.86
	气候调节	1 500.25	29 296.46	21 711.89	15 002.45	0	9 543.23
	净化环境	416.73	8 293.03	7 167.84	15 002.45	416.73	23 128.78
	水文调节	730.64	9 498.31	10 337.19	65 568.09	81.19	276 668.65
支持服务	土壤保持	2 787.26	7 739.36	6 494.57	6 251.03	54.12	2 516.65
	维持养分循环	500.08	916.82	750.12	750.12	0	291.71
	生物多样性	541.76	10 835.11	9 084.82	32 797.03	83.35	10 626.74
文化服务	美学景观	250.04	4 750.78	4 000.66	19 711.56	41.67	7 876.29

（2）地貌划分

根据地形位置指数（Topographic Position Index，TPI）和坡度进行地貌划分，见表 4-4。TPI 表征预订半径内中心点位与周围点位高程平均值之差。本研究运用

DEM 栅格数据对 TPI 进行测算。

表 4-4 基于 TPI 的地貌划分

坡度位置	划分方法
山脊	TPI＞143
陡坡	−136＜TPI＜143，slope＞12°
缓坡	−136＜TPI＜143，slope≤12°
峡谷底	TPI＜−136

地表粗糙度定义为地表单元的曲面面积与其在水平面上的投影面积之比，粗糙度是反映地形起伏变化的宏观地形因子，研究区内所有坡度取正割计算后的平均值。

（3）探索性空间分析

利用探索性空间数据分析大娄山区空间自相关系数和 ESV 空间分布格局的集聚程度。选择 Moran's I 测度 ESV 全局空间自相关特征，G_i^* 测度 ESV 变化的聚集与分异特征，即“热点”与“冷点”分布格局。计算公式为

$$\text{Moran's } I=\frac{q}{\sum_{u=1}^{q}\sum_{v=1}^{q}\omega_{uv}}\times\frac{\sum_{u=1}^{q}\sum_{v=1}^{q}\left[\omega_{uv}\left(x_u-\bar{x}\right)\left(x_v-\bar{x}\right)\right]}{\sum_{u=1}^{q}\left(x_u-\bar{x}\right)^2} \tag{4-9}$$

$$G_i^*=\frac{\sum_{v=1}^{q}x_v-X\sum_{v=1}^{q}\omega_{uv}}{s\sqrt{\frac{q\sum_{v=1}^{q}\omega_{uv}^2-\left(\sum_{v=1}^{q}\omega_{uv}\right)^2}{q-1}}} \tag{4-10}$$

$$X=\frac{1}{q}\sum_{v=1}^{q}x_v,\ S=\sqrt{\frac{1}{q}\sum_{v=1}^{q}{x_v}^2-X^2} \tag{4-11}$$

4.3.2 生态系统服务价值时空变化

2000—2018 年大娄山区 ESV 时序变化情况见表 4-5。由表可见，2000—

2018 年大娄山区 ESV 整体呈稳定且微弱增长趋势，由 1 988.41×10^8 元增至 1 994.20×10^8 元，增幅为 0.29%。从生态系统服务功能增幅来看，水文调节 ESV 增幅（2.11%）最大，增加了 4.75×10^8 元；水资源供给 ESV 增幅（1.97%）次之；而食物生产 ESV 降幅为 1.34%，ESV 减少了 0.92×10^8 元。从 ESV 数值变化来看，2000—2018 年水文调节 ESV 增值最大，由 225.31×10^8 元增至 230.06×10^8 元，增加了 4.75×10^8 元；而食物生产 ESV 降幅最大。从 2018 年各单项 ESV 占总 ESV 比例来看，气候调节 ESV 在 2018 年为 621.86×10^8 元，占大娄山区总 ESV 的 31.18%；水资源供给占比（1.14%）最低，其 ESV 为 22.76×10^8 元。2000—2018 年大娄山区耕地面积减少 257.7 km^2，导致食物生产和原材料生产服务功能降低。但林地、水域和湿地面积有所增加，使得气候调节、水文调节和生物多样性的 ESV 均增加。

表 4-5　大娄山区 2000—2018 年 ESV 时序变化

生态系统服务功能		生态系统服务价值 ESV/10^8 元			占比*/%	变化率/%
		2000 年	2018 年	2000—2018 年变化		
供给服务	食物生产	68.76	67.84	−0.92	3.40	−1.34
	原料生产	80.17	79.89	−0.28	4.01	−0.35
	水资源供给	22.32	22.76	0.44	1.14	1.97
调节服务	气体调节	236.68	236.35	−0.33	11.85	−0.14
	气候调节	620.45	621.86	1.41	31.18	0.23
	净化环境	180.10	180.66	0.56	9.06	0.31
	水文调节	225.31	230.06	4.75	11.54	2.11
支持服务	土壤保持	193.57	193.15	−0.41	9.69	−0.21
	维持养分循环	24.76	24.67	−0.09	1.24	−0.36
	生物多样性	233.57	234.00	0.42	11.73	0.18
文化服务	美学景观	102.72	102.96	0.24	5.16	0.23
合计		1 988.41	1 994.20	5.79	100.00	0.29

注：* 2018 年各单项 ESV 占总 ESV 的比例。

大娄山区 ESV 分布格局见图 4-5。2018 年大娄山区 ESV 较高的地区主要分布在大娄山区北部，与该地区以林地自然生态系统为主有关，主要涉及古蔺县、叙永县和赤水市。大娄山北部地区分布有赤水桫椤、长江上游珍稀特有鱼类、四川画稿溪以及遵义习水中亚热带常绿阔叶林国家级自然保护区，保护区面积达 1 450 km^2，得益于保护区的建立，古蔺县、叙永县、赤水市、习水县等地区林地资源得到了较好的保护。因此，该地区乡镇在净化环境、提供美学景观、气候调节和生物多样性和水资源供给等方面 ESV 整体高于大娄山区其他乡镇。在 ESV 评估过程中，由于研究方法在参数选择和视角等方面各有侧重，导致评估结果可能差异较大，但其变化趋势是一致的，不影响研究结果的相互比较。

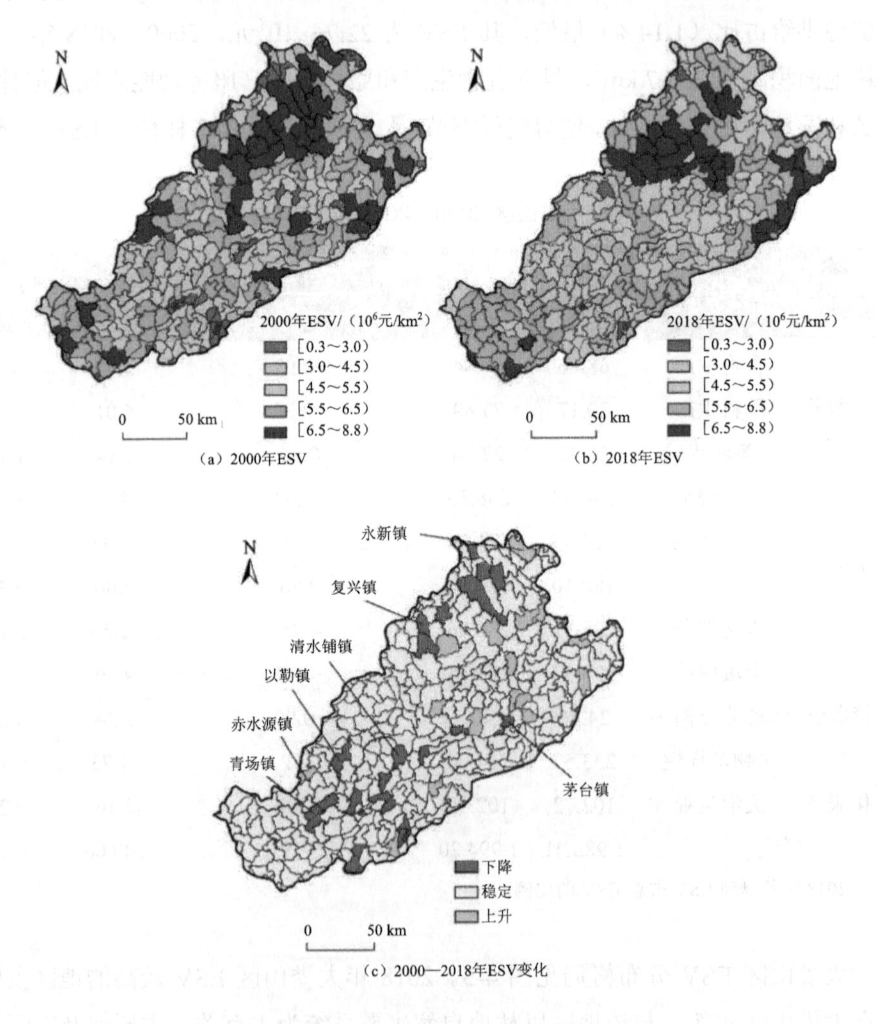

图 4-5 大娄山区 ESV 分布格局

将 2018 年 ESV 划分为 5 个区间，分别为 0.3×10^6～3.0×10^6 元/km^2、3.0×10^6～4.5×10^6 元/km^2、4.5×10^6～5.5×10^6 元/km^2、5.5×10^6～6.5×10^6 元/km^2 和 6.5×10^6～8.8×10^6 元/km^2，分布于 5 个区间内的乡镇个数分别为 18 个、65 个、121 个、111 个和 40 个。分布于 ESV 为 6.5×10^6～8.8×10^6 元/km^2 的乡镇主要集中在 2 个地区，一处是以赤水市、习水县为主体的川、黔交界处，包括元厚镇、东皇镇、黄荆乡、官渡镇、福宝镇、四面山镇等 17 个乡镇；另一处是汇川区、桐梓县和绥阳县相邻的大娄山东北部边缘地区，主要包括高坪镇、毛石镇、沙湾镇、茅石镇等 12 个乡镇。分布于 ESV 为 0.3×10^6～3.0×10^6 元/km^2 的乡镇分布比较分散，主要包括大方县顺德街道、洪山街道等大娄山西北部边缘乡镇。

将 ESV 增幅超过 3%、降幅超过 3%的地区分别划分为上升和下降地区，其余地区划分为稳定地区。由图 4-5 可见：2000—2018 年大娄山区乡镇尺度 ESV 总体呈基本稳定态势，有 309 个乡镇 ESV 基本保持稳定，面积为 2.8×10^4 km^2，占大娄山区总面积的 85.74%；有 28 个乡镇 ESV 呈下降趋势，其中 22 个分布在贵州省，包括七星关区青场镇等 11 个地区、赤水市复兴镇等 3 个地区。以云南省以勒镇、贵州省复兴镇和茅台镇为例，自 2016 年以来，当地均开展了旅游等经济开发建设活动，土地利用格局发生了较大变化，因而对其 ESV 造成显著影响。而七星关区的清水铺镇位于省际毗邻地区，近些年追求经济发展，耕地、林地、草地和湿地土地利用转移频率较高，其中湿地转化为耕地开展农业发展是其土地利用格局变化的主要因素。有 20 个乡镇 ESV 呈上升趋势，且乡镇分布较散，主要分布于贵州省（15 个），增幅最大的 2 个乡镇为重庆市的永新镇和云南省的赤水源镇，ESV 增幅均超过 10%。云南省赤水源镇 ESV 上升的主要原因是赤水河下游经济发达地区对上游地区的补偿措施，促使其在保持较好的生态环境状况下开展以烟叶种植和高原经济作物为主的产业。其他 ESV 上升乡镇在不同程度上保持了土地利用格局变化较小的特征。

4.3.3 单项生态系统服务价值

大娄山区 2018 年 11 种乡镇尺度 ESV 空间分布见图 4-6。净化环境 ESV、提供美学景观 ESV、气候调节 ESV 和生物多样性维护 ESV 虽然价值量差异较大（以气候调节 ESV 最高，提供美学景观 ESV 最低），但分布态势相似；同时，食物生

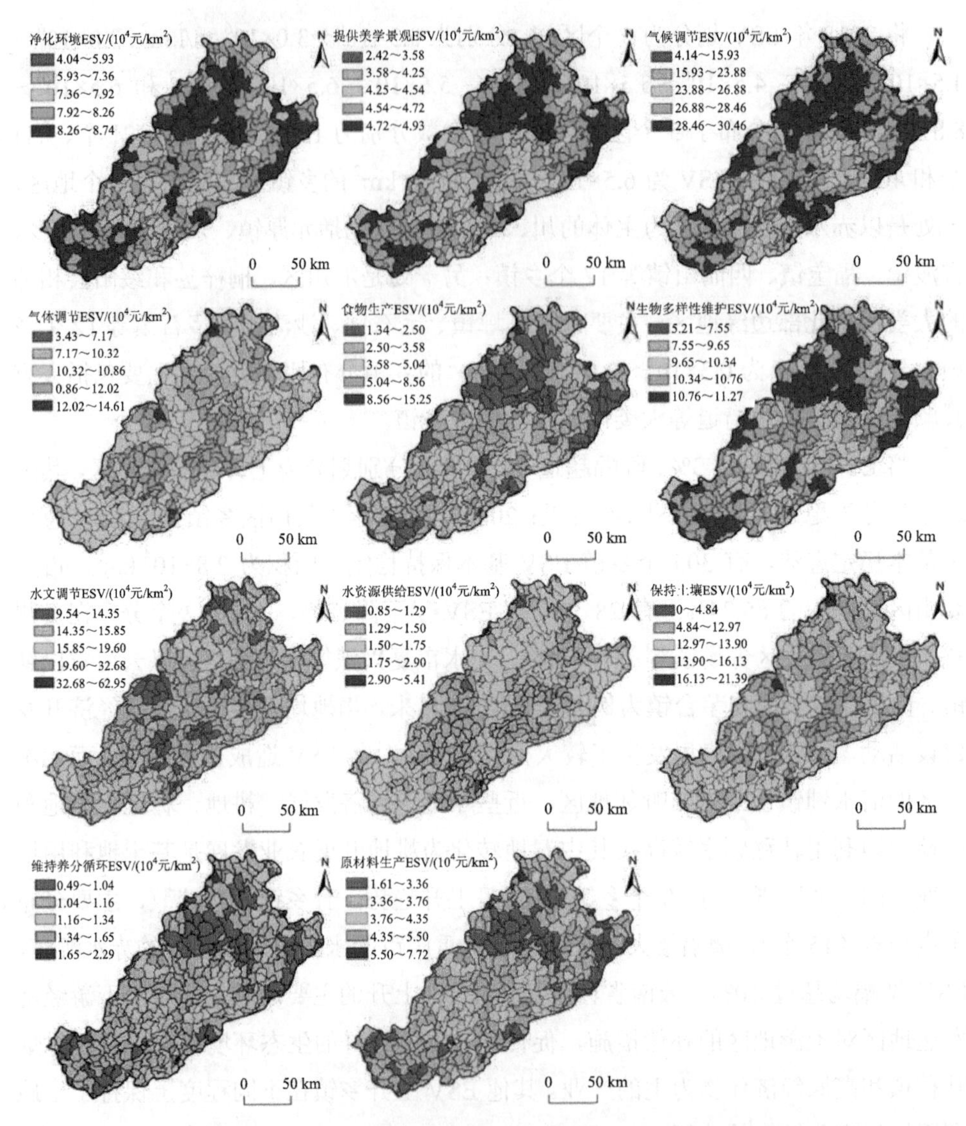

图 4-6　大娄山区 2018 年 11 种乡镇尺度 ESV 空间分布

产 ESV、维持养分循环 ESV、原材料生产 ESV 分布格局相似，整体价值量水平较低，且与净化化境 ESV、提供美学景观 ESV、气候调节 ESV 和生物多样性 ESV 的分布态势相反。土地利用格局是影响生态系统服务功能及其价值的重要因素，其中，净化环境 ESV、提供美学景观 ESV、气候调节 ESV 和生物多样性维护 ESV

较高的乡镇，其土地利用类型主要以林地为主；而食物生产 ESV、维持养分循环 ESV、原材料生产 ESV 较高的乡镇，其土地利用主要以耕地为主。气体调节 ESV 和土壤保持 ESV 在空间上呈相似的分布格局。

由于大娄山区中叙永县等 7 个县是我国集中连片特困区，近年来为积极脱贫，当地经济发展从低水平急剧增加的过程中，建设用地扩张迅猛，并且土地利用在林地耕地和草地之间转换频率增加，ESV 整体保值压力增大；同时，经实地调研，大娄山区内的贵州地区水土保持功能整体较好，而云南省镇雄县和威信县的水土流失问题较为严重。若这种发展趋势不被纠正，生态系统将无法支撑社会经济的可持续发展，需结合生态系统特征和 ESV 格局制定公共服务政策。

4.3.4 地形效应

（1）地形地貌分析

通过自然断点法将地表粗糙度值按 1.01～1.03、1.03～1.05、1.05～1.07、1.07～1.09、1.09～1.13 划分为 5 个等级，分别用Ⅰ、Ⅱ、Ⅲ、Ⅳ、Ⅴ表示，5 个地表粗糙度等级内分布的乡镇数分别为 43 个、106 个、104 个、78 个和 24 个。依据坡度和 TPI 结果，将大娄山区划分为 4 种地貌，结合表可知，峡谷底、缓坡、陡坡和山脊区域的面积分别为 3 318.87、13 581.62、12 979.76 和 3 030.36 km^2，以缓坡和陡坡面积占比最高，分别为 41.27%和 39.44%。

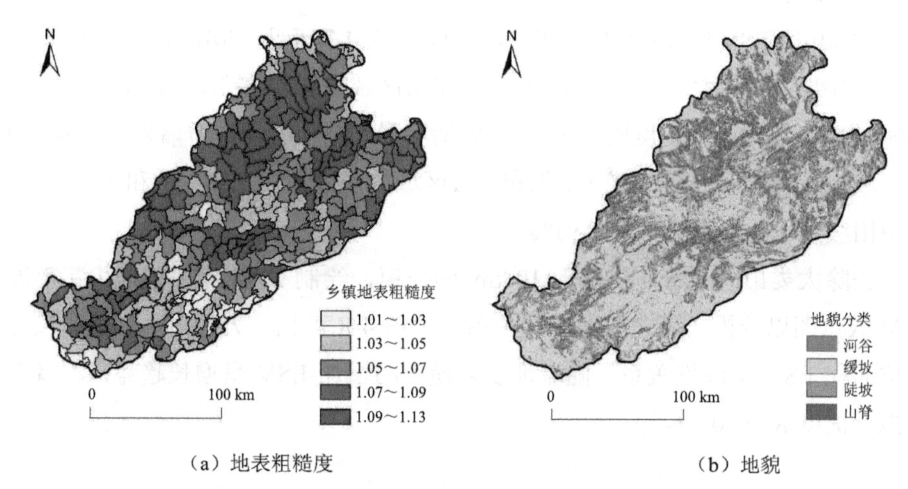

（a）地表粗糙度　　（b）地貌

图 4-7　大娄山区乡镇尺度地表粗糙度和地貌划分

（2）地貌效应分析

大娄山区 ESV 地貌效应见表 4-6。由表 4-6 可见，在大娄山区 4 种地貌类型中，缓坡区域的 ESV 最高，为 811.69×10^8 元；陡坡区域的 ESV 最低，为 158.65×10^8 元。2000—2018 年缓坡区域 ESV 增加了 17.15×10^8 元，而陡坡区域 ESV 下降了 15.92×10^8 元，山脊和峡谷底 ESV 变化较小。2018 年，区域单位面积 ESV 由高到低依次为峡谷底（0.21×10^8 元/km^2）＞山脊（0.07×10^8 元/km^2）＞缓坡（0.06×10^8 元/km^2）＞陡坡（0.01×10^8 元/km^2）。由于水域和湿地价值系数较高的土地类型主要分布于大娄山区峡谷底区域，所以峡谷底单位面积生态服务极高。

表 4-6　大娄山区 ESV 地貌效应

地貌	面积/km^2	生态系统服务价值 ESV/10^8 元			2018 年单位面积 ESV/（10^8 元/km^2）
		2000 年	2018 年	2000—2018 年	
峡谷底	3 318.87	710.35	712.55	2.20	0.21
缓坡	13 581.62	794.54	811.69	17.15	0.06
陡坡	12 979.76	174.57	158.65	−15.92	0.01
山脊	3 030.36	211.98	212.84	0.86	0.07

（3）地表粗糙度效应分析

大娄山区 ESV 地表粗糙度效应见表 4-7。由表 4-7 可见，2018 年大娄山区地表粗糙度以Ⅲ级 ESV 最高，为 630.24×10^8 元；Ⅴ级区域的 ESV 最低，为 141.11×10^8 元。2000—2018 年地表粗糙度Ⅲ级区域 ESV 增加了 5.68×10^8 元，增幅为 0.91%，而Ⅰ级区域 ESV 下降了 3.28×10^8 元，Ⅲ和Ⅱ级区域分别增加了 5.68×10^8 和 2.47×10^8 元，其中Ⅲ级区域增幅最大，达 0.91%。

去除大娄山区边缘面积低于 10 km^2 的乡镇，绘制 2018 年乡镇地表粗糙度与 ESV 散点图以分析二者之间的线性关系。由图 4-8 可见，大娄山区乡镇粗糙度与单位面积 ESV 呈线性关系，随着地表粗糙度的增加 ESV 呈增长趋势，二者之间的拟合优度 R^2 为 0.49。

表 4-7　大娄山区 ESV 地表粗糙度效应

地表粗糙度等级	乡镇数/个	面积/km^2	面积占比/%	生态系统服务价值 ESV/10^8 元			变化率/%
				2000 年	2018 年	2000—2018 年	
Ⅰ	45	2 088.68	6.36	206.96	203.68	−3.28	−1.58
Ⅱ	106	8 471.69	25.78	521.22	523.69	2.47	0.47
Ⅲ	104	10 790.37	32.84	624.56	630.24	5.68	0.91
Ⅳ	78	8 490.89	25.84	398.55	397.01	−1.54	−0.39
Ⅴ	24	3 015.66	9.18	140.15	141.11	0.96	0.68

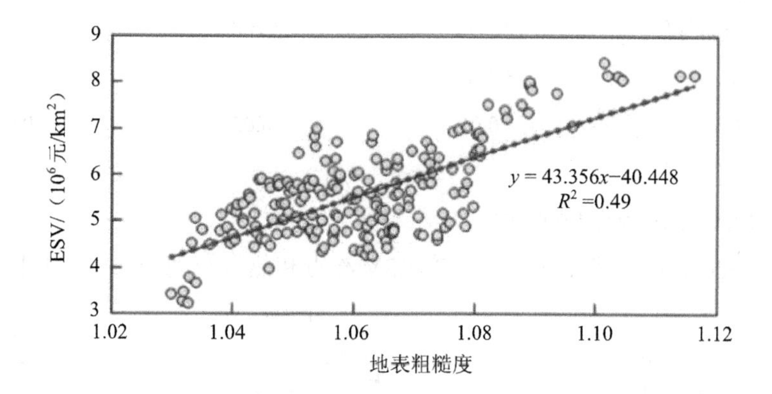

图 4-8　大娄山区乡镇尺度单位面积 ESV 与地表粗糙度散点

大娄山区乡镇地表粗糙度与 ESV 拟合优度低于杨锁华等以长江中游地区县域尺度地形起伏度与 ESV 的拟合优度（R^2 为 0.53），主要原因是长江中游地区范围超过 50×10^4 km^2，其中山地平原等地理特征差异显著，因此地形起伏度指标设置合理；而前期试验中地形起伏度对于乡镇尺度不够敏感，选择地表粗糙度则能在一定程度上指示 ESV 的地形效应。

4.3.5　空间统计

（1）空间自相关

大娄山区 ESV 全局相关性见表 4-8。由表 4-8 可见，2000 年和 2018 年大娄山区 ESV 全局 Moran's I 值分别为 0.111 和 0.109，且 P 值均小于 0.05，表明研究区有显著的空间自相关性和空间聚集效应。Moran's I 值为正值，但数值较小，表明研究区 ESV 的空间分布具有一定程度的正向自相关性，即大娄山区乡镇 ESV 在空间上具有一定的聚集性，高值区趋于聚集，低值区趋于相邻。2000—2018 年全局 Moran's I 值达到 0.140，且 P 值小于 0.05，说明在 2000—2018 年大娄山各乡镇 ESV 的空间自相关性整体呈增大趋势，即 2000—2018 年大娄山乡镇的社会经济发展导致 ESV 的空间分布聚集性不断增大。

表 4-8 大娄山区 ESV 全局相关性

项目	2000 年	2018 年	2000—2018 年
全局 Moran's I	0.111	0.109	0.140
Z scores	3.071	3.004	3.858
P	<0.05	0.05	<0.05

（2）ESV 变化冷点与热点

2000—2018 年大娄山区乡镇尺度 ESV 冷点和热点空间分布情况见图 4-9。

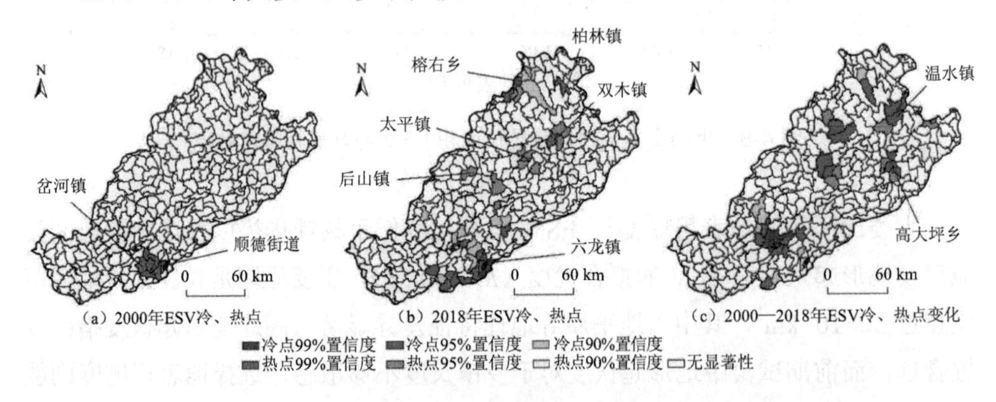

图 4-9 大娄山区 2000—2018 年乡镇尺度 ESV 冷点和热点空间分布

由图 4-9 可见，2000 年大娄山区乡镇尺度 ESV 分布有通过 99%置信度的热点，主要分布于大方县的顺德街道和七星关区岔河镇等。2018 年大娄山区乡镇尺度冷点/热点呈一定程度的聚集，总体上有 3 个冷点聚集区和 5 个热点集聚区。冷点集聚区主要分布于原 2000 年热点集聚区的周边地区，主要涉及六龙镇等 16 个乡镇，这些地区逐渐由不显著性冷点转换为显著性冷点；热点集聚区主要分布于后山镇、太平镇、榕右乡、柏林镇和双木镇为中心的地区，涉及 34 个乡镇。2000—2018 年，乡镇尺度 ESV 变化主要有 5 个空间热点聚集区和 2 个冷点聚集区，热点聚集区涉及 36 个乡镇，冷点聚集区涉及 19 个乡镇，并且在大娄山区东北部以温水镇和高大坪乡为中心的热点聚集区呈一定的区域连通趋势，即大娄山区东北部地区的乡镇在 2000—2018 年 ESV 变化呈较强的空间聚集态势。

4.3.6 生态系统服务价值总体评估结果

1）2000—2018 年大娄山区 ESV 整体呈稳定且微弱增长趋势，由 1 988.41×10^8 元增至 1 994.20×10^8 元；有 28 个乡镇 ESV 呈下降趋势，其中 22 个分布在贵州省。

2）在大娄山区 4 种地貌类型中，缓坡区域的 ESV 最高，为 811.69×10^8 元；而区域单位面积 ESV 以峡谷底最高，为 0.21×10^8 元/km^2。2000 年和 2018 年大娄山区 ESV 全局 Moran's I 值分别为 0.111 和 0.109，并且 P 值均小于 0.05，表明研究区有显著的空间自相关性和空间聚集效应。2000—2018 年，乡镇尺度 ESV 变化主要有 5 个空间热点聚集区和 2 个冷点聚集区。

3）建议对大娄山区 28 个 ESV 下降的乡镇、大娄山区 ESV 冷点集聚区所涉及的乡镇，大娄山区Ⅲ级地表粗糙度和缓坡重叠区域优先开展生产、生活和生态空间优化，实施“山水林田湖草”系统性生态保护修复工程，加强对湿地、水域和林地等高 ESV 的保护与恢复，维护和强化大娄山区水源涵养和生物多样性生态系统服务功能，引导土地利用向 ESV 保值或增值方向发展。

4）茅台镇的 ESV 处于下降趋势，综合经济发展和 ESV 趋势现状，在经济快速发展背景下，研究生态系统的可持续发展对于茅台镇的社会经济可持续发展具有重要意义。

4.4 茅台镇生态系统可持续评估

茅台镇位于贵州省西北部，为仁怀市下辖镇，区域面积 213 km^2，镇域总人口为 11.78 万人，是川黔地区水陆交通要道的关键节点。从河流水系来看，赤水河从南到北穿过茅台镇，同时茅台镇境内的赤水河干流位置十分重要，拥有长江上游珍稀鱼类国家保护区等重要保护区。根据前面章节的研究结果可以发现，茅台镇兼具生态系统服务价值的重要性和社会经济发展的支撑性，在大娄山区发展中具有重要的地位。从土地利用结构来看，该地区主要以耕地为主，林地面积位居第二。目前，茅台镇城市建设和工业化扩张迅速，水资源和旅游资源开发利用过度，导致生态环境质量和承载力持续下降，当地区生态承载力下降到一定程度后，必然导致当地自然资源和生态环境的不可持续，从而限制当地酒产业等特色产业的进一步发展。茅台镇所在地为喀斯特地貌，若生态功能退化则不可逆转，将严重影响当地产业发展。因此，充分评估流域的地理环境、气候环境、植被环境，摸清生态环境本底，保护独特生境，可以为茅台镇特色产业的健康绿色发展提供重要支撑。

4.4.1 研究区概况

4.4.1.1 自然概况

（1）地理位置

茅台镇位于贵州高原的西北方向，在大娄山山脉的西北侧，地理区位北面与遵义接壤，南边位靠川南地区。茅台镇面积为 213 km^2，距仁怀市区约 13 km，距遵义市区约 96 km。茅台镇地处仁怀市境内的赤水河段，是川黔地区水陆交通要道的关键节点。从镇域空间布局上看，该地区北部主要为居民区以及商业区，而南部主要为茅台集团的酒厂区。茅台镇地理位置见图 4-10。

（2）地形地貌

茅台镇属于侵蚀低山河谷类型地貌，位于贵州高原最低点的盆地，是海拔 440 m 的低洼地带，赤水河在茅台镇附近流向由 NEE 向转为 NNW 向，左岸地势陡峭、右岸较缓。总体地势比较高，除赤水河河边少量河谷地区的地势比较平坦之外，其余地区的坡度均在 15°以上。区域地层均为沉积岩，地质地貌构造主要为 7 000 万年以前形成的侏罗、白垩系砂页岩和砾岩。茅台镇坡向分布情况见图 4-11。

（3）气候条件

茅台镇及周边小范围河谷地带属于中亚热带湿润季风气候，总体冬暖夏热少雨，年平均降水量为 926.1 mm。温差变化大，最高气温约 39℃，最低气温约−5℃，年均气温 17.7℃。地区常年主导风向主要是北风、西北风、偏西南风。气候垂直分布差异较大。从气候的垂直分布来看，赤水河沿岸地区在海拔 700 m 以下的地区主要为河谷地区，受气候影响，热量和水分条件十分优异；海拔 800～1 400 m 的河谷斜坡山地热量条件一般、降水相对均匀。降雨季节性差异明显，春季和冬季相对干旱。茅台镇降水及温度平均值分布情况见图 4-12。

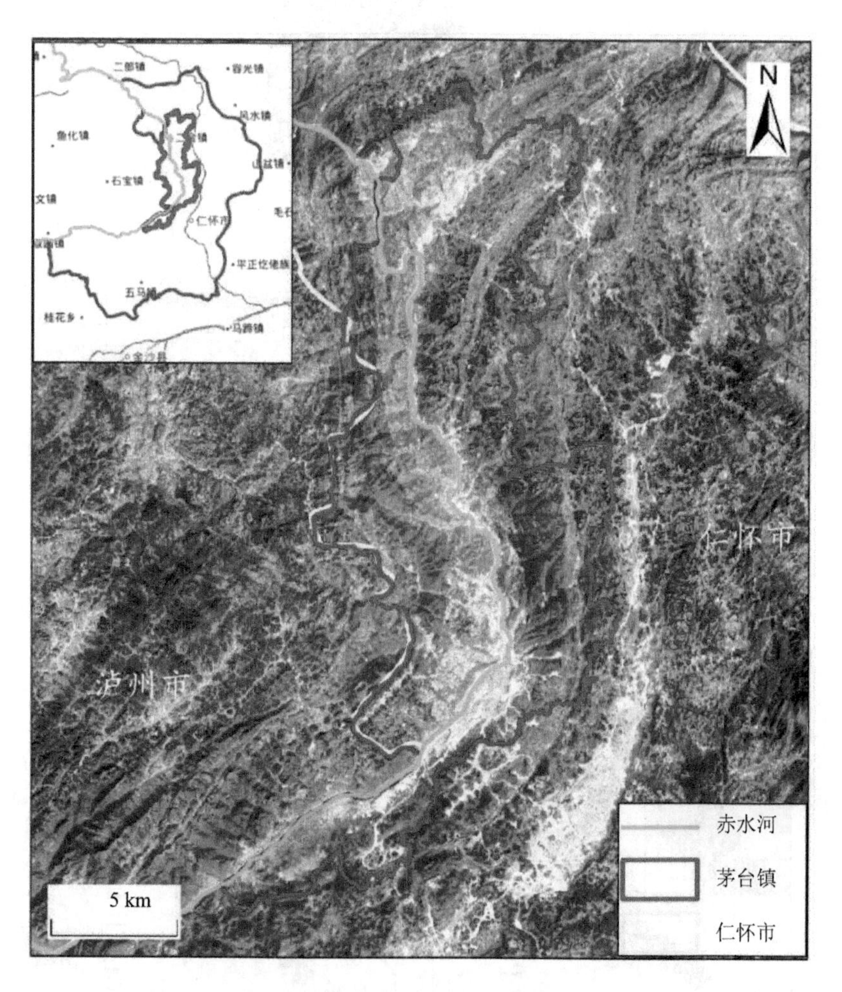

图 4-10　茅台镇地理位置

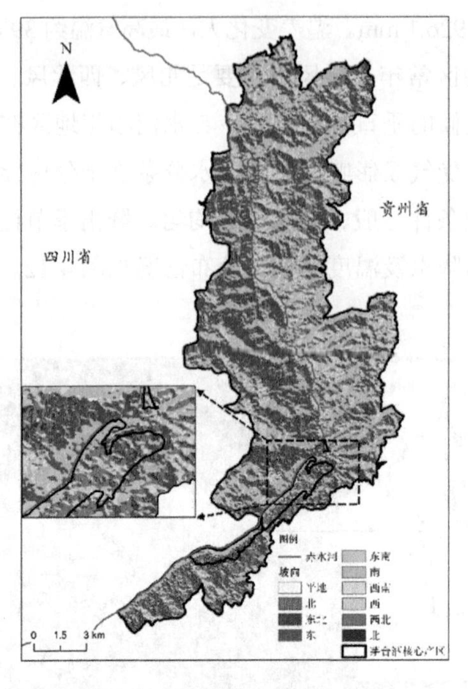

图 4-11　茅台镇坡向分布情况

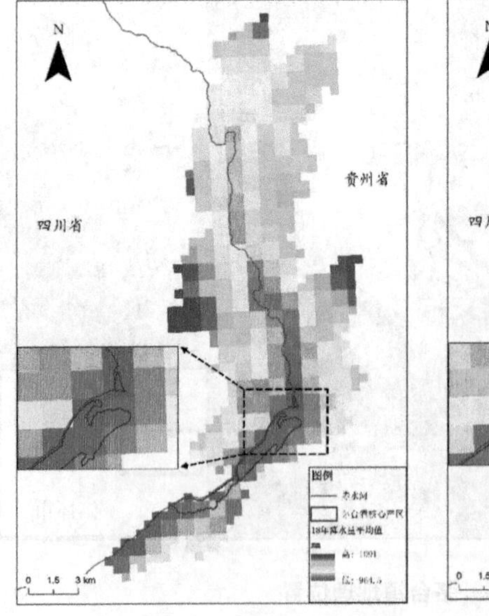

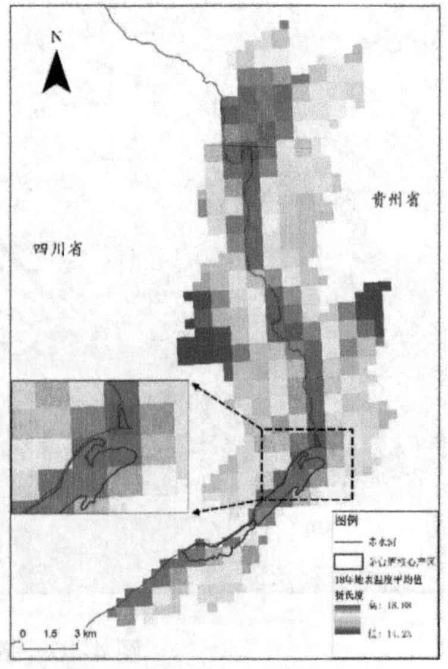

图 4-12　茅台镇降水及温度平均值分布情况（2018 年）

（4）土壤类型

赤水河区域的河谷地区土壤类型较复杂，按照国际土壤类型分类方法，该地区的地带性土壤为黄壤，而非地区性土壤为紫色土。按照耕作类型进行划分的话，该地区主要的耕作土壤类型有旱作土、水稻土和潮土。此外，在赤水河河流流经的两岸地区还零星分布了一些潮土；按照海拔高度来看，赤水河上游海拔 1 500 m 以上的河流阶地和山间坝地分布有水稻土；按照生产性能来看，该地区主要粮油作物的生产土壤为水稻土和黄壤。

（5）水源特征

茅台镇内地表水水系十分发达，水资源总量较大。河流主要为长江流域赤水河水系，在仁怀市境内长达 119 km，支流多，区域内河道干流大部分属于“V”形河谷，河滩众多，河水湍急，水资源总量十分丰富。赤水河主要一级支流有 27 条，其中右岸 10 条，左岸 17 条，主要支流包括盐津河、桐梓河、习水河。赤水河水质无色透明，其酸碱度适中，pH 为 7.2～7.8。茅台镇境内地下水相较赤水河而言水量较少但分布较广，主要为岩溶水和基岩裂隙水。大气降水为岩溶地下水的主要补给来源。茅台镇内的最低排泄基准面为赤水河，受华夏系构造体系的影响，镇内的地下水通过岩溶管道、裂隙、溶洞等方式最终汇入赤水河。

（6）植物资源

茅台镇植物资源丰富多样，主要用材树种包括杉、马尾松、泡桐等；油脂类树种主要包括苦楝、乌柏、漆树等；芳香油植物有香樟、木姜子、山苍子等；药用植物主要有杜仲、天冬、半夏等；含单宁植物有盐肤木、小果蔷薇、石榴等；纤维植物有棕榈、刺竹、构树等；野生水果有刺梨、猕猴桃、杨梅等。

（7）动物资源

陆生动物：茅台镇范围内野生动物资源也较丰富，禽类主要包括鹤、猫头鹰、斑鸠、杜鹃等；兽类有野猪、刺猬、野山羊、蝙蝠等；爬行类有赤链蛇、翠青蛇等。珍稀鱼类：根据《长江上游珍稀、特有鱼类国家级自然保护区总体规划》（2004 年 7 月），茅台镇位于“长江上游珍稀、特有鱼类国家级自然保护区”。保护区赤水河段共分布鱼类 108 种及其亚种，约为长江鱼类种类数的 1/3。赤水河栖息着鲟科的达氏鲟，鲤形目鲤科鲤亚科岩原鲤，裂腹鱼科的齐口裂腹鱼，平鳍鳅科的短身间吸鳅、四川华吸鳅，峨眉后平鳅等。鱼类组成与三峡库区基本相同。

4.4.1.2 社会经济概况

（1）发展历史

茅台镇古名马桑湾，到宋代才叫作茅台，民国二十一年设茅台镇。茅台镇历史文化悠久，尤其是酿酒文化。可追溯到公元 1108 年之前，当时在茅台地区已有技艺可以酿造出“风法曲酒”，这其实已经是真正意义上的白酒了。随着酿酒技术进一步发展，诞生了“茅春”“回沙茅台”等品牌，逐渐形成了茅台地区风格独特的酱香型白酒，茅台镇成为五大香型中酱香白酒的发源地。因周恩来同志在 1949 年开国大典国宴时点名使用茅台酒，故其又被称为国酒，成为中华人民共和国的外交酒、政治酒。传承红色基因方面，茅台镇也是主要阵地，是我国工农红军军事转折战略地之一，红军在此四渡赤水，万里长征从被动局面转为主动局面。因此，茅台镇是我国历史上集红色旅游、红色文化和长征历史文化于一体的重要战略地点。

（2）行政区划

茅台镇镇域面积为 213 km^2，区域辖 6 个社区 22 个行政村。

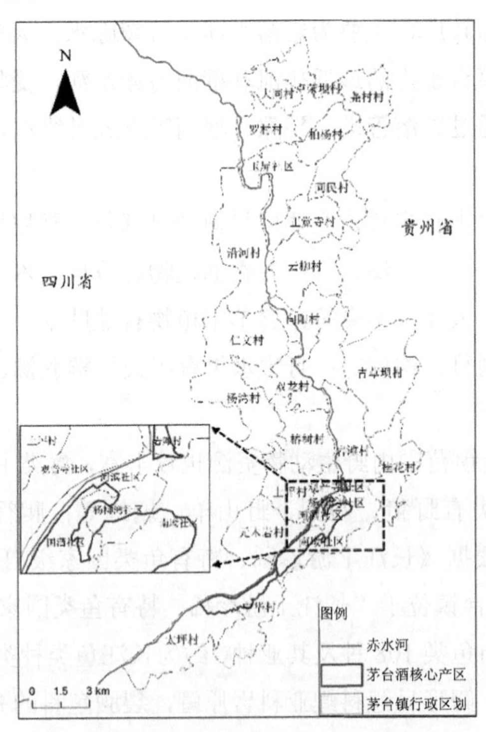

图 4-13 茅台镇行政村分布图

（3）人口组成

截至 2018 年，茅台镇人口为 11.78 万人，其中常住人口 9.58 万人。人口分布情况见图 4-14。

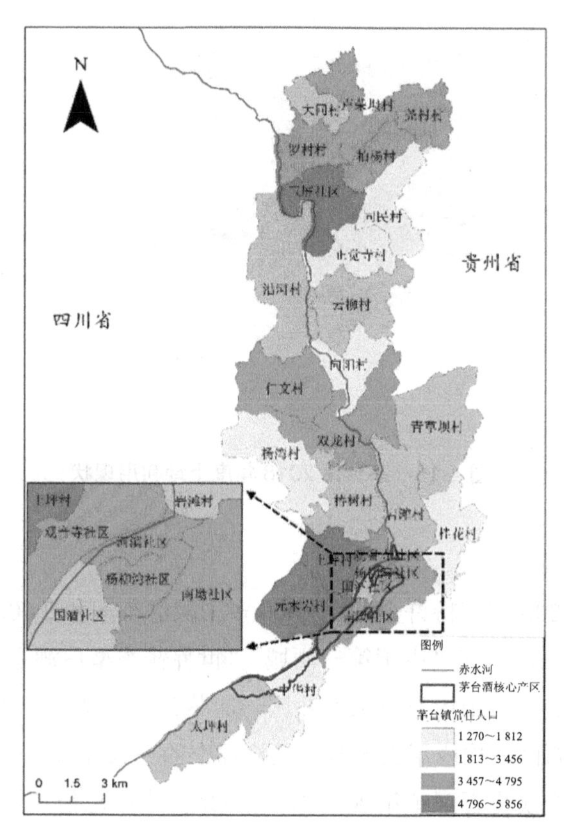

图 4-14 茅台镇人口分布情况

（4）土地利用

茅台镇行政区域总面积为 213 km^2，数据显示，2018 年茅台镇农用地面积为 181.36 km^2，占全市陆地面积的 85.88%，其中耕地、林地、草地面积分别为 76.80 km^2、103.03 km^2 和 1.53 km^2；水域面积达 4.21 km^2，为市域总面积的 2%左右；建设用地面积为 25.15 km^2，占全市陆地面积的 11.9%，其中城镇村用地为 19.34 km^2、其他建设用地为 5.82 km^2；未利用地为 0.45 km^2，占 0.21%。

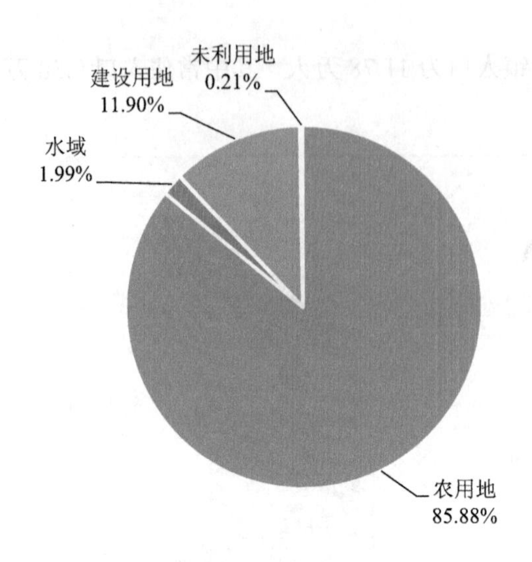

图 4-15 茅台镇 2018 年度土地利用现状

（5）经济发展

茅台镇现有 200 多家特许企业、1 000 多个酿酒车间和 2 000 多个酒类品牌。年产白酒 21 万 kL，有着“中国第一酒城”“世界酱香型白酒主产区”“中国白酒之都核心区”的美称。镇内有三大产业园，即茅台古镇文化产业园、仁怀名酒产业园、仁怀机场新区，构成了大茅台发展格局中的三大经济增长极。2017 年，茅台镇位居中国综合实力百强镇第 83 位，完成地区生产总值 558 亿元，财政收入 10.11 亿元；实现全年游客人数 414 万人次，当年旅游总产值 35.1 亿元。2017 年 10 月，茅台机场正式通航，至此，酒旅良性互动、融合发展的通道已正式启动。

4.4.2 研究方法

（1）遥感调查与野外核查土地资源方法

收集已有调查成果、科研成果和行业监测数据，获取卫星遥感、基础地理信息、野外生态观测、土壤植被、水土流失、环境质量等方面的基础数据，综合利用环境卫星、高分卫星等多源遥感平台，多时相、长时间序列遥感数据，开展辐射校正、几何校正、影像镶嵌和裁剪等预处理并对影像进行监督分类，结合地面植被调查，携带 GPS 定位仪进行野外核查与修证，重点核实农田、林地、草地、裸地等土地利用类型现状分布情况。

（2）土地资源评价方法

土地资源评价是区域土地资源条件对于农业生产、城镇建设的支撑能力的描述。对于城镇功能指向，可选择城镇建设条件作为评价指标，外加一些地形因素，如坡度、高程等指标来综合反映。公式为

［城镇建设条件］=*f*（[坡度]，[高程]，[地形起伏度]）

城镇建设条件反映城镇建设过程中，能够支撑开发利用的土地资源状况。对于地形起伏剧烈地区（如本研究区域中茅台镇的西南地区），需同步考虑地形起伏度等关键指标。

（3）适宜性分区方法

第一步，提取适宜区备选区和一般适宜区备选区（或极重要区备选区和重要区备选区），并分别转化成 2 个矢量数据。

第二步，通过聚合面工具分别对第一步生成的 2 个矢量数据进行聚合，把相对邻近或聚集的图斑合并成较为完整的集中连片地块。

第三步，分别计算聚合后矢量数据斑块面积，根据分级参考阈值划分为低、较低、一般、较高、高 5 个等级，得到适宜区备选区和一般适宜区备选区（或极重要区备选区和重要区备选区）2 个初始地块集中度（斑块集中度/地块连片度）矢量数据。

第四步，对 2 个地块初始的集中度（连片度）分别进行修边、地块形状指数（用地紧凑度）计算及降等处理，得到修正后的集中度（连片度）。

第五步，将上一步修正后的 2 个地块的集中度（连片度）矢量数据转成栅格数据，得到地块集中度（斑块集中度/地块连片度）的最终评价结果。其中，承载力高及较高等级斑块的集中度（连片度）取适宜区备选区评价结果；承载力一般及较低斑块的集中度（连片度）取一般适宜区备选区评价结果。

4.4.3 土地利用变化情况

4.4.3.1 变化特征

通过遥感数据处理得到高精度（30 m）茅台镇 2006 年、2010 年、2015 年、

2018 年土地利用类型分布，土地利用类型具体到二级分类。茅台镇 2006—2018 年土地利用类型面积及变化情况见表 4-9、图 4-16。

表 4-9　茅台镇 2006—2018 年土地利用类型面积统计　　单位：km²

土地利用类型	2006 年	2010 年	2015 年	2018 年
耕地	84.4	83.42	81.84	78.00
林地	71.67	70.63	71.80	103.50
草地	50.80	50.49	49.13	1.52
水域	3.46	3.44	3.76	4.20
城乡、工矿、居民用地	2.50	2.64	4.76	25.16
未利用地	0	0	0	0.45

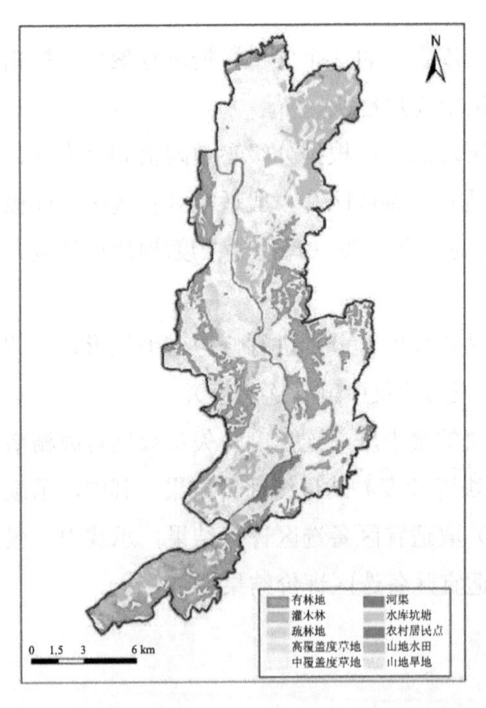

2006 年

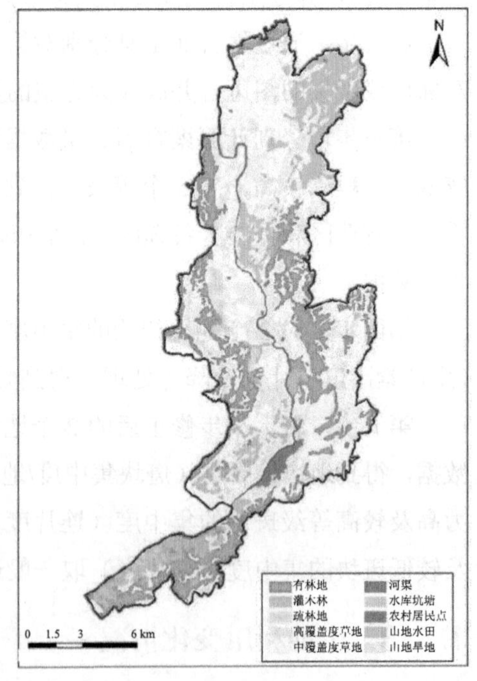

2010 年

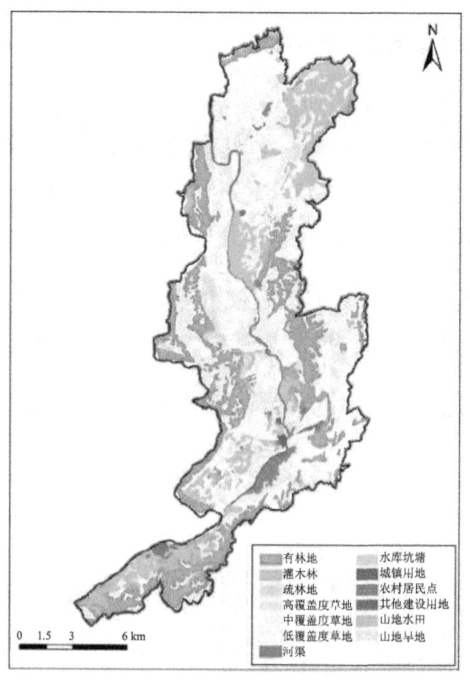

2015 年

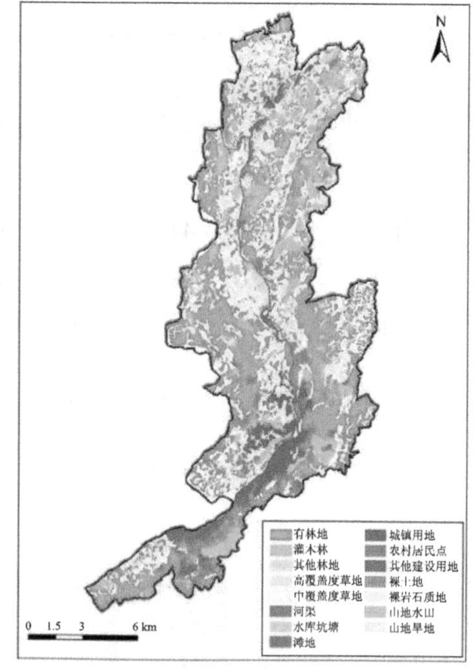

2018 年

图 4-16　茅台镇 2006—2018 年土地利用类型变化

由表 4-9 可见，2006—2018 年茅台镇草地大面积减少，由 50.8 km^2 降低为 1.52 km^2；林地与城乡、工矿、居民用地大幅增加，林地由 71.67 km^2 增加为 103.5 km^2，城乡、工矿、居民用地由 2.5 km^2 增加为 25.16 km^2；耕地小幅降低，由 84.4 km^2 降低为 78 km^2；水域面积小幅增加，由 3.46 km^2 增加为 4.2 km^2。2018 年，茅台镇各土地利用类型中，林地所占比例最大，为 48.6%，其次为耕地，所占比例为 36.6%，水域面积占茅台镇面积的 1.97%。

通过数学统计，得到 2006—2018 年茅台镇土地利用转移矩阵，对 2006—2018 年各土地利用类型间的转移情况进行分析。

表 4-10 茅台镇 2006—2018 年土地利用转移矩阵 单位：km^2

2006 年 \ 2018 年	耕地	林地	草地	水域	城乡、工矿、居民用地	未利用地	2006 年合计
耕地	39.31	29.83	0.54	1.39	13.18	0.15	84.40
林地	16.30	49.19	0.27	0.66	4.98	0.27	71.67
草地	21.03	23.69	0.68	0.87	4.50	0.03	50.80
水域	1.13	0.68	0.03	1.05	0.57	0	3.46
城乡、工矿、居民用地	0.23	0.11	0	0.23	1.93	0	2.50
2018 年合计	78.00	103.50	1.52	4.20	25.16	0.45	—

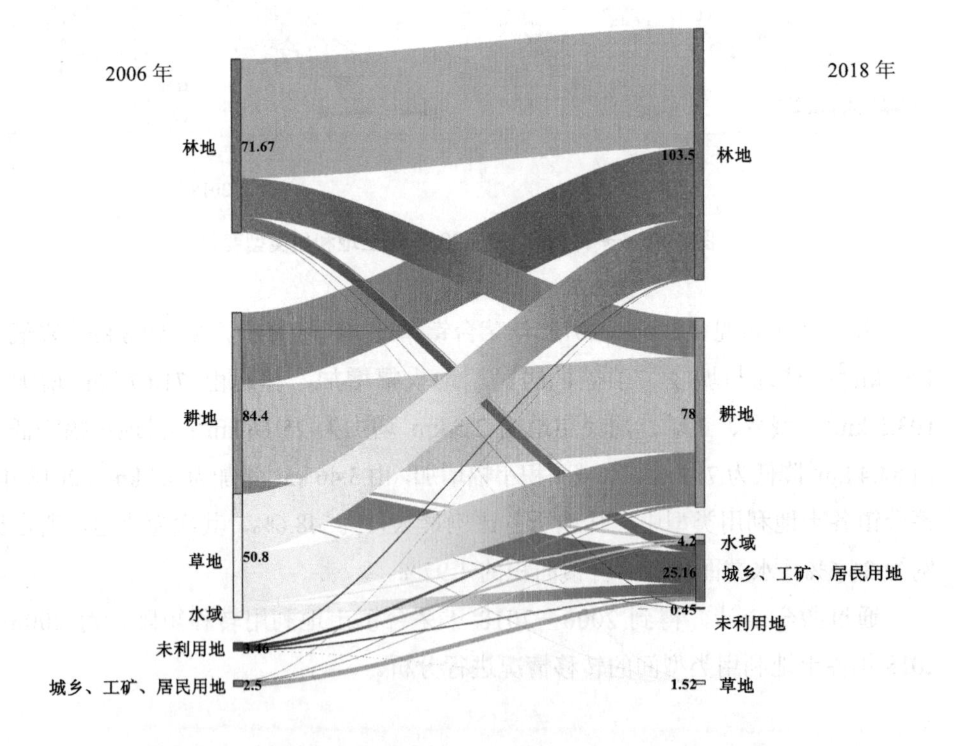

图 4-17 茅台镇土地利用 2006 年转出和 2018 年转入情况

（1）耕地

茅台镇 2006—2018 年耕地面积变化情况见表 4-11、图 4-18。由表 4-11 可见，耕地面积呈小幅减少趋势，由 2006 年的 84.4 km^2 减少到 2018 年的 78 km^2，减少幅度为 7.6%，其中水田、旱地均呈下降趋势，结合土地利用可以看出，多转化为林地。2006—2018 年，主要有 29.8 km^2 转变为林地。

表 4-11　茅台镇 2006—2018 年耕地面积变化　单位：km^2

耕地类型	2006 年	2010 年	2015 年	2018 年
水田	9.86	9.73	10.66	8.22
旱地	74.54	74.07	72.10	69.78

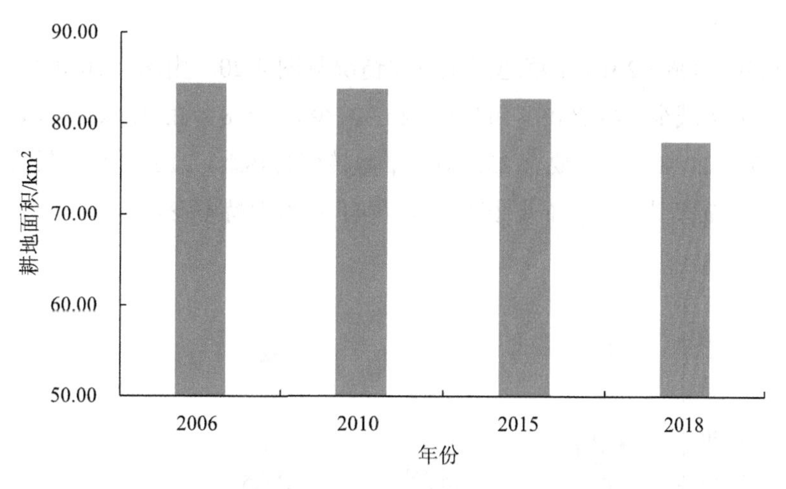

图 4-18　茅台镇 2006—2018 年耕地面积变化

（2）林地

茅台镇 2006—2018 年林地面积变化情况见图 4-19。由图 4-19 可见，茅台镇林地面积 2006—2015 年保持稳定，2015—2018 年大幅增长，由 2006 年的 71.7 km^2 增长到 2018 年的 103.5 km^2，增幅为 44.4%。2006—2018 年，主要有 29.8 km^2 耕地转入、23.7 km^2 草地转入。

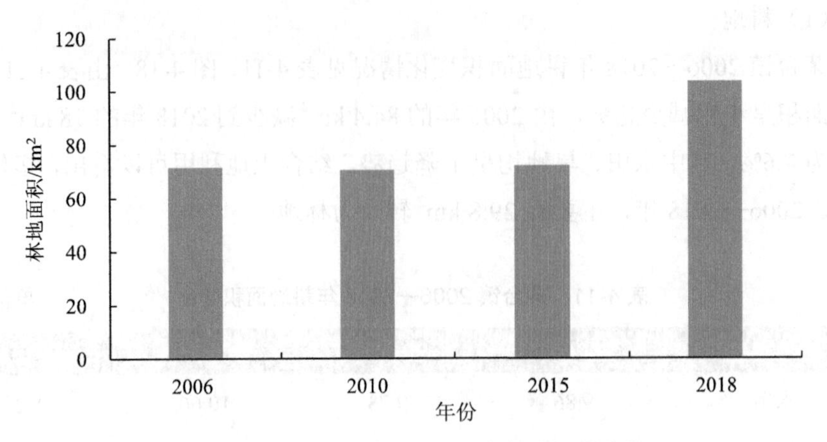

图 4-19　茅台镇 2006—2018 年林地面积变化

（3）草地

茅台镇 2006—2018 年草地面积变化情况见图 4-20。由图 4-20 可见，茅台镇草地面积大幅减少，由 2006 年的 50.8 km^2 减少为 2018 年的 1.5 km^2，减少幅度为 97%。2006—2018 年，主要有 23.7 km^2 草地转变为林地，21 km^2 草地转变为耕地，4.5 km^2 草地转变为城乡工矿居民用地，仅有 3.1%保持不变。

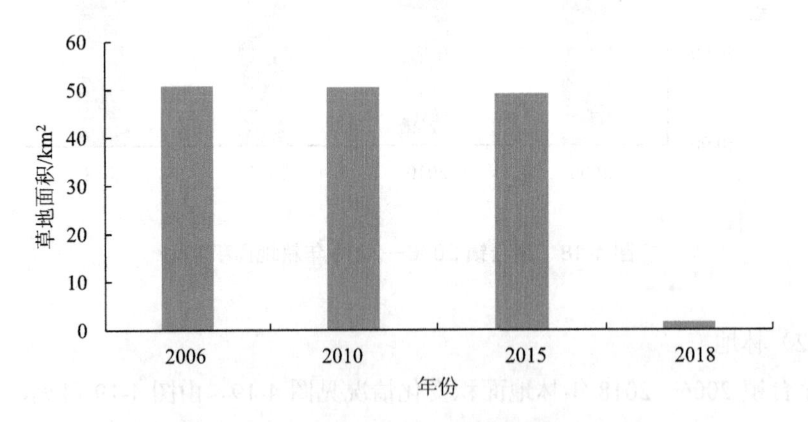

图 4-20　茅台镇 2006—2018 年草地面积变化

（4）城乡、工矿、居民用地

茅台镇 2006—2018 年城乡、工矿、居民用地面积变化情况见图 4-21。由

图 4-21 可见，茅台镇城乡、工矿、居民用地面积增幅最大，由 2006 年的 2.5 km^2 增长到 2018 年的 25.2 km^2，增长了约 9 倍。2006—2018 年，主要有 13.2 km^2 耕地、5 km^2 林地、4.5 km^2 草地转变为城乡、工矿、居民用地。

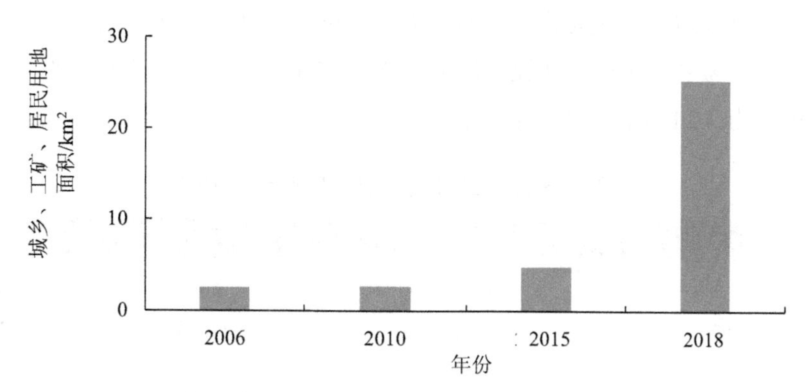

图 4-21　茅台镇 2006—2018 年城乡、工矿、居民用地面积变化

（5）水域

茅台镇 2006—2018 年水域面积变化情况见图 4-22。由图 4-22 可见，茅台镇水域 2006—2018 年呈现小幅增长趋势，由 2006 年的 3.5 km^2 增长到 2018 年的 4.2 km^2，增幅为 20%。2006—2018 年，主要有 1.39 km^2 耕地、0.87 km^2 草地、0.66 km^2 林地转变为水域。

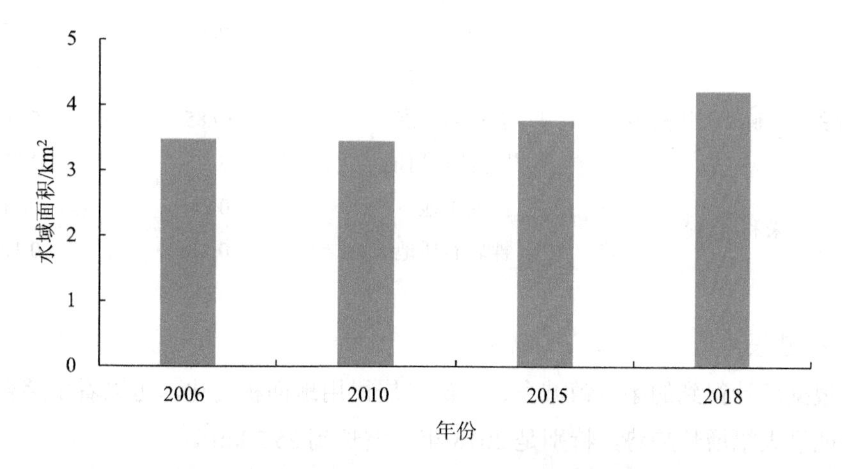

图 4-22　茅台镇 2006—2018 年水域面积变化

4.4.3.2 利用分布

茅台镇 2018 年土地利用类型面积见表 4-12、图 4-23。由表 4-12 可见，2018 年，茅台镇各土地利用类型中，林地面积最大，为 103.5 km^2，所占比例为 48.6%，其中多数为有林地；其次为耕地，面积为 78 km^2，所占比例为 32.2%，其中多数为山地旱地；城乡、工矿、居民用地面积为 25.2 km^2，占茅台镇面积的 11.8%；水域面积共为 4.2 km^2，约占茅台镇面积的 2%。

表 4-12 茅台镇 2018 年土地利用类型面积统计

土地利用类型		面积/km^2	比例/%
耕地	山地水田	8.22	3.86
	山地旱地	68.58	32.22
	丘陵旱地	1.20	0.56
林地	有林地	84.86	39.87
	灌木林	14.91	7.01
	疏林地	0.12	0.05
	其他林地	3.61	1.70
草地	高覆盖度草地	0.97	0.46
	中覆盖度草地	0.55	0.26
水域	河渠	3.06	1.44
	水库坑塘	0.40	0.19
	滩地	0.74	0.35
城乡、工矿、居民用地	城镇用地	8.49	3.99
	农村居民点	10.85	5.10
	其他建设用地	5.82	2.73
未利用用地	裸土地	0.24	0.11
	裸岩石质地	0.21	0.10

- 建设用地

根据统计得到的茅台镇城乡、工矿、居民用地面积变化，可以看出茅台镇建设用地呈大幅增长趋势，特别是 2018 年，增长到 25.2 km^2。

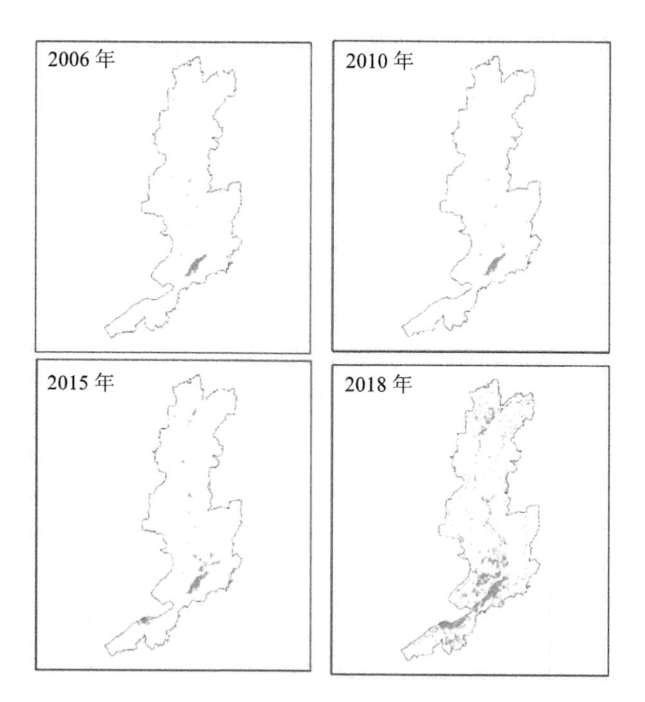

图 4-23 茅台镇建设用地扩张变化

4.4.3.3 不适宜建设范围

在不考虑土地利用类型的情况下，单纯考虑土地的建设条件，将地形中坡度数据以及土壤数据叠加分析，得出茅台镇内不适宜建设的范围，以此了解茅台镇可建设潜力。不适宜建设范围面积为 46.8 km^2，占茅台镇行政区域面积的 22%，主要限制因素为地形因素。

表 4-13 茅台镇不适宜建设范围约束条件

因子	具体内容	范围
地形	坡度	＞30
土壤	土壤含沙量	＞50

在剩余的适宜建设用地中，耕地面积为 62.9 km^2，占 37.9%；林地面积为 76.5 km^2，占 46%，已经建设的面积为 23.9 km^2，因此，2018 年，茅台镇内适宜

建设用地仅为 2.9 km^2，可用来建设的区域极少，受到严重的限制。茅台镇 2018 年不适宜建设范围见图 4-24。

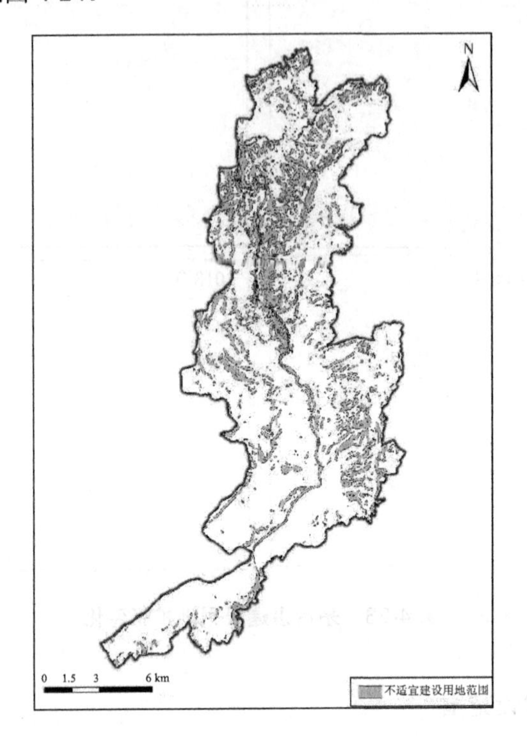

图 4-24 茅台镇 2018 年不适宜建设范围

4.4.4 土地承载力

以茅台镇为研究对象，通过城镇功能指向的土地资源承载与适宜性分区，对茅台镇土地资源承载力进行研究。

（1）茅台镇土地资源承载等级

茅台镇海拔为 350～1 400 m，赤水河由南向北贯穿全镇，河流两岸海拔较低，中东部、中西部海拔较高。茅台镇地处喀斯特河谷地貌，沿河谷地带坡度较低，在 8°以下，其他区域海拔较高。茅台镇城镇建设承载等级划分为高、较高、中等、较低和低 5 个等级，评价结果和承载等级见表 4-14、图 4-25。由表 4-14 可见，茅台镇约 48%的区域承载等级高，主要分布于河谷沿岸。

表 4-14　茅台镇城镇承载等级评价结果

高		较高		中等		较低		低	
面积	比例	面积	比例	面积	比例	面积	比例	面积	比例
102.51	48.15	14.90	7.00	51.72	24.30	31.21	14.66	12.53	5.89

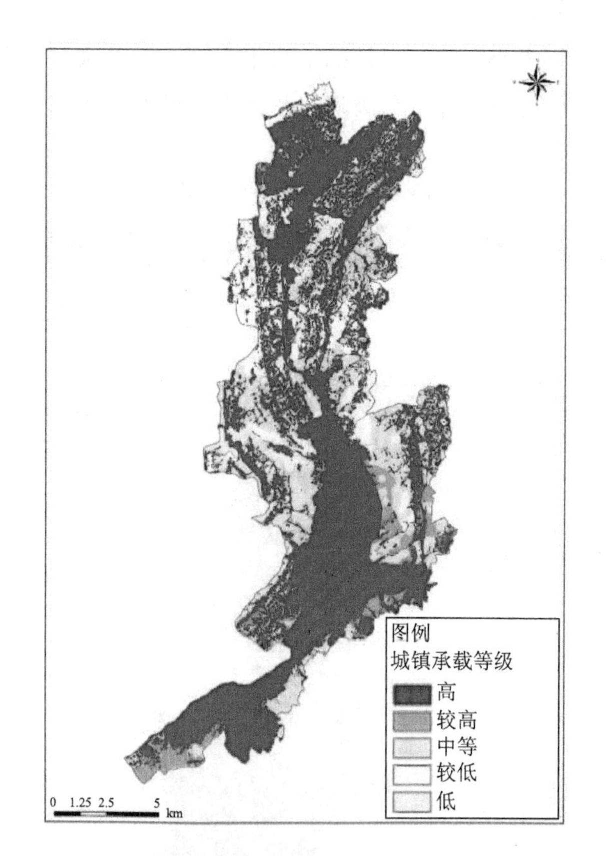

图 4-25　茅台镇城镇建设承载等级

（2）茅台镇建设适宜性分区

具备一定规模、资源环境条件较好、空间上能够集中连片布设的区域为城镇建设发展的适宜区域。按照城镇承载能力等级的评价结果，分别确定出城镇建设适宜区、一般适宜区备选区域的区位。

为准确描述城镇建设区域的空间分布合理性以及规模适宜性，引入地块集中度来评价承载能力的大小和适宜的用地规模。对已选定的备选区域进行处理，通过将这两类土地中具备相对邻近或聚集特征的图斑进行聚合，从而形成较为完整的集中连片地块。根据研究区域特点，将聚合距离长度设置为 25 m。对备选区域的地块集中度开展评价，地块集中度高则代表城镇建设适宜性越好，反之，地块集中度低则适宜性差。

根据聚合后面积大小，将茅台镇的地块集中度进行分级，分为高、较高、中等、较低和低等 5 个等级。评价分级阈值及评价结果见表 4-15、图 4-26。

表 4-15　地块集中度评价分级阈值

地块面积	＜0.25	0.25～0.5	0.5～1.0	1.0～2.0	≥2.0
地块集中度	低	较低	一般	较高	高

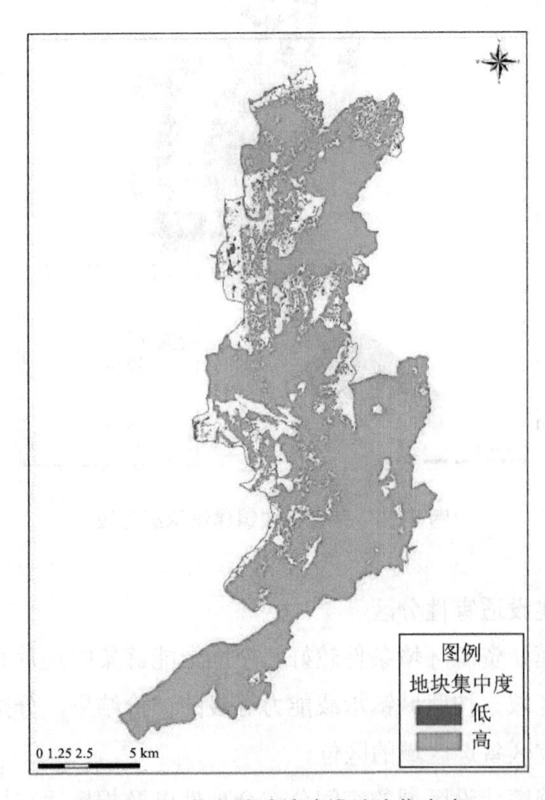

图 4-26　茅台镇城镇建设地块集中度

4.4.5 可持续评估结果

（1）茅台镇土地利用类型变化

茅台镇以林地和耕地为主，其中耕地2006—2018年平均占比为38.73%，其他依次是林地（37.44%）＞草地（17.9%）＞城乡、工矿、居民用地（4.12%）＞水域（1.75%）＞未利用地（0.05%）。林地和城乡建设用地2015年后明显增加，草地大幅减少。

（2）不同土地利用类型下地表温度的变化

城市热岛效应与土地利用类型关系密切，据调查，茅台镇地表温度平均值大小为建设用地＞草地＞耕地＞林地＞水域。建设用地（城乡、工矿、居民用地）地表温度高于其他土地利用类型，因此，建设用地扩张将对局地小气候产生影响。

（3）茅台镇土地建设适宜性分区

通过城镇功能指向的土地资源承载与适宜性分区对茅台镇土地资源承载力进行研究，发现茅台镇城镇建设承载等级划分为高、较高、中等、较低和低5个等级，约48%的区域承载等级高，主要分布于河谷沿岸。

4.5 村镇生态建设模式

村镇生态建设模式是指在不同村镇生态建设过程中，对具有区域鲜明特征的生态产业发展方式、经济发展和生态环境保护相协调的发展路径的理论性概括。村镇生态建设模式的形成受区域主导生态功能、产业发展适宜性等诸多因素的影响和制约，是多种因素综合作用的结果。从资源禀赋、制度厚度、产业发展等角度探讨村镇生态建设机理，重构村镇的生态空间、生产空间和生活空间，能够有效解决村镇绿色发展问题，实现村镇“生态-社会-经济”系统协调发展。本节以大娄山区典型村镇为例，基于主成分分析法（PCA），定量研究大娄山区村镇生态建设的影响因素，并结合数据资料与实地调研，剖析区域村镇生态建设路径与模式，以期为促进区域经济、社会、生态系统协调演进提供理论参考。

4.5.1 材料与方法

(1)大娄山区典型村镇概况

在大娄山区选择16个在经济水平、生态资源、文化背景以及产业模式上具有差异性的典型村镇(表4-16),开展村镇生态建设模式研究。

表4-16 大娄山区16个典型村镇基本情况

<table>
<tr><th>省份</th><th>县(市)</th><th>编号</th><th>村镇</th><th>区位</th><th>面积/km²</th></tr>
<tr><td rowspan="4">四川省</td><td rowspan="4">古蔺县</td><td>T1</td><td>二郎镇</td><td>位于古蔺县境东北部赤水河西岸、四川省盆地南部,与遵义市习水县接壤,因当地为郎酒起源地而得名,下辖32个行政村</td><td>92.94</td></tr>
<tr><td>T2</td><td>茅溪镇</td><td>位于四川省古蔺县境内,距离古蔺县城93 km,茅台镇25 km,辖1个社区、15个行政村,坐拥“中国白酒金三角”和“中国酱香酒谷”双重黄金位置</td><td>190.08</td></tr>
<tr><td>T3</td><td>土城镇</td><td>位于古蔺县城东南部,下辖1个社区和7个行政村。截至2019年年末,土城镇户籍人口为28 649人,拥有“长征文化艺术之乡”称号,是革命传统教育基地</td><td>71.40</td></tr>
<tr><td>T4</td><td>太平镇</td><td>位于古蔺河与赤水河交汇处。太平古镇是国家AAAA级旅游景区、国家历史文化名镇、全国爱国主义教育示范基地</td><td>104.00</td></tr>
<tr><td rowspan="2">贵州省</td><td>桐梓县</td><td>T5</td><td>娄山关街道</td><td>位于遵义市西北部,截至2020年6月,辖区常住人口为94 935人,下辖6个社区和4个行政村,有丰富的文物古迹和长征文化遗址</td><td>73.51</td></tr>
<tr><td>习水县</td><td>T6</td><td>土城镇</td><td>位于赤水河中游河畔,辖3个居委会、16个行政村,具有红军四渡赤水文化资源</td><td>307.00</td></tr>
</table>

省份	县（市）	编号	村镇	区位	面积/km^2
贵州省	习水县	T7	习酒镇	位于习水县南部，辖1个社区、10个行政村，截至2019年年末，习酒镇户籍人口为40 802人，为世界酱香型白酒核心产区	81.28
	赤水市	T8	丙安镇	位于赤水市中南部，是中国历史文化名村、贵州省历史文化名镇，列入全国100个红色旅游经典地之一	134.20
		T9	天台镇	位于赤水市中部，天台镇辖2个社区、7个行政村，因境内天台山而得名	99.44
	仁怀市	T10	长岗镇	位于仁怀市东南部，辖1个社区、10个行政村，富含磷、锰等矿藏资源	115.75
		T11	五马镇	位于仁怀市南部，东与长岗镇接壤，下辖1个社区、6个行政村，含有丰富的木材和矿产资源	155.50
		T12	茅坝镇	位于仁怀市西南部，东与五马镇毗邻，辖1个社区、12个行政村，属于典型的农业大镇	139.70
		T13	茅台镇	2016年之前，城区面积为4.20 km^2，辖5个居委会、8个行政村。2016年之后，设置新的茅台镇，面积为224.80 km^2，辖6个社区、22个行政村，集古盐文化、长征文化和酒文化于一体	87.20
云南省	镇雄县	T14	黑树镇	位于镇雄县东南部，黑树镇下辖5个行政村，有丰富的矿产资源	88.35
		T15	以勒镇	位于镇雄县东北部，截至2019年末，户籍人口为87 540人。截至2020年6月，以勒镇下辖2个社区和10个行政村，境内多葡萄泉（冒沙井）	175.75

省份	县（市）	编号	村镇	区位	面积/km^2
云南省	威信县	T16	水田镇	位于威信县东南部，水田镇下辖 1 个社区和 3 个行政村，截至 2019 年年末，户籍人口为 18 602 人，是国家级爱国主义教育示范基地，省级民族文化生态保护村	45.00

（2）村镇生态建设影响因素识别

结合《乡村振兴战略规划（2018—2022 年）》和《美丽乡村建设指南》（GB/T 32000—2015）等，基于村镇建设复合生态系统承载力评价指标体系，并且根据大娄山村镇发展的现状特征，构建了大娄山区村镇生态建设的影响因素指标体系。一级指标为人居环境因子（A1）、经济发展因子（A2）和生态环境因子（A3），二级指标共 14 个，其中 X1～X4 属于人居环境因子（A1），X5～X9 属于经济发展因子（A2），X10～X14 属于生态环境因子（A3）。

表 4-17 村镇生态建设的影响因素识别指标体系

一级指标	二级指标	编号	单位	指标解释
人居环境因子（A1）	居民（村民）委员会数量	X1	个	包括居民委员会和居民委员会个数的总和
	人口密度	X2	人/hm^2	常住人口数量/总面积
	城镇建成区面积	X3	hm^2	包括指镇域内已成片开发建设、市政公用设施和公共设施基本具备的区域面积
	综合商店或超市数量	X4	个	统计营业面积 50 m^2 以上的商店或超市个数
经济发展因子（A2）	工业总产值	X5	万元	反映村镇工业生产的总规模和总水平
	从业人员数量	X6	人	村镇参加工作的全部人员数
	绿色、有机农产品产值	X7	万元	反映村镇生态农业发展水平
	生态旅游收入	X8	万元	反映村镇生态旅游收入水平
	与县城之间的距离	X9	km	百度地图中显示的最短行车距离

一级指标	二级指标	编号	单位	指标解释
生态环境因子（A3）	人均耕地面积	X10	hm^2/人	耕地总面积/总人口
	林草覆盖率	X11	%	（林草地面积/镇域总面积）×100%
	土地石漠化状况	X12		非常严重赋值为1；严重赋值为0.6；轻微赋值为0.2；没有赋值为0
	建成区海拔	X13	m	村镇建成区的海拔平均值
	生态系统服务价值	X14	亿元/km^2	镇域生态系统服务价值，包括供给服务、调解服务、支持服务和文化服务

首先，基于R和SPSS 20.0软件，运用PCA模型定量揭示大娄山区各典型村镇生态建设影响因素与生态建设水平之间的关系。基于SPSS 20.0软件进行主成分分析，得出的KMO检验值为0.530，且巴特利特球形检验值为204.07，表明研究数据满足PCA分析的显著性要求。其次，按特征根值大于0.9的标准提取4个主成分，其方差贡献率分别为39.882%、22.850%、1.999%和1.288%，累积方差贡献率为86.214%，表明提取的4个主成分能够较好地解释村镇生态建设的主要影响因素。在此基础上，进一步计算主成分载荷，并基于R软件，将主成分分析结果通过主成分分析散点图实现数据可视化。

表4-18　主成分累计贡献率

主成分	特征值	贡献率/%	累计贡献率/%
1	5.584	39.882	39.882
2	3.199	22.850	62.732
3	1.999	14.281	77.013
4	1.288	9.201	86.214

（3）村镇生态建设模式筛选

通过“以点带面”和“以面束点”思路进行大娄山区村镇生态建设模式研究。“面”为大娄山区，“点”为具有村镇绿色生态建设模式的典型村镇。“面”上的大娄山区确定主导生态功能和区域本底优势，成为开展村镇生态建设的基础和先天条件；“点”上通过实践形成的典型村镇的生态建设成效和模式，共同组成具有大娄山区特色的发展模式，促进大娄山区全面可持续发展。通过地理信息系统（GIS）空间分析、实地踏查和资料收集相结合的方法，总结大娄山区村镇生态建设实践基础，初步筛选典型村镇，基于村镇生态建设主要影响因子的差异性，提炼村镇生态建设和绿色发展的路径与模式。

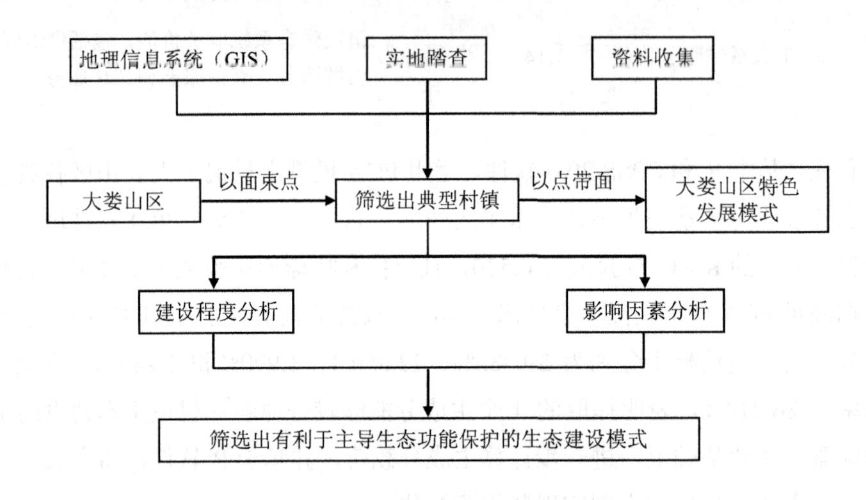

图 4-27 生态建设模式研究技术路线

（4）数据来源

研究数据资料主要包括社会经济统计数据与生态环境数据。社会经济统计数据主要来源于 2020 年县域统计年鉴（乡镇卷），生态环境数据主要来源于实地调查、各县（市）环境质量公报数据等，其中 DEM 数据采用航天飞机雷达地形测绘使命（Shuttle Radar Topography Mission，SRTM）项目的成果数据 90 m 的数字高程模型 DEM，通过 SRTM 官网（http://srtm.csi.cgiar.org/srtmdata）下载，生态系统服务价值数据由姜栋栋等[20]计算得到。16 个典型村镇的影响因素识别指标值见表 4-19。

表 4-19　16 个典型村镇的影响因素识别指标值

编号	指标值													
	X1	X2/（人/km²）	X3/hm²	X4	X5/亿元	X6/万人	X7/万元	X8/万元	X9/km	X10/（hm²/人）	X11/%	X12	X13/m	X14/（亿元/km²）
T1	17	78.77	121	18	150.90	1.68	6	67	51	0.045	25.8	0.2	325.0	3.90
T2	16	53.60	146	68	3.00	2.14	35	22	93	0.038	51.0	0.6	480.0	1.78
T3	8	27.04	39	40	0.55	0.57	6	17	58	0.059	42.0	0.2	400.0	5.75
T4	11	54.22	150	186	43.61	16.12	23	25	35	0.066	56.9	0.6	300.7	6.18
T5	17	1 507.77	800	120	26.08	5.51	70	182	3.4	0.005	26.1	0.8	1 638.7	7.56
T6	19	72.15	650	34	4.87	1.20	18	168	30	0.063	34.7	0.2	325.1	5.97
T7	11	134.15	192	21	59.35	2.68	49	135	26	0.051	48.9	0.2	800.6	4.65
T8	4	7.10	56	11	0.71	4.22	7	80	28	0.202	89.6	0.6	228.0	4.66
T9	9	7.93	34	25	6.72	1.27	35	123	7.7	0.140	76.0	0.2	200.9	12.52
T10	11	9.31	11	6	0.80	1.53	20	102	35	0.097	52.1	0.6	710.5	6.18
T11	7	45.96	36	29	4.40	2.16	7	77	28	0.068	46.0	0.2	602.8	5.72
T12	13	76.80	60	9	1.18	2.64	0	6	32	0.062	36.1	0.2	440.6	5.73
T13	28	148.86	570	250	490.00	6.00	233	2 575	13	0.092	44.8	0.2	400.4	4.61
T14	15	53.43	200	55	0.05	1.44	19	2	46	0.087	47.0	0.8	1 380.9	2.73
T15	12	45.78	260	68	0.46	4.28	5	3	53	0.067	15.5	0.8	850.9	2.53
T16	4	13.94	100	10	3.60	8.65	2	10	43	0.073	25.0	0.6	1 127.9	2.13

注：T1～T16 代表的典型村镇见表 4-16，X1～X14 代表的指标含义见表 4-17。

4.5.2 关键影响因子

由图 4-28 可见，首先是居民（村民）委员会数量（X1）、城镇建成区面积（X3）、综合商店或超市数量（X4）等人居环境因子（A1）及工业产值（X5）、从业人员数量（X6）、绿色有机农产品产值（X7）、生态旅游收入（X8）等经济发展因子（A2）对村镇生态建设具有显著影响。其次是生态环境因子（A3），研究区地属水源涵养与生物多样性保护功能区，人均耕地面积（X10）、林草覆盖率（X11）、土地石漠化状况（X12）等影响着区域生态系统服务（X14），同时也是区域特色农林产业发展的体现，随着退耕还林、退耕还竹工作的推进，大娄山区石漠化治理成效不断显现，林草覆盖率逐渐增加，区域生态效益将逐步凸显。

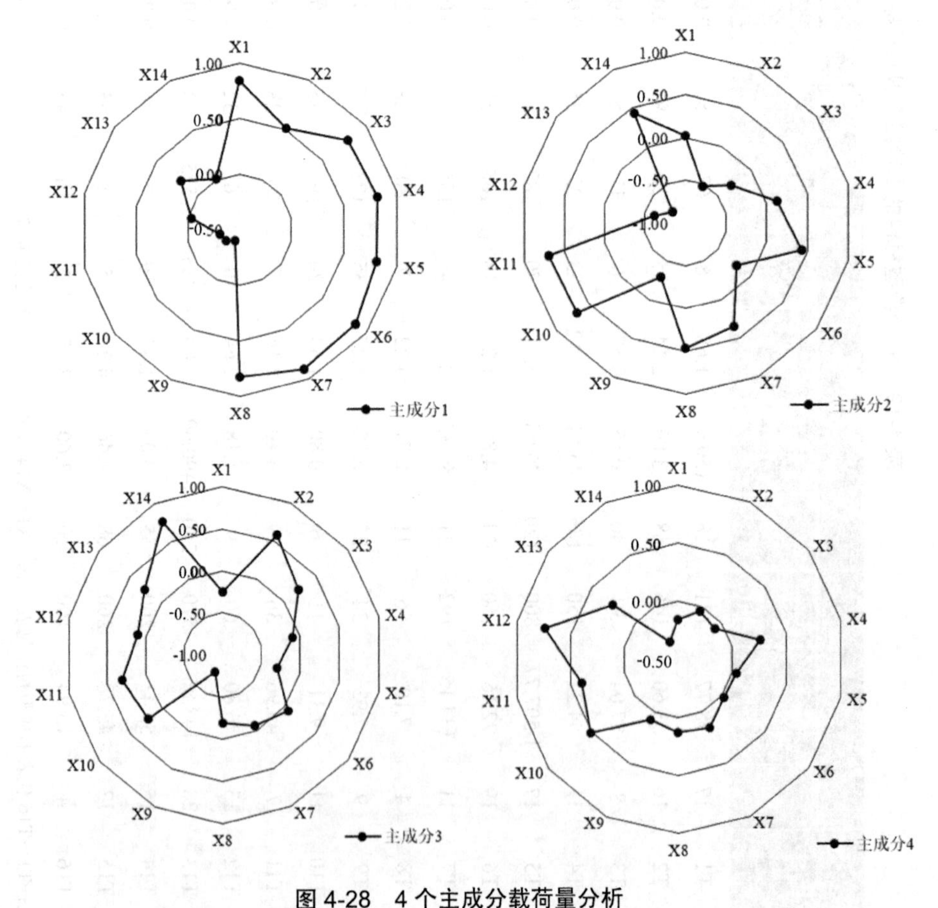

图 4-28 4 个主成分载荷量分析

人居环境因子（A1）、经济发展因子（A2）和生态环境因子（A3）均是影响村域发展的主要动力因子。其中经济发展因子（A2）对村域发展的影响最大，生态环境因子（A3）次之。可以看出，第 1 主成分代表的是人居环境因子（A1）和经济发展因子（A2），第 2 主成分代表的是生态环境因子（A3）。指标 X1～X8 均与第 1 主成分呈正相关关系，与县城之间的距离（X9）与第二主成分呈负相关关系，即与县城之间的距离越近，人居环境越好、经济发展水平越高。人均耕地面积（X10）、林草覆盖率（X11）和区域生态系统服务（X14）与第二主成分代表的生态环境因子（A3）呈正相关关系，土地石漠化状况（X12）和建成区海拔（X13）与第二主成分呈负相关关系。

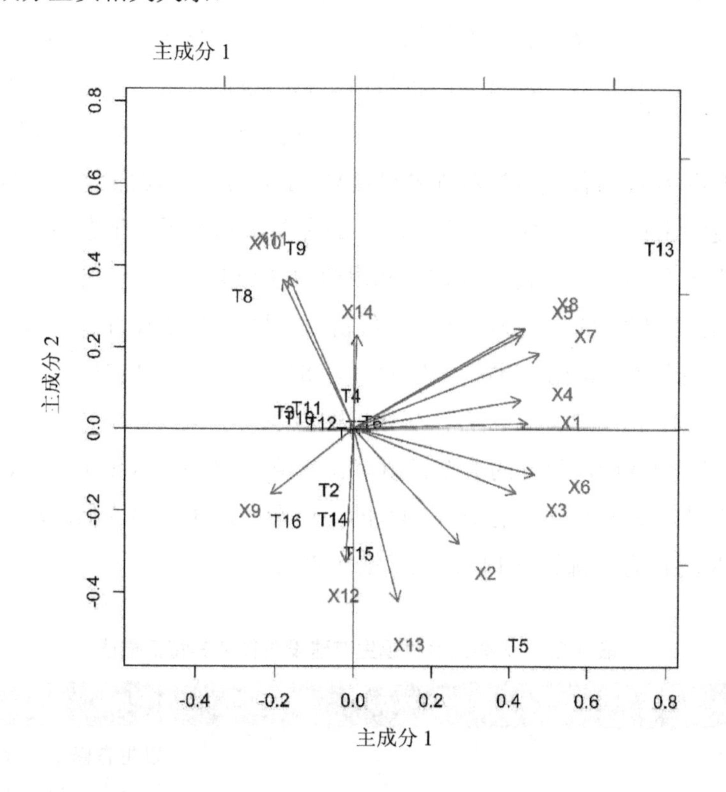

图 4-29　村镇生态建设影响因素主成分分析散点

如图 4-29 所示，娄山关街道（T5）、丙安镇（T8）、天台镇（T9）、茅台镇（T13）、黑树镇（T14）、以勒镇（T15）和水田镇（T16）的村镇建设受生态环境因子（A3）

的影响更显著，人居环境因子（A1）、经济发展因子（A2）也对娄山关街道（T5）、茅台镇（T13）具有显著影响。其中，丙安镇（T8）、天台镇（T9）的生态建设程度主要受人均耕地面积（X10）和林草覆盖率（X11）影响，黑树镇（T14）、以勒镇（T15）的生态建设程度主要受土地石漠化状况（X12）影响，水田镇（T16）的生态建设程度主要受与县城之间的距离（X9）影响。

4.5.3 美丽宜居村镇生态建设模式

依据典型村镇的主要影响因子，将大娄山区村镇生态建设路径划分为生态环境驱动型（P1）、生态环境和经济发展双向驱动型（P2）、人居环境驱动型（P3）3 个一级路径，其次依据村镇发挥的生产、生态、文化等多种功能，在一级路径的基础上，从村镇主导功能视角，将村镇生态建设模式进一步划分为恢复绿水青山激活乡村振兴（L1）、发展生态经济助推乡村振兴（L2）、改善人居环境赋能乡村振兴（L3）和创新体制机制巩固乡村振兴（L4）4 个二级路径（表 4-20）。路径 1 中，恢复绿水青山激活乡村振兴（L1）的主要影响因子是生态环境因子（A3），包含的典型村镇有娄山关街道（T5）和黑树镇（T14）；路径 2 中，发展生态经济助推乡村振兴（L2）的主要影响因子是经济发展因子（A2）、生态环境因子（A3），包含的典型村镇有土城镇（T6）、丙安镇（T8）、茅坝镇（T12）、茅台镇（T13）、以勒镇（T15）；路径 3 中，改善人居环境赋能乡村振兴（L3）的主要影响因子是人居环境因子（A1），包含的典型村镇有长岗镇（T10）、水田镇（T16）；路径 4 中，创新生态体制巩固乡村振兴（L4）的主要影响因子也是人居环境因子（A1），包含的典型村镇有二郎镇（T1）、土城镇（T6）。

表 4-20 大娄山区村镇生态建设路径及其特征描述

序号	一级路径	二级路径	影响因子	典型村镇	基本特征
1	生态环境驱动型（P1）	恢复绿水青山激活乡村振兴（L1）	A3	T5、T14	以生态修复、改善生态环境质量为核心，打造以生态环境良性循环和环境风险有效防控为重点的生态安全体系，以“先污染后治理”倒逼绿色重振

序号	一级路径	二级路径	影响因子	典型村镇	基本特征
2	生态环境和经济发展双向驱动型（P2）	发展生态经济助推乡村振兴（L2）	A2、A3	T6、T8、T12、T13、T15	依托生态环境优势，重在构建以产业生态化和生态产业化为主体的生态经济体系，打造“生态+”产业，促进生态产品价值实现，实现“绿水青山”向“金山银山”转化
3	人居环境驱动型（P3）	改善人居环境赋能乡村振兴（L3）	A1	T10、T16	重在通过自上而下的开展人居环境综合整治，改善生态、生产和生活环境，实现生态利民、生态惠民
4		创新生态体制巩固乡村振兴（L4）		T1、T6	重在健全村镇政策与机制，加快推进村镇治理体系和治理能力现代化，完善生态文明制度体系[23]

由表4-21可知，大娄山区村镇生态建设模式有12种（M1～M12）。其中，L1包括以生态复绿为前提的“荒山变花园”模式（M1）、以生态增绿为导向的“石山变绿洲”模式（M2）和以矿山生态治理为重点的赤水河流“碧水”模式（M3）；L2包括以产城融合促脱贫为动力的“生态旅游+”模式（M4）、以发展特色生态农业促减贫为目标的“田园牧歌”模式（M5）和以打造全产业链体系为手段的生态工业型模式（M6）；L3包括以全面提升人居环境为导向的“全民参与”模式（M7）和以完善基础设施为骨架的美丽乡村建设模式（M8）；L4涵盖以协同推进“省内补偿”和“区域合作”为支撑的赤水河生态补偿模式（M9），以农户致富为目标的“合作社+基地+农户+贫困户”的产业发展模式（M10），以增添乡村振兴新动能为主体的“引凤还巢”模式（M11）及以实现生态保护与脱贫增收为效益的“生态员制”模式（M12）。

表 4-21　大娄山区村镇生态建设模式与典型案例

序号	二级路径	模式	典型案例
1	L1	以生态复绿为前提的“荒山变花园”模式（M1）	贵州省遵义市赤水市天台镇凤凰村：大力实施生态复绿，开启了“荒山变花园，田园变花园，农村变成了社区，农民成园丁”的生态模式
2		以生态增绿为导向的“石山变绿洲”模式（M2）	贵州省遵义市桐梓县娄山关街道：通过石漠化综合治理，改善区域生态环境，实现高质量发展
3		以矿山生态治理为重点的赤水河流“碧水”模式（M3）	云南省昭通市镇雄县黑树镇：通过赤水河源头的废弃矿山综合治理，解决历史遗留问题
4	L2	以产城融合促脱贫为动力的“生态旅游+”模式（M4）	“酒旅融合”促“产城融合”：贵州省仁怀市茅台镇开创了以酒带旅、以酒促旅、工农旅一体、产城景融合的全域旅游发展新模式，旅游业“井喷式”增长 “农旅融合”促“产城融合”：贵州省遵义市习水县土城镇狠抓农业产业化和乡村旅游业，打造农旅融合扶贫新的亮点，实现贫困村脱贫出列 “文旅融合”促“产城融合”：贵州省赤水市丙安镇依托丰富的红色旅游资源打造红色产业，同时紧盯生态优势，将“红”与“绿”相融合，发展“文旅活镇”
5		以发展特色生态农业促减贫为目标的“田园牧歌”模式（M5）	云南省昭通市镇雄县以勒镇：通过特色烤烟种植，成为云南省昭通卷烟厂的优质烤烟供应基地 贵州省仁怀市茅坝镇：依托土地资源和传统高粱种植优势，着力打造有机高粱标准化示范基地
6		以打造全产业链体系为手段的生态工业型模式（M6）	贵州省仁怀市茅台镇：以酱香酒生产为核心实现全产业链发展
7	L3	以全面提升人居环境为导向的“全民参与”模式（M7）	云南省昭通市威信县水田镇：施行“全民参与”，抓源头治理，实行“逢三大扫除”制度，实现人居环境整治和赤水河流域生态环境保护有机结合
8		以完善基础设施为骨架的美丽乡村建设模式（M8）	贵州省仁怀市长岗镇蔺田村：依托便捷的交通条件和优质的环境配套，景区实现了跨越式发展

序号	二级路径	模式	典型案例
9		以协同推进“省内补偿”和“区域合作”为支撑的赤水河生态补偿模式（M9）	云南、贵州、四川三省：建立赤水河流域跨省生态补偿机制，率先在长江流域建立第一个跨省生态补偿机制
10	L4	以农户致富为目的的“合作社+基地+农户+贫困户”的产业发展模式（M10）	四川省泸州市古蔺县二郎镇：成立柏杨坝农业旅游专合社，大力发展花椒特色产业，从根本上实现脱贫
11		以增添乡村振兴新动能为主体的“引凤还巢”模式（M11）	云南省昭通市威信县：返乡创业已经成为经济增长新的动力源
12		以实现生态保护与脱贫增收为效益的“生态员制”模式（M12）	贵州省遵义市：创新实施坝长制，帮助贫困人口实现了山上就业、家门口脱贫

4.5.4 宜居村镇生态建设模式建立路径

村镇生态建设模式首先建立在区域的社会经济条件上，村镇的基础设施建设、产业发展状况是影响村镇建设成效的主要因素。研究发现，在村镇尺度，村镇产业发展越好、基础设施建设水平越高，村镇的发展水平往往越高。同时生态环境因子对村镇生态建设产生显著的影响且表现出一定的特殊性。村镇建设和扩张过程中，一方面，会挤压自然资源和生态空间，加剧生态安全格局的破碎化程度，直接破坏地区村镇建设的综合承载力；另一方面，对生态系统的保护举措客观上也约束了城镇扩张过程的规模与速度，环境质量的下降则限制了城镇的发展潜能，增大了城镇发展的风险，区域生态安全约束和影响着村镇生态建设的潜能和空间。

污染问题和生态系统退化等生态安全问题增大了大娄山区村镇生态建设的压力，构成了村镇发展与区域全局的生态安全之间的冲突，成为大娄山区村镇生态建设和可持续发展的重要障碍。随着城镇化的快速发展，不少村镇出现非农化、老弱化、空废化、污损化、贫困化（“五化”）现象，村镇产业发展与生态环境保护之间的矛盾日益激烈。如何引导绿色村镇生态建设，挖掘村镇生态建设模式，实现“三生”空间协调和生态宜居，是实现乡村振兴的关键。大娄山区形成的4条路径、12种模式是立足村镇发展实际，在多重动力综合驱动下的发展，在村镇生态建设过程中，应牢固树立“绿水青山就是金山银山”的理念，发挥好生态保护与建设对村镇发展的基础性动力作用，不断优化村镇人居环境和社会经济条件，激发村镇发展内生动力，实现村镇生态—社会—经济系统的协调发展。

本研究仅对村镇生态建设的主要影响因素和发展模式进行初步分析，未来研究需因地制宜，根据各村镇的发展现状与不足，进一步提升美丽宜居村镇的可持续发展模式。例如，丙安镇（T8）和天台镇（T9）的生态建设主要受耕地面积和林草覆盖率影响，应不断加大生态复绿的力度，提高耕地安全利用率水平；黑树镇（T14）和以勒镇（T15）需采取科学有效措施推进石漠化防治，提升区域生态安全，改善区域生态环境；水田镇（T16）应继续完善基础设施建设，加强村庄道路建设助推乡村全面振兴。

4.5.5 大娄山区村镇生态建设模式

以大娄山区为例，综合利用主成分分析法、地理信息系统、数据资料等方法，分析影响村镇生态建设的相关因素，并通过“以面束点”和“以点带面”的思路，提出了大娄山区村镇生态建设模式。

1）大娄山区村镇生态建设的受经济发展因子（A2）影响最显著。娄山关街道（T5）、丙安镇（T8）、天台镇（T9）、茅台镇（T13）、黑树镇（T14）、以勒镇（T15）和水田镇（T16）的村镇建设受生态环境因子（A3）的影响显著。人居环境因子（A1）、经济发展因子（A2）影响也对娄山关街道（P5）、茅台镇（P13）具有显著影响。未来研究应根据各典型村镇生态建设的主要影响因子，继续探讨不同类型村镇建设生态空间布局与承载力提升技术，增强村镇复合生态系统的承载力。

2）大娄山区村镇生态建设包含4条路径、12种模式。4条路径分别为恢复绿水青山激活乡村振兴（L1）、发展生态经济助推乡村振兴（L2）、改善人居环境赋能乡村振兴（L3）和创新体制机制巩固乡村振兴（L4）。12种模式中，M1～M3属于恢复绿水青山激活乡村振兴（L1），M4～M6属于发展生态经济助推乡村振兴（L2），M7、M8属于改善人居环境赋能乡村振兴（L3），M9～M12属于发展创新生态体制巩固乡村振兴（L4）。

构建多重动力驱动下的村镇发展合力是实现村域生态—社会—经济系统协调发展的有效途径。本研究分析村镇生态建设模式的影响因素和生态安全制约因子，揭示村镇建设的生态安全调控机制，提出美丽宜居村镇的“三生”空间优化布局和绿色生态建设模式，进而利于支撑重点生态功能区典型村镇的建设和可持续发展，对促进大娄山区生态建设和乡村振兴具有重要意义，也为全国美丽乡村建设提供示范案例。

4.6 村镇建设生态承载力提升方案

4.6.1 提升策略

一定时空尺度和经济技术条件下的资源环境承载能力是一定的，有固定的生态承载力阈值。开展重要生态功能区村镇承载力提升方案研究，目的是通过一定环境管理和经济技术手段，使其不断接近生态承载力阈值，以达到理想状态。资源承载力是生态承载力的基础条件，环境承载力是生态承载力的约束条件，生态弹性力是生态承载力的支持条件。村镇建设生态压力实质上会破坏生态系统结构和功能，其主要表现是资源占用和环境污染；生态弹性力是生态压力的反作用力，它不仅表现为生态系统的自我恢复和抵抗力，更重要的是表现为人的社会行为的反馈力。由此，可以通过减轻村镇建设的生态压力、提高村镇建设的生态弹性力、增强村镇复合生态系统的承载力来制订大娄山区村镇生态承载力提升方案。

4.6.2 原则与路径

（1）基本原则

保护优先原则。作为具有重要生态功能的区域，大娄山区的村镇建设必须要建立在主导生态功能维持优先的前提下，需立足于整体生态安全格局，以保护好“天然的物种基因库”为核心，坚持“绿水青山就是金山银山”的理念，全面提升可持续发展的生态承载力，维护区域的生态安全和可持续发展。

生态修复与污染防治并重的原则。充分考虑大娄山区域和赤水河流域环境污染与生态环境破坏的相互影响和作用，坚持污染防治与生态环境保护统一规划，把污染防治与生态环境保护有机结合起来，努力实现区域流域一体化生态修复和污染治理，提升大娄山区自然资源承载能力。

生态惠民，共建共享的原则。坚持以人民为中心的发展思想，良好的生态环境是最公平的公共产品，是最普惠的民生福祉，提供更多优质生态产品以满足人民日益增长的优美生态环境需求。以村镇建设为依托，坚持发展为人民，着力拓宽城乡居民增收渠道，增强人民群众的获得感和幸福感，着力实现生态环境保护、生态宜居、经济高质量发展协同并举。

（2）提升路径

1）减轻村镇建设的生态压力

村镇建设生态压力主要来源于生态空间占用和环境污染两个方面，村镇地域人地关系的协调发展是实现乡村人与自然和谐共生的基础，减轻生态压力是村镇承载力提升的核心内容。主要路径包括：

一是实施迁村并居、退宅还田等工程，实施水土资源高效集约利用。村镇无序建设占用大量耕地资源，“空心村”“老人村”现象普遍，亟待优化村镇人口布局，合理确定人口数量，并将农田生态系统嵌入村庄绿地系统，通过空心村整治、中心村建设和中心镇转移的地域模式，加强乡村聚落的空间集聚，改善群众的居住环境和生活环境。

二是加强农村环境综合整治和村镇建设环境污染防治。通过发展绿色农业，实现生产与农用化学品脱钩，用绿肥和商品有机肥替代化肥，推广绿色防控，解决化学农药过量使用问题；提升村民环境保护意识，构建种养加相融合的生态产业体系，解决规模化畜禽养殖污染问题；弘扬生态文化，开展教育、培训和交流，增强农村居民的绿色发展理念，引导村民主动参与生态建设和环境保护。

2）提高村镇建设生态弹性力

村镇建设生态弹性力包括生态宜居、生态经济、系统开发和管理政策 4 个方面，提高生态弹性力是村镇承载力的重要支撑。主要路径包括：

一是实施村镇建设生态保护修复工程。例如，扩大绿色生态空间，做好山区宜林荒山造林、矿区生态修复、绿色廊道建设，构建以景观绿带为支撑、绿色廊道为骨架的互联互通的生态网络体系；加强森林抚育，湿地保护与恢复，提升生态系统的灾害防控能力；开展农村河塘、沟渠清淤整治，实施河湖水系连通工程，提高山水林田湖草系统的完整性；实施造林绿化与退耕还林、森林质量提升、湿地保护与恢复、生物多样性保护等。

二是构建村镇生态经济体系。以生态优先、绿色发展为导向，推动农业向投入品减量化、生产清洁化、废弃物资源化、产业模式生态化发展；推动乡村旅游、休闲观光农业、民宿经济等旅游业向资源节约型、环境友好型的生态旅游转化；推进村镇生态产业化和产业生态化发展，立足于村镇资源和基础，发展特色和优势农业，实现“绿水青山”转化“金山银山”。

三是完善村镇基础设施建设和公共服务供给，提高农村卫生厕所及互联网普及率、建制村硬化路比例、农村居民教育文化娱乐支出占比，增强村镇居民的获得感、幸福感和安全感。

3）增强村镇复合生态系统的承载力

做好污染减排和生态扩容两手发力是村镇承载力提升的关键补充。在减轻村镇建设的生态压力、提高村镇建设的生态弹性力的基础上，做好以下两点：

一是规划引领。立足于村镇建设的水土资源赋存条件和自然生态安全边界约束，把生态环境保护融入生态产业化和产业生态化过程中，建立与主导生态功能保护相适应的生态产业体系；合理确定生态保护红线、基本农田保护控制线、城镇开发边界控制线，防止出现以牺牲“绿水青山”为代价的村镇建设活动。

二是协同治理。聚焦村镇水源地保护、农业污染、村镇工业企业污染、农业废弃物处置、村镇生活垃圾及污水无害化等，加大污染治理力度，多措并举，切实提升村镇承载力；统筹山水林田湖草一体化生态保护修复，提高村镇复合生态系统的服务能力、自我调控能力和自我修复能力。

4.6.3 提升方案

（1）根据大娄山区乡镇域 ESV 的地形效应，开展“三生”空间布局优化

在山区村镇建设中，地形因子对聚落分布、水热条件分配、地质灾害，生态系统的结构和功能等有显著的约束和影响。通过对山区乡镇尺度的 ESV 及其地形梯度效应研究发现，2000—2018 年大娄山区有 28 个乡镇 ESV 呈下降趋势，主要分布在贵州省；在 4 种地貌类型中，以缓坡区域的 ESV 最高，陡坡区域的 ESV

最低，由于水域和湿地价值系数较高的土地类型主要分布于大娄山区峡谷底区域，所以峡谷底单位面积生态服务功能极高。同时，大娄山区乡镇粗糙度与单位面积ESV呈线性相关，地表粗糙度以Ⅲ级的ESV最高。

建议对大娄山区28个ESV下降的乡镇、大娄山区Ⅲ级地表粗糙度和缓坡重叠区域应优先开展“三生”空间优化，实施“山水林田湖草”系统性生态保护修复工程，加强对湿地、水域和林地等高ESV的保护与恢复，维护和强化大娄山区水源涵养和生物多样性生态系统服务功能，引导土地利用向ESV保值或增值方向发展。为进一步提升村镇生态承载力的发展，应以提升生态系统稳定性和促进自然修复为导向，提升和保护水域和林地生态空间，大力推进水土流失综合治理、河湖和湿地生态系统的保护与修复，推进国家储备林基地建设，扩大经济林种植规模，特别是在ESV存在下降趋势的贵州省区域，着力构建规模适度、集中连片、稳定高质量的森林生态系统，筑牢大娄山区生态屏障。

（2）坚持生态优先和绿色发展，增强大娄山区复合生态系统的承载力

生态系统服务价值是区域生态福祉的重要测度指标，探究跨行政边界地区ESV演变规律对区域生态保护政策制定和绿色发展具有重要的参考意义。通过对大娄山区ESV模拟结果来看，在经济优先背景下，ESV随着时间的变化呈下降的趋势，而生态保护情景下，随着林地、水域面积的大幅增加，较大程度提升了整体ESV增益。在生态优先情景下，耕地转化为林地的土地利用转化致使大娄山区ESV增加了 60.17×10^8 元，表明退耕还林是大娄山区生态系统服务增值、承载力提升的主要途径。

大娄山区城镇化发展需结合区域生态服务效益综合考虑，建议完善经济发展与生态环境之间的协同与制约关系，科学制定“三省一市”区域绿色发展协同政策。一是注重地区经济收益与生态损失相结合，土地利用空间转移与ESV价值空间流转相结合，研究模拟不同发展路径下，经济发展与环境变化之间在空间上的耦合变化趋势，支持地区发展，做好土地利用建设的协同与权衡，开展大娄山区村镇生态环境和经济发展耦合协调分区，采取差异化措施，积极调控村镇建设用地扩展与生态环境的耦合关系，将促进村镇建设用地扩展与生态环境走向协调、可持续的发展道路；二是注重新型城镇化建设和乡村生态振兴相结合，为地区绿色发展和政府决策提供支持。大娄山区村镇单元应以特色生态和山地资源优势为

依托，深入实施乡村生态振兴战略，探索生态产品价值实现机制和路径，推动生态产业化，加快构建乡村绿色产业链、价值链。

（3）依据村镇生态建设驱动机制，提升村镇建设的生态弹性力

根据大娄山区村镇生态建设的影响因素研究，村镇生态建设模式首先建立在区域的社会经济条件上，村镇的基础设施建设、产业发展状况是影响村镇生态建设成效的主要因素。建议大娄山区村镇单元做好城镇化建设空间布局和产业发展的规划引领，把“绿水青山就是金山银山”理念融入乡村振兴的产业生态化和生态产业化的进程中，建立与主导生态功能保护相适应的生态产业体系，建议对赤水河流域粗放型小企业、小作坊无序发展问题进行规范，改变生产经营方式，发展生态农业、生态旅游及相关产业，降低人口对土地的依赖性，走生态经济型道路。

同时，研究发现生态环境因子对村镇生态建设产生显著的影响且表现出一定的特殊性，需根据村镇生态建设的主要影响因素因地制宜的开展村镇建设。因此，建议一是要坚持村镇的生态环境高水平保护，因地制宜地实行生态保护措施，例如，丙安镇（P8）和天台镇（P9）的生态建设主要受耕地面积和林草覆盖率影响，应不断加大生态复绿的力度，提高耕地安全利用率水平；二是要推进山水林田湖草系统化治理，对生态脆弱地区积极进行生态修复，实现生态环境的可持续发展，例如，黑树镇（P14）和以勒镇（P15）需采取科学有效措施推进石漠化防治，提升区域生态安全，改善区域生态环境；三是要以“产业兴旺、生态宜居”为目标，持续改善提升人居环境。例如，水田镇（P16）应继续完善基础设施建设，加强村庄道路建设助推乡村全面振兴。

（4）缓解资源开发与生态安全矛盾，减轻村镇建设的生态压力

村镇生态安全格局是村镇建设用地扩展与生态安全协调下的村镇生态系统健康与可持续发展的关键保障。村镇建设不可避免地挤压生态空间，根据大娄山区生态敏感性和脆弱性并存的特点，一是建议加强资源开发的生态空间管控，做好“三线一单”区域协同，构建村镇空间的生态安全格局。综合考虑地区资源环境承载能力、矿产资源禀赋、开发利用条件和资源对生态安全的重要程度，确定不同区域的主导开发方向与开发规模。在水资源严重短缺、环境容量很小、生态十分脆弱、地震和地质灾害频发的地区，要严格控制能源和矿产资源的开发，应全面

推进矿山生态恢复和生态补偿。按照典型示范、分类指导、分级治理、逐步推进的原则，根据矿山生态环境危害等级现状和生态保护与建设要求，进行生态破坏矿区的生态环境恢复治理工作。二是建议构建大娄山区科学合理的生态安全网络。通过对生态源地缓冲区、生态廊道以及生态节点的识别，构建生态保护效益最优的生态空间格局，有利于重点生态区的保护与恢复，对人为干扰活动的有效指导，最大限度地减少了乡镇空间的增长对生态安全的负面影响。减轻村镇建设的生态压力。三是建议大娄山区村镇单元探索流域或跨行政单元尺度系统性生态环境导向的开发模式（Ecology-Oriented Development，EOD）。以赤水河流域生态环境问题为导向，综合流域关联产业发展，探索将生态环境治理项目与资源、产业开发项目一体化实施的项目组织实施方式，及时总结经验做法，形成可复制、可推广的大娄山区 EOD 创新模式。

4.6.4 茅台镇生态承载力提升方案

（1）优化茅台镇“三生”空间布局，做好村镇建设生态安全评估

立足生态优先、“三生”空间融合，实现高质量发展，是生态文明背景下特色小镇发展的历史选择。研究发现，茅台镇地处喀斯特山区，地貌类型以河谷底、陡坡和山脊为主，生态、生产、生活空间布局受地貌条件约束性强。在生态优先情景下，峡谷底区域“三生”空间布局得到优化。因此，应以生态优先，不断优化茅台镇“三生”空间布局，首先保证生态安全消除潜在地质灾害危险，即在陡坡和山脊处积极实施退耕还林，提升水源涵养能力。注重林地生物多样性和景观建设，以增加林地生态系统稳定性。河谷地区是生产生活用地最易扩张的地区，但同时也是重要生态空间，面临着河床侵蚀、水土流失等生态问题；若河谷地区发生严重生态环境问题，则地区的生产生活质量将严重下降。因此，应对河谷地区的生产生活空间进行合理的约束和引导，对生态空间开展主动修复。建议基于主导生态功能保护实施国土空间规划，以空间管控和生态优化为出发点，以生态环境高水平保护促进经济高质量发展。

（2）推进“绿水青山就是金山银山”实践创新基地建设，增强外部保障能力

“绿水青山就是金山银山”理念是习近平生态文明思想的重要组成部分，强调经济发展与生态环境保护具有协同性和统一性。一是建议以茅台镇或赤水河小流

域单元为主体开展“绿水青山就是金山银山”实践创新基地建设，探索茅台镇或赤水河小流域单元“绿水青山就是金山银山”转化的行动实践，并逐步扩大至所有原料产地和产业链上下游。二是构建以白酒产业生态化和赤水河流域生态产业化为主体的茅台镇生态经济体系，推进白酒产业全过程和全生命周期的环境管理和生态建设，提升茅台镇生态环境承载力。三是建立针对白酒产业的跨区域（流域）生态环境共保联治机制，优化白酒产业布局，加强茅台镇与白酒生产密切相关的云南省、四川省生态环境共保联治，加快制定赤水河流域生态环境保护条例。

（3）减轻茅台镇生态压力，提升生态建设弹性力

在村镇建设和国土空间生态修复中，植物配置对区域生态安全和人居环境健康会产生一定的潜在影响，特别是外来植物容易产生的入侵风险和危害。根据茅台镇外来植物入侵风险评估来看，低海拔地区外来植物较多，入侵风险等级为高级的外来植物有 13 种，在建成区和非建成区分布相差不大。根据村镇生态建设弹性力影响分析结果来看，茅台镇村镇建设的生态承载力受生态因子的约束更显著，未来需进一步加强生态环境治理，提升综合承载力。探究茅台镇生态承载力变化特征发现，茅台镇人口呈超载状态，并且人均生态承载力不断下降，人口密度的增加会对茅台镇的生态环境产生压力。一是加强入侵植物防治。在村镇建设、园林设计和景观绿化过程中，加强外来植物检疫，从源头上控制外来植物的生态风险。二是实行分类管理。按照入侵风险等级，对大面积暴发的入侵植物，用机械或化学的方法，及时进行风险管理和治理。非建成区的外来植物，采用生物防治方法，播种早萌乡土植物，抑制入侵植物繁育和传播。三是应建立分级、分类的管控办法，形成茅台镇生产环境保护的生态安全缓冲区，推进人口疏减，限定保护区和缓冲区内的人口总量、企业数量、机动车保有量，消除对赤水河水质和茅台镇生态承载能力的不利影响。同时不断完善茅台镇基础设施建设，集约利用土地资源、水资源，提高生态环境治理体系和治理能力现代化水平，提升茅台镇生态建设的弹性力。

（4）创新赤水河流域生态产品价值实现机制，确保区域生态安全

赤水河流域行政区域划分在不同省，存在国土空间规划和生态环境保护各自为政、政策衔接性不强的问题。一是完善赤水河流域水生态环境保护规划与生态产品价值实现研究，建立比较科学的生态产品价值核算体系，推动建立生态产品

价值实现的政府考核评估机制，逐步破解生态产品“难度量、难抵押、难交易、难变现”等问题。二是在生态产品价值核算基础上设立赤水河流域保护绿色公益基金，做好横向生态补偿工作。建立赤水河下游白酒产业收益企业向上游农业面源污染治理、产业开发等限制发展地区生态补偿机制，合理测算保护方因生态保护和绿色发展而损失的发展机会以及增加的机会成本，重点向欠发达地区、重要生态功能区、生态保护红线区倾斜，减少面源污染及农药化肥施用，加强沿线村镇的生活污水垃圾处理，确保赤水河流域生态安全和上、中、下游整体的可持续发展。

4.6.5 大娄山区生态承载力提升路径

针对大娄山区生态承载力滞后型区域和村镇，本方案通过对大娄山区和茅台镇“点”和“面”结合开展村镇建设生态承载力的综合评估，针对性的提出了生态承载力的提升方案，对于生态功能区村镇尺度生态安全格局优化和生态承载力提升方面可提供技术支撑。下一步应继续基于主体生态功能与区域资源禀赋，坚持“绿水青山就是金山银山”的理念，进一步探析生态承载能力和经济发展的耦合关系，分类构建区域生态产品价值实现路径与模式，提出大娄山区生态产品价值增值与补偿措施，进一步保障大娄山区生态系统可持续发展。

第5章

三峡库区村镇绿色生态建设

5.1 区域与典型村镇概况

本研究中三峡库区指三峡库区土壤保持重要区，该区包括的行政区主要涉及湖北省宜昌市、恩施土家族苗族自治州等171个乡镇，以及重庆市的巫山、巫溪、奉节、云阳、开县、万州、忠县、丰都、涪陵、武隆、南川、长寿、渝北、巴南等366个乡镇，面积为48 555 km^2，截至2017年年底，各乡镇常住人口合计近1 300万人，企业数量近9.7万个。该区位于中亚热带季风湿润气候区，山高坡陡、降雨强度大，是三峡水库水环境保护的重要区域。主要生态功能包括土壤保持、洪水调蓄、水源涵养、生物多样性保护。其中土壤保持生态功能为主体生态功能，是确保三峡库区生态安全的重要生态屏障，三峡库区生态屏障是实现富民、惠民双赢的重要保障区域。

（1）常住人口规模及变化情况

三峡库区土壤保持重要功能区内各乡镇2018年年底常住人口合计为1 296.46万人，较2014年年底的1 445.92万人减少149.46万人，减少比例为10.34%。区内2015年年底乡镇常住人口数合计为1 347.87万人；2016年年底乡镇常住人口数合计为1 307.25万人；2017年年底乡镇常住人口数合计为1 329.12万人。

区内2014年年底从业人员共909.08万人，占总常住人口数的62.87%；2015年年底从业人员共867.4万人，占总常住人口数的64.35%，较2014年增长了1.48%。

图 5-1　三峡库区土壤保持重要区行政区划边界

（2）工业企业发展状况

三峡库区土壤保持重要功能区各乡镇 2018 年年底工业企业个数合计为 15 725 个，较 2013 年年底工业企业个数 16 937 个减少 1 212 个，减少比例为 7.16%。2018 年年底各乡镇内规模以上工业企业个数合计为 1 631 个，较 2016 年年底规模以上工业企业个数 1 888 个减少 257 个，减少比例为 13.61%。

区内 2015 年年底各乡镇工业总产值合计为 5 416.28 亿元，较 2014 年年底各乡镇工业总产值的 5 059.22 亿元增长 357.06 亿元，增长比例为 7.06%。

（3）地形地貌

三峡库区位于四川盆地以东，汉江平原以西，大巴山脉以南，鄂西武陵山脉以北的山区地带，地势复杂。该区域地势为东高西低，西部多为低山丘陵地貌，往东逐渐变为低中山地貌，并由南北向长江河谷倾斜。北部以及东部边缘东北西南向为大巴山山地、巫山山地、大娄山山地等中低山地，海拔一般为 1 000～2 500 m；该线以北以西地区地貌以低山丘陵为主，海拔一般为 200～1 000 m。

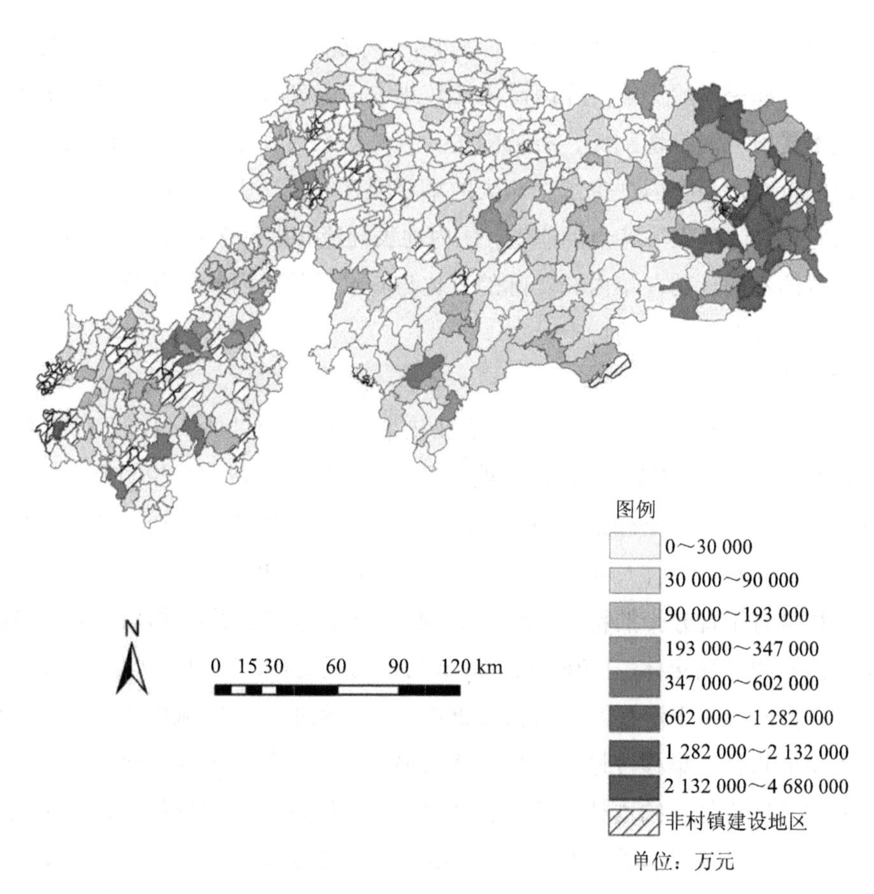

图 5-2　三峡库区土壤保持重要功能区 2015 年各乡镇工业总产值分析图

（4）土壤与水文

本区土壤类型分布错综复杂，土壤的成土母质主要有石灰岩、砂页岩、石英砂页岩、硅质页岩和河流冲积物等。土壤类型主要有黄红壤、山地黄棕壤、黄棕壤、紫色土、石灰土等。地带性土壤具有明显的垂直分布规律，海拔 800 m 以下多黄红壤，丘陵谷地有紫色土；海拔 800～1 700 m，多山地黄壤，其次是石灰土；海拔 1 700 m 以上为黄棕壤和山地草甸土。耕地多分布于长江干、支流两岸，大部分是坡耕地和梯田。

库区江河纵横，属于长江水系。长江干流自西向东横穿三峡库区，全长 683.8 km，北有嘉陵江、南有乌江汇入，形成不对称的、向心的网状水系。另外，主要大的河流水系还有涪江、綦江、御临河、龙溪河、大宁河、小江等几十条。受亚热带湿润季风的影响，库区降雨比较集中，大部分河流具有流域范围内降水丰沛且多暴雨、河谷切割深、谷坡陡峻、天然落差大、滩多水急、陡涨陡落等山区河流的特点，是区内产生水土流失的重要因素之一。由于受降雨的年内分配和暴雨历时短与强度大等特点的影响，区内地表径流和泥沙多集中在5—9月，随各月降水量的不同，其在年内和年际的变化与降水量的年内、年际分布基本一致，体现出时间分布不均匀的特点。

（5）植被

本区在《中国植被》的区划中属于亚热带常绿阔叶林区域（Ⅳ）、东部（湿润）常绿阔叶林亚区域（IVA）。森林植被类型丰富，林相复杂、季相明显。森林植被建群成分主要有——亚热带山地常绿阔叶林、常绿与落叶阔叶混交林、落叶阔叶林、常绿针叶林、竹林及亚热带山地灌丛矮林的常绿阔叶灌丛、落叶阔叶灌丛。自然植被具有垂直分带的特点，海拔1 300 m以下为常绿阔叶林，1 300～1 700 m为常绿落叶阔叶混交林，1 700～2 000 m为针阔混交林，2 200 m以上为亚高山针叶林带，灌丛分布于淹没区至海拔 2 200 m 之间的地带。区域内以亚热带常绿阔叶林类型的物种密集程度最高，生态效益最为显著，是库区内最珍贵的地带性植被，其中马尾松林、柏木林这两类森林群落在库区森林中面积最大，但多呈疏林或幼林，为次生的人工或半人工林。乔木树种主要有马尾松、栎类、杉木、柏木、华山松、桦木、油松、杨树、云杉、巴山松、冷杉、铁杉等；经济树种主要有板栗、核桃、杜仲、漆树、银杏、柑桔、梨、柚、桃、李、猕猴桃、杏、柿等；竹类主要有楠竹、慈竹、方竹、观音竹、水竹等。

（6）存在的主要生态问题

受长期过度垦殖和近年来三峡工程建设与生态移民的影响，库区内森林植被破坏严重，水源涵养能力较低，库区周边点源和面源污染严重；同时，水土流失量和入库泥沙量大，地质灾害频发，给库区人民生命财产安全造成威胁。

（7）《全国生态功能区划》明确的生态保护主要措施

加大退耕还林和天然林保护力度；优化乔灌草植被结构和库岸防护林带建设，增强土壤保持与水源涵养能力；加快城镇化进程和生态搬迁的环境管理与生态建设；加强地质灾害防治力度；开展生态旅游；在三峡水电收益中确定一定比例用于促进城镇化和生态保护。

5.2 三峡库区村镇建设生态安全评估

5.2.1 评估思路与方法

（1）评估思路

本书思路具体分为（图5-3）：①根据不同土地利用类型识别相应主导功能，并采用三级赋分制，识别三峡库区土壤保持重要区村镇建设类型，将村镇建

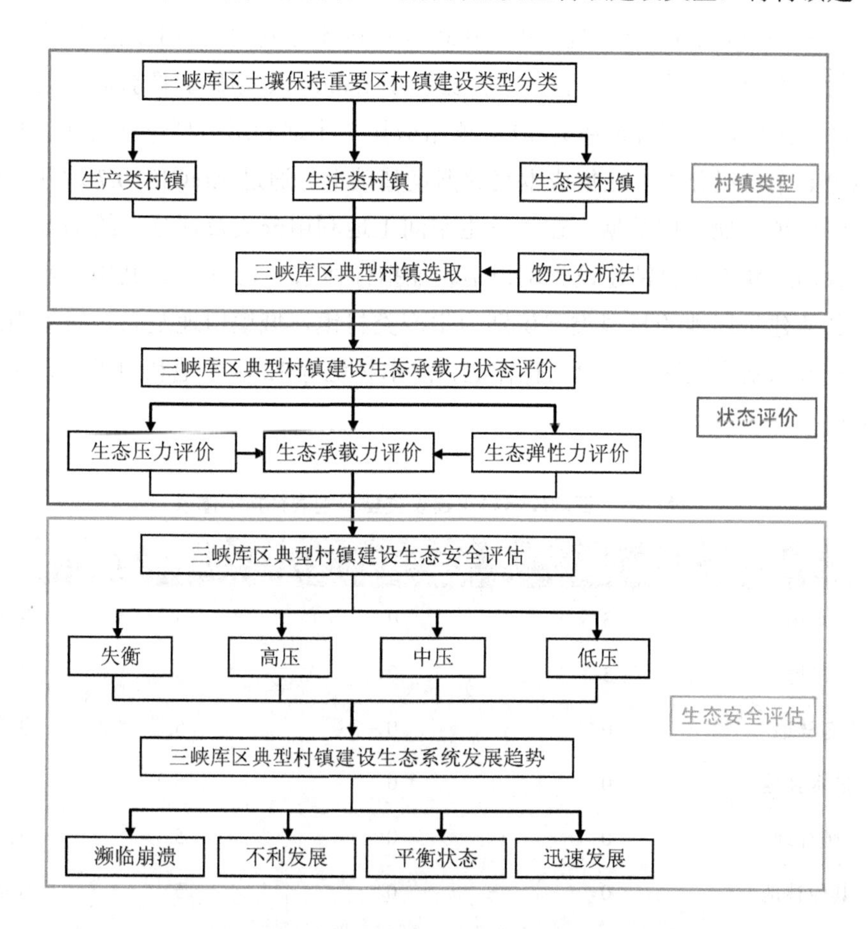

图5-3 三峡库区村镇建设生态安全评估技术路线

设类型分为生产类村镇、生活类村镇和生态类村镇 3 个类型。②针对划分的三大村镇建设类型，利用物元分析法，结合三峡库区库首、库中、库尾位置，筛选出典型村镇。③对三峡库区典型村镇进行生态压力及生态弹性力评价，结合评价结果，完成三峡库区典型村镇建设生态承载力状态评价。④结合三峡库区典型村镇建设生态承载力状态评价，根据生态承载力指数，明确三峡库区典型村镇建设生态承载力水平的状态与生态系统发展趋势，最终完成对三峡库区的生态安全评估。

（2）数据来源

本研究采用中国科学院资源环境科学与数据中心（https://www.resdc.cn/data.aspx？DATAID=335）提供的 2020 年中国土地利用遥感监测数据作为三峡库区村镇类型识别的本底数据。该数据基于 Landsat 8 遥感影像获取，通过人工目视解译生成，成图分辨率为 1 km 栅格数据。土地利用类型包括耕地、林地、草地等 6 个一级分类。在集成本底数据集基础上，通过 ArcGIS10.7 软件提取三峡库区村镇土地利用数据，在“三生空间土地利用分类及评分”的基础上，提炼并叠加三峡库区村镇建设类型识别表征指标体系（表 5-1）。其中，水田、旱地及其他建设用地的村镇类型识别为生产类村镇，城镇用地及农村居民用地的村镇类型识别为生活类村镇，有林地、灌木林地等 12 项土地利用类型识别为生态类村镇。

表 5-1 三峡库区村镇建设类型识别表征指标体系

土地利用类型	生产功能得分/分	生活功能得分/分	生态功能得分/分	类型识别
水田	3	0	3	生产
旱地	3	0	3	生产
有林地	0	0	5	生态
灌木林地	0	0	5	生态
疏林地	0	0	5	生态
其他林地	0	0	5	生态
高覆盖草地	0	0	5	生态

土地利用类型	生产功能得分/分	生活功能得分/分	生态功能得分/分	类型识别
中覆盖草地	0	0	3	生态
低覆盖草地	0	0	1	生态
河渠	0	0	5	生态
水库坑塘	1	0	1	生态
滩地	0	0	5	生态
城镇用地	3	5	0	生活
农村居民用地	3	5	0	生活
其他建设用地	5	1	0	生产
沼泽地	0	0	5	生态
裸岩石质地	0	0	5	生态

5.2.2 村镇建设类型识别

基于下载的 2020 年中国土地利用遥感监测数据，首先利用 ArcGIS10.7 软件按掩膜提取出三峡库区土壤保持重要区的土地利用数据（图 5-4），利用 DayDreamlnGISTool 插件，对提取的数据以村镇为尺度进行再一次裁剪，共计裁剪出 537 个乡镇，随后批量导出三峡库区土壤保持重要区各村镇的土地利用属性表，库区内各村镇土地利用类型面积表现为 1 km×1 km 栅格数，最后利用 Excel 软件，对各村镇土地利用类型属性表进行批量排序，基于三峡库区村镇建设类型识别表征指标体系，对各村镇土地利用类型进行评分（表 5-2），最终完成对各村镇生态类型（图 5-5）、生活类型（图 5-6）和生产类型（图 5-7）的识别。

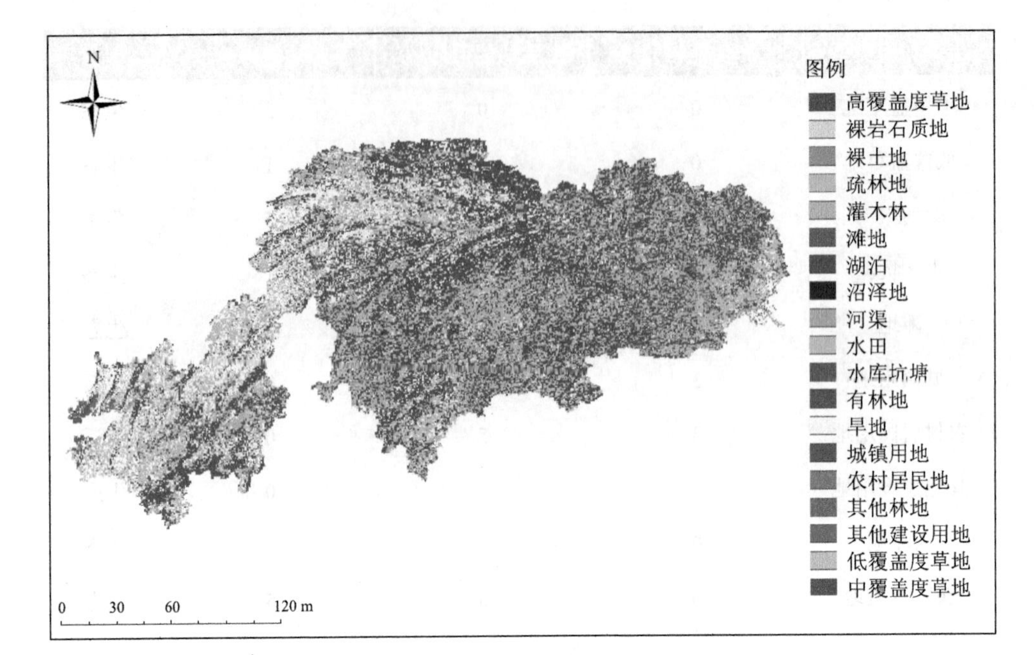

图 5-4　三峡库区土壤保持重要区土地利用现状

表 5-2　三峡库区各类型村镇评分等级

评分等级	生产类/个	生活类/个	生态类/个
6～10	10	61	—
11～15	67	12	16
16～20	—	—	49
21～25	—	—	121
26～30	—	—	125
31～35	—	—	61
36～40	—	—	13
41～45	—	—	2
总计	77	73	387

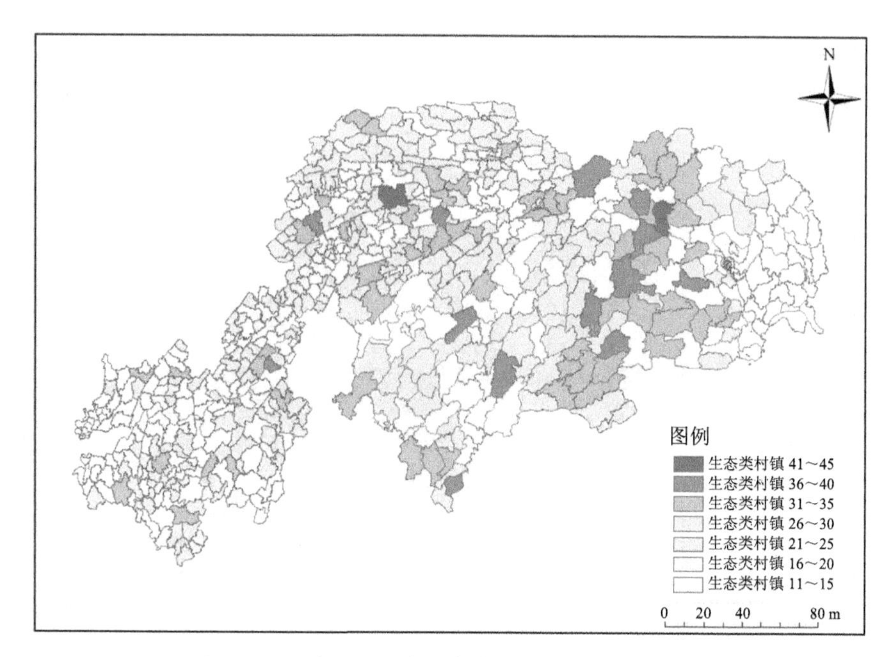

图 5-5　三峡库区土壤保持重要区生态类村镇分布

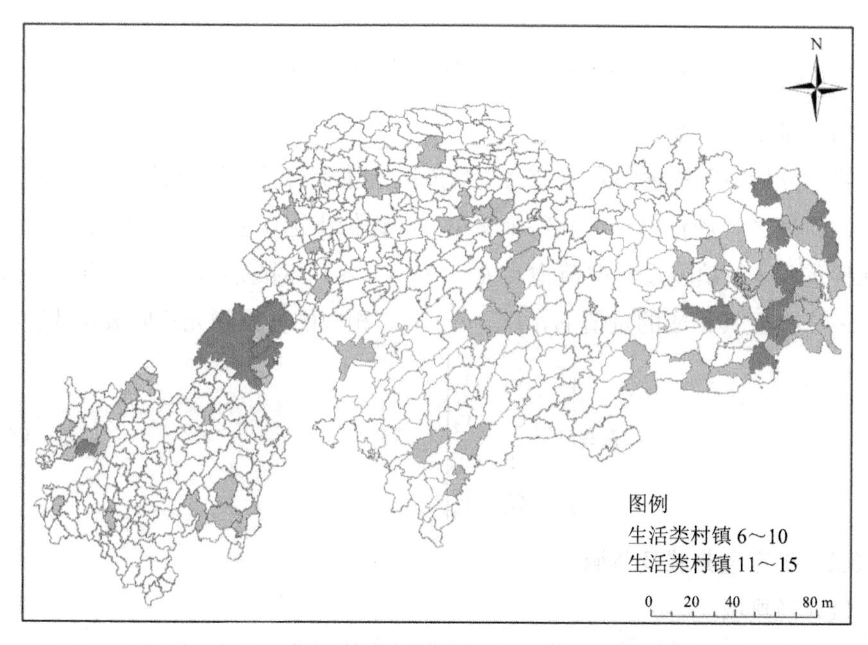

图 5-6　三峡库区土壤保持重要区生活类村镇分布

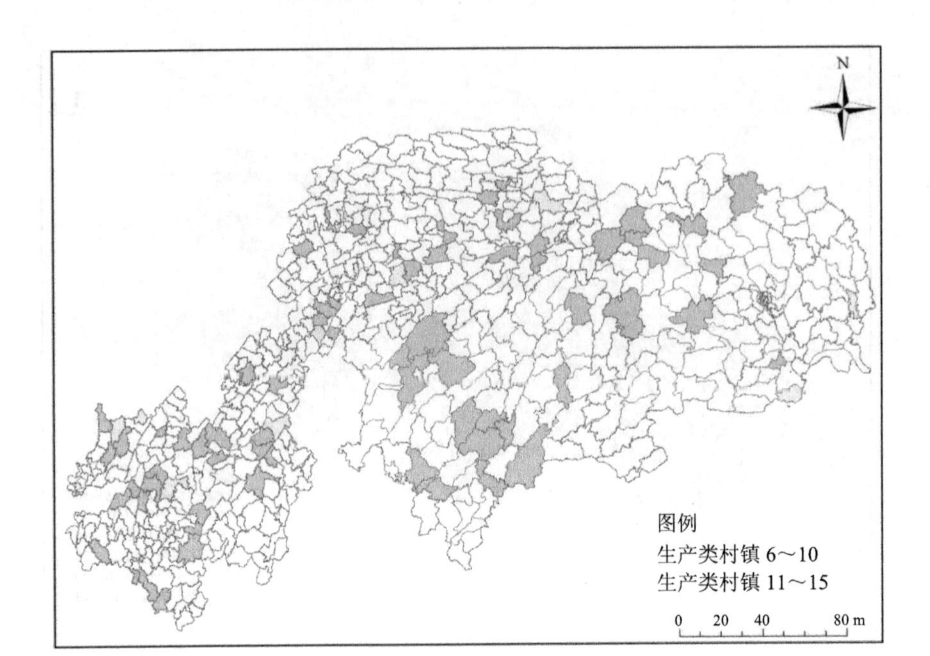

图 5-7 三峡库区土壤保持重要区生产类村镇分布

5.2.3 物元模型的建立与典型性评价指标的选取

5.2.3.1 确定待评物元

物元分析中所描述的对象 T（三峡库区土壤保持重要区村镇建设典型镇）及其特征向量 C（评价指标）和特征量值 v（评价指标现值）共同构成三峡库区土壤保持重要区村镇建设典型镇物元 $R=(T, C, v)$，对象 T 有 n 个特征向量 C_1，C_2，…，C_n 及其相应的量值 v_1，v_2，…，v_n。相应的 n 维物元矩阵表示为：

$$R=\begin{vmatrix} T & C_1 & v_1 \\ & C_2 & v_2 \\ & \vdots & \vdots \\ & C_n & v_n \end{vmatrix} \tag{5-1}$$

5.2.3.2 确定经典域及节域

（1）经典域

三峡库区土壤保持重要区村镇建设典型镇的经典物元矩阵可表示为 R_{oj}=（T_{oj}，

C_i，V_{oji}），式中，R_{oj} 为划分三峡库区土壤保持重要区村镇建设典型镇的第 j 个评价等级；C_i 为特征向量（i=1，2，…，n）；V_{oji} 为第 i 特征向量对应等级 j 的量值范围（a_{oji}，b_{oji}），即经典域。经典域物元矩阵可表示为

$$R_{oj}=\begin{vmatrix} T_{oj} & C_1 & \left(a_{oj1},\ b_{oj1}\right) \\ & C_2 & \left(a_{oj2},\ b_{oj2}\right) \\ & \vdots & \vdots \\ & C_n & \left(a_{ojn},\ b_{ojn}\right) \end{vmatrix} \tag{5-2}$$

（2）节域

三峡库区土壤保持重要区村镇建设典型镇的节域物元矩阵为

$$R_p=\left(T_p,\ C_i,\ V_{pi}\right)\begin{vmatrix} T_p & C_1 & \left(a_{p1},\ b_{p1}\right) \\ & C_2 & \left(a_{p2},\ b_{p2}\right) \\ & \vdots & \vdots \\ & C_n & \left(a_{pn},\ b_{pn}\right) \end{vmatrix} \tag{5-3}$$

式中，R_p 为节域物元；V_{pi}（a_{pi}，b_{pi}）为节域物元关于 i 特征 C_i 的量值范围；P 为三峡库区土壤保持重要区村镇建设典型镇全体等级。

5.2.3.3 确定关联函数及关联度

$$K_{j(ci)}=\begin{cases} \dfrac{-p_{ij}\left(v_i,V_{oji}\right)}{\left|V_{oji}\right|}, & v\in V \\ \dfrac{p\left(v_i,V_{oji}\right)}{p_{ij}\left(v_i,V_{oji}\right)-p\left(v_i,V_{oji}\right)}, & v\notin V \end{cases} \tag{5-4}$$

式中，$K_{j(ci)}$为第 i 项指标相应于第 j 典型等级的关联度。

5.2.3.4 综合关联度和典型性等级评定

根据式（5-5）计算待评事物 T 关于等级 j 的关联度，将关联函数 $K_{j(ci)}$和相应归一化权重 ω_i 相乘得到各指标的关联度。

$$K_{j(T)}=\sum_{i=1}^{n}\omega_i K_{j(ci)} \tag{5-5}$$

式中，ω_i 为各权重的指标。

根据式（5-6）加权计算综合关联度。若 $K_{j0(T)}=\max.K_{j(T)}$，则评定 T 属于等级 j_0。令

$$\overline{K}_{j(T)}=\frac{K_{j(T)}-\min.K_{j(T)}}{\max.K_{j(T)}-\min.K_{j(T)}} \tag{5-6}$$

$$j_T=\frac{\sum_{j=1}^{k} j\times\overline{K}_{j(T)}}{\sum_{j=1}^{k}\overline{K}_{j(T)}} \tag{5-7}$$

则称 j_T 为 T 的级别变量特征值，从该值的大小可判断出待评物元偏向相邻级别的程度。

5.2.3.5 权重的确定

本研究采用指数超标法确定评价因子权重，对每个指标值，先用式（5-8）计算对应级别权重，再根据式（5-9），用每个指标的权重除以总权重，得到归一化权重值。

$$P_{ji}=\frac{x_i}{\sum_j b_{ji}} \tag{5-8}$$

式中，j=1，2，…，n；i=1，2，…，m。

$$\omega_i=\frac{P_{ji}}{\sum_{i=1}^{k}P_{ji}} \tag{5-9}$$

式中，k 为指标个数。

5.2.3.6 不同类型的典型村镇指标选取

以中国科学院资源环境科学与数据中心（https://www.resdc.cn/data.aspx?DATAID=335）获取的2020年中国土地利用遥感监测数据为基础，根据评分细则将三峡库区土壤保持重要区分为生产类村镇、生活类村镇和生态类村镇，共计537个。因此，针对不同类型的典型性村镇指标选取将直接采用2020年中国土地利用分类，水田（C1）、旱地（C2）、有林地（C3）、灌木林地（C4）、疏林地（C5）、其他林地（C6）、高覆盖草地（C7）、中覆盖草地（C8）、低覆盖草地（C9）、河

渠（C10）、水库坑塘（C11）、滩地（C12）、城镇用地（C13）、农村居民用地（C14）、其他建设用地（C15）、沼泽地（C16），共计 16 个因子。

根据式（5-8）、式（5-9）得出的各项指标权重值见表 5-3。

表 5-3 各项指标归一化权重值

指标	C1	C2	C3	C4	C5	C6	C7	C8	C9	C10	C11	C12	C13	C14	C15	C16
权重值	0.069	0.130	0.103	0.096	0.093	0.057	0.036	0.067	0.027	0.075	0.047	0.019	0.035	0.050	0.078	0.019

5.2.3.7 参数选取和资料处理

三峡库区土壤保持重要区包含 537 个乡镇，村镇建设生态承载力状态评价涉及多维度及多指标的复杂过程，对整个三峡库区进行生态承载力状态评价实际操作难度大，并且村镇建设生态承载力评价指标涉及 2020—2018 年 27 个因子，数据收集过程艰辛。因此本研究采用物元分析法，进行三峡库区土壤保持重要区的各类型典型村镇选取。

将各类型村镇典型性分为很好、较好、中、差，4 个等级，判别三峡库区村镇在该类型中的典型性见表 5-4。

对每个评分指标，设计如下形式的隶属函数：

$$u_i(x_i)=\begin{cases}1 & x=x_{i\max}\\(a_i+b_ix_i)k_i & x_{i\max}>x>x_{i\min}\\0 & x=x_{i\min}\end{cases}\tag{5-10}$$

式中，x_i 为村镇建设类型评分中的第 i 项指标；$x_{i\max}$ 为村镇建设类型评分中，第 i 项指标的最大值；$x_{i\min}$ 为村镇建设类型评分中，第 i 项指标的最小值；a_i、b_i 和 k_i 为 i 项指标的特定参数，其值由下列条件来确定：

$$\begin{cases}(a_i+b_ix_{i\min})^{k_i}=0\\(a_i+b_i\overline{x}_i)^{k_i}=0.5\\(a_i+b_ix_{i\max})^{k_i}=1\end{cases}\tag{5-11}$$

式中，$\overline{x_i}=\dfrac{1}{N}\sum_{L}^{N}x_{i,L}$；$N$ 为样本个数。

由式（5-11）所确定的 a、b、k 3 个参数的值见表 5-5。

若对第 i 项指标，取定以下的等级划分标准：

$$\begin{cases}0\leqslant u_i\leqslant 0.25，1\text{ 类（典型性为差）}\\0.25<u_i\leqslant 0.5，2\text{ 类（典型性为中）}\\0.5<u_i\leqslant 0.75，3\text{ 类（典型性为好）}\\0.75<u_i\leqslant 1，4\text{ 类（典型性为很好）}\end{cases}\tag{5-12}$$

由表 5-5 所得出的待定参数 a、b 和 k 后，按照等级划分标准，结合式（5-10）与式（5-12）可以计算出各项指标的四类标准值见表 5-6。

表 5-4　三峡库区部分村镇土地利用现状

因子	水田	旱地	有林地	灌木林地	疏林地	其他林地	高覆盖草地	中覆盖草地	低覆盖草地	河渠	湖泊	水库坑塘	滩地	城镇用地	农村居民点	其他建设用地	沼泽地
	C1	C2	C3	C4	C5	C6	C7	C8	C9	C10	C11	C11	C12	C13	C14	C15	C16
艾家镇	7	1	18	31	2	0	0	0	0	5	0	0	0	0	0	0	0
安澜镇	33	70	0	5	26	1	0	0	0	0	0	0	0	0	0	0	0
安坪镇	2	37	34	9	9	0	47	1	0	10	0	0	0	0	0	0	0
八颗镇	46	22	30	0	1	1	0	0	0	0	0	0	0	0	1	2	0
巴阳镇	0	23	0	0	2	7	0	18	0	1	0	0	0	0	0	0	0
芭蕉侗族乡	5	37	105	30	89	0	4	19	0	0	0	0	0	1	0	0	0
拔山镇	16	45	0	1	51	0	2	0	0	0	0	0	0	0	0	1	0
安福寺镇	126	12	35	7	17	3	0	0	0	0	0	6	0	4	9	7	0
白帝镇	3	40	20	7	8	14	1	3	0	3	0	0	0	0	1	5	0
白果乡	8	24	111	34	97	0	16	23	0	0	0	0	0	0	0	0	0

因子	水田	旱地	有林地	灌木林地	疏林地	其他林地	高覆盖草地	中覆盖草地	低覆盖草地	河渠	湖泊	水库坑塘	滩地	城镇用地	农村居民点	其他建设用地	沼泽地
	C1	C2	C3	C4	C5	C6	C7	C8	C9	C10	C11	C11	C12	C13	C14	C15	C16
白鹿镇	0	35	79	3	27	0	0	9	0	3	0	0	0	0	0	0	0
白马镇	4	48	97	19	23	0	1	14	0	3	0	0	0	0	2	1	0
白桥镇	16	26	2	0	22	0	0	5	0	0	0	0	0	0	0	0	0
白泉乡	0	47	21	65	0	1	4	53	4	0	0	0	0	0	0	0	0
白沙镇	6	21	3	0	5	0	0	0	0	0	0	0	0	0	0	0	0
白石镇	3	50	6	0	73	0	0	4	0	0	0	0	0	0	0	0	0
白土镇	0	24	14	1	9	0	19	5	0	0	0	0	0	0	0	0	0
白羊镇	8	29	0	0	7	6	0	47	0	0	0	0	0	0	0	0	0
白杨坪乡	24	8	64	17	144	1	4	0	0	0	0	0	0	0	1	2	0
白洋镇	56	6	23	6	10	0	0	0	0	10	0	5	0	1	3	11	1

注：因篇幅有限，只列出 20 个乡镇的土地利用数据。

表 5-5　隶属函数所确定的各项指标

	C1	C2	C3	C4	C5	C6	C7	C8	C9	C10	C11	C12	C13	C14	C15	C16
a	0	−0.047 2	0	0	−0.014 8	0	0	0	0	0	0	0	0	0	0	0
b	0.007 5	0.007 8	0.004 4	0.009 9	0.007 4	0.100 0	0.010 2	0.018 1	1.000 0	0.052 6	0.050 0	1.000 0	0.143 8	0.125 0	0.100 0	0.500 0
k	0.377 5	0.449 0	0.553 7	0.507 3	0.454 1	0.352 5	0.252 0	0.370 3	0.257 2	0.382 1	0.301 0	0.203 1	0.256 1	0.311 9	0.413 0	0.204 6

表 5-6　三峡库区典型村镇选取各项评估指标的等级标准

评估指标	1 类	2 类	3 类	4 类
水田（C1）	1.57	11	33	102
旱地（C2）	9	24	52	90

评估指标	1 类	2 类	3 类	4 类
有林地（C3）	1.857 1	36	95	224
灌木林地（C4）	1.818 1	17	38	101
疏林地（C5）	3.5	14	56	137
其他林地（C6）	0	1	2	10
高覆盖草地（C7）	0	2	14	98
中覆盖草地（C8）	0.307 6	4	18	55
低覆盖草地（C9）	0	0	0	1
河渠（C10）	0	1	5	19
水库坑塘（C11）	0	1	4	20
滩地（C12）	0	0	0	1
城镇用地（C13）	0	0	1	7
农村居民用地（C14）	0	0	1	8
其他建设用地（C15）	0	1	4	10
沼泽地（C16）	0	0	0	2

注：表格中所标“0”处表示村镇土地利用类型为空值，为便于构造矩阵，暂记为 0。

由表 5-7 三峡库区典型村镇选取各项评估指标的等级标准可以确定三峡库区典型村镇选取的经典域和节域物元如下。

表 5-7 三峡库区典型村镇选取的经典域和节域物元

因子	1 类		2 类		3 类		4 类		节域	
	经典域		经典域		经典域		经典域			
	a	*b*	*a*	*b*	*a*	*b*	*a*	*b*		
水田（C1）	0	1.57	1.57	11	11	33	33	102	0	102
旱地（C2）	0	9	9	24	24	52	52	90	0	90

因子	1类		2类		3类		4类		节域	
	经典域		经典域		经典域		经典域			
	a	*b*	*a*	*b*	*a*	*b*	*a*	*b*		
有林地（C3）	0	1.857 1	1.857 1	36	36	95	95	224	0	224
灌木林地（C4）	0	1.818 1	1.818 1	17	17	38	38	101	0	101
疏林地（C5）	0	3.5	3.5	14	14	56	56	137	0	137
其他林地（C6）	0	0	0	1	1	2	2	10	0	10
高覆盖草地（C7）	0	0	0	2	2	14	14	98	0	98
中覆盖草地（C8）	0	0.307 6	0.307 6	4	4	18	18	55	0	55
低覆盖草地（C9）	0	0	0	0	0	0	0	1	0	1
河渠（C10）	0	0	0	1	1	5	5	19	0	19
水库坑塘（C11）	0	0	0	1	1	4	4	20	0	20
滩地（C12）	0	0	0	0	0	0	0	1	0	1
城镇用地（C13）	0	0	0	0	0	1	1	7	0	7
农村居民用地（C14）	0	0	0	0	0	1	1	8	0	8
其他建设用地（C15）	0	0	0	1	1	4	4	10	0	10
沼泽地（C16）	0	0	0	0	0	0	0	2	0	2

5.2.4 关联度及典型性等级评定

根据各项指标和式（5-4）、式（5-5）分别计算4个标准类别的关联函数 $K_{j(T)}$，对计算出的数值，根据评定准则，即可对村镇典型级别进行判断，用物元分析法对537个样本进行判定的结果见表5-8。

表 5-8 三峡库区各村镇典型等级评估结果

村镇	1 类关联度（差）	2 类关联度（中）	3 类关联度（好）	4 类关联度（很好）	最大值	类别
采花乡	0.084 6	0.118 5	0.447 6	0.562 0	0.562 0	4
朝阳寺镇	0.015 2	0.131 0	0.455 6	0.563 3	0.563 3	4
江口镇	0.040 1	0.074 8	0.431 5	0.556 0	0.556 0	4
金山镇	0.035 4	0.130 8	0.455 0	0.562 8	0.562 8	4
龙洞镇	0.021 0	0.093 4	0.433 7	0.559 8	0.559 8	4
龙孔镇	0.015 1	0.108 4	0.446 1	0.561 5	0.561 5	4
漫水乡	0.040 4	0.123 5	0.449 3	0.562 7	0.562 7	4
屯堡乡	0.093 5	0.117 3	0.446 8	0.561 5	0.561 5	4
洋坪镇	0.067 3	0.124 6	0.436 7	0.559 6	0.559 6	4
珠山镇	0.043 2	0.118 4	0.450 6	0.561 7	0.561 7	4

注：因篇幅有限，只列出 10 个村镇的典型等级评估结果。

5.2.5 典型村镇的确定

根据物元分析结果，结合前文三峡库区村镇建设类型识别，将生产类型得分在 12 分以上、生活类型得分在 15 分以上、生态类型得分在 40 分以上且物元分析结果均处于 4 类关联度的村镇选出，见表 5-9。

通过对三峡库区土壤保持重要区的各类型村镇的典型性计算，得出生态类典型村镇 5 个、生活类典型村镇 2 个和生产类典型村镇各 3 个，总计 10 个。

表 5-9 三峡库区土壤保持重要区典型村镇类型表

序号	生产类典型村镇	生活类典型村镇	生态类典型村镇
1	珠山镇	洋坪镇	屯堡乡
2	朝阳寺镇	江口镇	采花乡
3	金山镇		龙洞镇
4			龙孔镇
5			漫水乡

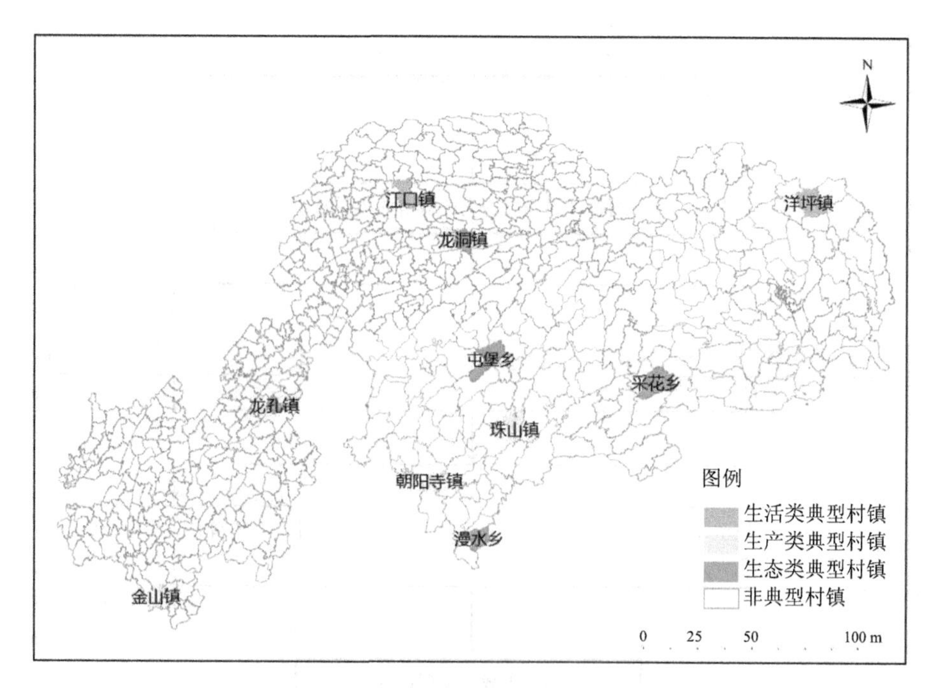

图 5-8　三峡库区土壤保持重要区典型村镇类型分布

5.2.6　典型村镇建设生态安全评估

5.2.6.1　方法与数据

（1）研究思路

本书思路具体分区为（图 5-9）：①构建三峡库区典型村镇生态承载力状态评估指标体系，并针对指标进行数据收集。②对收集的指标数据进行预处理，计算相应指标归一化权重值。③根据村镇建设复合生态系统承载力状态评估方法，计算三峡库区典型村镇生态承载力状态指数。④对生态承载力状态指数进行生态等级和生态状态的判定，完成对三峡库区典型村镇的生态安全评估。

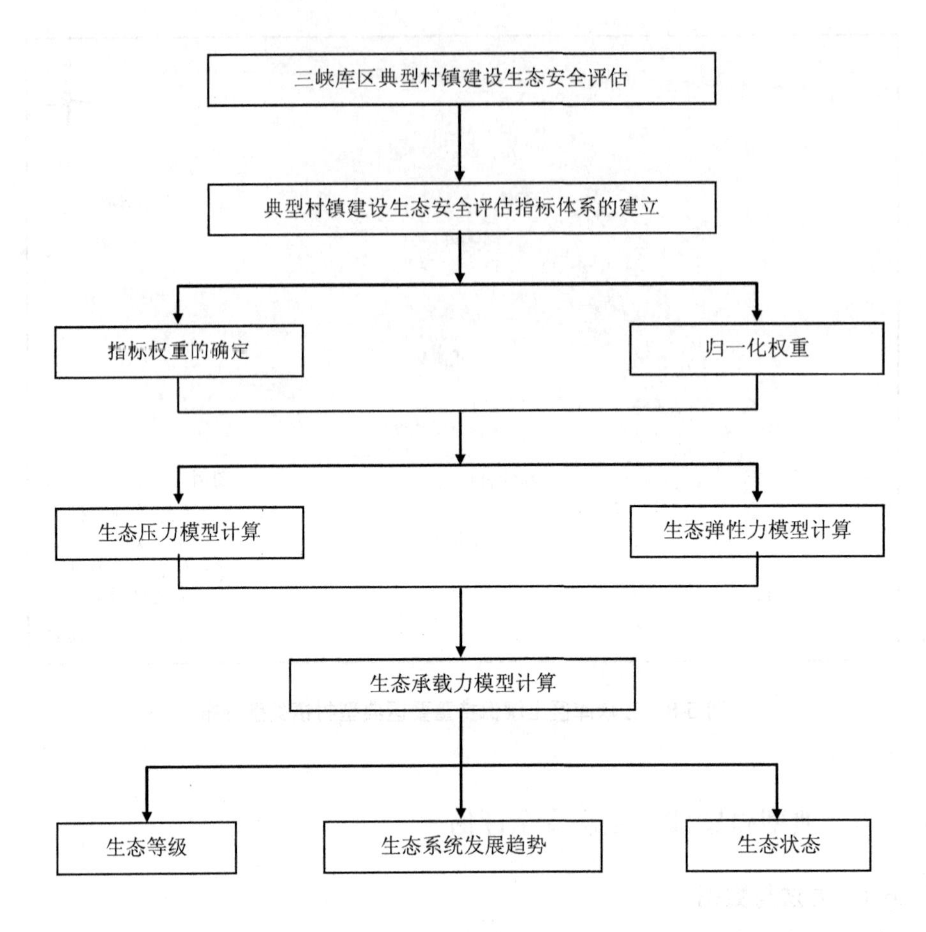

图 5-9 技术路线

（2）研究数据

在村镇建设生态安全评估中，构建基于生态压力与生态弹性力的相互作用机制构建评价指标体系。指标体系共包括 4 层，其中，目标层是村镇建设复合生态系统承载力状态评估（S）；约束层为生态压力（A1）与生态弹性力（A2）；准则层中，资源占用（B1）与环境污染（B2）对应约束层的生态压力（A1），生态宜居（B3）、生态经济（B4）、系统开放（B5）和管理政策（B6）4 因子对应约束层的生态弹性力（A2）；指标层共 23 个因子，对应准则层所需的具体指标。

表 5-10 村镇建设生态系统承载力状态评估指标体系

目标层	约束层	准则层	指标层	编号	单位
村镇建设复合生态系统承载力状态评估（S）	生态压力（A1）	资源占用（B1）	人口密度	C1	人/km²
			人均耕地面积	C2	亩/人
			集中式饮用水水源地水质达标率	C3	%
			使用清洁能源的居民户数比例	C4	%
		环境污染（B2）	农用化肥施用强度	C5	折纯，kg/hm²
			农药施用强度	C6	折纯，kg/hm²
			农膜回收率	C7	%
			禽畜养殖场（小区）粪便综合利用率	C8	%
			受污染耕地安全利用率	C9	%
	生态弹性力（A2）	生态宜居（B3）	生活污水处理农户覆盖率	C10	%
			农作物秸秆综合利用率	C11	%
			工业企业污染物排放达标率	C12	%
			林草覆盖率	C13	%
			土地生产力	C14	万元/亩
			生活垃圾无害化处理率	C15	%
			农村卫生厕所普及率	C16	%
		生态经济（B4）	农民人均纯收入	C17	元/人
			绿色、有机农产品产值	C18	万元/a
			生态旅游收入	C19	亿元/a
		系统开放（B5）	互联网普及率	C20	%
			农产品网络零售额	C21	亿元
		管理政策（B6）	生态环保投入占 GDP 比重	C22	%
			农村居民教育文化娱乐支出占比	C23	%

本研究采用指数超标法确定评价因子权重，对每个指标值，先用式（5-13）计算对应级别权重，再根据式（5-14），用每个指标的权重除以总权重，得到归一化权重值，计算结果见表5-11。

$$P_{ji}=\frac{x_i}{\sum_j b_{ji}} \tag{5-13}$$

式中，j=1，2，…，n；i=1，2，…，m。

$$\omega_i=\frac{P_{ji}}{\sum_{i=1}^{k} P_{ji}} \tag{5-14}$$

式中，k为指标个数。

表5-11 村镇建设生态系统承载力状态评估指标层归一化权重值

指标层	编号	权重值
人口密度	C1	0.003 7
人均耕地面积	C2	0.005 5
集中式饮用水水源地水质达标率	C3	0.051 3
使用清洁能源的居民户数比例	C4	0.010 1
农用化肥施用强度	C5	0.005 0
农药施用强度	C6	0.003 4
农膜回收率	C7	0.194 0
禽畜养殖场（小区）粪便综合利用率	C8	0.086 5
受污染耕地安全利用率	C9	0.052 3
生活污水处理农户覆盖率	C10	0.073 1
农作物秸秆综合利用率	C11	0.145 3
工业企业污染物排放达标率	C12	0.235 3
林草覆盖率	C13	0.010 7
土地生产力	C14	0.001 8
生活垃圾无害化处理率	C15	0.053 8

指标层	编号	权重值
农村卫生厕所普及率	C16	0.021 6
农民人均纯收入	C17	0.010 2
绿色、有机农产品产值	C18	0.003 8
生态旅游收入	C19	0.003 0
互联网普及率	C20	0.010 7
农产品网络零售额	C21	0.001 9
生态环保投入占 GDP 比重	C22	0.007 2
农村居民教育文化娱乐支出占比	C23	0.009 7

5.2.6.2 评估方法

（1）评估方法

村镇建设复合生态系统承载力状态评估是生态压力与生态弹性力相互作用的体现。生态压力是复合生态系统所承受的压力水平，生态弹性力是复合生态系统抵抗外界压力的能力水平。生态压力若在生态弹性力的可控范围内，则生态系统是安全的；生态压力若超过生态弹性力的作用范围，则生态系统濒临崩溃。评价模型如表 5-12 所示。

表 5-12 村镇建设复合生态系统承载力状态评估方法

评估类型	计算公式	参数
生态压力模型	$I_{EP}=\sum_{i=1}^{n}I_{EPi}\times W_i$	I_{EP} 为生态压力指数；I_{EPi} 为生态压力指数第 i 类指标；n 为指标数；W_i 为第 i 类指标权重
生态弹性力模型	$I_{ER}=\sum_{i=1}^{n}I_{ERi}\times W_i$	I_{ER} 为生态弹性力指数；I_{ERi} 为生态弹性力指数第 i 类指标；n 为指标数；W_i 为第 i 类指标权重
生态承载力状态评估模型	$C_{EC}=\left(I_{ER}-I_{EP}\right)/I_{ER}$	C_{EC} 为村镇建设复合生态系统承载力状态指数

（2）分级标准

对评价指标值进行标准化和相应处理，生态承载力状态评估指数应介于 0～1。评价结果值越小，则表明该地生态系统越失衡；相反，值越大，则该地生态系统发展迅速。根据复合生态系统承载力将村镇建设符合生态系统承载力水平以红色、黄色、蓝色和绿色 4 个等级表示（表 5-13）。

表 5-13　村镇建设复合生态系统承载力水平的结果等级

等级	生态承载力状态指数 C_{EC}	状态	生态系统发展趋势
红色	$C_{EC}<0$	失衡	濒临崩溃
黄色	$0\leqslant C_{EC}<0.1$	高压	向不利的方向发展
蓝色	$0.1\leqslant C_{EC}<0.5$	中压	处于良好的平衡状态
绿色	$0.5\leqslant C_{EC}\leqslant 1$	低压	生态系统迅速发展

（3）结果与分析

通过村镇建设复合生态系统承载力状态评估方法，对三峡库区典型村镇进行评估。结果表明，利用物元分析法所得出的 10 个典型村镇中，生产类村镇珠山镇、朝阳寺镇的村镇建设复合生态系统承载力状态指数分别为 0.444 4、0.476 0，为 $0.1\leqslant C_{EC}<0.5$，则表明该两镇的生态等级为蓝色，生态状态为中压，生态系统发展趋势为处于良好的平衡状态；金山镇的村镇建设复合生态系统承载力状态指数为 $0.5\leqslant C_{EC}\leqslant 1$，表明该镇生态等级为绿色，生态状态为低压，生态系统发展趋势为迅速发展。生活类村镇为江口镇和洋坪镇，村镇建设复合生态系统承载力状态指数均为 $0.5\leqslant C_{EC}\leqslant 1$，表明该两镇的生态等级为绿色，生态状态为低压，生态系统发展趋势为迅速发展。在生态类村镇中，村镇建设复合生态系统承载力状态指数为 $0.1\leqslant C_{EC}<0.5$ 的为漫水乡和屯堡乡，表明该两镇的生态等级为蓝色，生态状态为中压，生态系统发展趋势为处于良好的平衡状态；龙孔镇、龙洞镇和采花乡的村镇建设复合生态系统承载力状态指数均为 $0.5\leqslant C_{EC}\leqslant 1$，则表明该类典型村镇生态等级为绿色，生态状态为低压，生态系统发展趋势为迅速发展。

表 5-14　典型村镇建设生态系统承载力状态评估结果

村镇类型	典型村镇	I_{EP}	I_{ER}	C_{EC}
生产类	珠山镇	77.861 2	140.142 9	0.444 4
生产类	朝阳寺镇	78.136 3	149.116 5	0.476 0
生产类	金山镇	78.896 0	232.328 7	0.660 4
生活类	江口镇	77.933 4	205.326 3	0.620 4
生活类	洋坪镇	78.697 9	236.629 7	0.667 4
生态类	漫水乡	75.851 1	142.402 9	0.467 3
生态类	屯堡乡	76.409 8	145.257 0	0.474 0
生态类	龙孔镇	77.087 3	192.467 0	0.599 5
生态类	龙洞镇	77.077 8	205.326 3	0.624 6
生态类	采花乡	78.460 3	222.542 2	0.647 4

表 5-15　村镇建设生态安全评估结果等级

<table>
<tr><th>村镇类型</th><th>典型村镇</th><th>等级</th><th>状态</th><th>生态系统发展趋势</th></tr>
<tr><td>生态类</td><td>漫水乡</td><td rowspan="4">蓝色</td><td rowspan="4">中压</td><td rowspan="4">处于良好的平衡状态</td></tr>
<tr><td>生态类</td><td>屯堡乡</td></tr>
<tr><td>生产类</td><td>珠山镇</td></tr>
<tr><td>生产类</td><td>朝阳寺镇</td></tr>
<tr><td>生产类</td><td>金山镇</td><td rowspan="6">绿色</td><td rowspan="6">低压</td><td rowspan="6">生态系统迅速发展</td></tr>
<tr><td>生活类</td><td>江口镇</td></tr>
<tr><td>生态类</td><td>洋坪镇</td></tr>
<tr><td>生态类</td><td>龙孔镇</td></tr>
<tr><td>生态类</td><td>龙洞镇</td></tr>
<tr><td>生态类</td><td>采花乡</td></tr>
</table>

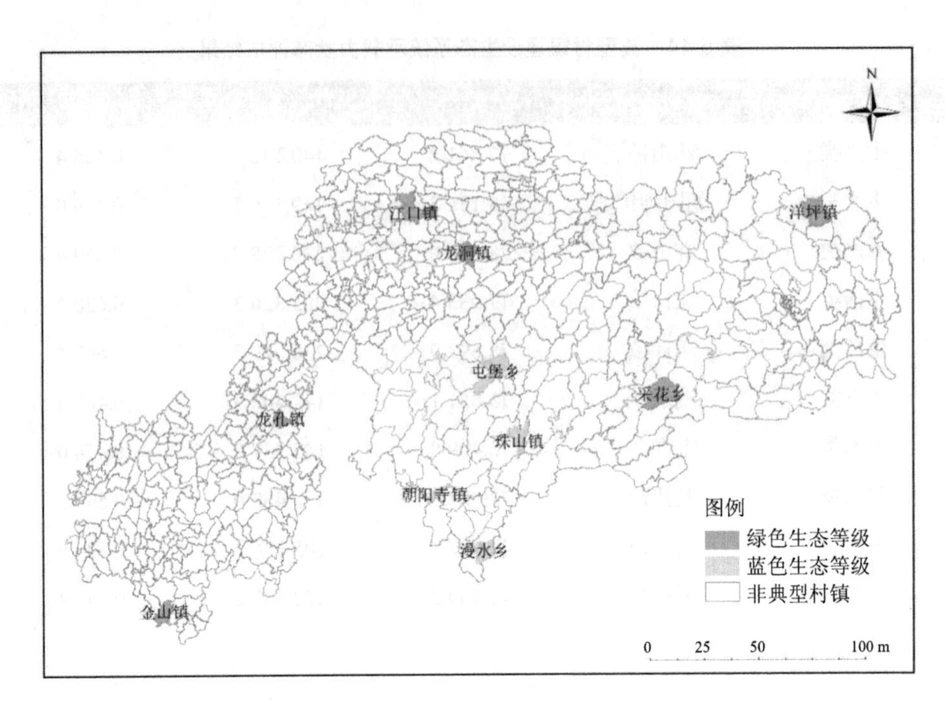

图 5-10 典型村镇生态等级

（4）结论与讨论

该研究基于构建的资源占用（B1）、环境污染（B2）、生态宜居（B3）、生态经济（B4）、系统开放（B5）和管理政策（B6）6 个准则层、23 项指标的村镇建设生态安全评估方法及模型，明确了三峡库区土壤保持重要区典型村镇的生态承载力状态，结果表明，在“绿水青山就是金山银山”理念的大背景下，三峡库区村镇生态系统发展趋势处于良好的平衡状态及以上。

5.3 生态安全约束下武陵镇产业适宜性评价

5.3.1 评价背景

“我们既要绿水青山，也要金山银山。宁要绿水青山，不要金山银山，而且绿水青山就是金山银山”，在习近平总书记“两山”理论指导下，以“承载力”为线索，生态安全约束相关基础研究蓬勃发展。自20世纪80年代将“承载力”概念引入环境科学领域，“承载力”就成为确定生态安全边界的主要依据。关于承载力，学术界以时间为轴，分别以生态承载力、资源承载力、环境承载力、资源环境承载力为关键词开展了相关研究。在研究视角和体系构建上，从水环境、土壤环境、大气环境，以及土地综合利用的独特视角转向系统性综合评价，通过测算资源环境各要素的相互关系及其贡献度，准确刻画资源环境等生态安全空间，实现资源利用最优化，稳步推动区域产业发展，进而协调生态体系各要素关系，形成资源、环境等空间利用与生态安全模式的最优化。从学科交叉视角，基于生态学、经济学、地理学以及其他学科理论的区域生态学研究具有代表性。在方法论上，学术界通过建立模型、构建指标测算区域生态环境约束下支柱产业的选择原则和发展路径，产业发展与土地资源约束下的适宜规模和布局特征，提出优化资源配置策略，破解生态约束下资源型产业发展困局。这些研究为生态安全管控由理论探索走向实践应用奠定了基础。

5.3.2 模型与方法

5.3.2.1 村镇产业适宜性评价概念模型

（1）模型构建

中国科学院可持续发展战略研究组于2013年提出了“生态文明建设的概念模型”，将生态文明建设视为“在经济、社会和生态的多维空间中，通过自我调整和良性互动的自校作用，引导和促进自然-社会-经济复杂系统沿着一定的边界约束通道实现正向演化的积极干预过程”。村镇建设生态安全约束下的产业适宜性正是生态文明建设的主要内容之一，产业适宜性这一系统的可持续性维持将受到社会经济系统的干预，若干预过程超过边界约束，则会进入非自校状态，产业发展将偏离可持续性通道。因此，本研究将影响产业适宜性的相关因素划分为两个子系统，即表征生态安全的约束力（C）和反映社会经济系统的产业发展动力（D），并将其相互作用后形成的动态平衡边界定义为生态安全约束下的产业适宜性边界状态（B），相当于复杂系统受到生态系统的“向心力”和经济社会系统的“离心力”来运动，以此构建了DCB（development-constraint-boundary）产业适宜性发展概念模型。

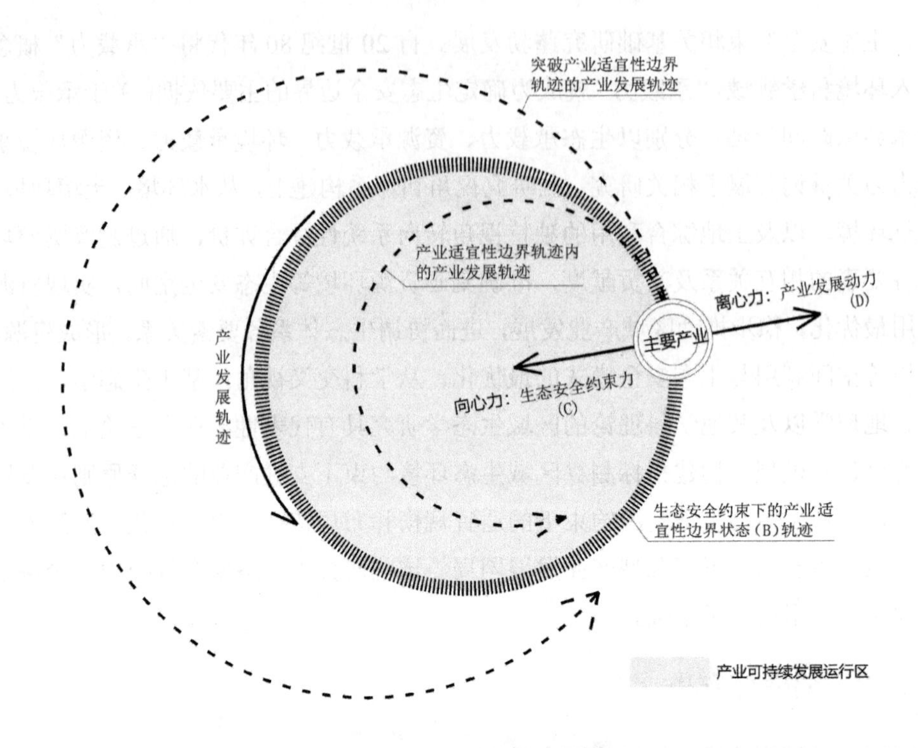

图 5-11　DCB 概念模型图解

（2）模型诠释

1）产业发展动力（D）由经济社会系统生成，是生态安全约束下产业适宜性运行轨迹的“离心力”。由企业发展诉求形成的推力与由个人收入提升诉求、地方经济发展诉求形成的拉力共同构成，其决定了社会经济因素综合影响下产业发展势头的强弱，是引发生态安全负面影响的高耗能、高污染、高需求产业“自由”发展的直接原因。

2）生态安全约束力（C）由生态安全约束的相关公共政策生成，是生态安全约束下产业适宜性运行轨迹的“向心力”，是生态系统对产业发展自由划定的“红线”，是生态文明建设的核心内涵。在综合“三线一单”“三区三线”采用基础数据和法定结论的基础上，重点从“空间布局约束、污染物排放防控约束、环境风险防控约束、资源利用效率要求约束”4 个方面加以限定。

3）生态安全约束下的产业适宜性边界状态（B）是产业发展的“自由性”与生态安全的“约束性”之间的动态平衡。可针对特定类型产业，在生态安全约束限定条件下，从其产业布局、产业规模两方面测定产业发展是否处于适宜性边界内。采用状态空间法，构建生态安全约束下产业适宜性测定模型。

图5-12表示的状态空间包括生态安全约束力轴、产业布局动力轴和产业规模动力轴3个轴，状态空间的不同适宜度状态点分别表征在一段时间内不同适宜度状态值。遵循状态空间法假设，C点所在的曲面OXC_{max}为生态安全约束下的产业适宜性边界状态面，表示产业发展需要限制；任何高于该曲面的状态点，如B点，可描述为在特定的村镇建设阶段中，社会经济系统引发的产业自由增长强度大于生态安全的约束力度，表示产业发展需要管控；而任何低于该曲面的状态点，如A点，表示产业自由增长强度还未到达生态安全的约束边界，适宜在区域内扩大发展。

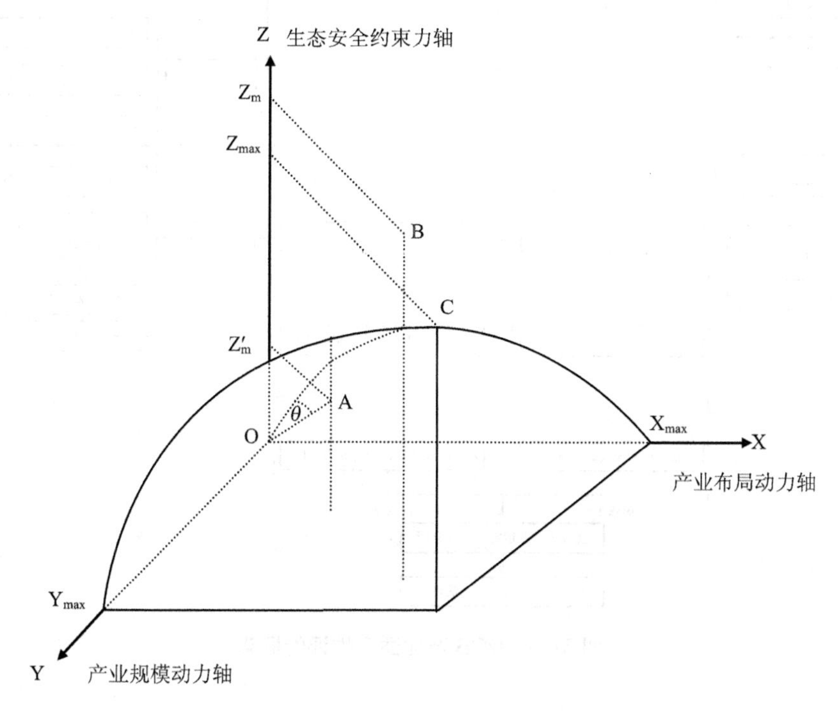

图5-12 生态安全约束下村镇产业适宜性状态表征模型

注：根据《中国重要生态功能区资源环境承载力评价理论与方法》内容改绘。

5.3.3 评价框架与测算方法

5.3.3.1 评价框架

生态安全约束下的村镇产业适宜性评价以“镇（乡）”行政边界为基本研究单元，通过构建评价指标体系、筛选评价方法、完成表征指数的测算等具体工作，从“离心力”产业发展动力（D）与“向心力”生态安全约束动力（C）两方面进行评价，完成武陵镇产业适宜性矩阵分析，综合提出武陵镇产业适宜性发展建议（图 5-13）。

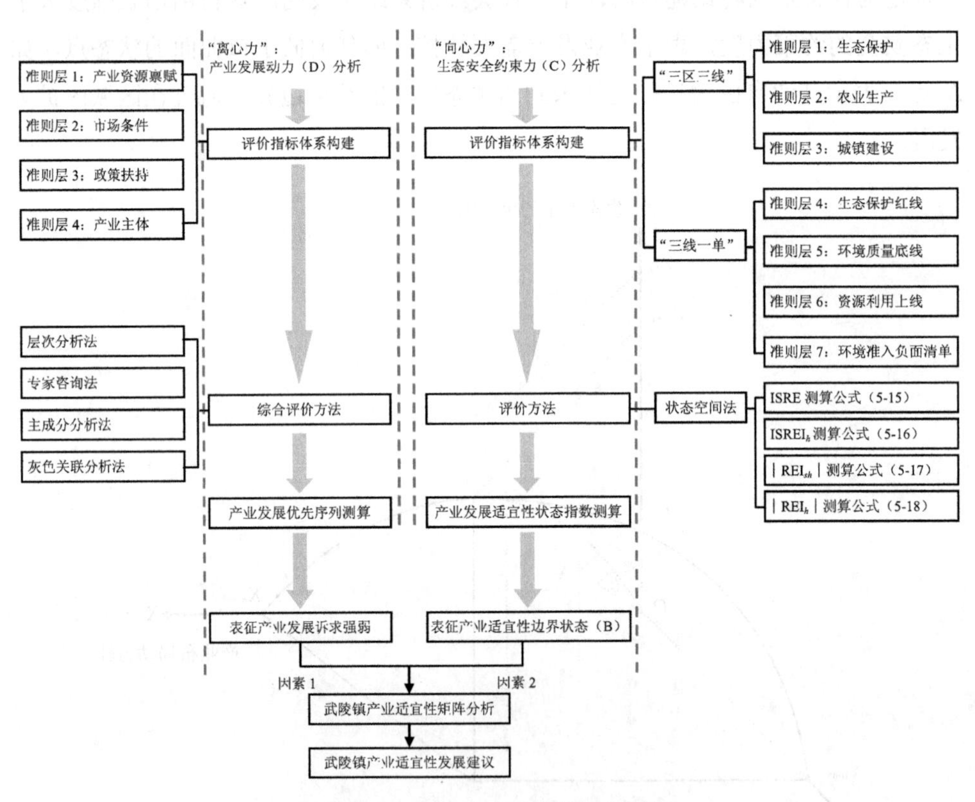

图 5-13 DCB 产业适宜性评价框架

5.3.3.2 测算方法

村镇建设生态安全约束下产业适宜（Industrial Suitability under the Restriction of Ecological security）的实际程度ISRE取决于生态安全约束力、产业布局动力和产业规模动力3个矢量的共同作用。假设3个矢量大小分别由Z_i、X_j和Y_r的指标集和各自权重值F_{1i}、F_{2j}和F_{3r}（i=1，2，3，…，n；j=1，2，3，…，n；r=1，2，3，…，n）来表征，则该产业于村镇建设中生态安全约束下的产业适宜度ISRE可用数学式表达为：

$$\mathrm{ISRE}=E\left(\sum_{i=1}^{n}F_{1i}\times Z_i,\sum_{j=1}^{n}F_{2j}\times X_j,\sum_{r=1}^{n}F_{3r}\times Y_r\right) \tag{5-15}$$

借鉴王红旗等所构建“资源环境承载力承载指数”计算公式，以生态安全约束力为Z轴、产业规模增长给生态安全带来的压力为Y轴、产业布局扩张给生态安全带来的压力为X轴，采用状态空间法将指标集进行综合运算，则第h种拟发展产业的ISRE_h可通过产业适宜性状态指数ISREI_h来表征，综合测算公式如下：

$$\mathrm{ISRE}_h=\mathrm{ISREI}_h=\frac{|\mathrm{REI}_h|}{|\mathrm{REI}_{sh}|} \tag{5-16}$$

式中，$|\mathrm{REI}_h|$为研究区域在第h种产业发展影响下产业适宜性状态现状值；$|\mathrm{REI}_{sh}|$为第h种产业发展影响下产业适宜性的单位向量值。

若$\mathrm{ISREI}_h>1$，则说明在研究区域发展第h种产业无生态安全风险，产业适宜性状态良好，可进一步推动产业发展；若$\mathrm{ISREI}_h\approx1$，说明在研究区域发展第h种产业已处于发生生态安全风险临界状态，产业发展需要限制；若$\mathrm{ISREI}_h<1$，说明在研究区域发展第h种产业将引发生态安全风险，产业适宜性差，产业发展需要整治。

表5-16 ISREI_h及适宜性状态说明表

ISREI_h	适宜性状态	说明	举措
$\mathrm{ISREI}_h\approx1$	限制发展	在研究区域发展第h种产业将引发生态安全风险，产业适宜性差，产业发展需要整治	此类型产业多为工业且产业结构不合理，对地方经济只限于一段时间的增长作用，面临产业更新与产业结构优化的现象

$ISREI_h$	适宜性状态	说明	举措
$ISREI_h<1$	重点管控	在研究区域发展第 *h* 种产业已处于发生生态安全风险临界状态，产业发展需要限制	在不影响生态环境的前提下，鼓励一定规模的产业集中优化发展，提高资源利用效率
$ISREI_h>1$	适宜发展	在研究区域发展第 *h* 种产业无生态安全风险，产业适宜性状态良好，可进一步推动产业发展	此类型产业在现阶段符合该地区的经济发展趋势，能促进当地经济发展

$\left|REI_{sh}\right|$通过不同向量的权重加权处理，可得到单位向量模型：

$$\left|REI_{sh}\right|=\sqrt{\sum_{i=1}^{n}F_{1ih}^{2}+\sum_{j=1}^{n}F_{2jh}^{2}+\sum_{r=1}^{n}F_{3rh}^{2}} \tag{5-17}$$

$\left|REI_{h}\right|$所表征的产业适宜性状态现状值到坐标原点的加权距离计算公式如下所示：

$$\left|REI_{h}\right|=\sqrt{\left\{\left(\sum_{i=1}^{n}F_{1ih}+\sum_{j=1}^{n}W_{2jh}+\sum_{r=1}^{n}W_{3rh}\right)\times\left[REI_{h}(opr)REIC_{h}\right]\right\}^{2}} \tag{5-18}$$

式中，向量 $REIC_h$ 为研究区域第 *h* 种拟发展产业的生态安全约束下产业适宜称量值，其根据短板理论，综合各指标限制范围得出；opr 为向量的运算符、运算方法和过程，表征现状状态值和适宜称量值的位置关系。

5.3.4 主要产业优先序列测算

5.3.4.1 主要产业分析

在前期调研与资料分析的基础上，按照《国民经济行业分类》（GB/T 4754—2017）对产业的划分，将武陵镇的主要产业划分为 14 个类别，分别是 A015 水果种植；M751 技术推广服务业；与林下经济相关的 A032 家禽饲养和 A039 其他畜牧业；C137 蔬菜、菌类、水果和坚果加工业；C152 饮料制造业；C373 船舶及相关装置制造业；F511 农、林、牧、渔产品批发业；与旅游业相关的 R903 休闲观光业、H611 旅游饭店业、H62 餐饮业、C243 工艺美术及礼仪用品制造业；服务于村民建房的C301水泥、石灰和石膏制造业和C303砖瓦、石材等建筑材料制造业。

表5-17 武陵镇主要产业分析表

类别	发展要求	数据来源	关键信息
区域产业发展导向	规划中将武陵镇定位为旅游型小城镇，重点发展旅游业和现代农业。武陵位于规划的高峰至武陵沿线乡村旅游带、长江沿岸古红橘旅游带上	万州区城乡总体规划2015—2030年	旅游业、现代农业
	武陵镇发展定位为重庆市统筹城乡改革集中示范点，万州区西南部沿江中心镇，以发展生态观光农业、农副产品加工和船舶制造为主的新型移民城镇	万州区武陵镇总体规划2005—2020年	生态观光农业、农副产品加工、船舶制造
	万州国家农业公园建设规划发展的桂圆产业全部设于武陵镇内，规划用地面积达6 000亩，总产9 000 t；蜜柚产业大部位于武陵镇，规划面积为3 000亩，总产6 000 t	万州国家农业公园总体规划2016—2030年	桂圆、蜜柚；6 000亩、3 000亩
	万州国家农业公园武陵镇境内现有24处自然景观资源、人文历史资源以及农业资源，旅游资源丰富		旅游资源24处
产业发展基础支撑	镇域范围内已建成龙眼10 000亩、蜜柚8 000亩、粉葛1 000亩、血橙1 500亩、清脆李子500亩；发展林产品加工、林下种植、林间养殖，完成100亩林下经济示范园5个以上	武陵特色小城镇综合开发建设实施方案2016年	林产品加工、林下种植、林间饲养，林下经济示范园
	武陵镇工业主要以造船业、建筑建材业为主，近年来结合特色农业发展农产品加工业		造船业、建筑建材业
	武陵镇是片区级农产品交易和配套服务中心，交易产品主要以农畜产品为主，建成了小商品批发市场和大型农贸市场		小商品批发市场、大型农贸市场
	规划"一带三片"，包括长江武陵段晚熟龙眼产业带（晚熟龙眼睛种植示范基地）、石桥河生态涵养产业带（湿地保护示范区）、武郭路优质蜜柚产业带（优质蜜柚种植示范基地）以及优质稻种植示范基地	万州区武陵市级现代农业示范园区规划2016年	晚熟龙眼产业带、生态涵养产业带、优质蜜柚产业带、优质稻

5.3.4.2 评价指标体系

依据 DCB 概念模型，针对产业发展诉求，选取“产业资源禀赋、市场条件、政策扶持、产业主体”作为评价指标体系构建的准则层，确定了 9 项评价指标及其权重。

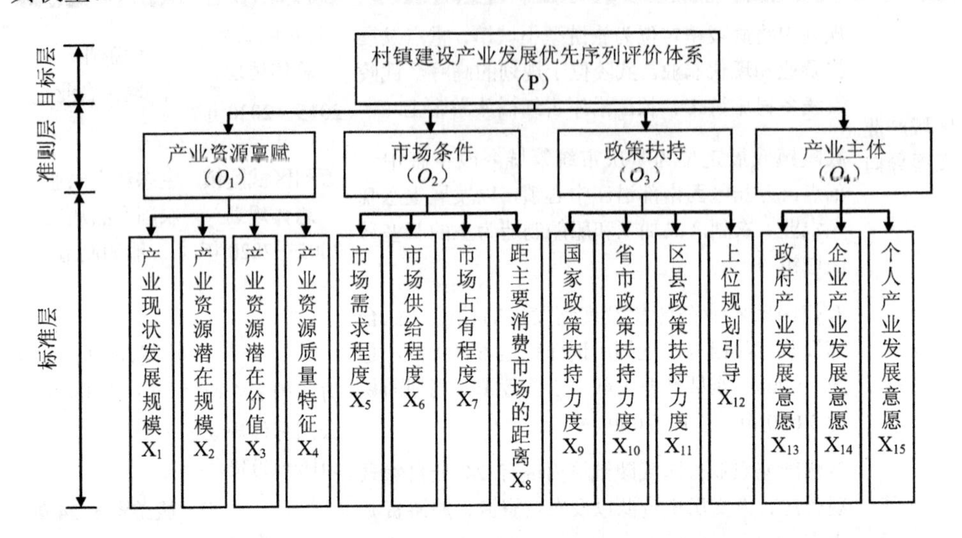

图 5-14 村镇产业发展优先序列评价指标体系框架

本书采用多种分析法相结合的方法确定评价指标的权重。首先根据层次分析法和专家咨询法，确定出产业发展发展影响因素的相对重要性判断矩阵；采用主成分分析方法与指数超标法，再通过 Excel 工具与 SPSS 15.0 中的 Factor 过程来实现指标层权重的计算。

表 5-18 村镇产业发展优先序指标权重表

准则层			指标层		
代码	名称	指标权重 W	代码	名称	指标权重 ω
B1	产业资源禀赋	0.500 0	X1	产业现状发展规模	0.329 9
			X2	产业资源潜在规模	0.247 2
			X3	产业资源潜在价值	0.235 8

准则层			指标层		
代码	名称	指标权重 W	代码	名称	指标权重 ω
B2	市场条件	0.200 0	X4	市场需求程度	0.333 5
			X5	市场供给程度	0.225 7
			X6	距主要消费市场的距离	0.248 1
B3	政策扶持	0.150 0	X7	国家政策扶持力度	0.287 2
			X8	省市政策扶持力度	0.210 1
			X9	区县政策扶持力度	0.194 3

5.3.4.3 产业发展优先序列测算结果

基于村镇产业发展序列问题的复杂性、不确定性和非线性等特点，借鉴灰色系统理论中的灰色关联分析方法，进行产业优先序列评价。以武陵镇的14种主要产业为研究对象，样本数据来源于《长江经济带发展规划纲要》《重庆市人民政府工作报告（2019）》《万州区城乡总体规划（2015—2030）》《万州国家农业公园总体规划（2016—2030）》《武陵特色小镇综合开发建设实施方案》等，借鉴汪莹、王光岐所构建的计算公式，经测算获得武陵镇产业发展优先序列关联序PSCO（priority sequence correlation order），计算过程略。

表5-19 武陵镇产业发展优先序列关联序PSCO表

产业代码			产业类别名称	关联序	发展诉求
门类	大类	中类			
A	01	015	水果种植	0.772	强烈
	03	032	家禽饲养	0.646	一般
		039	其他畜牧业	0.633	一般
C	13	137	蔬菜、水果和坚果加工	0.721	强烈
	15	152	饮料制造	0.718	强烈
	24	243	工艺美术品制造	0.513	较弱
	30	301	水泥、石灰和石膏制造	0.552	较弱
		303	砖瓦、石材等建筑材料制造	0.545	较弱
	37	373	船舶及相关装置制造	0.728	强烈

产业代码			产业类别名称	关联序	发展诉求
门类	大类	中类			
F	51	511	农、林、牧产品批发	0.726	强烈
H	61	611	旅游饭店	0.678	一般
	62	—	餐饮业	0.667	一般
M	75	751	技术推广服务	0.524	较弱
R	90	903	休闲观光活动	0.735	强烈

按照关联序大小对结果进行排序，关联序越大代表该类产业发展动力越强；反之，则表明该类产业发展动力越弱。产业发展优先序列依次为 A015 水果种植业；R903 休闲观光业；C373 船舶及相关装置制造业；F511 农、林、牧、渔产品批发业；C137 蔬菜、菌类、水果和坚果加工业；C152 饮料制造业；H611 旅游饭店业；H62 餐饮业；A032 家禽饲养；A039 其他畜牧业；C301 水泥、石灰和石膏制造业；C303 砖瓦、石材等建筑材料制造业；M751 技术推广服务业；C243 工艺美术及礼仪用品制造业。体现了当地的产业发展诉求强弱。

5.3.5 产业适宜性状态指数测算

5.3.5.1 生态安全约束力评价指标体系

根据《资源环境承载能力和国土空间开发适宜性评价指南（试行）》的规定，并且参照全国首批市县国土空间规划试点榆林市国土空间规划成果，构建村镇建设的国土空间规划“三区三线”生态约束指标体系。

根据《“生态保护红线、环境质量底线、资源利用上线和环境准入负面清单”编制技术指南（试行）》的规定，结合《水污染防治行动计划》《土壤污染防治行动计划》《大气污染防治行动计划》的要求，对照万州区“三线一单”技术文件，构建村镇建设的“三线一单”生态约束指标体系。

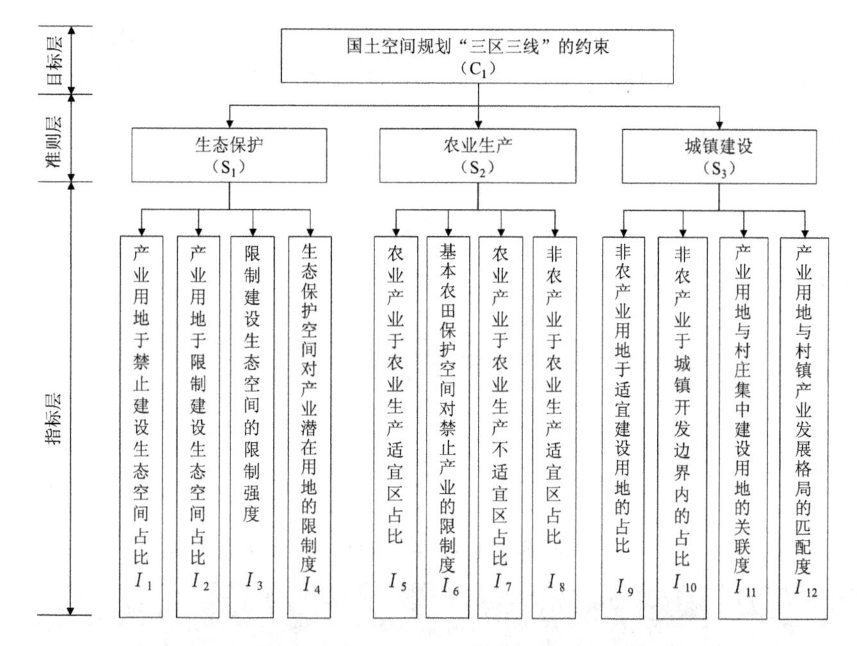

图 5-15 "三区三线"生态安全约束评价指标体系框架

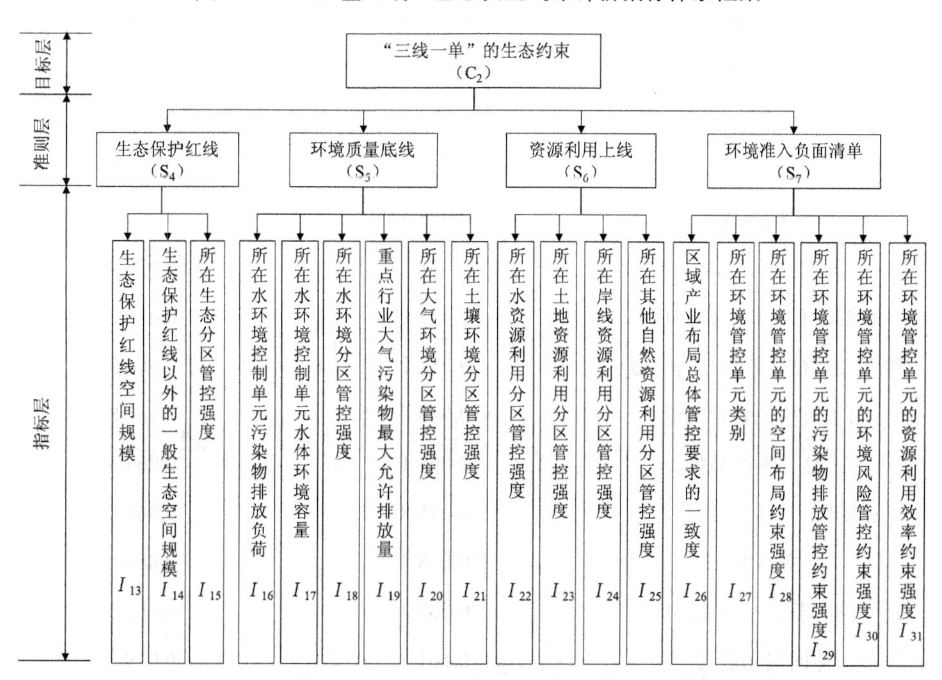

图 5-16 "三线一单"生态安全约束评价指标体系框架

此处采用指数超标法确定评价因子权重，对每个指标值，先用式（5-19）计算对应级别权重，再根据式（5-20），用每个指标的权重除以总权重，得到归一化权重值，计算结果见表5-20。

$$P_{ji}=\frac{x_i}{\sum_j b_{ji}} \tag{5-19}$$

式中，j=1，2，…，n；i=1，2，…，m。

$$\omega_i=\frac{P_{ji}}{\sum_{i=1}^{k}P_{ji}} \tag{5-20}$$

式中，k为指标个数。

表5-20 产业适宜性状态指数评价指标体系权重值

产业类型	“三区三线”生态安全约束评价指标体系归一化权重	“三线一单”生态安全约束评价指标体系归一化权重
水果种植	0.075 8	0.074 3
家禽饲养	0.086 2	0.075 6
其他畜牧业	0.086 7	0.075 6
蔬菜、水果和坚果加工	0.074 4	0.069 4
饮料制造	0.058 6	0.069 4
工艺美术品制造	0.061 2	0.076 4
水泥、石灰和石膏制造	0.055 9	0.080 3
砖瓦、石材等建筑材料制造	0.052 1	0.064 2
船舶及相关装置制造	0.048 8	0.080 8
农、林、牧产品批发	0.091 1	0.064 3
旅游饭店（综合商店）	0.095 8	0.064 0
餐饮业	0.048 4	0.064 0
技术推广服务（产业园区）	0.063 3	0.062 5
休闲观光活动	0.101 7	0.079 1

5.3.5.2 适宜性状态指数测算结果

以武陵镇的 14 种主要产业为评价对象，经测算获得武陵镇各类产业发展适宜性状态指数，计算过程如下。

依据式（5-13）～式（5-18），得出产业适宜性状态指数的$|REI_h|$、$|REI_{sh}|$和 $ISREI_h$ 的计算数值。

表 5-21 产业适宜性状态指数测算值

产业类型	$\lvert REI_{sh}\rvert$	$\lvert REI_h\rvert$	$ISREI_h$
水果种植	0.112 3	0.622 5	5.542 9
家禽饲养	0.109 4	0.612 7	5.603 1
其他畜牧业	0.108 4	0.572 6	5.281 3
蔬菜、水果和坚果加工	0.096 6	0.063 8	0.660 9
饮料制造	0.093 1	0.056 3	0.604 7
工艺美术品制造	0.101 2	0.065 9	0.651 2
水泥、石灰和石膏制造	0.108 0	0.065 7	0.608 8
砖瓦、石材等建筑材料制造	0.091 0	0.044 6	0.490 5
船舶及相关装置制造	0.114 3	0.051 8	0.453 2
农、林、牧产品批发	0.092 3	0.087 9	0.952 6
旅游饭店	0.087 3	0.089 3	1.022 5
餐饮业	0.092 6	0.090 7	0.978 5
技术推广服务	0.086 3	0.047 1	0.545 2
休闲观光活动	0.122 8	1.162 8	9.469 0

依据 $ISREI_h$ 及适宜性状态说明表中所给出的产业适宜性状态指数 $ISREI_h$ 的说明与举措，得出各产业的适宜性状态。

表 5-22　武陵镇产业发展适宜性状态指数表

<table>
<tr><th colspan="3">产业代码</th><th rowspan="2">产业类别名称</th><th rowspan="2">ISREI_h</th><th rowspan="2">适宜性状态</th></tr>
<tr><th>门类</th><th>大类</th><th>中类</th></tr>
<tr><td rowspan="3">A</td><td>01</td><td>015</td><td>水果种植</td><td>5.542 9</td><td>适宜发展</td></tr>
<tr><td rowspan="2">03</td><td>032</td><td>家禽饲养</td><td>5.603 1</td><td>适宜发展</td></tr>
<tr><td>039</td><td>其他畜牧业</td><td>5.281 3</td><td>适宜发展</td></tr>
<tr><td rowspan="6">C</td><td>13</td><td>137</td><td>蔬菜、水果和坚果加工</td><td>0.660 9</td><td>重点管控</td></tr>
<tr><td>15</td><td>152</td><td>饮料制造</td><td>0.604 7</td><td>重点管控</td></tr>
<tr><td>24</td><td>243</td><td>工艺美术品制造</td><td>0.651 2</td><td>重点管控</td></tr>
<tr><td rowspan="2">30</td><td>301</td><td>水泥、石灰和石膏制造</td><td>0.608 8</td><td>重点管控</td></tr>
<tr><td>303</td><td>砖瓦、石材等建筑材料制造</td><td>0.490 5</td><td>重点管控</td></tr>
<tr><td>37</td><td>373</td><td>船舶及相关装置制造</td><td>0.453 2</td><td>重点管控</td></tr>
<tr><td>F</td><td>51</td><td>511</td><td>农、林、牧产品批发</td><td>0.952 6</td><td>限制发展</td></tr>
<tr><td rowspan="2">H</td><td>61</td><td>611</td><td>旅游饭店</td><td>1.022 5</td><td>限制发展</td></tr>
<tr><td>62</td><td>—</td><td>餐饮业</td><td>0.978 5</td><td>限制发展</td></tr>
<tr><td>M</td><td>75</td><td>751</td><td>技术推广服务</td><td>0.545 2</td><td>重点管控</td></tr>
<tr><td>R</td><td>90</td><td>903</td><td>休闲观光活动</td><td>9.469 0</td><td>适宜发展</td></tr>
</table>

由表 5-22 可见，若 $ISREI_h \approx 1$，需要限制发展的产业有 C137 蔬菜、菌类、水果和坚果加工业；C152 饮料制造业；C243 工艺美术及礼仪用品制造业；C301 水泥、石灰和石膏制造业；C303 砖瓦、石材等建筑材料制造业；C373 船舶及相关装置制造业；M751 技术推广服务业。若 $ISREI_h < 1$，需要重点管控的产业有 F511 农、林、牧、渔产品批发业；H611 旅游饭店业；H62 餐饮业。若 $ISREI_h > 1$，需要重点推动发展的产业有 A015 水果种植业；A032 家禽饲养；A039 其他畜牧业；R903 休闲观光业。

5.3.6 产业适宜性发展评估与生态安全约束分析

5.3.6.1 武陵镇产业适宜性发展

综合考量区域产业发展诉求强弱与产业适宜性状态测算结果，遵循“在满足生态安全约束前提下，诉求强烈的产业优先发展”的思路，武陵镇最适宜发展的产业为 A015 水果种植业，R903 休闲观光业，F511 农、林、牧、渔产品批发业，C137 蔬菜、菌类、水果和坚果加工业，C152 饮料制造业；发展诉求或基础较差，但可以发展的产业有 H611 旅游饭店业，H62 餐饮，M751 技术推广服务业，C243 工艺美术及礼仪用品制造业；有一定发展诉求，但需设置限定发展条件的产业有 A032 家禽饲养，A039 其他畜牧业；需要重点管控并逐渐淘汰的产业有 C373 船舶及相关装置制造业，C301 水泥、石灰和石膏制造业，C303 砖瓦、石材等建筑材料制造业。

表 5-23 武陵镇产业发展适宜性矩阵分析表

	适宜发展产业（适宜状态指数<1）	限制发展产业（适宜状态指数≈1）	重点管控产业（1<适宜状态指数）
产业发展诉求强烈（关联序>0.7）	A015>R9>F511>C137>C152	—	C373
产业发展诉求一般（关联序=0.6～0.7）	H611>H62	A032>A039	—
产业发展述较弱（关联序<0.6）	M751>C243	—	C301>C303

5.3.6.2 公共管控政策体系中的生态安全约束机制

随着生态文明建设不断深化，“资源分区管控”与“环境分区管控”相关理论、技术不断成熟。一方面，《中共中央 国务院关于建立国土空间规划体系并监督实施的若干意见》明确提出推动“多规合一”，构建“五级三类四体系”的国土空间规划体系，强化规划导向的“资源管控”思维，形成基于“资源环境承载能力评价与国土空间开发适宜性评价”的“三区三线”资源管控机制。另一方面，生态环境部自2015年始，结合战略环境影响评价改革，提出“三线一单”管控方式，“画好框子、定好界线、明确门槛”，推动空间布局优化及产业结构调整，以协调发展与底线的关系，确保发展不超载、底线不突破，以达到“环境质量改善”的管控目标。至此，我国公共管控政策体系中的生态安全约束生成机制形成，村镇建设中的生态安全约束边界逐渐清晰。

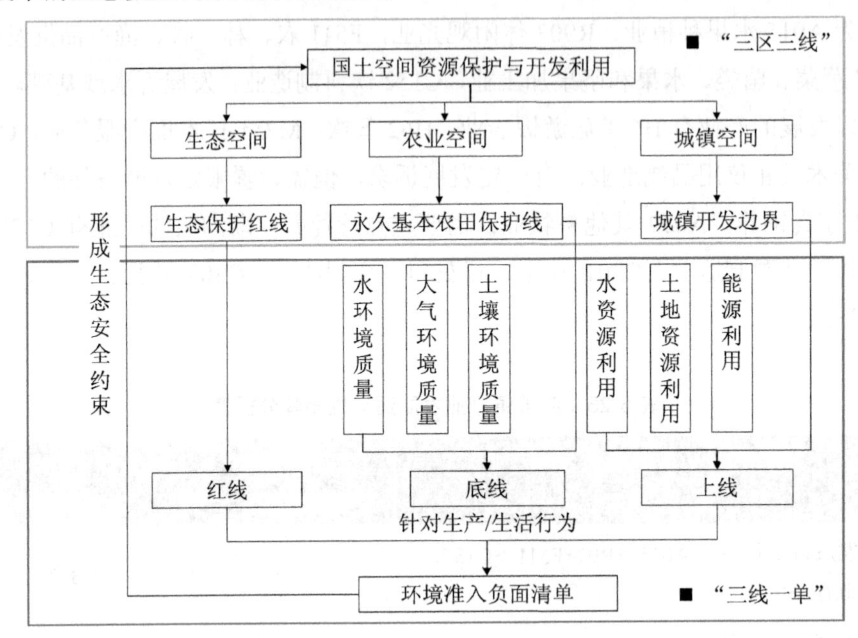

图5-17　“三区三线”与“三线一单”共同作用下的生态安全约束机制

5.3.7　产业适宜性评价结果

1）自然资源部主导的国土空间规划“三区三线”与生态环境部主导的“三线一单”共同构成了当前我国生态安全管控政策体系。生态安全约束的严肃性可以依托公共政策的权威性来实现，将管控政策作为生态安全约束生成的核心考量因素，系统构建村镇产业适宜性评价理论和方法，将有利于提升村镇建设中生态安全红线对产业发展的有效约束，成为推动生态文明建设的有效途径。

2）村镇产业适宜性评价需要综合考虑区域产业发展的现实诉求与生态安全约束的强弱，基于DCB概念模型，以生态安全约束力为 Z 轴、产业规模增长给生态安全带来的压力为 Y 轴、产业布局扩张给生态安全带来的压力为 X 轴，采用状态空间法进行综合测算，得到的产业适宜性状态指数，能有效表征生态约束下的产业适宜性状态，具有较为广泛的应用价值。

3）应用构建的 DCB 产业适宜性评价模型，对万州区武陵镇进行实证分析，得到应以水果种植业，休闲观光业，农、林、牧、渔产品批发业，蔬菜、菌类、水果和坚果加工业，饮料制造业为最适宜发展产业，而船舶及相关装置制造业，水泥、石灰和石膏制造业，砖瓦、石材等建筑材料制造业需要重点管控并逐渐淘汰，符合当地发展实际情况，对于强化地方生态安全约束管控传导，引导地方产业适宜性发展有着重要的指导意义。

5.4 “国家—地方”不同层面的主导生态功能界定

（1）全国层面：“土壤保持”生态功能

武陵镇下中村位于重庆万州区在《全国生态功能区划》中属于“三峡库区土壤保持重要区（I-03-07）”，“土壤保持”是国家层面对于该地区的主导生态功能的界定。由于“三峡工程”以及山地地形所带来的生态压力，使得“土壤保持”成为重庆市万州区武陵镇下中村所在区域生态系统需要提纲的核心生态服务。

（2）地方层面：“水源涵养”生态功能

武陵镇地处万州区西南部，长江北岸，位于万州区城镇经济布局的中部经济区和长江沿线经济发展主轴上，以长江阶地为主要地貌形态，濒临长江主干道，境内有禹安、下中、河溪口 3 个江湾，水域面积近 10 km^2。根据《重庆市国土空间生态保护修复规划（2021—2035 年）》，武陵镇位于三峡库区核心区生态涵养区，其生态修复重点工程为“水环境治理”，因此，在地方层面“水源涵养”就成为武陵镇下中村的主导生态功能。

（3）下中村不同层面主导生态功能关系分析

通过分析国家与地方对于重庆万州区武陵镇分别确定了不同的主导生态功能。在国家，由于过度开垦与三峡工程建设造成的生态压力使得万州区武陵镇需要为该区域的生态服务系统提供核心服务；“土壤保持”主导生态功能主要是需要减少该地区水土流失所造成的危害，由于该地区地质灾害频发，水土流失严重，促使武陵镇的桂圆种植，作物种植等农产品生产所产生的点源与面源农业污染加重了对“水源涵养”生态功能压力，“土壤”就成了重庆市万州区武陵镇下中村的“短板”资源。

5.4.1 下中村“一村一品”生态产业权衡模型构建思路

（1）权衡的核心逻辑

步骤 1：以主导生态功能辨识为导向，兼顾国家与地方生态需求，确定生态建设目标，测算特定产业在生态约束下可发展的最大规模。

步骤 2：以合理的经济效益目标为导向，在明确单位产业用地可带来的产业效益基础上，测算实现经济效益目标需要发展的特定产业规模。

步骤 3：经权衡，在保证“生态建设目标与经济效益目标”均得以实现的前提下，分析不同技术解决方案情景，测算特定产业需要发展的最小规模，即村镇“一村一品”生态产业权衡指向的最优综合效益目标。

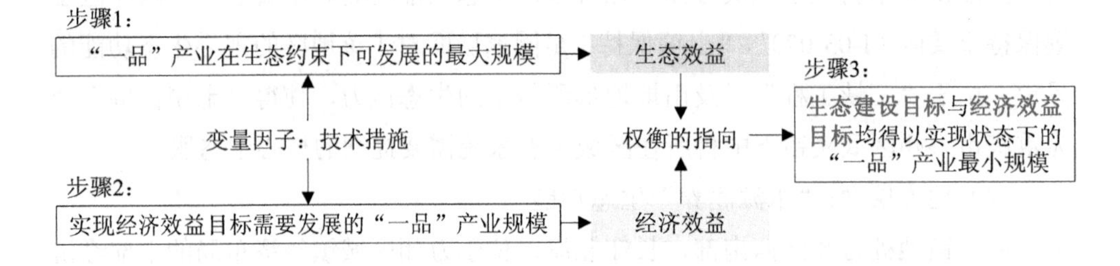

图 5-18 村镇“一村一品”生态产业权衡逻辑框架

（2）产业规模测算总体思路

1）生态效益限定下的产业规模测算总体思路。以“土壤保持”主导生态功能为目标导向，通过明确土壤保持、保护土壤环境以及重要生态空间保护的具体目标，从“资源约束（水土流失量）、环境约束（污染物排放）、红线约束（不得侵占支撑土壤保持效能生成的重要生态空间）”3 方面测算单位农产品生产带来的生态荷载，并基于“水土流失量、污染物允许排放量、适宜空间供给量”总量控制，采用“总量供给÷单位荷载=产业规模”的测算逻辑，得到下中村“一村一品”生态效益限定下的产业规模预测结论。

2）经济效益引导下的产业规模测算总体思路。通过当地发展规划与区域经济发展对比，明确研究区社会经济发展述求，确定合理的经济效益目标。聚焦“一品”确定的主导产业，选取合适方法，得出单位产业用地的产品产出规模、单位产品的市场价值，据此推算出单位产业用地可带来的产业效益，采用“区域经济效益总目标÷单位产业用地的产业效益=产业规模”的测算逻辑，得到村镇“一村一品”经济效益引导下的产业规模预测结论。

5.4.2 生态效益限定下的产业规模测算

（1）生态效益限定下的产业规模测算框架

生态效益限定下的产业规模测算框架见图 5-19。

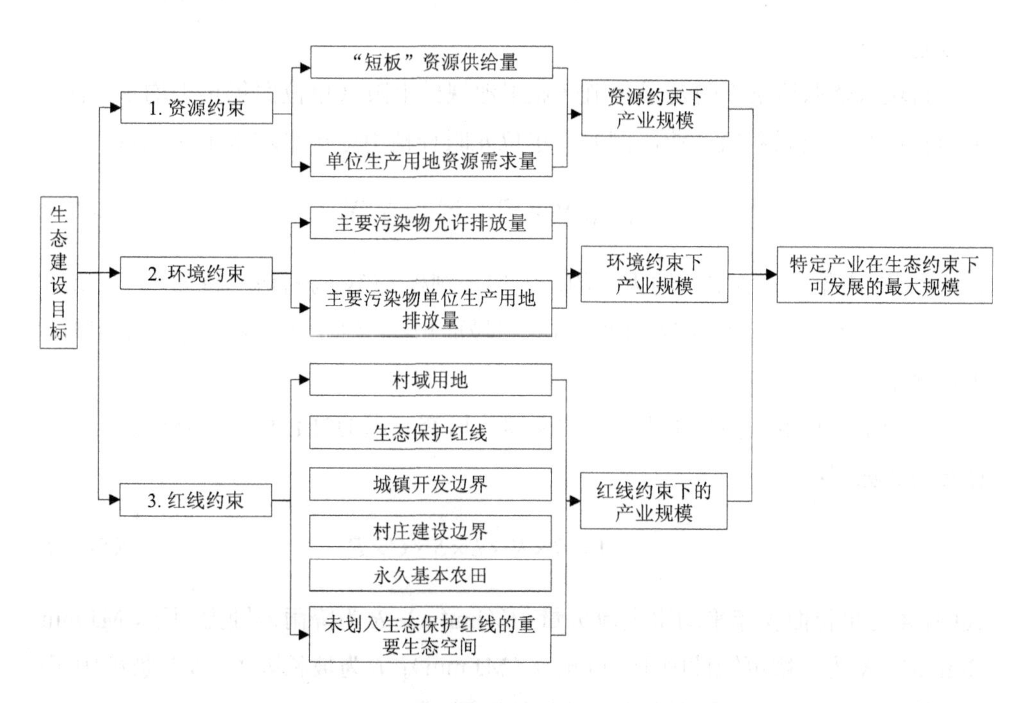

图 5-19 生态效益限定下的产业规模测算框架

（2）单因子生态约束下的产业规模测算

①资源约束下产业规模测算

基于“供需关系”的产业规模测算框架见图 5-20。

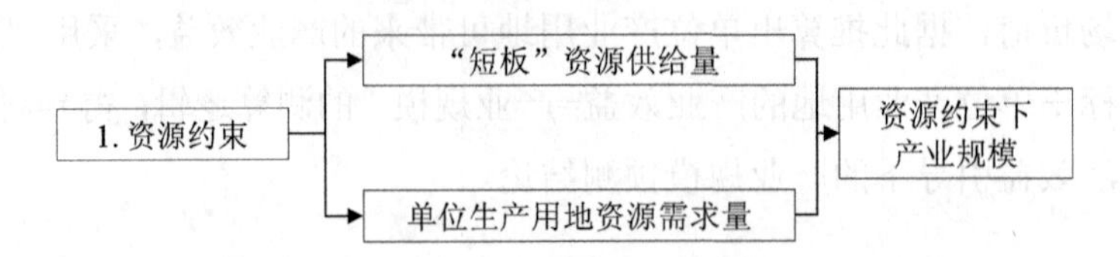

图 5-20 基于“供需关系”的产业规模测算框架

由于武陵镇下中村属于土壤保持重要区，存在土壤侵蚀等问题，近年来随着龙眼产业的发展，土地资源成为下中村最为关注的资源。因此本研究测算公式构建如下：

村域水资源约束下的龙眼种植产业用地规模上限=(单位面积年平均水土流失量×村域面积×龙眼养殖产业比例）÷单位龙眼种植用地年平均水土流失量

$$\mathrm{RC}_1=(\mathrm{SW}\times\mathrm{VL}\times P)\div\mathrm{LYSW} \tag{5-21}$$

式中，RC_1 为年度土壤资源约束下的产业用地规模；SW 为村域单位面积年平均水土流失量；P 为龙眼种植产业比例；VL 村域面积；LYSW 为单位龙眼种植用地年平均水土流失量。

其中下中村单位面积年水土流失总量本研究利用 USLE 模型计算法计算，其计算公式如下：

$$A=R\times K\times L\times S\times C\times P \tag{5-22}$$

式中，A 为单位面积年平均水土流失量，t/（$\mathrm{hm^2 \cdot a}$）；R 为降雨侵蚀力因子，MJ·mm/（$\mathrm{hm^2 \cdot a}$）；K 为土壤可蚀性因子，（t·h）/（MJ·mm）；L 为坡长因子；S 为坡度因子；C 为植被与管理因子；P 为水土保持措施因子。

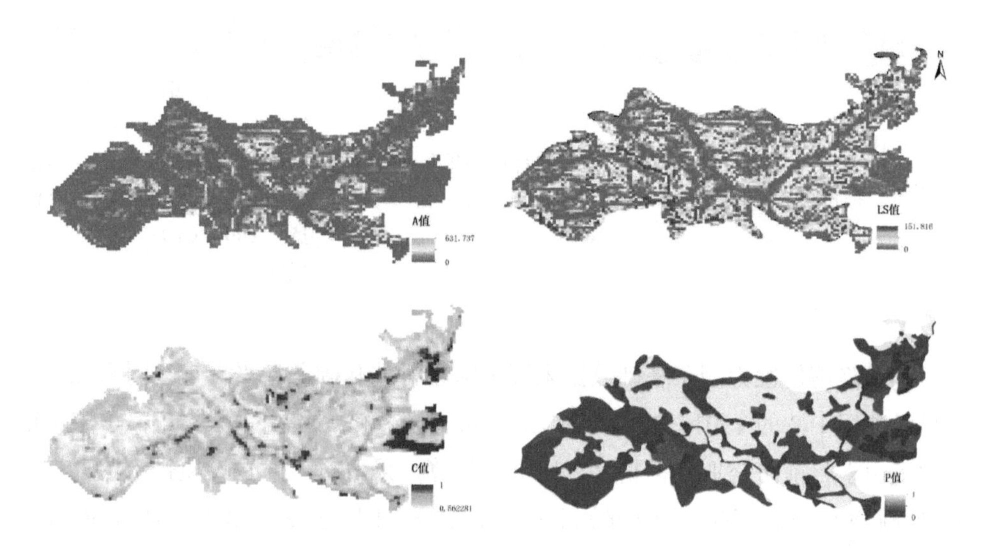

图 5-21 下中村 A 值、LS 值、C 值、P 值分布

主要指标体系及数据来源如表 5-24 所示。

表 5-24 资源约束下产业规模测算指标体系

序号	测算指标	基础指标	数据来源
1		降雨侵蚀力因子	国家地球系统科学数据中心
2		土壤可蚀性因子	生产建设项目土壤流失量测算导则（替代法）
3	村域单位面积年平均水土流失量	坡长因子	地理空间数据云 30 m DEM
4		坡度因子	地理空间数据云 30 m DEM
5		植被与管理因子	Bigmap5 m 遥感影像
6		水土保持措施因子	Bigmap5 m 遥感影像
9	村域面积	村域面积	下中村村委会调研
12	龙眼种植产业比例	龙眼种植产业于村 GDP 中的占比	农业农村部关于开展第十一批全国“一村一品”示范村镇认定工作的通知

序号	测算指标	基础指标	数据来源
14	单位龙眼种植用地年平均水土流失量	单位龙眼种植用地年平均水土流失量	何铁光，石雪晖，肖润林，等. 桂西北新建柑桔园土壤水土流失、水分变化及其水分调控分析[J]. 福建水土保持，2004（1）：58-62.（替代法）

其中降雨侵蚀力因子基础数据来源于国家科技基础条件平台——国家地球系统科学数据中心的1901—2021年中国1 km分辨率逐月降水量数据集；土壤可蚀性因子由于目前可获取数据精度无法进行计算，采取《生产建设项目土壤流失量测算导则》中重庆万州地区 k 值进行替换；地理空间数据云下载的该地区30 m分辨率的DEM影像以及Bigmap下载的谷歌地图5 m分辨率的遥感影像。

②环境约束下产业规模测算

基于“CAP限制规则”的产业规模测算框架见图5-22。

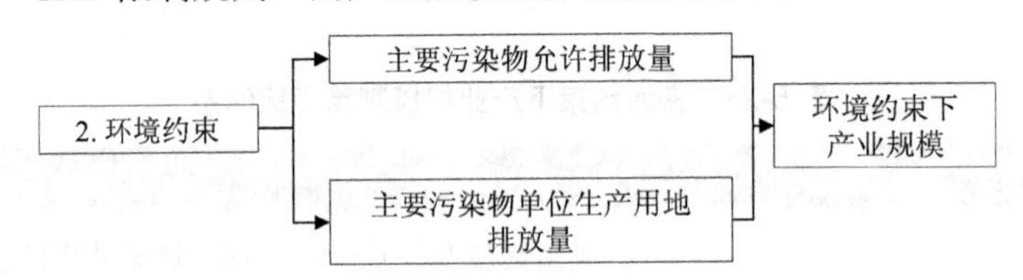

图5-22 基于“CAP限制规则”的产业规模测算框架

由于武陵镇下中村以龙眼种植作为主导产业，对土壤的污染来源于龙眼种植过程中所使用的化肥，其主要是使用复合肥（氮、磷、钾）。因此，本书通过对化肥用量的计算得到龙眼种植产生的污染量，基于“CAP限制规则”的测算逻辑进行如下公式构建：

村域环境约束下的龙眼种植产业用地规模上限=村域龙眼种植化肥污染量÷土壤污染率×单位面积龙眼种植化肥污染量红线约束下产业规模测算

$$RC_2 = VPV \div LSL \times PV \tag{5-23}$$

式中，RC_2 为村域环境约束下的桂圆种植产业用地规模；VPV为村域龙眼种植化肥污染量；LSL为土壤污染率；PV为单位面积桂圆种植化肥污染量。

主要指标体系及数据来源如表 5-25 所示。

表 5-25　环境约束下产业规模测算指标体系

序号	测算指标	基础指标	数据来源
1	村域龙眼种植化肥污染量	万州区化肥用量（折纯）	万州统计年鉴
2		万州区耕地面积	万州统计年鉴
3		下中村耕地面积	下中村村委会调研
4	单位面积桂圆种植化肥污染量	单位面积化肥用量	安绪华，刘庆娟，闫宏，等. 临沂市苹果园化肥投入现状与土壤养分状况调查[J]. 农业科技通讯，2022（3）：157-160.
5	土壤污染率	化肥变异系数	

③红线约束下产业规模测算

基于“用地红线限定”的产业规模测算框架见图 5-23。

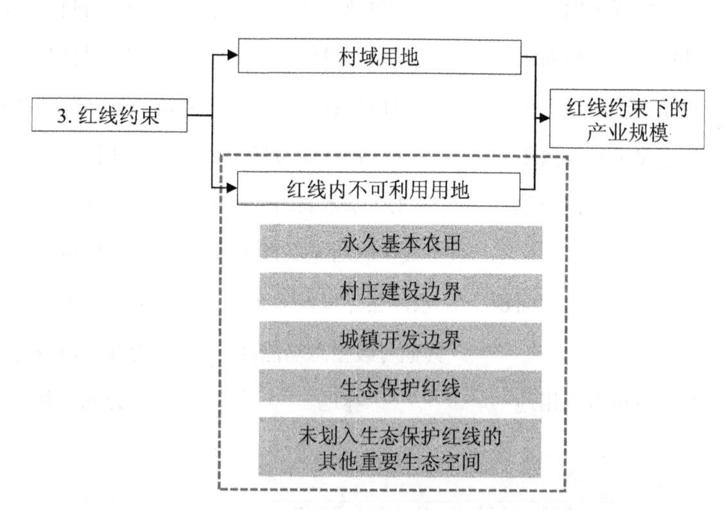

图 5-23　基于“用地红线限定”的产业规模测算框架

村域内不可作为桂圆种植的用地包括"城镇开发边界、村庄建设边界、生态保护红线、永久基本农田、未划入生态保护红线的其他重要生态空间"。因此，本研究拟以如下测算逻辑进行公式构建：

村域红线约束下的桂圆种植产业用地规模上限=村域用地-城镇开发用地-村庄建设用地-生态保护红线-永久基本农田-其他重要生态空间

$$RC_3 = VL - VCL - EA - FA - ESA - ES \quad (5\text{-}24)$$

式中，RC_3 为用地红线约束下的产业用地规模；VL 为村域用地规模；CA 为城镇开发边界面积；VCL 为村庄建设用地面积；EA 为生态保护红线面积；FA 为永久基本农田面积；ESA 为其他重要生态空间面积；ES 为其他不可占用用地。

主要指标体系及数据来源如表 5-26 所示。

表 5-26 红线约束下产业规模测算指标体系

序号	测算指标	基础指标	数据来源
1	村域用地	村域用地	下中村村委会调研
2	城镇开发边界面积	城镇建设边界	下中村村委会调研
3	村庄建设用地面积	村庄建设边界	重庆市万州区武陵镇总体规划
4	生态保护红线面积	生态保护红线边界	万州区城乡总体规划
5	永久基本农田面积	永久基本农田	万州区城乡总体规划
6	其他重要生态空间面积	市级生态功能保育区	万州区城乡总体规划
7		农产品环境保障区	万州区城乡总体规划
8		其他村级生态功能区	万州区城乡总体规划
9	其他不可占用用地	林地	万州区林长公示

5.4.3 经济效益引导下的产业规模测算

（1）经济效益限定下的产业规模测算框架

经济效益引导下的产业规模测算工作框架见图 5-24。

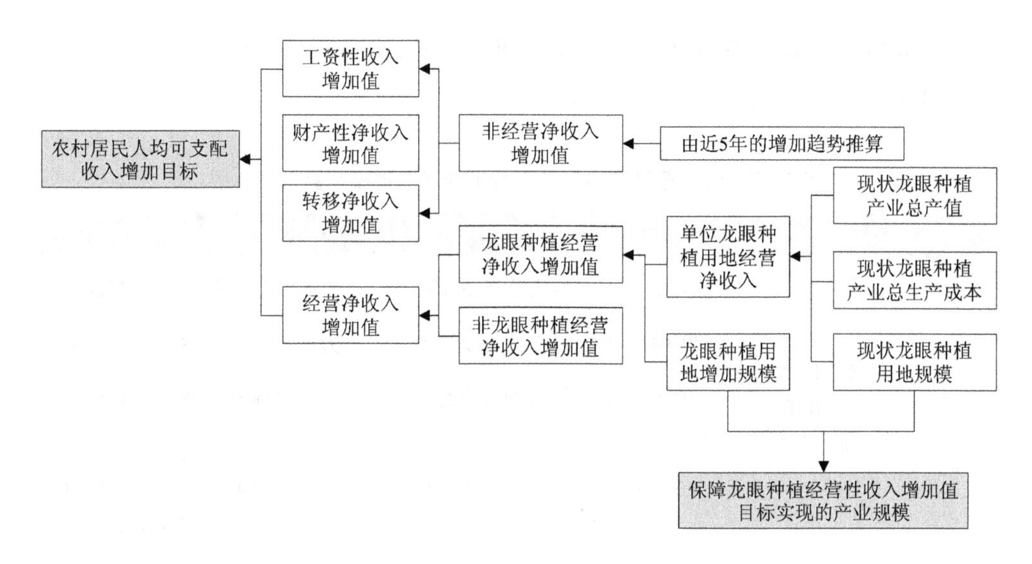

图 5-24 经济效益引导下的产业规模测算工作框架

（2）合理经济效益目标设定

“让村民走上可持续的致富路”是国家“乡村振兴”战略实现的关键，因此选取“农村居民人均可支配收入”为经济目标设定口径。通过对标重庆市、万州区整体农村居民人均可支配收入增长目标，在农村居民人均可支配收入现状的基础上，合理确定社渚镇河口村农村居民人均可支配收入增加目标值。

（3）合理经济效益目标引导下的产业规模测算

根据《中国经济景气月报》的统计口径，农村居民人均可支配收入由“工资性收入、经营净收入、财产净收入、转移净收入”4 部分组成，龙眼种植是下中村“一村一品”发展的主导产业，将主要带动“经营净收入”增加。因此，本研究拟以如下测算逻辑进行公式构建：

合理经济效益目标引导下的产业规模下限=(农村居民人均可支配收入增加目标值−非经营人均净收入增加目标值）×龙眼种植于人均经营净收入增加值中的占比/单位龙眼种植用地人均经营净收入

$$\mathrm{LIET}=(\mathrm{TIR}-\mathrm{NIT})\cdot \mathrm{PSI}/\mathrm{POI} \tag{5-25}$$

式中，LIET 为合理经济效益目标引导下的产业规模下限；TIR 为农村居民人均可支配收入增加目标值；NIT 为非经营人均净收入增加目标值；PSI 为龙眼种植收入在人均经营净收入增加值中的占比；POI 为单位龙眼种植用地人均经营净收入。

主要指标体系及数据来源如表 5-27 所示。

表 5-27 合理经济效益目标引导下的产业规模测算指标体系

序号	测算指标	基础指标	数据来源
1	农村常住居民人均可支配收入增加目标值	2020 年下中村人均可支配收入	万州区统计年鉴（替代法）
2		2019 年下中村人均可支配收入	万州区统计年鉴（替代法）
3		2018 年下中村人均可支配收入	万州区统计年鉴（替代法）
4		2025 年下中村人均可支配收入	重庆市万州区国民经济和社会发展第十四个五年规划和二〇三五年远景目标纲要
5	非经营人均净收入增加目标值	劳动者全年纯收入	万州区统计年鉴
6	龙眼种植于人均经营净收入增加值中的占比	龙眼种植产业于村 GDP 中的占比	农业农村部关于开展第十一批全国“一村一品”示范村镇认定工作的通知
7	单位龙眼种植用地人均经营净收入	龙眼种植产业总产	农业站（网站）
		龙眼种植产业总生产成本	农业站（网站）
		龙眼种植用地规模	调研数据
		下中村常住人口	调研数据
		龙眼种植产业户均产值	万州区统计年鉴（替代法）

5.4.4 测算结果

经测算，下中村“生态效益限定下的龙眼种植产业用地规模上限”为 2 001 亩；“合理经济效益引导下的产业用地规模下限”为 4 731 亩。可见，如以龙眼种植为主导产业，下中村生产发展与生态保护间存在较大矛盾，亟待开展生产生态权衡工作。

表 5-28 下中村“一村一品”生态产业权衡模型测算结果

价值导向	情景限定		测算结果	限定值
经济效益目标导向（下限约束）	情景 1	合理经济效益目标导向下的产业规模下限测算	4 731 亩	4 731 亩
生态效益目标导向（上限约束）	情景 2	主导生态功能辨识导引的资源约束下产业规模上限测算	4 024 亩	
	情景 3	主导生态功能辨识导引的环境约束下产业规模上限测算	2 001 亩	2 001 亩
	情景 4	主导生态功能辨识导引的红线约束下产业规模上限测算	2 434 亩	

5.5 武陵镇绿色生态建设模式

5.5.1 武陵镇概况

（1）基本概况

武陵是中国首批特色小镇，也是全国文明村镇、国家级生态镇、国家级环境优美镇、三峡库区全淹全迁移民一类重点城镇、重庆市统筹城乡改革示范中心镇、重庆市中心镇、重庆市卫生镇。

武陵镇地处万州、忠县、石柱三地交界处，东经 108°13′49″，北纬 30°29′49″，坐落于长江北岸。区位优势独特，处于长江经济带发展轴、三峡库区腹心、万州区西南部、万开云城镇发展群。

武陵镇是一个移民迁建大镇，现辖 4 个居委会、13 个行政村、290 个村民小组，幅员面积为 80.7 km^2，总户籍人口为 4.6 万人，城镇建成区面积为 2.1 km^2、常住人口为 2.2 万人。

武陵镇历史悠久，文化底蕴深厚，古为郡县治所。北周时期（公元 557 年）设南都郡和源阳县，建德四年（公元 575 年）改为怀德郡和武宁县，明洪武四年（公元 1371 年）并入万州，设武陵巡检司。“武陵”一词沿用至今，历史上享有“小万县”的美誉。境内遗址众多，“武陵遗址群”为市级文物保护单位，共出土文物达 2 万余件，其中汉阙、虎钮錞于王等为国宝级文物。苏洵、苏轼、黄庭坚、王周等名家均在武陵作诗留赋。

（2）产业发展

武陵镇属于典型的传统农业镇，近年来传统农业持续调整，实现粮食产量 1.47 万 t，榨菜产量 1.6 万 t，出栏生猪 3.6 万头，农业增加值达 14 736 万元，同比增长 6%。同时，武陵镇特色农业发展迅速，不仅逐渐形成中国最晚熟龙眼基地，也大力发展蜜柚产业，“万州蜜柚”“万州武陵桂圆”均正在申报地理标志商标。武陵工业以往以造船业、建筑建材业为主，近年来则结合特色农业种植大力推动农产品加工业发展。武陵依托长江航道，有着便利的交通，吸引了周边乡镇众多商户来此经商，现已建成小商品批发市场和大型农贸市场，交易产品以农畜产品为主。

武陵镇近年来积极挖掘丰富的旅游资源，将农业与文化、旅游与文化融合，走出了一条新型产业发展之路，有力地促进了全镇产业结构调整，成为“石宝寨—武陵汉文化特色古镇、木枥观休闲度假村、四方山漂流温泉之乡、十里龙眼长廊、石桥水乡、河溪口生态渔场—新月湾高尔夫度假区—万州大瀑布”精品旅游环线中的重要节点，旅游业正在逐步壮大。

表 5-29　武陵镇主要产业分析表

类别	发展要求	数据来源	关键信息
区域产业发展导向	渝东北三峡库区城镇群，突出“库区”“山区”特点，更加注重生态经济要素集成与协同，建设长江经济带三峡库区生态优先绿色发展先行示范区	2019 重庆市政府工作报告	生态经济要素集成与协同；生态优先绿色发展
	万州发展定位为“长江上游重要枢纽城市，重庆市副中心，三峡库区生态文明示范区，高峡平湖宜居家园，三峡国际旅游中心”	万州区城乡总体规划 2019—2035 年	三峡库区生态文明示范区；旅游中心
	万州国家农业公园建设将打造武陵核心区，引导武陵农业与旅游业发展，涉及园区内“青陵果硕”“蓝若河溪”功能区，以桂圆、蜜柚为主要载体，通过采摘体验、休闲观光、餐饮娱乐、精深加工等延伸产业链	万州国家农业公园总体规划 2016—2030 年	农业、旅游业；桂圆、蜜柚

类别	发展要求	数据来源	关键信息
区域产业发展导向	规划中将武陵镇定位为旅游型小城镇，重点发展旅游业和现代农业。武陵位于规划的高峰至武陵沿线乡村旅游带、长江沿岸古红橘旅游带上	万州区城乡总体规划 2015—2030 年	旅游业、现代农业
	武陵镇发展定位为重庆市统筹城乡改革集中示范点，万州区西南部沿江中心镇，以发展生态观光农业、农副产品加工和船舶制造为主的新型移民城镇	万州区武陵镇总体规划 2005—2020 年	生态观光农业、农副产品加工、船舶制造
产业发展基础支撑	万州国家农业公园建设规划发展的桂圆产业全部设于武陵镇内，规划用地面积达 6 000 亩，总产 9 000 t；蜜柚产业大部位于武陵镇，规划面积为 3 000 亩，总产 6 000 t。还有部分玫瑰香橙、粮油与蔬菜生产用地	万州国家农业公园总体规划 2016—2030 年	桂圆、蜜柚；6 000 亩、3 000 亩
	万州国家农业公园武陵镇境内现有 24 处自然景观资源、人文历史资源以及农业资源，旅游资源丰富		旅游资源 24 处
	万州国家农业公园规划打造 1 个 AAAA 级旅游景区（武陵人文旅游片区），3 个 AAA 级旅游景区（石桥水乡、大唐荔园、木枥观）		1 个 AAAA 级、3 个 AAA 级旅游景区
	武陵镇属于典型的传统农业镇，拥有上千年的龙眼栽培历史，并逐渐形成中国最晚熟龙眼基地；近年来大力发展蜜柚产业，拥有“万州蜜柚”地理证明商标	武陵特色小城镇综合开发建设实施方案 2016 年	传统农业镇、中国最晚熟龙眼基地、万州蜜柚
	引进了重庆雁谷、重庆如美、万俱等农业企业栽植龙眼、花卉的基础上，又引进了重庆全科、重庆脆秋果业等农业企业发展血橙、梨子、粉葛等特色农业		龙眼、花卉；血橙、梨子、粉葛
	镇域范围内已建成龙眼 10 000 亩、蜜柚 8 000 亩、粉葛 1 000 亩、血橙 1 500 亩、清脆李子 500 亩；发展林产品加工、林下种植、林间养殖，完成 100 亩林下经济示范园 5 个以上		林产品加工、林下种植、林间饲养，林下经济示范园
	武陵镇工业主要以造船业、建筑建材业为主，近年来结合特色农业发展农产品加工业		造船业、建筑建材业
	武陵镇是片区级农产品交易和配套服务中心，交易产品主要以农畜产品为主，建成了小商品批发市场和大型农贸市场		小商品批发市场、大型农贸市场
	规划“一带三片”，包括长江武陵段晚熟龙眼产业带（晚熟龙眼种植示范基地）、石桥河生态涵养产业带（湿地保护示范区）、武郭路优质蜜柚产业带（优质蜜柚种植示范基地）以及优质稻种植示范基地	万州区武陵市级现代农业示范园区规划 2016 年	晚熟龙眼产业带、生态涵养产业带、优质蜜柚产业带、优质稻

因此下中村未来产业发展应充分依托地区产业优势，利用晚熟龙眼种植示范基地延伸产业链，利用周边丰富的旅游资源与龙眼种植相结合，融入林下经济，发展农产品加工，打造“中国最晚熟龙眼基地”品牌。

5.5.2　武陵镇绿色生态建设模式思路——以下中村为例

经过测算，下中村要达到合理经济效益目标下单靠龙眼种植产业需要 4 731 亩，远大于生态效益目标限制下的 2 001 亩，所以下中村绿色生态建设模式主要通过提高单位产业用地的经济效益产出和改进生产技术缩减单位农产品生产带来的生态荷载（*E*）。而生产技术的改进将带来额外的投入，单位产业用地可带来的产业效益（*D*）将有所缩减，因此需要综合“产业链延伸、复合产业发展”等措施，优化产业结构，当 *E* 的缩减速度小于 *D* 的缩减速度时，才有可能实现“生态效益限定下的产业规模”与“产业效益引导下的产业规模”的平衡，实现综合效益最大化。

5.5.3　绿色生态建设模式构建策略

（1）提高单位产业用地的经济效益产出

下中村绿色生态建设模式格局见图 5-25。

图 5-25　下中村绿色生态建设模式格局

①将龙眼种植与乡村旅游结合形成“山、农、水”格局，整体地势西北向东南倾斜，轴线由龙眼经济林、农田两个核心构成，西北侧为自然山体，东南侧为长江岸线。

②将龙眼种植区域增加林下种植产品，例如“农粮”“农药”“农菜”等模式，提高单位产业用地的经济产出，同时增强植物层次多样性减少水土流失。

③在龙眼种植和林下产品的基础上大力发展农产品加工，农业旅游和加工农产品形成相互带动的作用。

（2）缩减单位农产品生产带来的生态荷载

下中村生态约束下限中环境约束下产业规模下限最低，而农业种植所带来的污染一方面是农药化肥的使用，另一方面是受水土流失的影响，所以缩减单位农产品生产带来的生态荷载主要是通过以上两方面提出相应策略。

①通过农用地坡改梯，整理废弃的荒地、裸地，将坡度大于 25°的坡地建立水体保持林，对小于 25°的坡度较缓的荒草地，在适宜地段改种龙眼林；对大于 25°的龙眼种植用地采取坡改梯的改进方式，对于坡度小于 25°的坡耕地采用坡改梯与生物篱技术结合的方式。

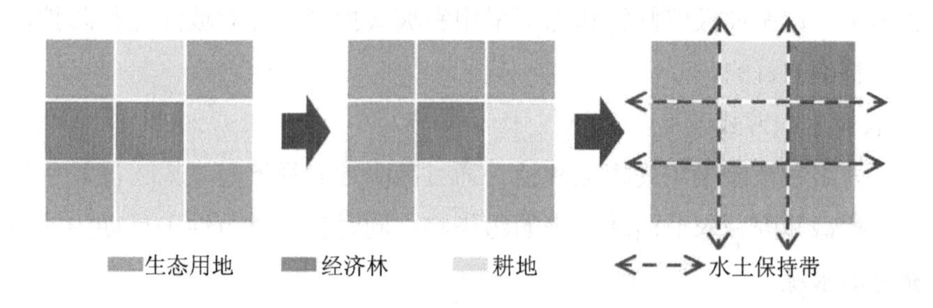

图 5-26　下中村坡改梯策略

②为减少下中村农业用地面蚀，对于以套间植物为主的耕地，选取春季和夏季覆盖度较高的农作物进行种植；对于单一种植的耕地通过调整种植间距提高植物覆盖率从而有效缓解下中村农业用地的面蚀侵害。

③通过庭院生态工程，利用宅基地的零星土地资源，主要是在房前屋后，庭院内外的空地上种植、养殖，发展沼气，形成生态循环的高效农业。

④下中村紧邻长江岸线其农业活动和山地地形对岸线生态环境造成压力，该

环境以沟蚀为主的水土流失类型，所以对于岸线生态环境的保护一是从岸线本身进行治理，二是通过农业生产方式的改进，从源头进行污染防治。

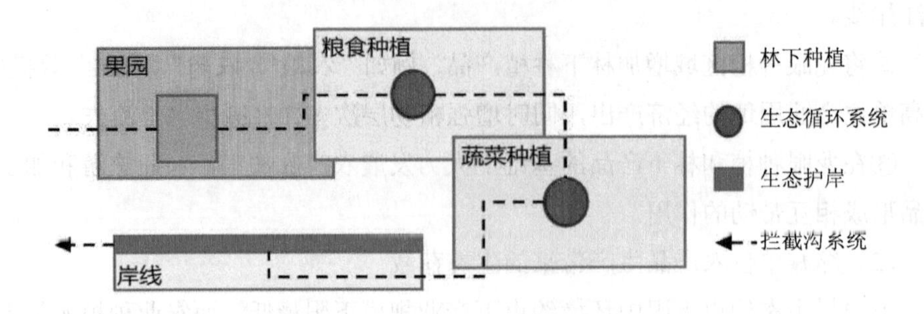

图 5-27 下中村坡农业生产方式和岸线治理策略

a. 岸线治理。

对于下中村岸线，合理划分保护区、保留区、控制利用区，岸线根据生态环境的不同采取工程措施与生态工程措施相结合的方式，根据地质条件选择直立式、斜坡式或直斜复合式等护岸型式，并且岸线带主要以绿化景观为主，功能也以观景游憩为主。在岸坡天然倾斜状态下采用斜坡式护岸，并对坡面进行防护，从而达到岸线整治的目的。

b. 农业生产方式改变。

对于龙眼种植园采用规模化种植，通过减少地表径流建立人工灌溉水塘或湿地技术，拦截和削减农业活动带来的污染物，同时也为季节性干旱期为龙眼种植保证充足的水源。

对于蔬菜种植当地采取“新型农田生态沟渠-生态消纳塘水肥一体化-过滤型主排水渠拦截”系统，此外调整现有传统蔬菜经营种植模式，推广有机蔬菜种植或采用设施农业技术。

对于粮食作物种植构建泥沙和氮磷污染物拦截篱带，或者生态缓冲带，或利用坡耕地下部水田、池塘等湿地生态系统。

为进一步提高下中村生态空间质量，在山腰位置以一定距离沿等高线开挖环山沟截断径流路径，在山脚建立植物缓冲带，设置生态湿地。

表 5-30 绿色生态建设模式生产空间构成模式

类型	生产方式与空间特点	模式构成	平面示例
龙眼种植+林下经济+旅游+加工	1. 总体布局以龙眼种植和林下桔梗种植为主，融合旅游、加工等功能。 2. 旅游空间将部分区域开放给游客采摘，其余种植区域以观景为主，将人工湿地、人工水塘等生态措施与景观结合。 3. 将加工厂与游客服务中心结合设置，通过展示、销售、服务打造龙眼品牌	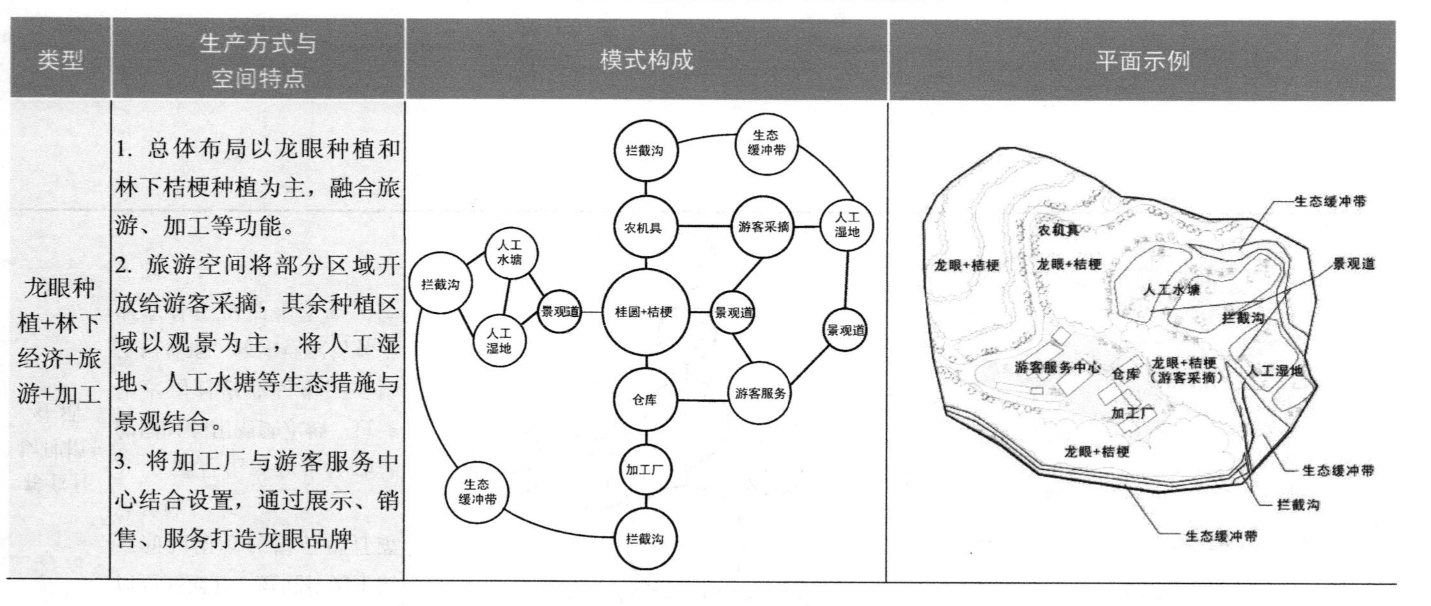	

类型	生产方式与空间特点	模式构成	平面示例
粮食作物种植+生活	1. 总体布局以粮食作物种植空间展开，庭院作为生活空间利用宅前屋后进行蔬菜种植。 2. 在满足生产和生活功能的同时利用消纳水塘、过滤排水沟对农业与生活污染进行处理，将水塘保持林设置在外围保证生态空间连接度	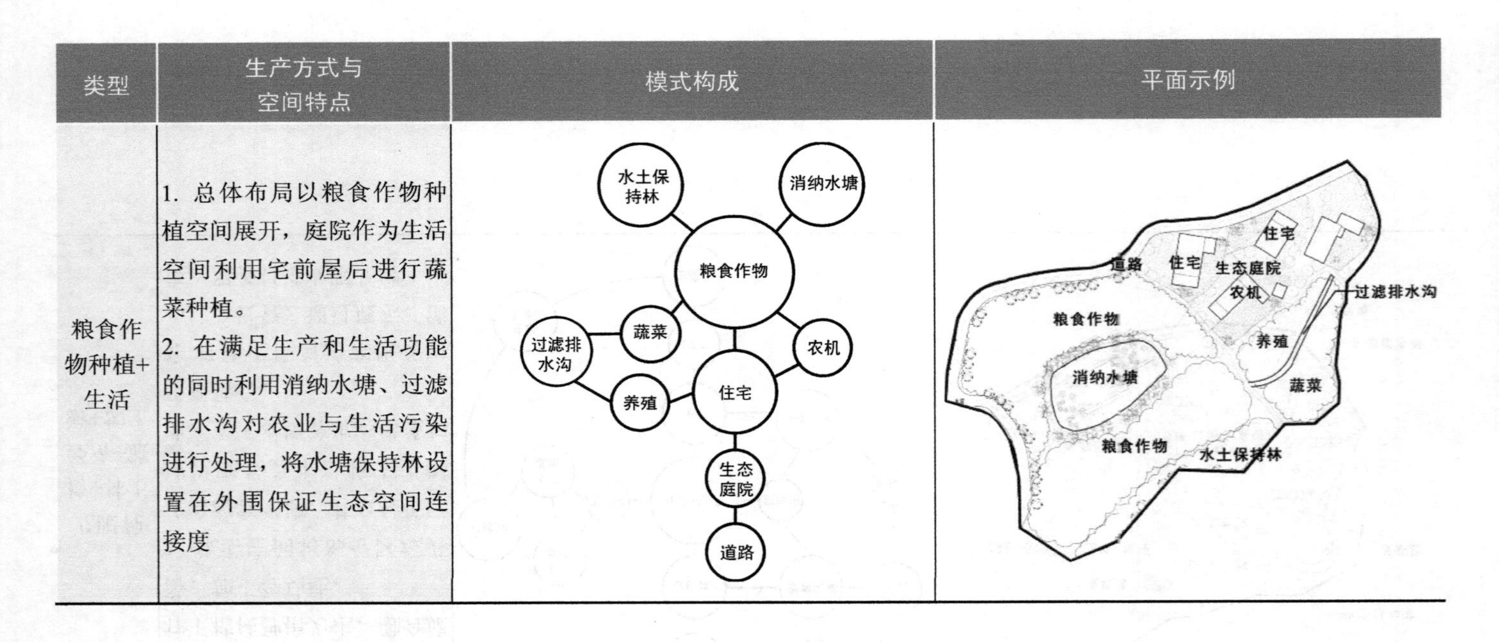	

5.5.4 武陵镇下中村绿色生态建设模式权衡验证

通过武陵镇下中村绿色生态建设模式的优化，再次利用“一村一品”生态产业权衡模型对其进行验证是否能够达到生态效益与经济效益的平衡。

若优化后经济效益目标导向（下限约束）小于生态效益目标导向（上限约束），则说明通过优化后下中村产业发展与生态环境之间不存在矛盾。

（1）单因子生态约束下的产业规模测算

1）资源约束下产业规模测算

由于龙眼种植由传统种植改为规模化种植，采取拦截沟等生态措施，所以在式（5-21）的基础上增加“规模化龙眼种植较传统龙眼种植水土流失量占比”的变量，公式如下：

村域水资源约束下的龙眼种植产业用地规模上限 =（单位面积年平均水土流失量×村域面积×龙眼养殖产业比例）÷（单位龙眼种植用地年平均水土流失量×规模化龙眼种植较传统龙眼种植水土流失量占比）

$$\mathrm{RC}_1 = (\mathrm{SW} \times \mathrm{VL} \times P) \div (\mathrm{LYSW} \times A) \tag{5-26}$$

式中，RC_1 为年度土壤资源约束下的产业用地规模；SW 为村域单位面积年平均水土流失量；P 为龙眼种植产业比例；VL 为村域面积；为 LYSW 为单位龙眼种植用地年平均水土流失量；A 为规模化龙眼种植较传统龙眼种植水土流失量占比。

主要指标体系及数据来源如表 5-31 所示。

表 5-31 资源约束下产业规模测算指标体系

序号	测算指标	基础指标	数据来源
1	村域单位面积年平均水土流失量		同前文
2			
3			
4			
5			
6			

序号	测算指标	基础指标	数据来源
9	村域面积		同前文
10	龙眼种植产业比例		
11	单位龙眼种植用地年平均水土流失量		
12	规模化龙眼种植较传统龙眼种植水土流失量占比	规模化龙眼种植较传统龙眼种植侵蚀模数占比	严坤. 三峡库区农业生产方式改变及其对水土流失与面源污染影响[D]. 中国科学院大学（中国科学院水利部成都山地灾害与环境研究所），2020.DOI：10.27525/d.cnki.gkchs.2020.000010.

2）环境约束下产业规模测算

下中村通过绿色生态建设模式优化后，其传统龙眼种植模式转变为立体种植模式，并且增加了旅游业所带来的污染，还考虑其有机肥的推广使用率以及规模化果园的污染率，因此构建公式如下：

村域环境约束下的龙眼种植产业用地规模上限=村域龙眼种植化肥污染量÷土壤污染率×单位面积龙眼种植化肥污染量红线约束下产业规模测算

$$RC_2 = VPV \div \left[(LSL \times LPV) \times (HS + LW) \right] \tag{5-27}$$

式中，RC_2为村域环境约束下的桂圆种植产业用地规模；VPV 为村域龙眼种植化肥污染量；LSL 为土壤污染率；LPV 为单位面积立体种植化肥污染量；HS 为化肥污染率；LW 为旅游增加的污染率。

主要指标体系及数据来源如表 5-32 所示。

表 5-32　环境约束下产业规模验证测算指标体系

序号	测算指标	基础指标	数据来源
1	村域龙眼种植化肥污染量		见表 5-2
2			
3			

序号	测算指标	基础指标	数据来源
4	单位面积立体种植化肥污染量	单位面积化肥用量	徐杰，李明晓，苏景，等. 阳春砂-龙眼生态立体种植模式的研究[J]. 中国中药杂志，2018，43（2）：288-298.DOI：10.19540/j.cnki.cjcmm. 20171030.010.
		N、P、K总占比	
		施肥次数	
5	土壤污染率	化肥变异系数	安绪华，刘庆娟，闫宏，等. 临沂市苹果园化肥投入现状与土壤养分状况调查[J]. 农业科技通讯，2022（3）：157-160.（替换法）
6	化肥污染率	规模化果园污染率	严坤. 三峡库区农业生产方式改变及其对水土流失与面源污染影响[D]. 中国科学院大学（中国科学院水利部成都山地灾害与环境研究所），2020.DOI：10.27525/d.cnki.gkchs. 2020.000010.（替换法）
		有机肥使用率	下中村调研
7	旅游增加的污染率	土壤有机质降低率	李灵，梁彦兰，江慧华，等. 旅游干扰对武夷山风景区土壤重金属污染和土壤性质的影响[J]. 广东农业科学，2012，39（19）：171-174，181.DOI：10.16768/j.issn.1004-874x. 2012. 19.009.（替换法）
		旅游业在产业占比	下中村调研

3）红线约束下产业规模测算

由于红线约束下的产业规模是利用国家及地方的规划文件进行测算，其优化调整受到上位文件的限制，因此暂不进行优化测算。

（2）合理经济效益目标引导下的产业规模测算

通过下中村绿色生态建设模式对下中村龙眼产业进行了延伸，在龙眼种植的基础上增加旅游业、加工业以及林下产品。那么在进行合理经济效益目标引导下的产业规模测算应增加对应指标进行计算，构建公式如下：

合理经济效益目标引导下的产业规模下限=（农村居民人均可支配收入增加目

标值−非经营人均净收入增加目标值）×龙眼种植于人均经营净收入增加值中的占比/（单位龙眼种植用地人均经营净收入+单位用地龙眼种植人均旅游产值+单位面积林下套种桔梗人均经营净收入+单位龙眼加工用地人均经营净收入）+配套旅游服务公共设施用地规模+龙眼加工面积

$$LIET=(TIR-NIT)\cdot PSI/(POI+GST+PSJ+PISP)+SLTF+SJTF \quad (5\text{-}28)$$

式中，LIET 为合理经济效益目标引导下的产业规模下限；TIR 为农村居民人均可支配收入增加目标值；NIT 为非经营人均净收入增加目标值；PSI 为龙眼种植于人均经营净收入增加值中的占比；POI 为单位龙眼种植用地人均经营净收入；GST 为单位用地龙眼种植人均旅游产值；SLTF 为配套旅游服务公共设施用地规模；PSJ 为单位面积林下套种桔梗人均经营净收入；PISP 为单位龙眼加工用地人均经营净收入；SJTF 为龙眼加工面积。

主要指标体系及数据来源如表 5-33 所示。

表 5-33　合理经济效益目标引导下的产业规模验证测算指标体系

<table>
<tr><th>序号</th><th>测算指标</th><th>基础指标</th><th>数据来源</th></tr>
<tr><td>1</td><td rowspan="4">农村常住居民人均可支配收入增加目标值</td><td rowspan="7"></td><td rowspan="7">同前文</td></tr>
<tr><td>2</td></tr>
<tr><td>3</td></tr>
<tr><td>4</td></tr>
<tr><td>5</td><td>非经营人均净收入增加目标值</td></tr>
<tr><td>6</td><td>龙眼种植于人均经营净收入增加值中的占比</td></tr>
<tr><td>7</td><td>单位龙眼种植用地人均经营净收入</td></tr>
<tr><td>8</td><td>配套旅游服务公共设施用地规模</td><td>龙眼旅游面积</td><td>王倩，赵林，于伟.中国乡村旅游用地的政策分析[J]. 开发研究，2019（4）：108-115.</td></tr>
</table>

序号	测算指标	基础指标	数据来源
9	单位用地龙眼产业人均旅游产值	2016 年乡村旅游人均消费值	中研网（https://www.chinairn.com/news/20181228/14290033.shtml）
10		2017 年乡村旅游人均消费值	
11		预测年乡村旅游人均消费值	
12		预测年旅游人数	《乡村旅游景区客流量测算分析报告—2019》
13	单位龙眼加工用地人均经营净收入	单位面积龙眼产量	致富热网站
14		单位产量龙眼加工纯收益	林革，张游南，刘国强，等. 省力化热风干燥对龙眼干品质及经济效益的影响[J]. 肇庆学院学报，2020，41（2）：67-71.
15		下中村常住人口	调研数据
16	龙眼加工面积	加工厂面积	新浪财经新闻（替换法）
17	单位面积林下套种桔梗人均经营净收入	单位面积净收入	黄宗安，陈鸿，罗雪妹，等. 龙眼茶林下套种桔梗的经济效益分析[J]. 绿色科技，2020（23）：163-164.DOI：10.16663/j.cnki. lskj.2020.23.065.
18		下中村常住人口	调研数据

5.5.5 武陵镇下中村绿色生态建设模式权衡验证结果

经验证测算，下中村通过构建绿色生态建设模式后，“生态效益限定下的产业用地规模上限”变为 2 434 亩；“合理经济效益引导下的产业用地规模下限”变为 717 亩。由此可见，如果利用龙眼种植延伸林下经济、旅游、加工业等产业，下中村生产发展与生态保护间不存在矛盾，产业与生态将处于适宜状态。

表 5-34 下中村“一村一品”生态产业权衡模型验证测算结果

价值导向	情景限定		测算结果	限定值
经济效益目标导向（下限约束）	情景 1	合理经济效益目标导向下的产业规模下限测算	717 亩	717 亩
生态效益目标导向（上限约束）	情景 2	主导生态功能辨识导引的资源约束下产业规模上限测算	12 722 亩	2 434 亩
	情景 3	主导生态功能辨识导引的环境约束下产业规模上限测算	4 452 亩	
	情景 4	主导生态功能辨识导引的红线约束下产业规模上限测算	2 434 亩	

5.5.6 下中村生产生态权衡及绿色生态建设模式构建结果

（1）武陵镇下中村“一村一品”生产生态权衡

下中村通过地方-国家层面界定其主导生态功能为“水土保持”，构建生态产业权衡模型后，测算得到“生态效益限定下的龙眼种植产业用地规模上限”为 2 001 亩；“合理经济效益引导下的产业用地规模下限”为 4 731 亩，说明该地区若单以龙眼种植产业发展所需的规模远超出生态约束下产业可以发展的最大空间。其中资源约束下产业规模上限成为制约下中村龙眼种植产业发展的最大因素。农业施肥所带来的污染与资源约束的“水土流失”也存在相关性，所以下中村未来生态保护应围绕减少单位产业用地的污染和减少水土流失侵蚀量进行改进，并且增加单位产业用地所带来的经济效益从而达到下中村生态约束下产业适宜性。

（2）武陵镇绿色生态建设模式

1）武陵镇产业分析。武陵镇产业以农业发展为主，下中村拥有中国最晚熟的龙眼基地，因此下中村可充分利用武陵镇面域的农业发展优势围绕龙眼等农产品推动农产品加工；在《武陵特色小城镇综合开发建设实施方案 2016》中提出“完成 100 亩林下经济示范园 5 个以上”成为下中村将龙眼种植与林下经济结合的契机。并且下中村地处武陵镇旅游规划线路上，将特色农业与旅游项目融合形成下中村独有的产品品牌。

2）以下中村为例的绿色生态建设模式构建。构建策略以提高单位产业用地的经济效益产出和缩减单位农产品生产带来的生态荷载两方面进行展开。从产业链进行延伸，龙眼种植、林下经济、农业加工、农业旅游构成下中村第一、第二、第三产业融合的产业体系提高经济效益产出；从水土流失治理、农业污染治理、农业生产方式等方面缩减生态负荷。空间构成从整体的“山、农、水”格局到具体的生产空间构成“龙眼种植+林下经济+旅游+加工”“粮食作物种植+生活”两种模式，为未来下中村生态产业发展提供思路。

3）武陵镇下中村绿色生态建设模式权衡验证。利用“一村一品”生态产业权衡模型对该地区的绿色生态建设模式进行验证测算，构建绿色生态建设模式后，“生态效益限定下的产业用地规模上限”变为 2 434 亩；“合理经济效益引导下的产业用地规模下限”变为 717 亩。通过第一、第二、第三产业融合发展下中村围绕龙眼展开的产业经济效益有大幅提高，生态手段的介入也将下中村龙眼产业规模约束上限提高了 433 亩，通过构建绿色生态建设模式下中村生产发展与生态保护间不存在矛盾，并且在未来下中村产业发展规模还存在 1 717 亩的发展空间。

第6章

黑河中下游地区村镇绿色生态建设

6.1 区域与典型村镇概况

6.1.1 自然地理条件

黑河是我国西北地区的第二大内陆河，处于西北干旱区西风季风交汇地带，也是西北干旱区最具代表性的河流，发源于祁连山北麓中段，由南向北流经河西走廊，最终注入内蒙古自治区额济纳旗的东西居延海，其干流全长为 821 km。黑河流域经纬度分别为 98°～102°E、38°～42°N，流域总面积 1.3×10^5 km^2，以鹰落峡、正义峡为分界线将全流域划分为上、中、下游，黑河流域跨青海省、甘肃省和内蒙古自治区的 5 地(州)、11 县(市、旗)。中游是主要的用水区，海拔为 1 000～2 000 m，地势较为平缓，光热资源丰富，以灌溉农业为主。年日照时长达 3 000～4 000 h，长期平均气温为 6～8℃，年平均降水量为 100～250 mm，年潜在蒸发量为 1 900 mm。由于其丰富的光、热和水资源，约 98%的灌溉耕地集中在这里，是全国五大商品粮基地之一。下游为径流消失区，主要为戈壁、沙漠和裸地，平均海拔为 1 000 m 左右，长期平均气温为 8～10℃，长期年平均降水量仅 47 mm，但年潜在蒸发量达 2 300 mm，水资源匮乏，为极端干旱地区，是流域生态环境最为脆弱的区域，也是重要的防风固沙区。

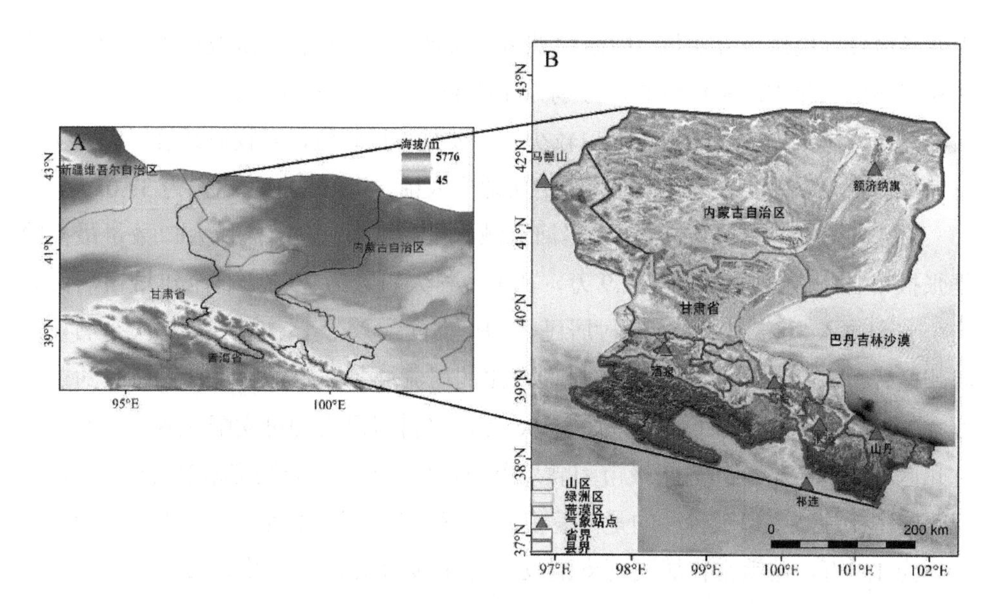

图 6-1 黑河中下游概况图（A）海拔；（B）遥感影像

6.1.2 生态环境概况

黑河中游土地沙化的生态问题较突出，同时由于不合理的灌排方式，部分地区土地盐碱化严重，局部河段水质污染加重。下游区域的生态环境形势更加严峻，天然绿洲萎缩，风沙灾害严重，地下水位下降，是我国北方沙尘暴的重要沙源之一，影响了我国北方广大地区生态环境质量。在全球气候变化背景下，中游地区气温上升提高了植被需水量，导致下游水量减少，降低了下游的生态功能。目前，政府采取了许多生态保护政策。例如黑河上游退牧育草，增强水源涵养能力；中游协力推进节水型社会建设，不断提高水资源利用效率；下游积极实施东居延海周边生态保护措施，以期提升整个流域的生态功能，进一步维护黑河流域的生态安全。

6.1.3 社会经济条件

根据黑河中下游各区县 2019 年统计年鉴和各区县国民经济和社会发展统计公报等资料显示，由于地形地势、农业基础资源以及社会经济基础设施的差异造成中下游各区域间经济差异明显，中游绿洲区为流域主要的社会经济发展聚集地，甘州区和肃州区全年生产总值较高，分别为 193.45 亿元和 191.06 亿元，而肃南裕固族自治县作为少数民族聚居地，人口较少，主要是草原牧区，多牧业经济，因而生产总值最少，为 26.64 亿元。下游额济纳旗地广人稀，生产总值较少，为 37.05 亿元。

基于统计资料，分析 2019 年黑河流域内人口数量可知，流域人口数量最多的是张掖市甘州区，人口数达 52.9 万，其中乡村人口数为 25.2 万，全年城镇居民人均可支配收入为 28 106 元，农村居民人均可支配收入为 15 720 元。其次是酒泉市肃州区，总人口数为 41.4 万，乡村人口比例居流域各县中等水平，人口数约 18.5 万，城镇居民人均可支配收入为 40 806 元，农村居民人均可支配收入 18 313 元。甘州区与肃州区分别作为张掖市和酒泉市的行政中心，社会经济相对发达，人口也相对集中。流域人口数较少的是内蒙古的额济纳旗，总人口数为 2.7 万，其中乡村人口为 1.5 万，城镇常住居民可支配收入为 43 920 元，农村牧区常住居民可支配收入为 25 276 元。

6.2 测算思路

在气候变化背景下，我国黑河中下游水资源短缺严重，生态用水被挤占，社会经济发展与生态保护之间存在诸多矛盾。针对黑河中下游的实际情况以及生态承载力的内涵及评价方法的优缺点，最终决定选择黑河中下游的主导生态承载力——防风固沙功能承载力进行研究。目前有多种风蚀模型可用于防风固沙功能的评价。自 20 世纪 60 年代起，国外先后开发了风蚀方程（wind erosion equation，WEQ）、修正风蚀方程（revised wind erosion equation，RWEQ）、得克萨斯模型（texas erosion analysis model，TEAM）、风蚀评价模型（wind erosion assessment model，WEAM）、风蚀预报系统（wind erosion prediction system，WEPS）等。我国防风固沙评估的模型研究进展较缓慢，在 1998 年才提出首个风蚀量统计模型，后基本以田间尺度的经验估算模型为主。目前，使用 RWEQ 进行评估的方法应用最为广泛，在内蒙古自治区锡林郭勒、青海省、浑善达克沙地等不同区域尺度均开展了相关工作，该方法也被作为生态保护红线划定中防风固沙功能重要性的评估方法。因而，在此运用广泛使用的 RWEQ 模型对黑河中下游的防风固沙功能进行评估与分析。

为了进一步对防风固沙功能承载力进行研究，通过防风固沙功能承载力系统中植被覆盖度以及水资源之间的互馈关系，构建防风固沙功能承载力模型并验证使用，分析黑河中下游防风固沙功能承载力现状以及模拟不同情景下防风固沙功能承载力的变化。此外，结合实地调查与年鉴等资料，得到农牧民基本属性、对灾害和气候变化的感知，分析灾害和气候变化对乡村发展造成的主要制约，以便于后续提出因地制宜的提升方案。测算流程如下：

1）针对黑河中下游实际情况，基于 RWEQ 模型，开展 2000—2017 年黑河中下游防风固沙功能的测算与评估。

2）通过实地问卷调查和年鉴等资料，分析黑河中下游气候变化和灾害对当地乡村发展造成的生态制约，通过 RWEQ 模型，结合水资源与植被覆盖度的关系公式，构建适用于风沙区的防风固沙功能承载力模型并验证。

3）分析研究区各乡镇防风固沙功能承载力现状，通过构建的防风固沙功能承载力模型，参考甘州区实地调研数据，研究农田用水情景改变后与 SSP5-8.5 情景下的干燥度改变后的防风固沙功能承载力变化。

6.3 测算方法

6.3.1 数据来源与用途

6.3.1.1 气象数据

气象站点数据中使用 2000—2017 年共 18 年的日最大风速计算 RWEQ 模型中的风力因子。使用 1981—2020 年（各别站点由于数据缺失仅至 2017 年）的气温和降水日数据处理后分析气候变化，山区包括祁连站点和山丹站点，绿洲区包括张掖站点、酒泉站点和高台站点，沙漠区包括额济纳旗站点和马鬃山站点；其中虽然祁连气象站位于黑河中下游边界外，但祁连县的部分行政区域位于研究区域内，因此仍选择该气象站。马鬃山的气候、水文和海拔条件与其他地区有很大不同，因此在气候变化分析中单独解释。

通过 2019 年气温、降水、风速、净长波辐射、净短波辐射和相对湿度日数据参与干燥度的计算，CMIP6 数据中使用 SSP5-8.5 情景下 22 个模式 2000—2094 年的干燥度数据处理为平均值，通过 SSP5-8.5 情景下 2000—2018 年数据与实际干燥度数据对比，进而使用 delta 校正 2019—2094 年的干燥度数据。其中，SSP5-8.5 情景是假设在人类发展趋势是乐观的基础上，由能源密集型、以化石燃料为基础的经济体驱动的高排放情景。目前温室气体排放趋势逐年上升，人类却仍然大量使用化石燃料，没有实施有效的气候减缓方案，若是持续如此发展，届时全球天气形势会发生巨大的变化，高排放情景更会加剧干旱区对气候变化的敏感度，甚至可能对生态系统造成不可挽回的损害。因此，本书选择 SSP5-8.5 高排放情景，研究未来气候变化后的防风固沙功能承载力变化，以期预警该情景下黑河中下游防风固沙功能承载力下降地区，有助于增强气候危机意识和促进流域风沙防治及社会经济发展。

研究区共有 4 个地级市及其所辖的 10 个县级行政单元，但民乐县、临泽县、肃南裕固族自治县、嘉峪关市气象站的数据资料存在缺失，仅能使用张掖市、酒泉市、祁连县、山丹县、高台县、金塔县及额济纳旗 7 个气象站数据。

表 6-1 气象数据来源

分类	数据名称	数据类型	时间分辨率	空间分辨率	数据来源
气象站点数据	风速	txt	日	—	中国气象数据网（http://data.cma.cn）
	降水	txt	日	—	
	温度	txt	日	—	
中国区域地面气象要素驱动数据集（1979—2018 年）	气温	netcdf	日、3 h	0.1°	国家青藏高原科学数据中心（http://data.tpdc.ac.cn/zh-hans/data）
	降水	netcdf	日	0.1°	
	风速	netcdf	日	0.1°	
	净长波辐射	netcdf	日	0.1°	
	净短波辐射	netcdf	日	0.1°	
	相对湿度	netcdf	日	0.1°	
CMIP6 数据	干燥度	mat	月	1°	国家青藏高原科学数据中心（https://data.tpdc.ac.cn）

6.3.1.2 遥感数据

遥感数据来源详细说明见表 6-2。其中，RWEQ 模型中的雪盖因子利用中国雪深长时间序列数据集进行计算；土壤特性因子利用黑河流域土壤粒径分布数据集、面向陆面模拟的中国土壤数据集及中国土壤有机质数据集得到；MRT 投影转换工具对 MOD13A3 进行投影和格式转换批处理后，采用最大值合成法获得 NDVI 数据，并基于像元二分法生产出年植被覆盖度，进而得到植被覆盖因子，地表糙度因子由 GDEM DEM 30 m 分辨率数字高程数据得到。

表 6-2 遥感数据来源

数据名称	数据类型	时间分辨率	空间分辨率	数据来源
土壤湿度数据	netcdf	月	30″	
中国雪深长时间序列数据集	txt	日	25 km	
黑河流域土壤粒径分布数据集	tiff	—	0.008 33°	国家青藏高原科学数据中心（http://data.tpdc.ac.cn/zh-hans/data）
面向陆面模拟的中国土壤数据集	netcdf	—	30″	国家青藏高原科学数据中心（http://data.tpdc.ac.cn/zh-hans/data）
中国土壤有机质数据集	netcdf	—	30″	
MOD13A3	hdr	月	1 km	NASA（https://ladsweb.modaps.eosdis.nasa.gov/）
GDEM DEM	img	—	30 m	地理空间数据云（http://www.gscloud.cn/）

6.3.2 RWEQ 模型

RWEQ 模型所计算的防风固沙功能与风速、土壤、地形和植被等因素密切相关，其表述的风蚀是在气象、土壤可蚀性、土壤结皮、植被覆盖、地表糙度等多因子综合作用下所造成的土壤转运，潜在风蚀量与实际风蚀量之差为防风固沙功能。根据生态环境部生态保护红线划定指南和有关文献，本研究采用修正风蚀方程（RWEQ）。计算公式：

$$SR = S_{LP} - S_L \tag{6-1}$$

$$S_L = \frac{2 \times Z}{S^2} \times Q_{max} \times e^{-(Z/S)^2} \tag{6-2}$$

$$S = 150.71 \times \left(WF \times EF \times SCF \times K' \times C\right)^{-0.3711} \tag{6-3}$$

$$Q_{max} = 109.8 \times \left(WF \times EF \times SCF \times K' \times C\right) \tag{6-4}$$

$$S_{LP} = \frac{2 \times Z}{S_P{}^2} \times Q_{maxp} \times e^{-(Z/S_P)^2} \tag{6-5}$$

$$Q_{max\,p} = 109.8 \times \left(WF \times EF \times SCF \times K'\right) \tag{6-6}$$

$$S_P = 150.71 \times \left(WF \times EF \times SCF \times K'\right)^{-0.3711} \tag{6-7}$$

式中，SR 为单位面积防风固沙量，kg/m^2；S_{LP} 为潜在土壤风蚀模数，kg/m^2；S_L 为实际土壤风蚀模数，kg/m^2；Z 为最大风蚀出现距离，该研究取 2 m；S 为选定侵蚀区域的关键地块长度，m；Q_{max} 为实际最大输沙量，kg/m；WF 为气候因子，kg/m；EF 为土壤可蚀因子；SCF 为土壤结皮因子；K'为地表糙度因子；C 为植被覆盖度因子；S_P 为选定侵蚀区域的潜在关键地块长度；Q_{maxp} 为潜在最大输沙量，kg/m。

各主要因子的计算方法如下：

a）气候因子（WF）

$$WF = Wf \times SW \times SD \times \frac{\rho}{g} \tag{6-8}$$

$$Wf = \frac{\sum_{i=1}^{N} U_2 \left(U_2 - U_c\right)^2}{N} \times N_d \tag{6-9}$$

式中，Wf 为各月多年平均气候风蚀因子，m^3/s^3；SW 为各月多年平均土壤湿度因子；SD 为雪盖因子（无积雪覆盖天数/研究总天数），定义积雪覆盖深度大于 25.4 mm 视为积雪覆盖；ρ为空气密度，当气温为 15℃时为 1.226 kg/m^3；g 为重力加速度，取 9.8 m/s^2；U_2 为距离地面 2 m 处的风速，m/s；U_c 为临界风速，一般设为 5 m/s；N 为每月观测风速大于临界风速的天数，d；N_d 为每月天数，d。

b）土壤可蚀因子（EF）

$$EF = \frac{29.09 + 0.31sa + 0.17si + 0.33(sa / cl) - 2.59[OM] - 0.95[CaCO_3]}{100} \tag{6-10}$$

式中，sa 为土壤粗砂含量，%；si 为土壤粉砂含量，%；cl 为土壤黏粒含量，%；[OM]为土壤有机质含量，%；[$CaCO_3$]为碳酸钙含量，%，可不予考虑。

c）土壤结皮因子（SCF）

$$SCF = \frac{1}{1 + 0.006\,6(cl)^2 + 0.021(OM)^2} \tag{6-11}$$

d）植被覆盖度因子（C）

$$C = e^{-a_i \times (SC)} \tag{6-12}$$

式中，SC 为植被覆盖度，%；a_i 为不同植被类型的系数，林地、草地、灌丛、裸地、沙地、农田分别为 0.153 5、0.115 1、0.092 1、0.076 8、0.065 8、0.043 8。

e）地表糙度因子（K'）

$$K' = e^{\left(1.86K_r - 2.41K_r^{0.934} - 0.127C_{rr}\right)} \tag{6-13}$$

$$K_r = 0.2 \times \frac{\Delta H^2}{L} \tag{6-14}$$

式中，K_r 为土垄糙度，根据 Smith-Carson 方程计算，cm；C_{rr} 为随机糙度因子，取 0 cm；L 为地势起伏参数，m；ΔH 为距离 L 范围内的海拔高程差，m。

在充分考虑气候条件、植被覆盖状况、土壤可蚀性、土壤结皮、地表粗糙度等要素情况下，以单位面积防风固沙量（潜在土壤风蚀模数与实际土壤风蚀模数的差值）作为表征防风固沙功能的评估指标，所以下文中防风固沙功能实际指代单位面积防风固沙量。同时，为更好地表达空间差异，依据研究区防风固沙功能值域及参考文献，设置防风固沙功能在 0～2×10^4 t/km^2 为较低区，在 2×10^4～2.8×10^4 t/km^2 为一般区，在 2.8×10^4 t/km^2 以上为较高区。

6.3.3 一元线性回归斜率分析

本研究基于最小二乘拟合直线对数组进行回归分析，模拟并预测一组数据的时间变化趋势过程，计算公式：

$$\text{slope}=\frac{n\sum_{t=1}^{n}tY_t-\sum_{t=1}^{n}t\sum_{t=1}^{n}Y_t}{n\sum_{t=1}^{n}t^2-\left(\sum_{t=1}^{n}t\right)^2} \tag{6-15}$$

式中，slope 为变量回归方程的系数，若 slope＞0，表示变量趋势增加，若 slope＜0，表示变量趋势减少；n 为年数，本研究取值为 18；Y_t 为第 t 年的变量值。

通常需要对变化趋势进行显著性检验，本研究采用 F 检验，通过比较两组数据的方差，以确定它们的精密度是否具有显著性差异，其计算公式：

$$F=U\times\frac{n-2}{Q} \tag{6-16}$$

$$U=\sum_{t=1}^{n}\left(\widehat{Y}_t-\overline{Y}\right)^2 \tag{6-17}$$

$$Q=\sum_{t=1}^{n}\left(Y_t-\widehat{Y}_t\right)^2 \tag{6-18}$$

式中，F 为统计检定值，U 为回归平方和，Q 为残差平方和，$\widehat{Y}_t$ 为第 t 年的回归值，$\overline{Y}$ 为第 t 年的平均值。

6.3.4 灰色关联度分析法

灰色关联度分析法（grey relation analysis，GRA）是灰色系统理论中进行多因素相关程度分析的方法，通过定量描述和比较的方法分析该系统的变化发展态势。关联度是反映事物或者因素之间相关性大小的量度值，而关联系数是子序列与母序列在各时刻的关联程度值，使用关联度可计算各因子的贡献率。采用初值化方法归一化数据序列后参照式（6-19）～式（6-21）计算。

$$E_m = \frac{\gamma(x_0, x_m)}{\sum_{m=1}^{n} \gamma(x_0, x_m)} \tag{6-19}$$

$$\gamma(x_0, x_m) = \frac{1}{n}\sum_{k=1}^{n} \gamma[x_0(k), x_m(k)] \tag{6-20}$$

$$\gamma[x_0(k), x_m(k)] = \frac{\min_m \min_k |x_0(k) - x_m(k)| + \xi \max_m \max_k |x_0(k) - x_m(k)|}{|x_0(k) - x_m(k)| + \xi \max_m \max_k |x_0(k) - x_m(k)|} \tag{6-21}$$

式中，E_m为各影响因子贡献率；γ（x_0，x_m）为关联度；n为被评价对象的个数；m为影响因素的指标数；k为不同的时刻数；x_0（k）为母序列；x_m（k）为要分析的影响因素子序列；γ[x_0（k），x_m（k）]为关联系数；ξ为分辨系数且$\xi \in$（0，1）。

6.3.5 防风固沙功能承载力评价方法构建

6.3.5.1 逻辑框架与技术流程

由于不同区域的降水、蒸发条件存在差异，其生态环境本底值不同；同时，在绿洲、荒漠不同区域，由于人工灌溉等条件及用水量的差异，使得现有的生态条件受人为影响较大。因此，应当首先确定不同区域在自然条件下的生态环境状况。

黑河中下游广布沙漠、戈壁和荒地，而防风固沙是保护该区域生态功能提供的最为重要的服务。防风固沙功能影响因素中，荒漠植被能够显著地降低风沙流动，从而减少风沙灾害对生产与生活方面的损害。同时，黑河流域作为干旱区内陆河，对地表水和地下水补水依赖性更高，水资源是维系黑河中下游社会经济和生态与环境的核心。因而在防风固沙功能承载力模型构建中，基于水资源以干燥度为核心，对中国北方干旱区范围内不同气候、植被覆盖度的自然地表进行大量抽样，建立不同干燥度等级与植被覆盖度的关系；再根据研究区内气候条件计算出的不同区域干燥度，得到自然条件下植被覆盖度的理论分布，利用 RWEQ 模型的式（6-1）、式（6-3）、式（6-4）和式（6-12）得到干燥度变化后防风固沙功能承载力的变化，进而研究不同用水情景下防风固沙功能承载力对乡村的约束影响。

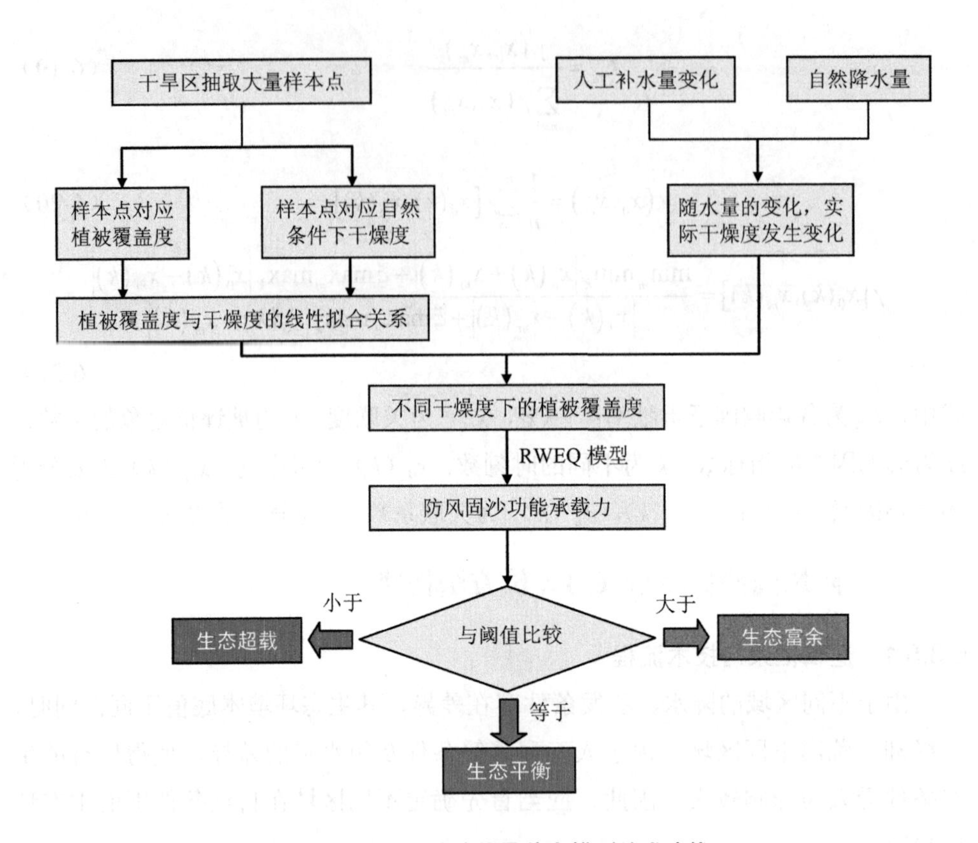

图 6-2　防风固沙功能承载力模型技术路线

6.3.5.2　干燥度方法确定

根据中国气候区划新方案中所采用的划分指标及标准，本研究将年降水量与年潜在蒸散量之比确定为干燥度指数，即

$$AI=P/PET \tag{6-22}$$

式中，AI 为年干燥度指数；P 为年降水量，mm；PET 为年潜在蒸发量，mm。

年潜在蒸散量采用 1998 年联合国粮农组织（FAO）修订的 Penman-Monteith 公式进行计算：

$$PET=\frac{0.408\Delta\left(R_n-G\right)+\gamma\frac{900}{T_{\text{mean}}+273}u_2\left(e_s-e_a\right)}{\Delta+\gamma\left(1+0.34u_2\right)} \tag{6-23}$$

式中，Δ 为饱和水气压曲线斜率，kPa/℃；R_n 为地表净辐射，MJ/（m·d）；G 为土壤热通量，MJ/（m^2·d）；γ为干湿表常数，kPa/℃；T_{mean} 为日平均温度，℃；u_2 为 2 m 高处风速，m/s；e_s 为饱和水气压，kPa；e_a 为实际水气压，kPa。

$$\Delta=\frac{4\,098\times\left[0.610\,8\times\exp\left(\frac{17.27T}{T+237.3}\right)\right]}{\left(T+237.3\right)^2} \tag{6-24}$$

$$R_n=R_{ns}-R_{nl} \tag{6-25}$$

$$e_a=e\left(T_{dew}\right)=0.610\,8\times\exp\left(\frac{17.27T_{dew}}{T_{dew}+237.3}\right) \tag{6-26}$$

$$e_a=\mathrm{RH}\times e_s \tag{6-27}$$

$$\gamma=0.665\times10^{-3}P \tag{6-28}$$

$$P=101.3\times\left(\frac{293-0.006\,5z}{293}\right)^{5.26} \tag{6-29}$$

式中，T 为日平均气温，℃；R_{ns} 为地表收入的短波辐射，MJ/（m·d）；R_{nl} 为地表支出的净长波辐射，MJ/（m·d）；T_{dew} 为露点温度，℃；RH 为相对湿度，%；P 为大气压，Pa；z 为海拔高度，m。

6.3.5.3 抽样与拟合关系公式

参照中国气象背景数据集，中国科学院资源环境科学数据中心数据注册与出版系统（http://www.resdc.cn/）中干燥度等级划分的分区范围，在中国北方干旱区随机抽取大量样本点，提取样本点对应的干燥度以及植被覆盖度，去掉干燥度数值前 10%及后 10%的样本点后，根据样本点对应的干燥度数值与植被覆盖度数值，进行线性拟合，得到干旱区植被覆盖度与干燥度之间的关系公式：

$$y=0.465\,6x+0.103\,4 \qquad r=0.738\,5 \tag{6-30}$$

式中，x 为干燥度；y 为植被覆盖度。

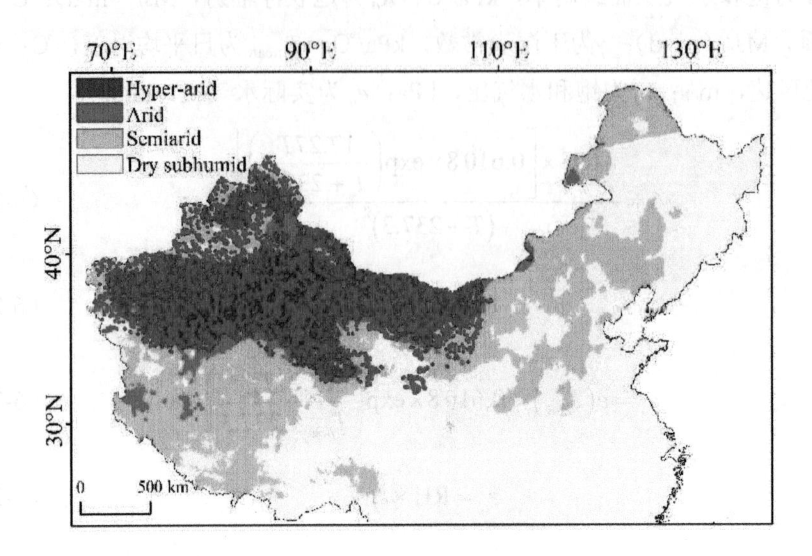

图 6-3　干旱区随机抽样点

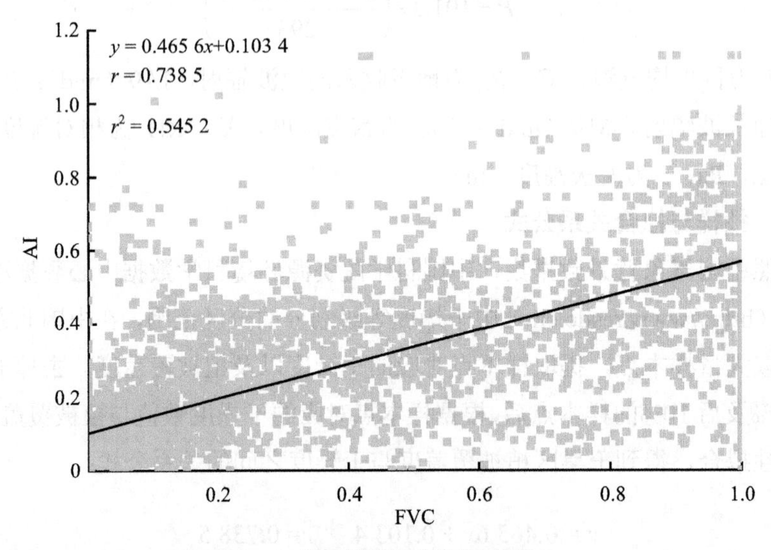

图 6-4　植被覆盖度与干燥度散点

6.3.5.4 防风固沙功能承载力阈值确定与状态划分

由于超过50%的植被覆盖度时，沙丘基本固定，生态系统稳定，在合理的波动范围内，选取45%～55%植被覆盖度作为生态系统承载临界阈值。根据RWEQ模型计算出植被覆盖度为45%和55%情况下各村镇的防风固沙量，作为研究区主导生态功能的临界阈值上下范围。当覆盖度低于45%说明生态系统存在压力、面临风沙问题，在45%～55%则说明生态系统整体平衡，超过55%则表明生态承载力为富余状态。

根据各村镇承载现状，对于承载情况为富余状态的村镇，根据干燥度与植被覆盖度的关系公式，可以利用现状的植被覆盖度算出甘州区实际的干燥度，减去之前计算出的理论干燥度，反算得到人为补水量的值。对于承载情况为超载状态的村镇，同样根据干燥度与植被覆盖度的关系公式，利用临界覆盖度阈值对应的干燥度，减去当前实际的干燥度，反算得到为达到生态平衡所需补充的水量。如果生产生活方式改变，如生态用水量减少，可能导致某地区的生态环境承载力下降、植被覆盖度低于临界阈值区间。因此，使用这一方法，可以评估研究区的主导生态功能现状、压力分析，以及变化情境下的预测。

6.3.6 气候变化趋势分析

本研究采用Sen+Mann-Kendall方法分析了黑河中下游1981—2020年平均气温和降水的年和季节随时间变化的趋势，这是一种趋势分析的方法，近年来逐渐应用于地理研究。

Sen's斜率法是描述时间序列趋势性的定性方法，该方法得出的时间序列的斜率即为所有斜率估计值的中值。1968年Sen等首次利用Sen's斜率估计算法研究时序变化，此后该方法广泛用于研究气象、水文数据序列的变化趋势。它可以很好地减少噪声的干扰，能够克服一元线性回归受异常值影响的缺点，但其本身不能实现序列趋势显著性判断。Mann-Kendall方法本身对序列分布无要求且对异常值不敏感，因此引入该方法可完成对序列趋势显著性检验。Sen's斜率β的计算公式如下：

$$\beta = \text{Median}\left(\frac{x_j - x_i}{j-i}\right), \forall j > i \tag{6-31}$$

式中，x_j 和 x_i 分别为第 j 次和第 k 次（$j>i$）的数据值，$\beta>0$ 表示趋势上升，反之，下降。

Mann 提出用 Mann-Kendall 来检验变化趋势，常用于量化气候水文时间序列中趋势的显著性。Kendall 和 Sneyers 进一步完善、推广了这一检测方法。Mann-Kendall 检验过程如下：

$$X_t=\left(x_1,x_2,\cdots,x_n\right) \tag{6-32}$$

$$\text{where},\tau=\sum_{i=1}^{n-1}\sum_{j=i+1}^{n}\operatorname{sgn}\left(x_j-x_i\right);\operatorname{sgn}\left(\theta\right)=\begin{cases}1 & \text{if } \theta>0\\0 & \text{if } \theta=0\\-1 & \text{if } \theta<0\end{cases} \tag{6-33}$$

$$\operatorname{Var}\left(\tau\right)=\frac{n\left(n-1\right)\left(2n+5\right)-\sum_{i=1}^{m}t_i\left(t_i-1\right)\left(2t_i+5\right)}{18} \tag{6-34}$$

式中，n 为序列中的数据数量；τ 为统计量；m 为序列中结的个数；t_i 为结的宽度，是第 i 组数据中的重复个数。

在样本大小 $n>10$ 的情况下，使用公式计算标准正态测试统计量 Z_τ。

$$Z_\tau=\begin{cases}\dfrac{\tau-1}{\sqrt{\operatorname{Var}\left(\tau\right)}},\text{if } \tau>0\\0, \quad \text{if } \tau=0\\\dfrac{\tau+1}{\sqrt{\operatorname{Var}\left(\tau\right)}},\text{if } \tau<0\end{cases} \tag{6-35}$$

Z_τ为正值表示增加趋势，而 Z_τ为负值表示减少趋势。检验趋势是在特定的α显著性水平上进行的。当 $Z_\tau>Z_{1-\alpha/2}$ 时，零假设被拒绝，时间序列中存在显著的趋势。$Z_{1-\alpha/2}=2$ 由标准正态分布表求得。在本研究中，使用显著性水平$\alpha=0.05$。在 5%的显著性水平上，如果$|Z_\tau|>1.96$，则拒绝无趋势的零假设。

接下来，运用 Mann-Kendall 检验法进行序列突变分析，定义统计量：

$$\text{UF}_k=\frac{\left[\tau_k-E\left(\tau_k\right)\right]}{\sqrt{\operatorname{Var}\left(\tau_k\right)}}\left(k=1,2,\cdots,n\right) \tag{6-36}$$

式中，$\text{UF}_1=0$，$E(\tau_k)$和 $\operatorname{Var}(\tau_k)$分别为$\tau_k$ 的均值和方差；UF_k 为标准正态分布，它是

时间序列 X（x_1，x_2，…，x_n）的统计量序列；UB_k 是时间序列 X 的逆序列 X'（x_n，x_{n-1}，…，x_1）的统计量序列。令 $UB_k=-UF_k$（$k=n$，$n-1$，…，1），$UB_1=0$。将 UF_k 和 UB_k 两条曲线和 $U_{0.05}=\pm1.96$ 两条直线绘在同一张图上。如果 UF_k 和 UB_k 出现交点，且交点在 $U_{0.05}=\pm1.96$ 之间，那么交点时刻即为突变开始的时间，超过 $U_{0.05}=\pm1.96$ 的范围确定为突变区域。如果交叉点在置信范围之外，或者交叉点不止一个，则无法确定突变点。

6.4 测算结果与分析

6.4.1 防风固沙功能时空变化及影响因子分析

6.4.1.1 防风固沙功能空间分布特征及趋势分析

由图 6-5 可见，研究区有 1.02×10^5 km^2 的面积风蚀严重，占黑河中下游地区面积的一半以上，主要发生在内蒙古自治区额济纳旗地区，与区域内绿洲、荒漠的分布特征一致。防风固沙功能较高区主要是流域中下游绿洲、山地及黑河水系沿线部分，约占研究区面积的 31.54%，一般区主要分布在较高区周边及内部，约占研究区面积的 20.77%，另外，分布有 47.69%的较低区，主要位于荒漠区及山区。

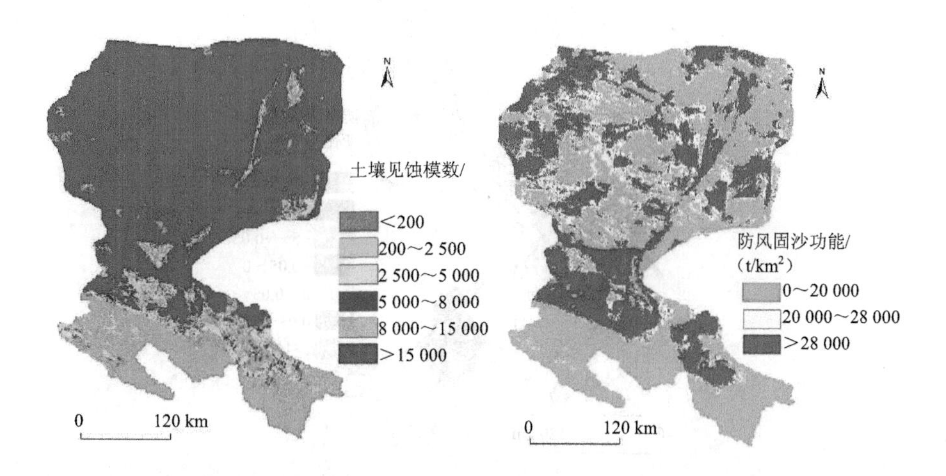

图 6-5 黑河中下游多年平均土壤风蚀模数及防风固沙功能空间分布

具体来说，山区青海省祁连县防风固沙功能为 0～2.9×10^4 t/km^2，其中 96.82%的面积为较低区，3.17%的面积为一般区，而较高区的面积趋近于 0。中游甘肃省地区防风固沙功能为 0～3.1×10^5 t/km^2，其中 34.70%的面积为较高区，14.92%的面积为一般区，50.38%的面积为较低区。下游内蒙古自治区额济纳旗防风固沙功能为 0～1.1×10^5 t/km^2，其中 30.02%的面积为较高区，26.30%的面积为一般区，43.68%的面积为较低区。研究区防风固沙功能整体呈现中游较强，向下游递减的空间分布特征，主要原因是中游绿洲分布集中且是灌溉农业区，额济纳旗有大片沙地、戈壁及裸岩，大风频繁；而青海省祁连县防风固沙功能最低，主要是因为其下垫面多为林地、草地及河渠，虽然防风固沙能力高，但其风沙活动少，实际土壤风蚀量小。

防风固沙功能的变化趋势如图 6-6 所示。在研究区内，主要是甘肃省张掖市和嘉峪关市防风固沙功能趋势增加，回归方程系数（slope）为 0～26.29%，占总面积的 12.51%。趋势减弱地区主要分布于内蒙古自治区额济纳旗东北部和甘肃省高台县中部，回归方程系数为−17.17%～0，占总面积的 23.30%。趋势增强区有较多自然植被及栽培植被且土质肥沃，趋势减弱区多是缺乏植被保护的荒漠风沙土。总体来说，土壤类型、植被覆盖和气候条件三要素形成了防风固沙功能的空间分布模式。

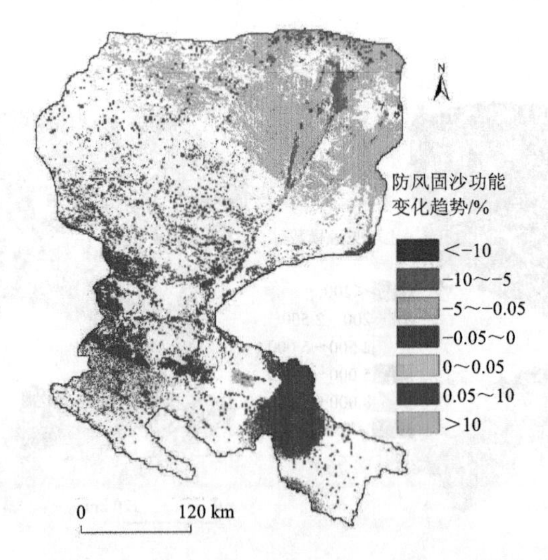

图 6-6　2000—2017 年黑河中下游年防风固沙功能的变化趋势

6.4.1.2 土壤风蚀和防风固沙功能年际变化

由图 6-7 可见，2000—2017 年研究区土壤风蚀强度波动变化，平均土壤风蚀量约为 4.6×10^9 t，平均土壤风蚀模数为 3.48×10^4 t/km^2。其中 2000—2001 年风蚀最严重，2001 年土壤风蚀量达到评估期顶峰（9×10^9 t），土壤风蚀模数为 6.84×10^4 t/km^2；而 2011 年土壤风蚀量达到最小值（1.3×10^9 t），土壤风蚀模数为 1×10^4 t/km^2。土壤风蚀模数降低，代表整体土壤风蚀活动减弱，地表物质区域稳定，有利于开展生态工程的建设。其中下游内蒙古自治区额济纳旗多年平均土壤风蚀量和多年平均土壤风蚀模数分别为 3.1×10^9 t 和 4.4×10^4 t/km^2，中游所含甘肃省地区为 1.5×10^9 t 和 2.5×10^4 t/km^2，山区青海省祁连县为 9×10^5 t 和 368 t/km^2。土壤风蚀模数趋势减小，年土壤风蚀量平均减小 1.36×10^7 t，年均变化率为 1.60%。

研究区年均防风固沙功能于 2002 年和 2017 年达到最低值和最高值，分别为 8.2×10^3 和 3.7×10^4 t/km^2，多年平均值为 2.44×10^4 t/km^2。其中，中游祁连县多年平均防风固沙功能为 8×10^3 t/km^2，甘肃省地区为 2.7×10^4 t /km^2，下游内蒙古自治区额济纳旗为 2.3×10^4 t/km^2。防风固沙总量在 1.1×10^9～4.9×10^9 t 变动，多年年均值为 3.2×10^9 t，其中，祁连县为 1.96×10^7 t，甘肃省地区为 1.57×10^9 t，额济纳旗为 1.63×10^9 t。防风固沙功能趋势增加，年防风固沙量平均增加 6.67×10^7 t，年均变化率为 1.85%。

2000—2015 年，额济纳旗的土壤风蚀模数从 8.89×10^4 t/km^2 减至 4.34×10^4 t/km^2，防风固沙功能从 3.2×10^4 t/km^2 减至 2×10^4 t/km^2，导致整个下游区域的变化较大。这表明这段时间内，流域上游天然植被封育、中游湿地保护及下游生态移民等生态保护工程取得巨大成效。

与韩永伟等运用董治宝建立的风蚀流失模型得到的 2006 年黑河下游防风固沙功能结果相比，笔者计算的黑河中下游年均防风固沙功能（2.44×10^4 t/km^2）稍高于文献中黑河下游低覆盖草地、中覆盖草地、灌木林、有林地的防风固沙功能（分别为 1.23×10^4 t/km^2、1.91×10^4 t/km^2、2.26×10^4 t/km^2、2.27×10^4 t/km^2），但与荒漠区相当。这是由于近 20 年来研究区气候因子及植被覆盖发生显著变化，导致流域防风固沙功能趋势增加。

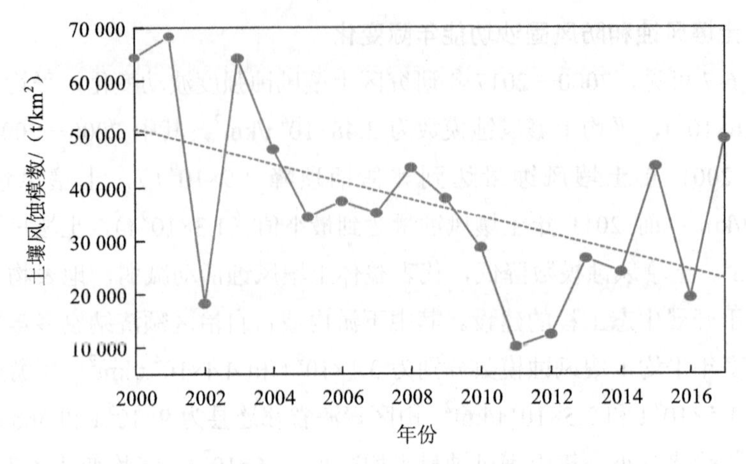

图 6-7 2000—2017 年黑河中下游土壤风蚀模数变化

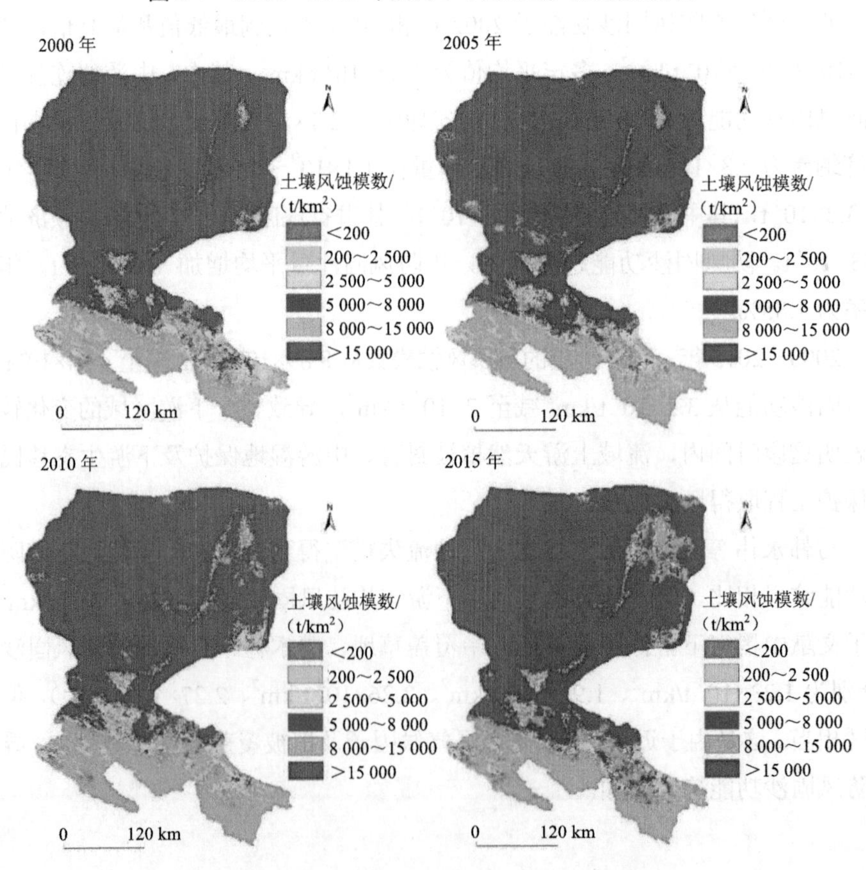

图 6-8 代表性年份的黑河中下游土壤风蚀模数变化

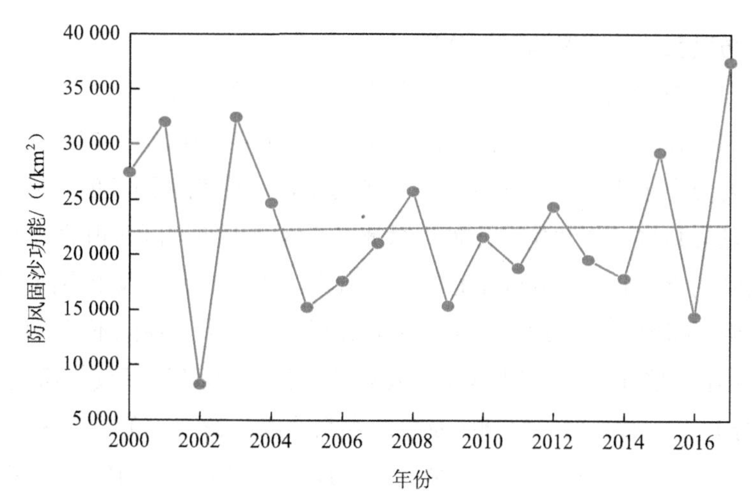

图 6-9　2000—2017 年黑河中下游防风固沙功能变化

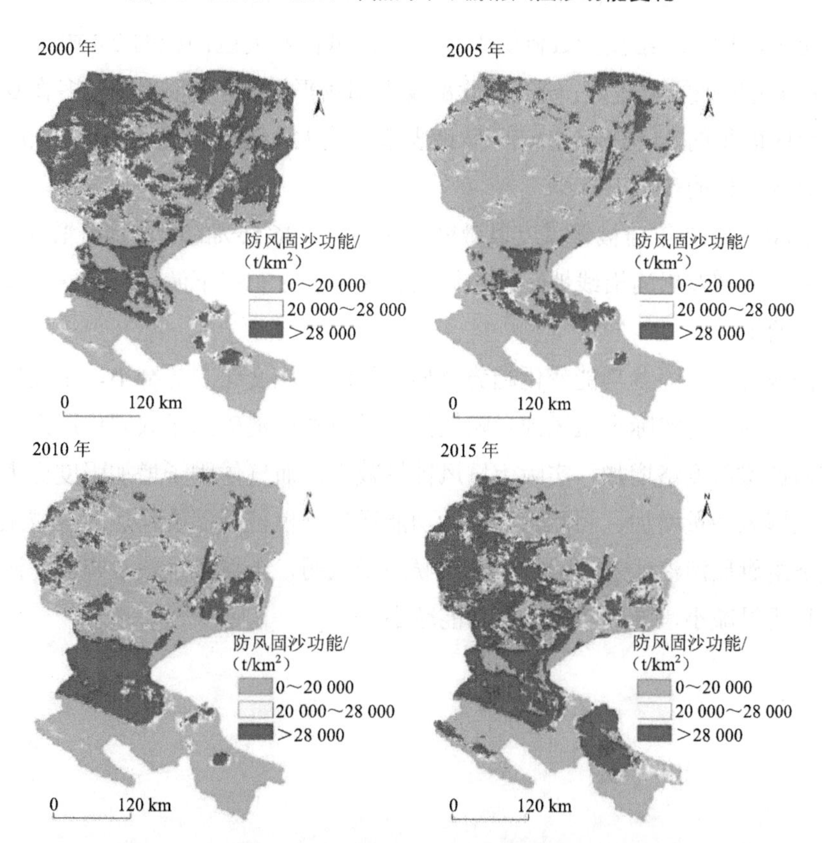

图 6-10　代表性年份的黑河中下游防风固沙功能变化

6.4.1.3 防风固沙功能影响因子分析

各因子空间分布与防风固沙功能具有差异化的相似性。气候因子值超过282 kg/m的较强区集中在荒漠区，占研究区面积的48.40%；在212～282 kg/m的一般区主要分布于山区、绿洲区及下游黑河带，占研究区面积的43.53%；小于212 kg/m的较低区主要集中在张掖市绿洲平原区，占研究区面积的8.07%。在空间上，额济纳旗东北部气候因子趋势强度减小，张掖市、酒泉市小部分区域趋势增加，但由于研究区气象站点较少，空间分析误差较大，在此不做气候因子趋势变化的空间面积统计。多年平均植被覆盖度超过65%的区域仅占研究区面积的5.71%，分布于中游山地、绿洲区及黑河水系边缘；73.51%的研究区面积多年平均植被覆盖度较低为0～11%，主要为荒漠地带。54.14%的研究区面积土壤可蚀性指数与土壤结皮指数均超过0.50，主要分布于荒漠区，表明易受到风沙侵蚀。土壤可蚀性指数与结皮指数皆低于0.30的区域占研究区面积的2.40%，集中于山区，土壤抗风蚀能力较好。研究区北部及中部较平坦，地表糙度因子多在0.96～1；占研究区面积的54.96%，祁连山脉地表起伏较大，地表糙度因子在0.09～0.34，占研究区面积的5%。

2000—2017年植被覆盖度以微度增加为主，26.55%的区域趋势增强，主要位于研究区南部及黑河沿线地区。趋势减弱区零星分布在下游额济纳旗，仅占研究区面积的1%。

张掖市防风固沙功能变化趋势增加而额济纳旗变化趋势减小，主要原因是潜在土壤风蚀量与实际土壤风蚀量随气候因子与植被覆盖因子共同作用而变化。张掖市植被覆盖度略增加，实际土壤风蚀量减小，而气候因子增加强度更大，导致潜在土壤风蚀量增加，因此防风固沙功能增加。植被覆盖度增加的区域主要集中在额济纳旗黑河沿线及湖泊，而其气候因子减弱，土壤风蚀模数降低，潜在土壤风蚀量明显减小，导致防风固沙功能减小。

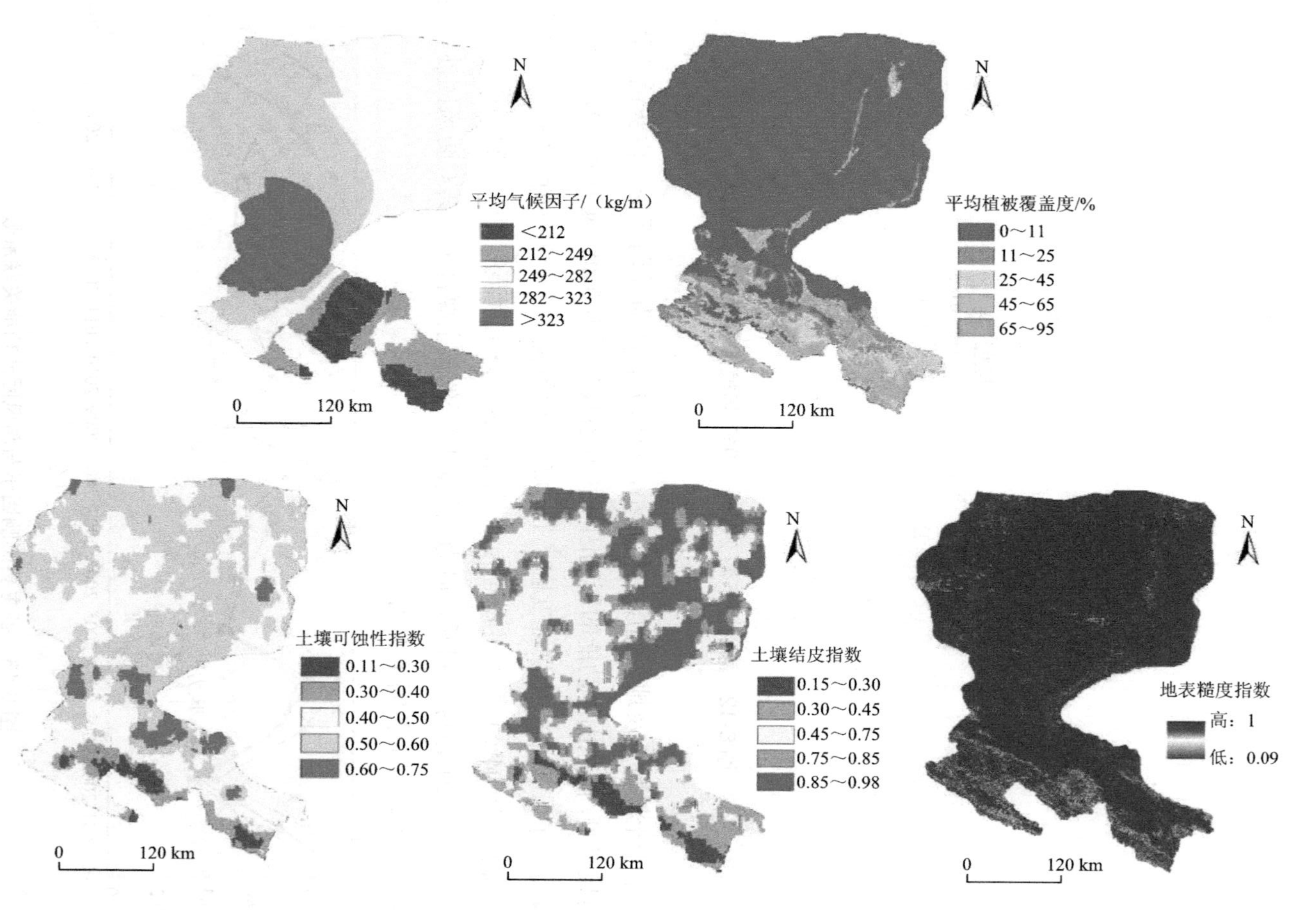

图 6-11　黑河中下游防风固沙功能主要影响因子空间分布

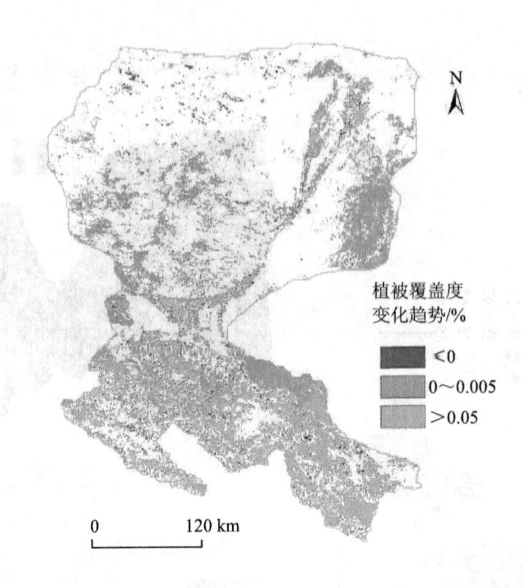

图 6-12 黑河中下游 2000—2017 年植被覆盖度变化趋势

由于土壤特性及地表糙度变化微小，该研究视之为长期不变。由灰色关联分析结果得出，防风固沙功能的影响因子关联系数分别为 0.80（风力因子）、0.65（积雪覆盖因子）、0.64（土壤湿度因子）、0.56（植被覆盖因子）；贡献率排序表现为风力因子（30.04%）>积雪覆盖因子（24.57%）>土壤湿度因子（24.26%）>植被覆盖因子（21.13%）。可见，风力是气候因子的最主要部分，其对防风固沙功能的影响最大，其余各因子占比相当。

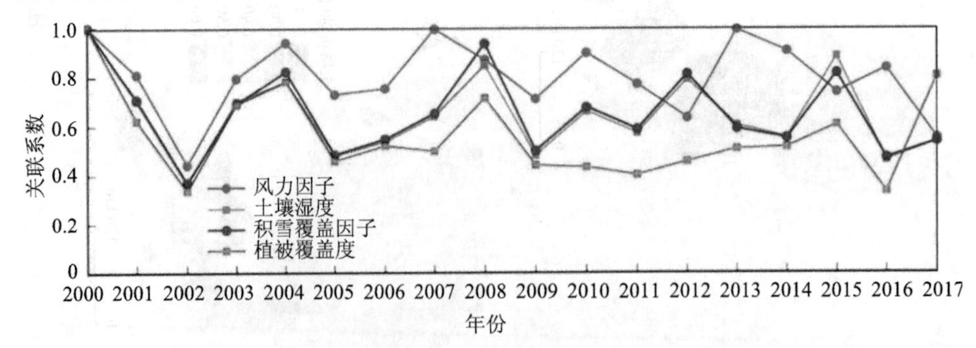

图 6-13 各主要影响因子与防风固沙功能关联系数

6.4.1.4 小结

本章首先使用 RWEQ 模型对黑河中下游防风固沙功能进行了时空变化评估，得到了防风固沙功能时间变化趋势和空间分布特征，同时研究了该区域土壤风蚀的变化，最后对 RWEQ 模型中防风固沙功能各影响因子进行了分析，得到以下结论：

1）2000—2017 年黑河中下游平均土壤风蚀量约为 4.6×10^9 t，平均土壤风蚀模数为 3.47×10^4 t/km^2，年均防风固沙量为 3.2×10^9 t，年均防风固沙功能达 2.44×10^4 t/km^2；整体风蚀减轻，年均减小 1.36×10^7 t，年均变化率为 1.60%，其中下游额济纳旗减小显著，表明生态保护工程取得成效。土壤风蚀状况排序表现为下游额济纳旗＞中游甘肃省地区＞青海省祁连县山区。

2）黑河中下游防风固沙功能整体呈中游较强、下游递减的空间分布特征，各区域差异明显。整体防风固沙功能提升、生态环境向好。防风固沙功能较高区、一般区和较低区分别约占研究区面积的 31.54%、20.77%、47.69%。张掖市和嘉峪关市防风固沙功能趋势增加，回归方程系数在 0～26.29%，占研究区面积的 12.51%；额济纳旗东北部和高台县中部趋势减弱，回归方程系数在−17.17%～0，占研究区面积的 23.30%。

3）风力因子是黑河中下游防风固沙功能变化的最主要影响因子，贡献率为 30.04%，积雪覆盖因子、土壤湿度因子、植被覆盖因子的贡献率分别为 24.57%、24.26%和 21.13%。

4）该风沙区的土壤风蚀防治工程应综合考虑气候变化、植被覆盖、土壤特性及人类活动的复合影响，协调生态环境保护与经济社会发展的关系，实行具有区域适宜性的方案，制定针对性的生态保护和移民安置等工程，因地制宜调整产业结构及建设美丽村镇。

6.4.2 农牧民对风沙灾害及气候变化感知

6.4.2.1 个人与家庭基本属性统计

被调研的 753 户、2 797 名农牧民平均年龄 43 岁，男女比例有一定差异，其中民乐县、甘州区和肃州区较高，高台县、肃南裕固族自治县和额济纳旗较低，受访者受教育程度多为小学或初中。他们长期定居在这里，对自然环境和社会环境有直接准确的了解。在家庭收入方面，研究区农牧民平均家庭收入为 1.73 万元，最低收入在民乐县为 1.18 万元，最高在额济纳旗为 2.53 万元。人均耕地面积排序为荒漠区＞山区＞绿洲区，其中额济纳旗的耕地面积要明显大于其他地区。各地区家庭月平均用水量的排序为绿洲区＞山区＞荒漠区。山区、绿洲区的家庭人口规模和家庭年收入接近，荒漠区的家庭人口规模最小，但家庭年收入最高。

表 6-3 受访者基本信息

区域	平均年龄	性别（男/女）	平均家庭口数量	教育程度*	平均耕地面积/（亩/户）	月平均用水量/（每户）**	家庭年收入/万元
山丹县	48.24	1.12	4.09	2.55	24.32	1.72	1.60
民乐县	43.13	1.33	3.90	2.60	18.20	1.83	1.18
肃南裕固族自治县	38.63	1.09	3.32	2.91	32.83	2.11	1.85
甘州区	39.36	1.26	4.24	2.79	18.88	2.00	1.57
临泽县	38.39	1.15	3.86	2.69	13.11	1.87	1.59
高台县	44.65	1.09	3.55	2.84	13.67	2.00	1.51
肃州区	42.32	1.22	3.76	2.80	15.52	2.03	1.69
嘉峪关市	47.37	1.17	2.92	2.82	8.05	1.72	2.10
金塔县	42.78	1.15	3.92	2.85	20.01	1.95	1.72
额济纳旗	46.91	1.08	2.75	3.00	82.75	1.51	2.53

注：*教育程度等级：未上学= 1，小学= 2，初中= 3，高中= 4，大专及以上= 5。
**月用水量等级：1～4 t = 1，5～8 t = 2，9～12 t = 3，13～16 t = 4，17 t 及以上= 5。

6.4.2.2 农牧民对灾害的感知与区域差异

近 20 年以来，农户对当地主要灾害种类的感知强度由强到弱依次是沙尘暴、干旱、霜冻和虫灾。大部分受访者认为沙尘暴和干旱是最严重的灾害，占总体的 58.69%。各区县中，金塔县和额济纳旗较多农牧民认为沙尘暴最为严重，分别占 48.65%和 47.06%。民乐县和山丹县多数农牧民认为干旱最严重，分别占 64.29%和 52.27%。在访谈中，农牧民们也表示沙尘暴和干旱对他们的生活和生产影响较大，可以看出，这两种灾害是乡村发展的主要制约因素。

调查的农牧民中对自然灾害发生频率的感知主要产生了 3 种认知，包括很少发生，有时发生和经常发生，分别占 28.55%、32.54%和 27.62%。区县之间感知差异较大，其中差异最明显的是额济纳旗和甘州区。额济纳旗是当地农牧民认为自然灾害发生最为频繁的地区，认为自然灾害经常发生及更高的频率的受访者占总体的 61.18%。甘州区是认为自然灾害发生频率最低的地区，受访者中认为自然灾害很少发生及更低频率的占总体的 59.03%。由此可见，下游额济纳旗仍然是受自然灾害制约最严重的区域，生态环境保护尤为重要。

大部分农牧民认为风沙情况得到了改善，占所有受访者的 62.82%，其中民乐县和额济纳旗的农牧民认为风沙情况改善的最多，超过受访者的 80%，而嘉峪关市的大部分农牧民认为风沙情况并未得到改善，认为风沙情况基本不变甚至更恶化的农牧民占当地的 69.23%。

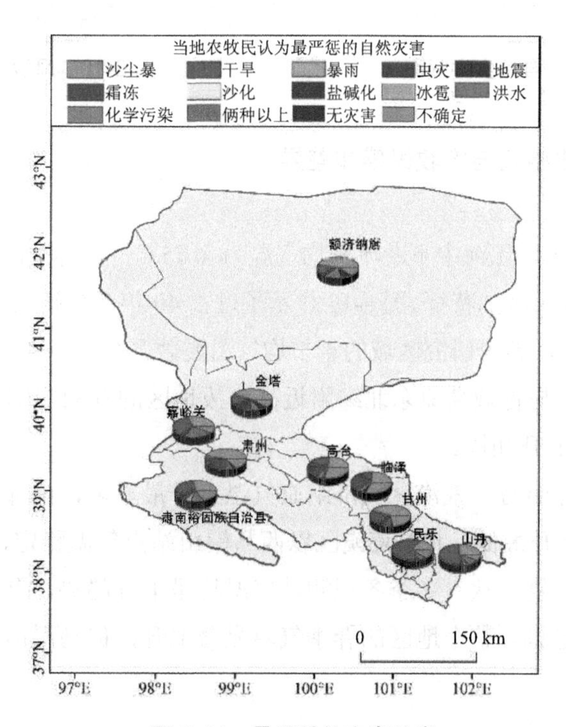

图 6-14　最严重的灾害种类

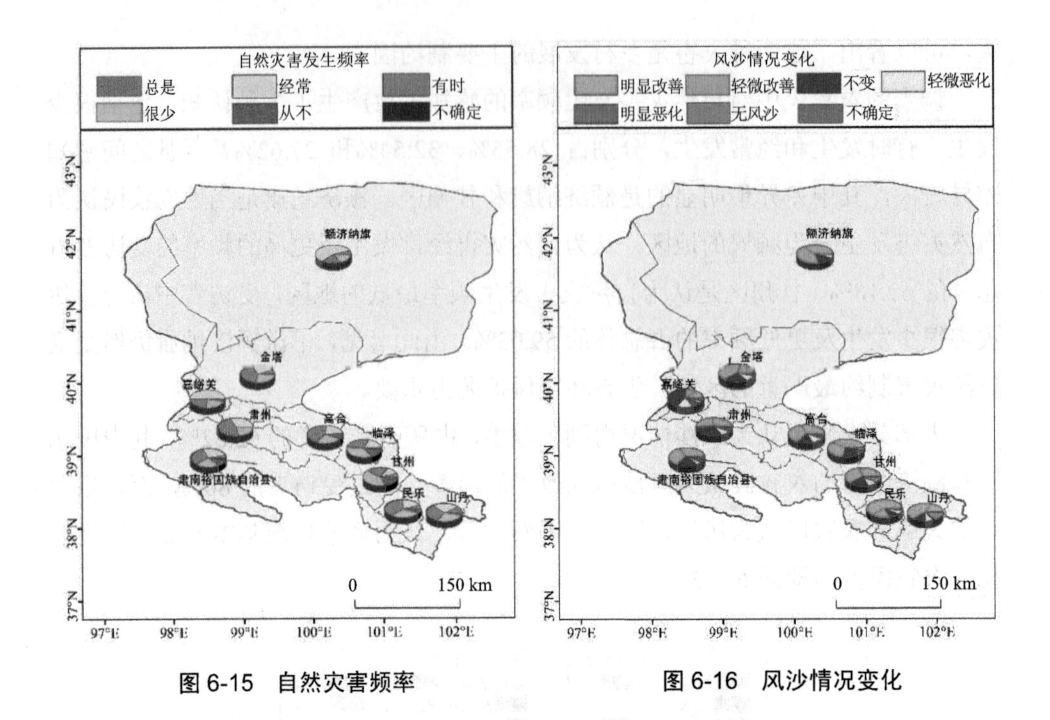

图 6-15 自然灾害频率　　图 6-16 风沙情况变化

6.4.2.3 气候变化事实与农牧民感知差异

（1）气温变化

1981—2020 年，黑河中下游年平均气温为 6.75℃，整体空间分布呈现北部荒漠区气温高于南部山区的特征。图 6-17 显示了过去 40 年 7 个站点的气温变化趋势。在快速变暖模式下，整个研究区域的年平均气温显著升高，速率为 0.44℃/10a，高于我国的平均值，与青藏高原东北缘附近高海拔地区的 0.42℃/10a 相似。20 世纪 90 年代后，气温上升加快。

就区域内差异而言，荒漠区额济纳旗气温上升最显著，南部山区气温上升中等，绿洲区气温上升最低，北部荒漠区以西马鬃山站点气温稳定，上升几乎为零。从季节变化来看，夏、秋、冬季各观测站气温均呈上升趋势，夏、秋各观测站气温均呈显著上升趋势。整个地区的春季气温显著上升，但马鬃山地区气温反而有所下降。

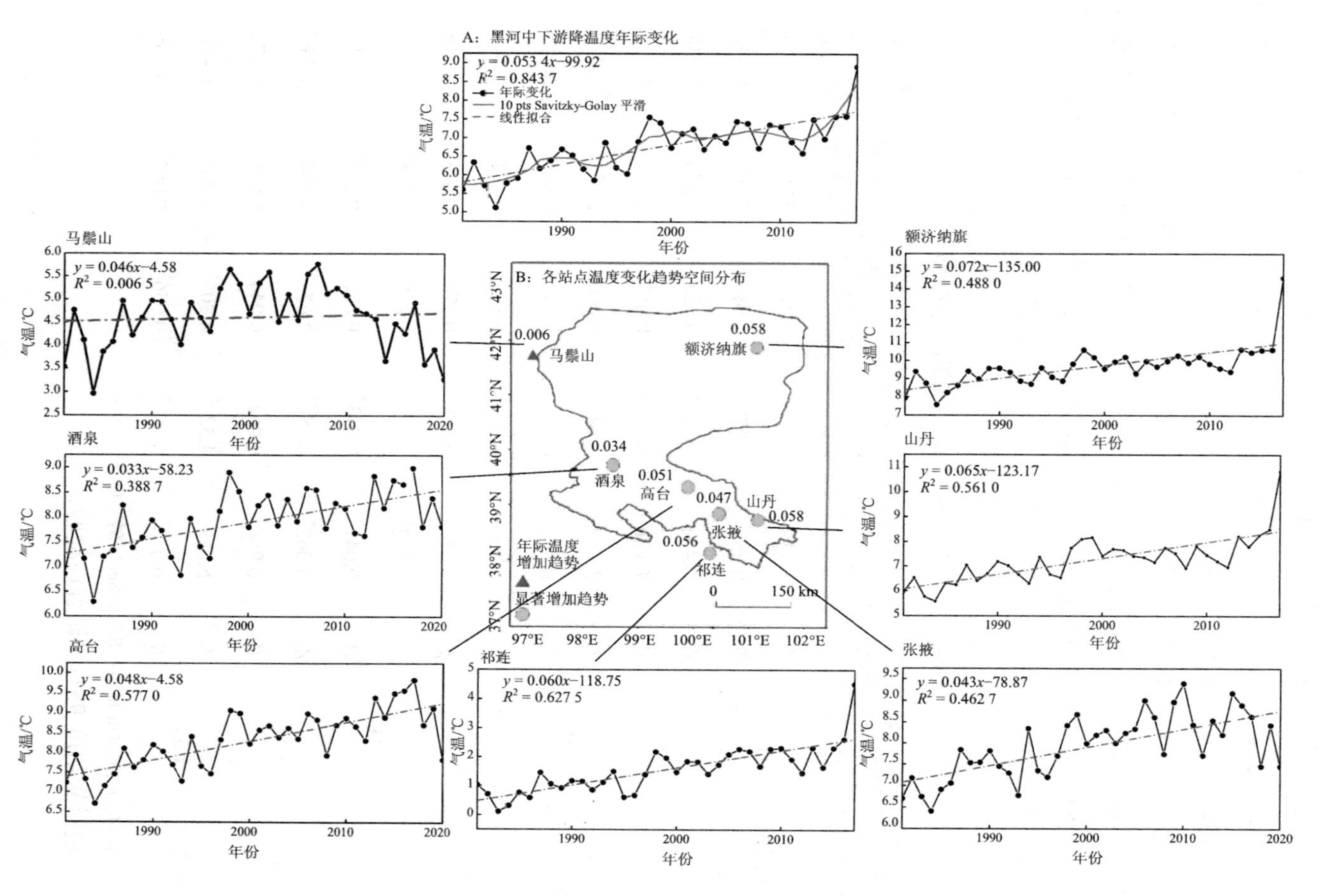

图 6-17　黑河中下游整体及各气象站点气温年际变化

气温突变是气候变化的重要现象和关键指标。利用 Mann-Kendall 方法对黑河中下游的年和季节平均温度序列进行突变点检验，结果如表 6-4 所示。除马鬃山和祁连气象站点外，年平均气温的突变主要发生在 1995 年。季节温度序列无一致的突变增温变化，在春季，额济纳旗的气温突变发生在 2001 年、酒泉发生在 1999 年、祁连发生在 1996 年。在夏季，气温突变现象主要集中在 20 世纪 90 年代中期。在秋季，额济纳旗气温的突变在 2003 年、高台发生在 2001 年和山丹发生在 1998 年。在春、秋、冬三季，许多地区没有明显的气温突变。

表 6-4　黑河中下游各气象站点温度变化趋势

站点	多年平均温度/℃	测试指数	趋势				
			年	春	夏	秋	冬
额济纳旗	9.67	Z_τ	5.245*	3.832*	3.911*	4.094*	1.713
		β	0.058*	0.070*	0.055*	0.069*	0.042
马鬃山	4.61	Z_τ	0.408	−1.107	5.022*	2.540*	0.338
		β	0.006	−0.049	0.057*	0.033*	0.006
酒泉	7.91	Z_τ	3.880*	3.798*	4.870*	2.773*	0.920
		β	0.034*	0.057*	0.045*	0.030*	0.014
高台	8.31	Z_τ	5.266*	4.427*	5.895*	3.891*	0.746
		β	0.051*	0.068*	0.074*	0.048*	0.016
张掖	7.93	Z_τ	4.532*	5.511*	5.837*	3.985*	0.839
		β	0.047*	0.073*	0.072*	0.051*	0.015
山丹	7.25	Z_τ	5.062*	4.251*	3.675*	4.094*	3.466*
		β	0.058*	0.062*	0.044*	0.059*	0.071
祁连	1.55	Z_τ	5.689*	4.329*	4.905*	3.963*	3.492*
		β	0.056*	0.057*	0.066*	0.052*	0.055

注：Z_τ表示 Mann-Kendall 检验；β表示 Sen's 斜率估计。

* 通过置信度 95%的显著性检验。

表 6-5 年和季节上 Mann-Kendall 突变检验

站点	年	春	夏	秋	冬
额济纳旗	1997	2001	1997	2003	—
马鬃山	1989	—	1997	—	—
酒泉	1994	1999	1997	—	—
高台	1997	—	—	2001	—
张掖	1993	—	—	—	—
山丹	1994	—	1994	1998	—
祁连	1998	1996	1997	—	—

（2）降水变化

1981—2020 年，黑河中下游年平均降水量为 166.55 mm，总体增长率为 7.36 mm/10a，处于西北干旱区的降水增加速率 5～10 mm/10a。四季平均降水量年际变化总体呈上升趋势，但并不显著。1981—2020 年，研究区年降水量呈现增加趋势，年降水量经历了增加（1981—1983 年）、减少（1984—1986 年）、增加（1987—1996 年）、减少（1997—2004 年）和再次增加（2005—2017 年）的演变过程，其中近 20 年的年均降水量比之前 20 年增加 9.72 mm。

整体空间分布表明，南部山区和中游绿洲区降水量高于北部荒漠区。上升趋势以山区最高，绿洲区次之，荒漠区最小，分别为 1.409 mm/a、0.528 mm/a 和 0.375 mm/a。在季节变化上，除了中游绿洲区高台站点降水趋势为−0.040 mm/a，绿洲区张掖站和山区祁连站夏季降水趋势分别为−0.232 mm/a 和−0.102 mm/a 外，其余各气象站降水均呈上升趋势，其中冬季降水量增加最显著。

Mann-Kendall 突变检验结果显示，7 个站点的年际和年内降水变化均未检测到一致的突变。在年际突变上，祁连发生在 2013 年，酒泉出现在 2018 年，而其余站点均没有通过信度 95%的检验。

根据上述气温和降水数据的分析，目前黑河中下游各区域的气温和降水基本呈现不同程度上升趋势，气候正在向暖湿化转变。

表 6-6 黑河中下游各气象站点降水变化趋势

站点	多年平均降水量	测试指数	趋势				
			年	春	夏	秋	冬
额济纳旗	33.93	Z_τ	1.321	1.072	0.026	0.327	2.040*
		β	0.356	0.056	0.008	0.013	0.013*
马鬃山	64.555	Z_τ	1.077	0.605	0.151	0.303	1.515
		β	0.394	0.069	0.072	0.017	0.034
酒泉	94.142 5	Z_τ	1.476	0.435	0.501	1.258	2.435*
		β	0.774	0.060	0.153	0.161	0.125*
高台	112.337 5	Z_τ	1.355	−0.242	0.117	0.827	2.214*
		β	0.561	−0.040	0.029	0.150	0.124*
张掖	129.985	Z_τ	0.460	0.181	−0.431	0.897	1.386
		β	0.250	0.079	−0.232	0.190	0.048
山丹	206.089 2	Z_τ	2.053*	0.589	1.138	1.255	0.929
		β	1.488*	0.151	0.710	0.406	0.052
祁连	425.327	Z_τ	1.216	2.001*	−0.235	1.766	−0.719
		β	1.330	0.677*	−0.102	0.869	−0.030

注：Z_τ表示 Mann-Kendall 检验；β表示 Sen's 斜率估计。
* 通过置信度 95%的显著性检验。

表 6-7 年和季节上 Mann-Kendall 突变检验

站点	年	春	夏	秋	冬
额济纳旗	—	—	—	—	—
马鬃山	—	—	—	—	—
酒泉	2018	—	2016	—	—
高台	—	—	—	—	—
张掖	—	—	—	—	1986
山丹	—	—	1994	2000	—
祁连	2013	—	—	2000	—

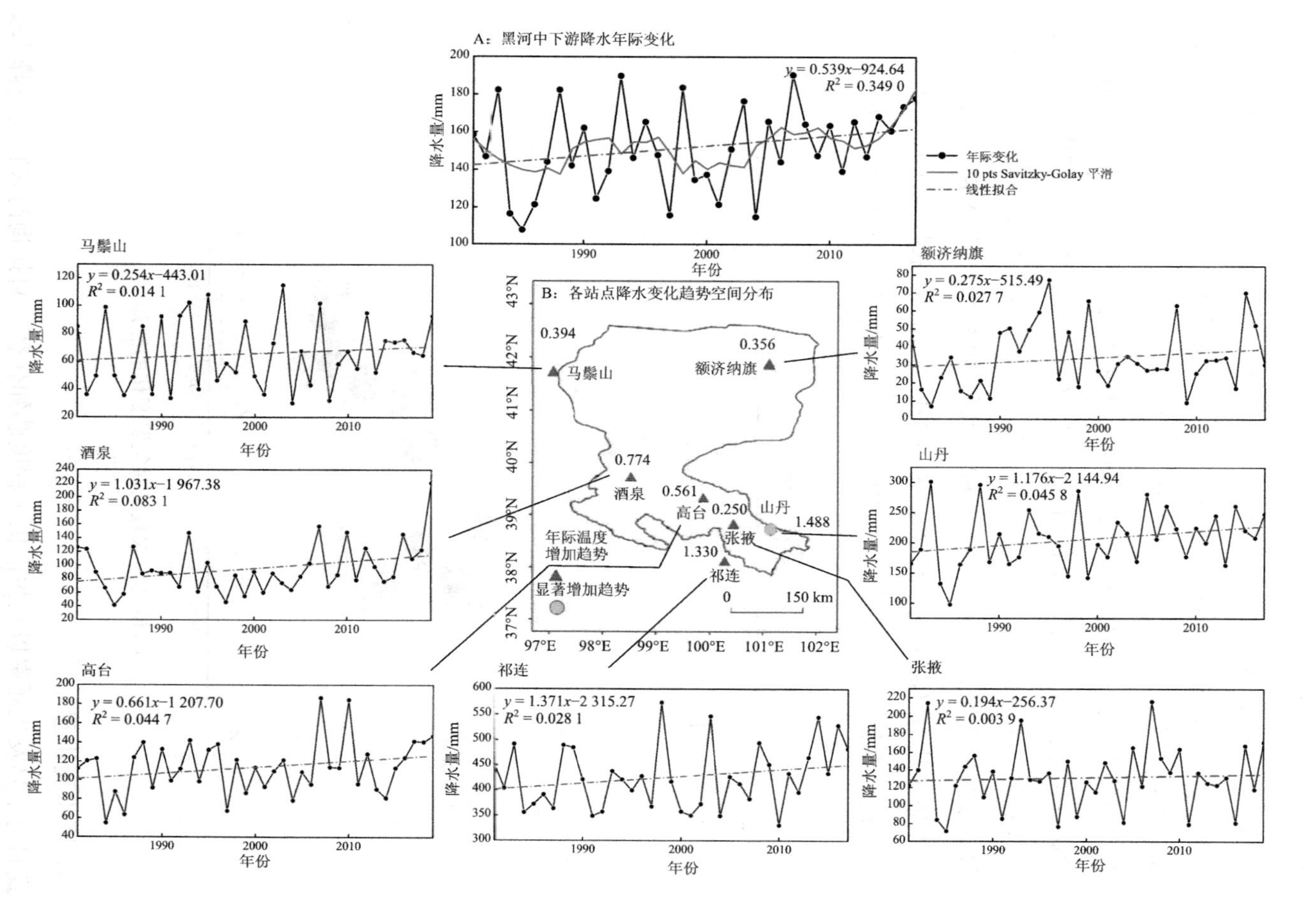

图 6-18　黑河中下游降水年际变化

（3）气温变化感知

在访谈中，农牧民提到他们主要根据穿衣多少、开始和停止供暖的时间、河流解冻及户外结冰时间及谷物种植时间等判断气温是否升高，部分农牧民还提到他们时常从手机、电视等中了解关于气候变化的信息。

在被调查的农牧民中，有78.22%的农牧民感觉到气温变化（升高或下降），其中68.53%的农牧民感觉到气温升高。不同区域农牧民对气温的感知结果有所差别，其中绿洲区对气温上升的感知最敏感，山区次之，荒漠区最不敏感，3个区域农牧民感知气候变暖的比例分别为71.66%、68.39%和50.59%，有18.83%、23.56%和27.06%的农牧民认为气温不变，8.70%、6.90%和21.18%的农牧民认为气温下降。荒漠区的额济纳旗和山区的民乐县的农牧民对气候变暖的感知比例不足60%。

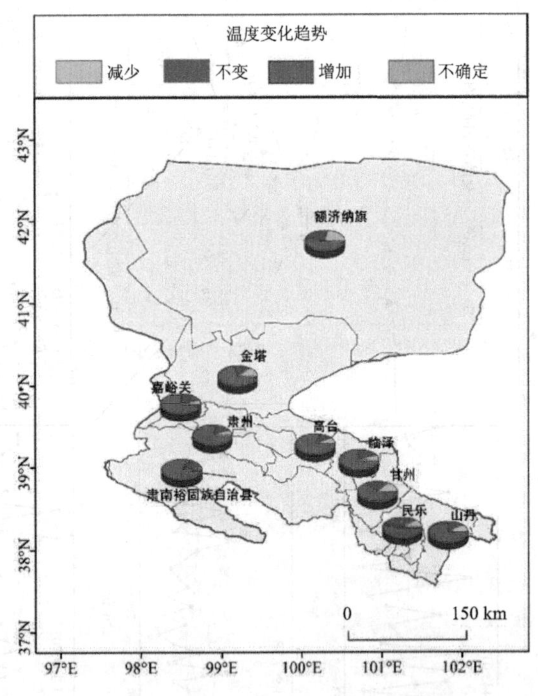

图6-19　农牧民对气温变化的感知

（4）降水变化感知

我们用干旱发生频率以及生活供水程度感知代替了直接询问农牧民对降水变化的感知。这是因为研究区属于干旱地区，不仅降水频率低，而且降水时间通常较短，农牧民很难准确感知到降水的具体变化，而干旱的发生频率和生活供水程度更直观，直接关系到农牧民的生产和日常生活。农牧民主要根据农作物产量、干旱频率、当季牧草长势和草料供应等判断降水变化。结果表明，农牧民对干旱发生频率变化的看法不一，并且对干旱减少不敏感。有66.67%的农牧民认为气候没有变湿，其中 24.17%的农牧民认为干旱发生次数增加，42.50%的农牧民认为干旱发生次数没有变化。荒漠区认为气候没有变湿的农牧民最少，山区和绿洲区占比相当，受访者比例分别是62.35%、67.24%和67.21%。换言之，荒漠区的受访者对降水增加的敏感度最高。另外位于山区的农牧民提到自2020年至调研日期之前的8个月一直未有降水，干旱严重，并担心严重的干旱会对环境造成负面影响。

此外，黑河中下游绝大部分农牧民认为生活用水供应充足，占受访农牧民的80.21%。其中，绿洲区认为生活用水充足的受访者最多，其次是荒漠区和山区，比例依次为 85.22%、71.76%和 70.11%。这表明生活用水基本设施较为完善，但今后仍需进一步改善。

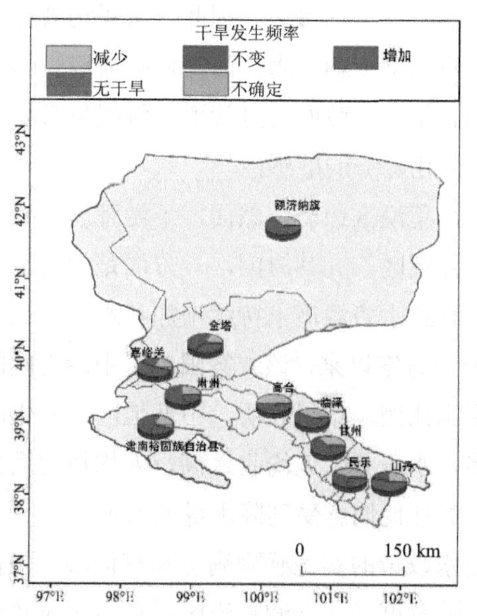

图 6-20 农牧民对干旱发生频率变化的感知

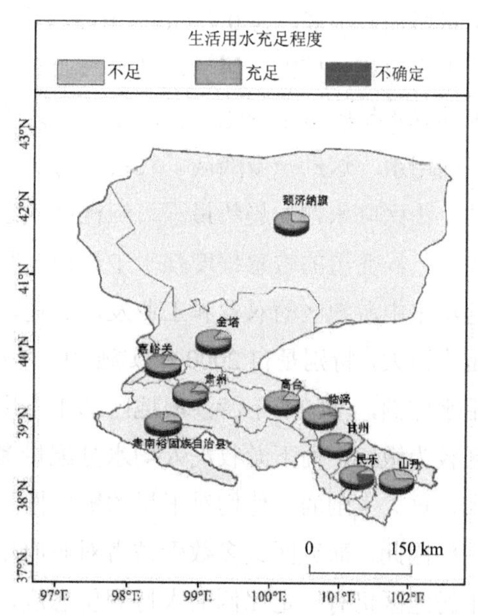

图 6-21 农牧民对生活用水充足度的感知

6.4.2.4 气候变化感知与事实对比

（1）气温变化感知与事实对比

黑河中下游大部分农牧民对当地气温变化较为敏感，能够正确感知气候变暖的趋势。从区域角度来看，中游绿洲区和山区大部分农牧民对气候变化总体看法与气候数据得到的结果一致，而下游荒漠区近一半比例的农牧民的整体感知与事实有偏差。尽管荒漠区额济纳旗在黑河中下游气温变化实际情况中是增温最显著的地区，达 0.58℃/10 a，但该地区农牧民对气温升高的敏感性较其他地区偏低。究其原因，可能是额济纳旗地广人稀，人均耕地较多，导致相当数量的农牧民采取农业生产托管的形式，对气温的依赖性减弱。另外，额济纳旗的温度相较其他地区波动较大，更不稳定，除非发生剧烈的极端气候事件或强烈的气候波动，否则农牧民印象往往不深刻，从而影响了他们对气温变化的敏感度。

（2）降水变化感知与事实对比

黑河中下游多数受访者并未感受到降水增加，与事实出现较大偏差。该偏差可能由多种因素导致，第一，因为自 2000 年起降水虽然整体呈现波动式上升，但总量增加并不多，为 0.736 mm/10 a，甚至有几次显著减少，因此导致受访者在感知上表现相对模糊。第二，当地农业生产不高度依赖降水，而是依赖灌溉设施，平均降水量的微小变化不会产生显著影响。第三，政府通过管道系统提供必要的生活用水，这进一步降低了农牧民对降水变化趋势的敏感性。

山区降水增加趋势最强，绿洲区次之，荒漠区最弱；然而，下游荒漠区农牧民对气候变湿的敏感程度强于中游山区和绿洲区。究其原因，一方面是中游地区近年来中游地区的农业和工业发展迅速，导致水资源需求持续增加和水资源短缺压力巨大，特别是自 2000 年实施“97”分水方案以来，该方案限制了中游地区的用水定额，增加了下游沙漠地区的生态用水比例。结果表明，中部地区农业生产区较为敏感，而下游牧民人均水分配量多，水压少，人均收入高，人均耕地面积大，这大大削弱了他们对干旱的敏感性，促使他们感受到降水量的增加。

因此，研究区大多数受访者对政府用水政策的实施感到满意和有信心，但在中游地区仍有一定比例的人持观望态度，满意度低于下游荒漠区。荒漠区对政策的满意度高于其他区域，荒漠区、山区和绿洲区的受访者对政策的满意度分别为 78.82%、65.52%和 62.75%（图 6-22）。因此，需要进一步调整和优化分水方案，以平衡黑河流域的经济社会发展，增加中游配额，以满足发展需要。

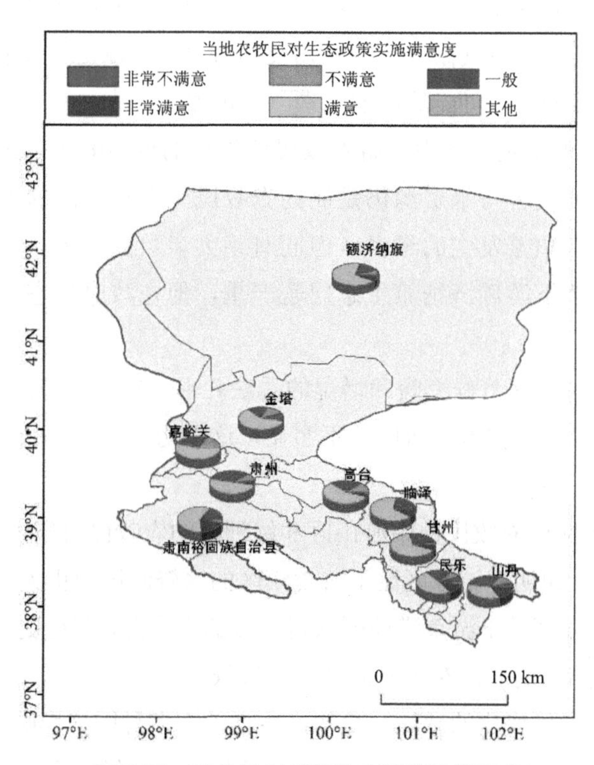

图 6-22　农牧民对当地生态政策的满意度

6.4.2.5　变暖与变湿的差异影响

农牧民对气候变化的准确感知将有助于提高他们适应气候变化的能力，降低应对气候变化的成本。黑河中下游农牧民对气温变化比降水更敏感。气温上升的趋势比降水量增加的趋势强。此外，干旱地区农牧民对降水变化的敏感性很容易受到缺水事实的影响。近年来，全球变暖的新闻得到了普遍宣传，农牧民可能会下意识地接受气温在上升，而降水变化的宣传程度则显著低于气温变化。

就区域差异而言，中游绿洲区的农牧民比山区和荒漠区的农牧民对气候变化更敏感。除了农业生产、绿洲保护和普遍的高缺水压力外，它还可能与不平衡的引水方案有关。

6.4.2.6 小结

通过对我国西北部黑河流域中下游干旱地区数百户农牧民的问卷调查，研究了居民对灾害的感知和对气候变化的感知及其与事实的偏差。我们发现了他们感知的区域差异，并分析了可能的影响因素。结论如下：

1）沙尘暴和干旱是黑河中下游农牧民感知到的近 20 年以来发生的最频繁的灾害，说明风沙灾害与水资源仍是制约农牧民生产与生活的主要因素。其中下游额济纳旗灾害频繁发生的最多，但同时绝大多数受访者认为风沙情况得到改善，这说明虽然下游额济纳旗生态问题严重，但在政府生态工程的实施下已有好转。

2）人们对研究地区气候变暖和增湿的看法并不一致。气候变暖已被大多数人所认可，但认为降水量增多的居民并不明显，这表明干旱地区的农牧民受到降水量的严重制约。

3）下游荒漠区的农牧民比中游山区和绿洲区的农牧民对气候变湿更加敏感，但对变暖不敏感，说明中游地区比下游荒漠区的水资源压力更大。而研究流域的“97”分水方案可以帮助下游荒漠地区获得更多的水资源，获得更高的人均耕地面积和收入，因此那里的居民对干旱的敏感度较低。

4）农牧民对气候变化的感知与事实产生偏差有多种因素影响，包括不同地区气候变化的多样性、农业生产对水资源的依赖程度、气候知识普及情况、政府政策实施情况和农牧民个体感知差异性等。

5）在黑河中下游各区域内，人民皆认为生活用水得到较好保障，生态环境得到显著提升，说明政府基础设施建设、绿化和生态建设工程取得一定效果。

6.4.3 村镇尺度下防风固沙功能承载力评价方法应用——以甘州区为例

甘州雪山、草原、绿洲、沙漠纵横交错，湿地、河流、戈壁、峡谷点缀其间，拥有多种典型地貌；同时也是大型农业灌溉区和全国重点商品粮基地，社会经济在黑河中下游发展较好，因此选择典型区域——甘州区进行村镇尺度上的防风固沙功能承载力模型检验。

6.4.3.1 防风固沙功能承载力现状及与实际情况验证

结果表明，甘州区各村镇的承载状态总体呈现北部超载，南部及中部村镇多为富余或平衡状态的空间分布特征。

甘州区共有18个乡镇、245个行政村。其中，生态超载乡村主要分布于平山湖蒙古族乡以及区域中部，面积约为1 785 km^2，约占甘州区乡镇总面积的67%，其中平山湖乡的面积为1 249 km^2，占生态超载总面积的70%。生态平衡乡村分散分布于甘州区中部和南部面积约为271 km^2，占甘州区总面积的10%。甘州区中部和南部乡镇共215个行政村呈现生态富余，面积约为590 km^2，占甘州区总面积的23%。由此看来，甘州区的防风固沙功能承载力区域差异明显，总体生态承载状态处于中等水平，防风固沙功能承载力有待进一步提高。

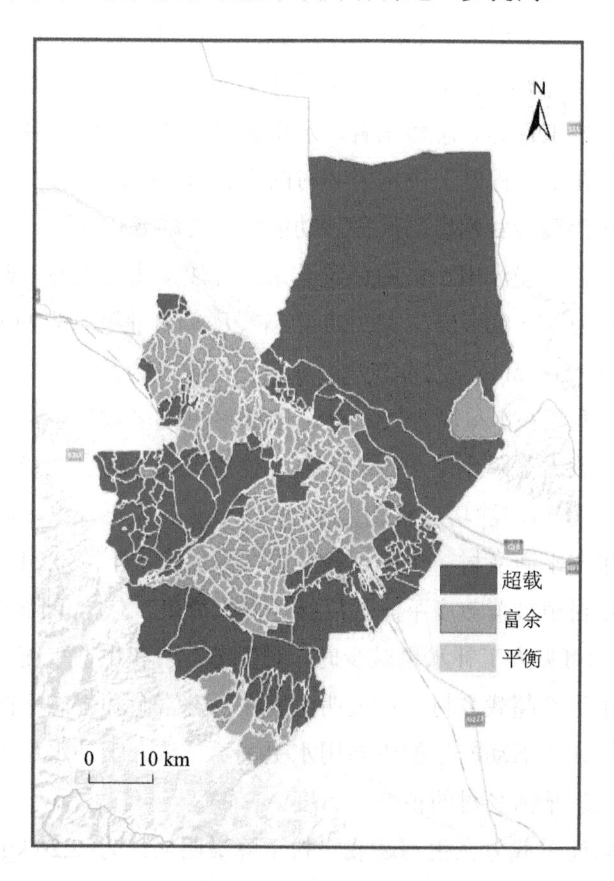

图6-23 甘州区防风固沙功能承载现状

具体而言，平山湖蒙古族乡所有乡村防风固沙功能承载力低于阈值，处于较严重的生态超载状态，乌江镇、小满镇、上秦镇、长安乡、梁家墩镇所辖乡村防风固沙功能承载力基本高于阈值，处于较明显的生态富余状态，其他乡镇大部分包括生态超载、生态平衡和生态富余的3种状态的乡村。结合实际情况发现，生态超载严重的平山湖蒙古族乡地处合黎山北麓，巴丹吉林沙漠南缘地带，夏季干旱少雨，冬季寒冷多风，境内地形复杂，水源极缺，并且近年来由于气候波动，平山湖蒙古族乡连年干旱，草原沙漠化严重。其他生态超载乡村多数生物丰富度较低，并且大多数土壤盐碱度高。较明显的生态富余乡镇中，乌江镇位于黑河中游，地势低洼，河汊密布，水草丰茂，紧依张掖国家级湿地；小满镇、长安乡、梁家墩镇和上秦镇四镇毗邻，靠近黑河及甘浚滩，河水灌溉充裕，生态环境较好。剩余生态平衡及富余乡村多数靠近祁连山脉，具有相对较高的植被覆盖度及生物丰富度或是实施了生态保护工程，如黑河滩生态修复胡杨林营造项目、退耕还林工程、天然林保护工程等。总体来看，水资源是制约黑河中游乡村发展的命脉。水资源丰富程度在很大程度上决定了乡村的生态承载状态。

6.4.3.2 漫灌改滴灌后甘州区防风固沙功能承载力的变化

参考农田滴灌与漫灌用水量的调研结果，甘浚镇作为生态平衡乡镇，其漫灌与滴灌面积分别为105 000亩和45 000亩；漫灌每亩灌溉量为900 m^3/a，滴灌每亩灌溉量为400～500 m^3/a。假设甘州区农田由漫灌改为滴灌后，在没有其他生态补水的情况下，人工补水量减少41.18%，甘州区中部多数生态富余及平衡乡村的防风固沙功能承载力下降至生态超载状态，整体干燥度减小0.12，植被覆盖度下降26.08%，平均防风固沙功能承载力减小1.93 kg/m^2。干燥度下降程度排序为生态富余乡村＞生态平衡乡村＞生态超载乡村，数值依次下降0.24、0.20和0.07。不同承载状态乡村植被覆盖度下降程度排序同干燥度，依次下降53.2%、41.08%和15.86%。由此可见人工补水量减少时，对生态富余和生态平衡乡村的植被覆盖度影响明显大于生态超载乡村，这说明可能在生态富余和生态平衡乡村，人工绿洲农业较发达，人类活动产生的生态用水更多，导致人工补水量下降时，更易影响生态富余和生态平衡乡村的植被覆盖度。

防风固沙功能承载力在生态超载乡村下降最明显，为2.26 kg/m^2，随后是生态富余乡村与生态平衡乡村，分别下降1.42 kg/m^2和0.93 kg/m^2。从植被覆盖度与防风固沙功能承载力下降差异中可以推断，生态超载乡村植被覆盖度下降时，无疑是在本就植被稀疏之地雪上加霜，植物固沙功能大大降低，会进一步加剧土壤风蚀，降低其防风固沙功能承载力；而生态平衡乡村与生态富余乡村的植被覆盖度较高，人工补水量减少虽然也导致了植被覆盖度降低，但是下降后这两类乡村植被覆盖度相对生态超载乡村依旧较高，因而防风固沙功能承载力变化较小。由此可知，防风固沙功能承载力下降程度不仅与植被覆盖度下降程度有关，与区域本底自然和社会经济条件亦是表里相依。

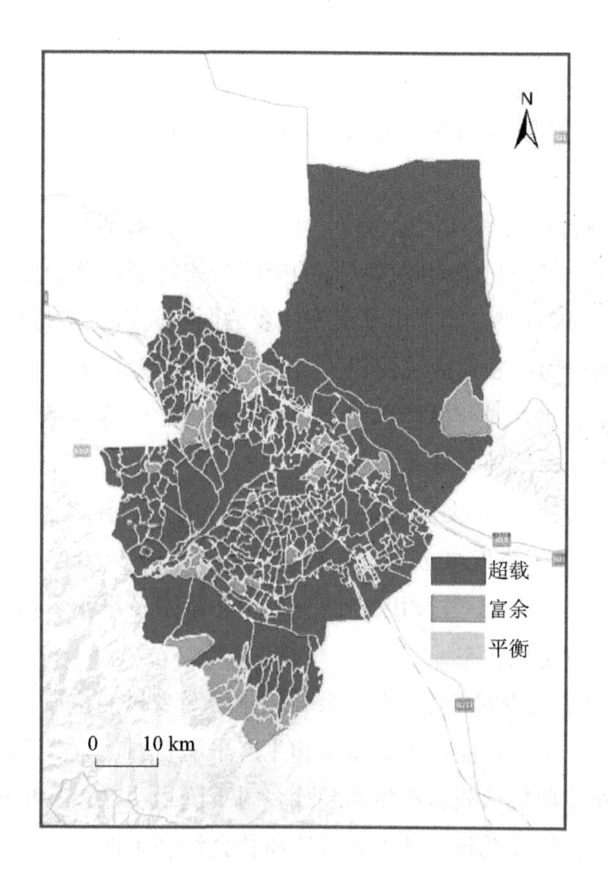

图 6-24 漫灌改滴灌后乡镇防风固沙功能承载状态

表 6-8 不同类型区域干燥度、植被覆盖度和防风固沙功能承载力现状值

分类	平均干燥度	变化	平均植被覆盖度/%	变化/%	平均防风固沙功能承载力/（kg/m^2）	变化/（kg/m^2）
甘州区	0.33	−0.12	48.32	−26.08	23.49	−1.93
生态超载乡村	0.25	−0.07	31.41	−15.86	16.86	−2.26
生态平衡乡村	0.46	−0.20	75.66	−41.08	27.09	−0.95
生态富余乡村	0.52	−0.24	90.11	−53.20	43.79	−1.42

6.4.3.3 小结

本章使用构建的防风固沙功能承载力评价方法在甘州区进行了应用，结果显示如下。

1）甘州区各村镇的承载状态总体呈现北部超载，南部及中部大部分村镇为富余和平衡状态，少部分村镇为超载状态的空间分布特征，其中生态超载地区面积约占甘州区总面积的 67%，而平山湖蒙古族乡的面积就占生态超载总面积的 79%，生态平衡区域面积约占甘州区总面积的 10%，生态富余地区面积约占甘州区总面积的 23%。由此看来，甘州区整体生态承载状态处于中等水平，在生态超载地区还需进一步加大生态治理与修复力度。

2）当农田用水由漫灌改为滴灌，在没有额外的生态补水情况下，人工补水量减少 41.18%，整体干燥度减小 0.12，植被覆盖度下降 26.08%，平均防风固沙功能承载力减小 1.93 kg/m^2，甘州区中部多数生态富余及平衡乡村的防风固沙功能承载力下降至生态超载状态。

3）人工补水量减少时，对生态富余和生态平衡乡村的植被覆盖度影响明显大于生态超载乡村，说明可能在生态富余和生态平衡乡村，人类活动产生的生态用水更多；防风固沙功能承载力在生态超载乡村下降最明显，与植被覆盖度下降程度并不对应，可能是关系到区域本底自然和社会经济条件。

6.4.4 黑河中下游乡镇防风固沙功能承载力及不同情景下的变化

6.4.4.1 中下游防风固沙功能承载力空间格局与区域差异分析

提升土壤湿度及植被覆盖度数据分辨率后，黑河中下游多年平均防风固沙功

能承载力整体呈现中游绿洲区较强向下游荒漠区递减的空间分布特征。下游荒漠区除黑河水系沿线附近，防风固沙功能承载力均低于 30 kg/m^2，防风固沙功能承载力最大值出现在正义峡附近，最小值出现在额济纳旗北部边界处。黑河中下游主要有 1 市 9（区）县，另包括玉门市及肃北蒙古族自治县所辖 4 个乡镇的部分区域，共 99 个乡镇，研究区乡镇防风固沙功能承载力呈下游和中游北部超载、南部基本平衡或富余的空间分布格局。其中有 48 个生态超载乡镇主要分布于额济纳旗、肃州区、金塔县、甘州区和高台县等，其面积为 105 780 km^2，约占黑河中下游总面积的 80%，其中额济纳旗涵盖的面积为 74 507 km^2，占生态超载总面积的 70%。生态平衡乡镇主要分布于肃南裕固族自治县、山丹县、民乐县、甘州区和肃州区等共 27 个乡镇，总面积约为 18 798 km^2，占总面积的 14%。生态承载状态呈现富余的地区分散分布于山丹县、民乐县、甘州区和高台县共 24 个乡镇，面积约为 7 486 km^2，占黑河中下游乡镇总面积的 6%。总体来看，黑河中下游的防风固沙功能承载力状态空间分布差异明显。

究其原因，主要与区域自然环境、气候条件以及生态工程和政策的实施有关。具体来说，生态超载乡镇草木极为稀疏，平均植被覆盖度仅为 7.03%，平均干燥度为 0.14，大部分地貌为沙漠、戈壁，干旱少雨，地表径流少且风沙危害严重。近年来，随着气候变暖，雪线不断上升，致使河流来水量逐年减少。生态平衡乡镇多为人工绿洲农业区，平均植被覆盖度为 42.14%，平均干燥度为 0.30，该区域生态修复与农田水利基础设施建设紧密结合，改善了水环境，且长期受到人类生产与生活的影响。生态富余乡镇的植被覆盖度较高，达 72.83%，平均干燥度为 0.44，气候相对更为湿润，因而防风固沙功能承载力较高。

其中，位于额济纳旗的乡镇生态超载最多也最严重，尤其是位于额济纳旗南部、西部和北部地带的乡镇，人口、土地、植被资源都呈逐年缓慢增长趋势。目前，额济纳旗通过开展黑河水环境治理、水生态保护、沙化土地治理、林地草场保护、矿山治理、农用地整治、低效用地再开发等方面工作，使生态环境得到一定改善，但仍是黑河流域生态形势最严峻的区域。

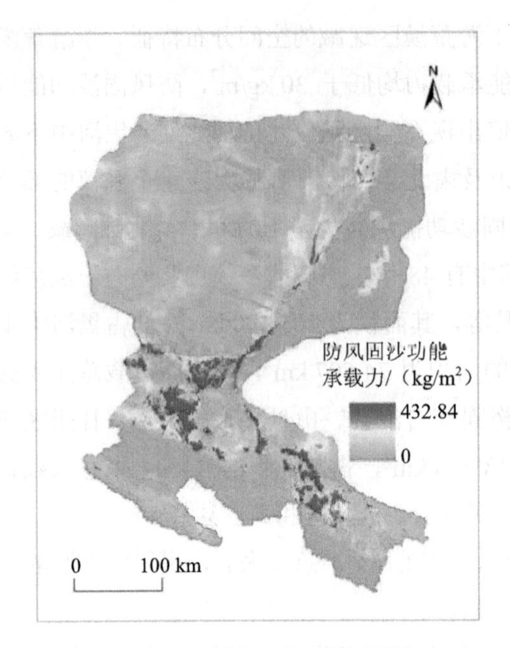

图 6-25 黑河中下游多年平均防风固沙功能承载力空间分布

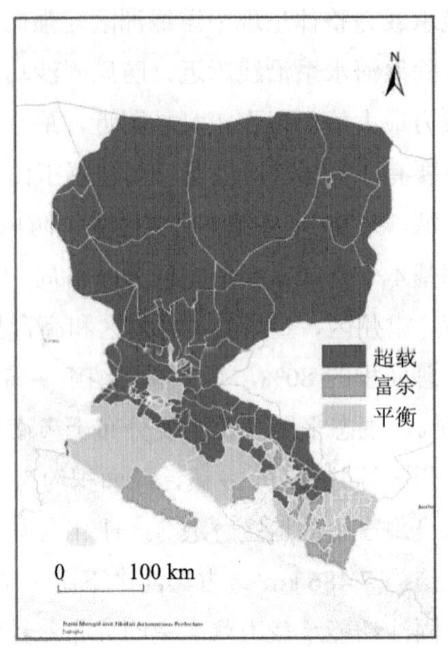

图 6-26 黑河中下游乡镇防风固沙功能承载状态

6.4.4.2 农田用水情景下防风固沙功能承载力变化

同样参考甘浚镇农田滴灌与漫灌用水量的调研结果，假设人工补水量减少41.18%后，黑河中下游干燥度减少0.04，植被覆盖度下降7.03%，有19个乡镇由生态平衡或富余状态下降至生态超载状态，平均防风固沙功能承载力下降4.71 kg/m^2，说明虽然滴灌提高了农作物的水资源利用效率，但同时减少了生态用水，应关注农田周边植被情况，适度增加生态用水。

表 6-9 农田漫灌改为滴灌后防风固沙功能承载力的变化

分类	平均干燥度变化	平均植被覆盖度变化/%	平均防风固沙功能承载力变化/（kg/m^2）
黑河中下游	−0.04	−7.03	−4.71
生态超载乡镇	−0.03	−4.94	−5.63
生态平衡乡镇	−0.07	−13.75	−0.88
生态富余乡镇	−0.10	−21.15	−0.40

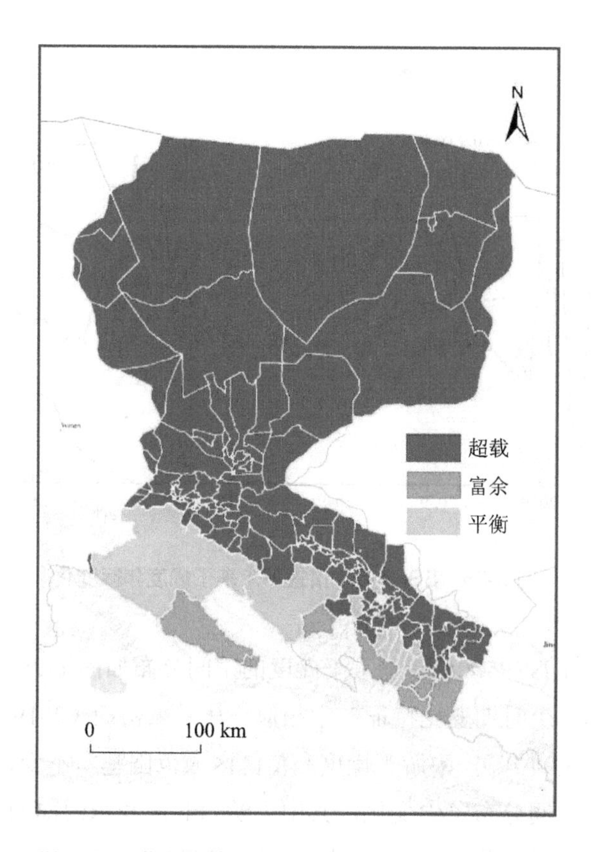

图 6-27　漫灌改滴灌后乡镇防风固沙功能承载状态

6.4.4.3　基于 SSP5-8.5 情景干燥度下的防风固沙功能承载力

从黑河中下游 2019—2094 年干燥度指数年际变化可以看出，研究区将呈现波动下降趋势，下降速率为 0.04/10a，多年平均干燥度值为 0.13。2019—2025 年，干燥度下降至最低值 0.049，然后经历波动变化，至 2069 年达到最高值 0.23 后，至 2094 年呈现明显的下降趋势。黑河中下游多年平均干燥度值小于 0.2，在联合国环境规划署划分标准中，属于干旱区。未来干燥度值逐渐下降，表明在 21 世纪中后期，黑河中下游气候特征可能将从干旱过渡到极端干旱类型，研究区所面临的干旱风险进一步提升。

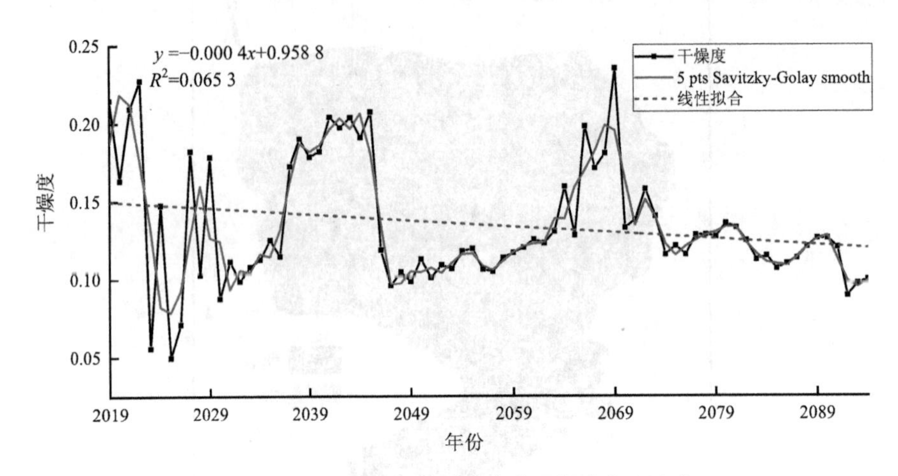

图 6-28　SSP5-8.5 情景下未来干燥度年际变化

黑河中下游在 SSP5-8.5 情景下干燥度的空间分布如图 6-29 所示，可以看出干燥度在未来的 4 个时期变化特征非常相似。从未来初期（2019—2037 年）到未来远期（2076—2094 年），中游干燥度高值区区域范围基本不变，数值微度减小，下游干燥度值的空间分布发生变化，其中下游西北部和东南部的干燥度值略微升高。随着时间的推移，黑河中下游干燥度值在 SSP5-8.5 情景下整体呈不断减小的态势，且以未来远期减小最为显著，但是在空间分布特征中，表现出下游部分乡镇的干燥度略微升高。

由前文植被覆盖度与干燥度拟合的关系公式可以预见，干燥度减小，植被覆盖度亦会随之下降，进而影响防风固沙功能承载力。在未来气候变化背景下，如果持续进行经济体驱动的高排放发展，随着干燥度的持续减小，黑河中下游的乡村面临防风固沙功能承载力下降，生态恶化的风险。

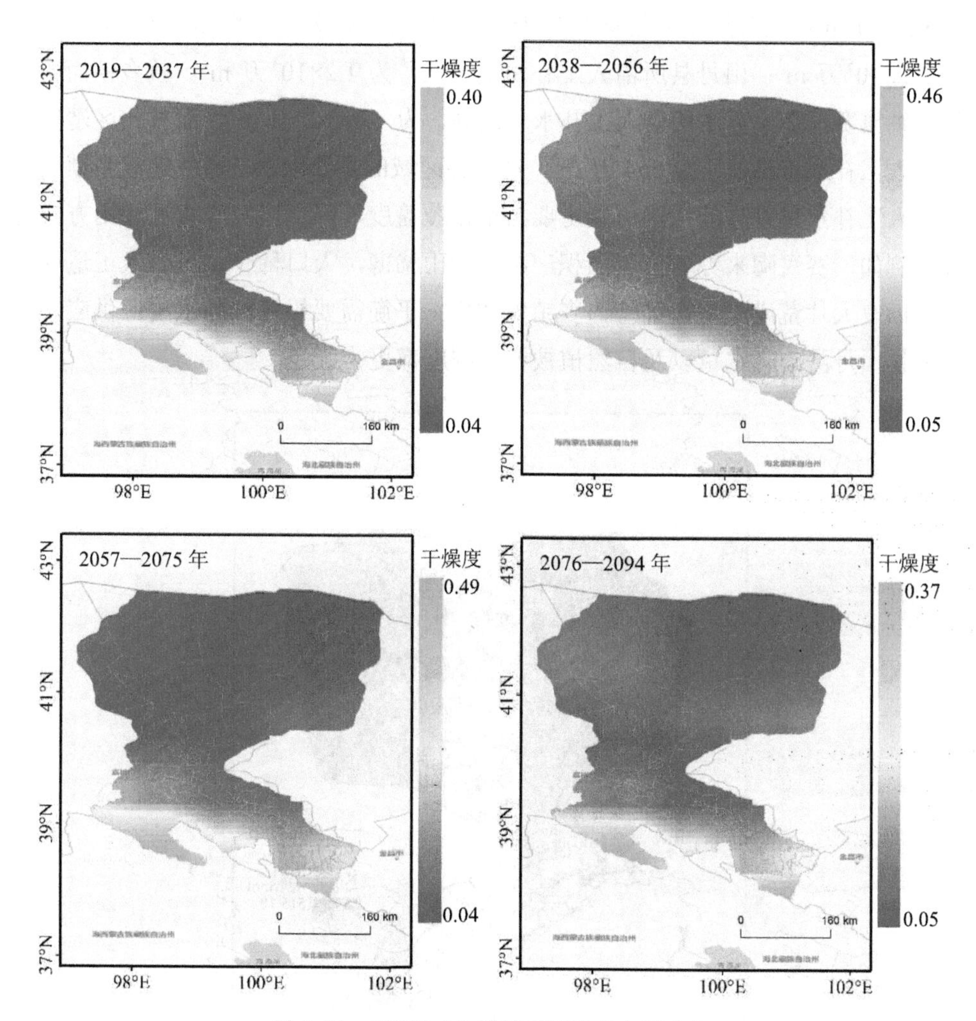

图 6-29 SSP5-8.5 情景下干燥度空间分布

6.4.4.4 生态超载乡镇所需人工补水量

结果表明，流域下游生态超载乡镇为达生态平衡所需人工补水量明显大于中游生态超载乡镇；其中有 18 个乡镇所需人工补水量高于 300 mm/a，主要位于额济纳旗、肃北蒙古族自治县、金塔县和玉门市，属于流域下游；有 9 个乡镇所需人工补水量低于 200 mm/a，主要位于肃州区、甘州区和高台县，属于流域中游。

总体来看，额济纳旗超载乡镇为达生态平衡状态所需人工补水量最高，共约

2.3×10^6万 m^3；金塔县和肃北蒙古族自治县的超载乡镇次之，各需约 2.8×10^5万 m^3和 2.3×10^5万 m^3；山丹县所需人工补水量最低，为 1.2×10^4万 m^3。就乡镇而言，额济纳旗赛汉陶来苏木所需人工补水量最高，为 7.1×10^5万 m^3，而甘州区靖安乡所需人工补水量最低，为 664 万 m^3。结合各区域的差异因素，造成超载乡镇之间所需人工补水量差异的原因可能主要与植被覆盖度、降水以及水资源利用方式有关。例如，赛汉陶来苏木由于面积广阔，降雨稀薄，人口稀少，虽有人工造林，但依旧有大片荒漠戈壁，维持该乡镇整体生态平衡需要极多额外水资源供应，相对来说山丹县的降水量以及自然植被覆盖程度都更为优越。

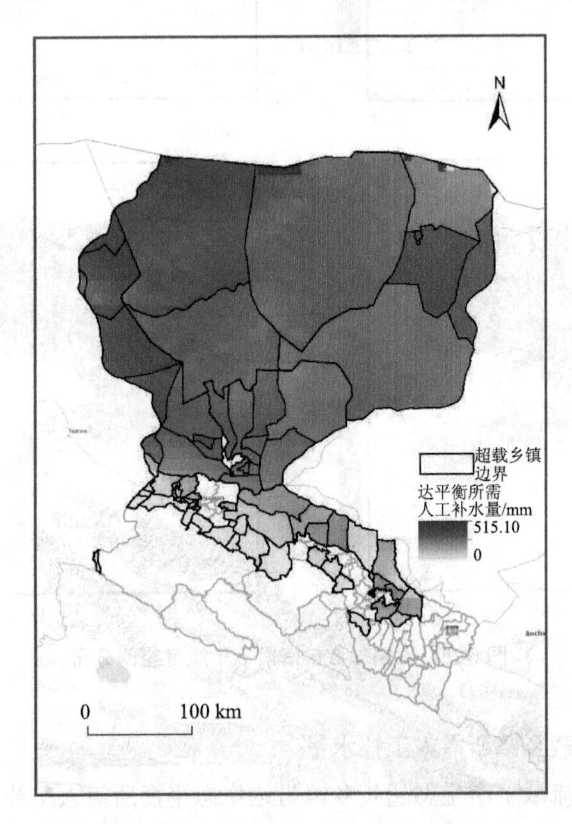

图 6-30 生态超载乡镇所需人工补水量空间分布

与此同时，参考甘州区调研数据发现，2020 年甘州区生态超载乡镇的农业与生态用水量总和仅 8 030 万 m^3，而计算得到甘州区生态超载乡镇共需 3.7×10^4万 m^3人工补水量以达生态平衡，差异较大。其中差异主要表现在平山湖蒙古族乡农业与生态用水量仅为36 万 m^3，与理论所需人工补水量约 2.1×10^4 万 m^3 相差甚远。然而，靖安乡农业与生态用水量为891 万 m^3，与理论所需人工补水量664 万 m^3 较接近。

综上所述，在人工实施生态补水过程中，应因地制宜，结合人口、气候与自然地貌等因素，考虑综合效益差异性进行人工补水，才能优化水资源配置，提高水资源利用效率，更有效地维护生态超载乡镇的生态安全。

表6-10 生态超载乡镇所需人工补水量

市	区县级	生态超载乡镇	超载乡镇达生态平衡所需平均人工补水量/（mm/a）	所需人工补水量/10^5 m^3
阿拉善盟	额济纳旗	哈日布日格德音乌拉镇	348.66	523 193.91
		巴彦陶来苏木	336.21	140 934.20
		额济纳旗东风镇	311.74	416 305.04
		温图高勒苏木	325.21	78 327.98
		额济纳旗马鬃山苏木	323.84	282 290.01
		额济纳旗苏泊淖尔苏木	288.18	136 765.81
		达来呼布镇	332.10	2 020.20
		额济纳旗赛汉陶来苏木	324.91	706 877.83
酒泉市	玉门市	花海镇	340.81	49 277.94
		清泉乡	212.21	7 473.76
	肃北蒙古族自治县	盐池湾乡	349.43	96 161.06
		马鬃山镇	352.05	132 661.00
	金塔县	航天镇	309.81	134 226.70
		金塔镇	306.71	7 984.32
		鼎新镇	311.92	48 031.77
		西坝乡	329.51	10 873.31
		古城乡	326.08	28 650.41

市	区县级	生态超载乡镇	超载乡镇达生态平衡所需平均人工补水量/（mm/a）	所需人工补水量/10^5 m^3
酒泉市	金塔县	东坝镇	317.09	42 850.06
		羊井子湾乡	308.33	2 014.26
		大庄子乡	320.12	9 757.98
	肃州区	清水镇	142.60	9 152.80
		果园乡	248.71	1 758.07
		西洞镇	172.38	2 440.81
		东洞乡	168.12	3 998.73
		下河清乡	189.49	3 613.13
		丰乐乡	129.81	1 856.78
		金佛寺镇	146.52	5 092.67
		西峰乡	215.37	674.55
		黄泥堡乡	246.38	2 411.41
嘉峪关市	—	新城镇	257.42	7 080.15
		峪泉镇	225.93	9 414.36
		文殊镇	182.08	7 279.72
张掖市	肃南裕固族自治县	明花乡	230.02	30 680.12
	山丹县	东乐乡	258.98	12 115.93
	临泽县	平川镇	282.62	16 784.52
		板桥镇	214.57	20 093.50
		倪家营乡	206.19	4 483.55
		新华镇	211.05	5 471.66
		平山湖蒙古族乡	246.99	20 698.37
	甘州区	靖安乡	239.44	664.14
		党寨镇	267.02	8 259.07
		花寨乡	113.83	2 616.99
		三闸镇	276.48	4 378.61

市	区县级	生态超载乡镇	超载乡镇达生态平衡所需平均人工补水量/（mm/a）	所需人工补水量/10^5 m^3
张掖市	高台县	新坝乡	113.17	8 784.01
		罗城乡	272.52	32 705.55
		合黎乡	278.89	9 839.36
		黑泉乡	263.83	17 261.09
		南华镇	219.18	5 836.81

6.4.4.5 小结

本章首先分析了黑河中下游乡镇防风固沙功能承载力状态与区域差异现状；其次根据农田用水情景数据，模拟了在农田生态用水量减少后防风固沙功能承载力的变化；再次根据不同的承载状态，提出了各类乡村的约束情景及发展策略；最后使用 22 个 CMIP6 全球气候模式平均值，通过 delta 校正误差后，计算出 SSP5-8.5 情景下黑河中下游的干燥度变化以及对应的各乡镇防风固沙功能承载力状态。得到以下结论。

1）黑河中下游乡镇防风固沙功能承载力呈下游和中游北部超载、南部基本平衡或富余的空间分布格局。生态超载乡镇草木极为稀疏，平均植被覆盖度仅为 7.03%，平均干燥度为 0.14，大部分地貌为沙漠、戈壁，干旱少雨，地表径流少且风沙危害严重。生态平衡乡镇多为人工绿洲农业区，平均植被覆盖度为 42.14%，平均干燥度为 0.30，该区域生态修复与农田水利基础设施建设紧密结合，改善了水环境，且长期受到人类生产与生活的影响。生态富余乡镇的植被覆盖度较高，达 72.83%，平均干燥度为 0.44，气候相对更为湿润，因而防风固沙功能承载力较高。

2）黑河中下游农田由漫灌改为滴灌后，人工补水量减少 41.18%，有 19 个乡镇的防风固沙功能承载力下降至生态超载状态，植被覆盖度下降 7.03%，平均防风固沙功能承载力减少 4.71 kg/m^2。这说明虽然滴灌提高了农作物的水资源利用效率，但同时减少了生态用水，应关注农田周边植被情况，适度增加生态用水。

3）流域下游生态超载乡镇为达生态平衡所需人工补水量明显大于中游生态超载乡镇，额济纳旗赛汉陶来苏木所需人工补水量最高，为 7.1×10^5 万 m^3，而甘州区靖安乡所需人工补水量最低，为 664 万 m^3。同时对比甘州区调研数据发现，生态用水量与所需人工补水量差距较大，主要表现在平山湖蒙古族乡，而靖安乡与理论所需人工补水量 664 万 m^3 较接近。说明在人工实施生态补水过程中，应考虑综合效益差异性进行人工补水，才能优化水资源配置，有效维护生态超载乡镇生态安全。

4）在未来时期，研究区将呈现波动下降趋势，下降速率为 0.04/10a，多年平均干燥度值为 0.13，表明在 21 世纪中后期，黑河中下游气候特征可能将从干旱过渡到极端干旱类型，研究区所面临的干旱风险进一步提升；随着干燥度的减小与空间分布的变化，黑河中下游乡镇面临防风固沙功能承载力下降和生态恶化的风险。

6.5 村镇建设生态承载力提升方案

根据第 5 章得到的研究区防风固沙功能承载力情况及气候变化和灾害对当地乡村发展造成的生态制约，研究乡、村尺度上防风固沙功能承载力现状以及不同情景下的防风固沙功能承载力变化，分析不同防风固沙功能承载力状态类型乡村的约束情景并提出针对性的策略。其中有关气候变化的乡村行动应遵循 3 个基本原则：①适应优先原则，在地方处于有可能遭受气候灾害的境遇之下，应优先适应气候变化，再考虑气候减缓行动；②最大收益原则，即以最小代价，获得最大减排和适应效果；③补偿行为原则，在发展与气候保护之间的矛盾难以避免时，考虑环境补偿行为，最大限度地抵消乡村发展所造成的负面影响。

6.5.1 生态超载乡村情景及发展策略

6.5.1.1 生态超载乡村约束情景

生态超载乡村主要处于额济纳旗和金塔县及高台县的部分乡镇。该类乡村所处地区基本上植被覆盖度低，仅为 7.09%，属于干旱区，绿洲面积较少，荒漠、戈壁与荒地占比大，风蚀严重，自然灾害频繁。结合调查问卷结果，发现该地区平均家庭年收入相对较高，为 2.13 万元，月平均生活用水量低于 4 t，说明生态超载乡村农牧民生活压力较小，生活用水相对节俭；在灾害感知中该地区较多农牧民认为沙尘暴最严重，尤其是金塔县和额济纳旗认为沙尘暴最严重的农牧民分别占 48.65%和 47.06%，风沙灾害仍是制约该地区农牧民生活和生产的主要因素；农牧民对气温增加的敏感性较低，而对降水增加的敏感度相对其他地区较高，与目前该地区农业生产方式和“97”分水方案导致生态用水比例增加，水资源压力减小有关。

总体而言，生态超载乡村生态环境与资源禀赋限制性严重，受制于防风固沙功能承载力的严重约束。

6.5.1.2 生态超载乡村发展策略

1）在遵循自然规律的同时，实施生态保护工程，进一步植树造林，保护现有绿洲和防护林，提高植被覆盖度，增强生态系统的防风固沙功能承载力。在造林过程中，一方面树种可以尽量选用乡土树种，降低造林成本；另一方面要考虑到干旱缺水，水土流失严重，土壤保水性差的问题，尽量选用耐旱耐瘠薄适应性强的灌木。同时，要严格保证生态保护的有效性，施行严格的奖惩机制。例如，禁止毁草开荒、过度开采地下水、私自开采矿产资源、破坏耕地挖沙取土和破坏或乱挖野生植物，以促进生态植被自然修复；严格控制林地征收、林木采伐审批办理，做好资源管理和森林防火监测工作。

2）深入实施“乡村振兴”战略，在产业布局优化过程中，应充分考虑地区防风固沙功能承载力。调整本地的产业和经济结构，对高耗水产业严格限制，尽可能提高农业用水的使用效率，支持生态适宜产业，如打造绿色有机农产品、优质特色农产品品牌和沙漠“胡杨林”景区品牌等。

3）保证生态用水。在区域内生态用水要首先得到保障，工农业用水不能挤占生态用水。在生态用水得到可靠的保障后，再考虑产业对水的需求，尽量提高各类产业的水资源开发利用率。改进农业生产水资源利用方式的同时考虑到人工生态用水量的减少并适当进行补充。

4）政府需要加强生态环境保护和应对气候变化政策性法规的实施。相关部门应切实履行保护生态环境，促进生态文明建设的重要责任，制定政策法规进行监督与管理。例如，大力推动建设节水型社会，并设立相应的激励与监督机制；做好资源可持续利用及生态可持续发展的综合规划；始终将生态系统的平衡放在重要位置，需要关注加快农牧民参与适应行动的制度体系和过程建设，从而促进农牧民对气候变化的适应实践。

6.5.2 生态平衡乡村约束情景及策略

6.5.2.1 生态平衡乡村约束情景

生态平衡的乡村大部分处于中游地区，包括山丹县、民乐县、高台县、临泽县、甘州区、肃南裕固族自治县、嘉峪关市和肃州区。该类乡村所处地区平均植被覆盖度为40.48%，属于半干旱区，绿洲与沙漠交错，草畜、生态和旅游资源较丰富，各乡村风蚀程度不等，大部分不属于风蚀严重区。结合调查问卷结果，发现该地区平均家庭年收入在1.18万～2.10万元，月平均生活用水量相差较大，山丹县、民乐县、临泽县、嘉峪关市低于4 t，肃南裕固族自治县、甘州区、高台县、肃州区月平均生活用水量在 5～8 t，说明生态平衡乡村农牧民生活压力不均，用水差距较大；在灾害感知中该地区较多农牧民认为干旱最为严重，水资源压力是制约生态平衡乡村农牧民生活和生产的主要因素；该地区农牧民对气温增加的敏感性较高，而降水增加的敏感度相对荒漠区较低，但整体上生态平衡乡村对气候变化的敏感性强于其他地区。这与中游近年来水资源需求持续增加和水资源短缺压力巨大，和不平衡的分水方案有关。

总之，生态平衡乡村的承载状态易受气候变化和人类活动等因素发生改变，受防风固沙功能承载力的约束中等。

6.5.2.2 生态平衡乡村发展策略

1）因地制宜实行生态保护措施，在维持现有植被覆盖度的情况下，尽量提高植被覆盖度，保持林地草原平衡。对山区地带，特别是植被覆盖度较高的区域，可进行“长期封短期牧”的轮封轮牧方式，有利于生态系统平衡；对生态脆弱的干旱地区，则采取完全封禁的措施，同时积极进行生态修复，通过采取围栏封育、植树造林、生态移民等措施，提高防风固沙功能承载力，实现生态环境可持续发展。

2）在现有的产业结构基础上，将乡村的经济效益与生态保护相结合。对于防风固沙功能承载力相对较低的乡村应首先加强生态环境保护意识，加大环境治理力度，促进生态与经济协调发展；对于防风固沙功能承载力相对较高的乡村，可以在维持生态系统平衡的前提下进一步优化产业布局，达到经济效益的最大化。

此外，在开发资源时，也要认识到资源利用对生态环境可能造成的负面影响，尽可能防止严重的生态危机，提高资源保护与合理、永续利用的意识。

3）加强水资源统一管理，提高水资源利用效率。实行流域分水方案时，考虑到流域各区域水资源压力和防风固沙功能承载力，结合地区社会经济发展现状，确定科学合理的水资源分配，切实加强本地区的水资源保护力度。

4）加强应对气候变化的适应性管理体系。由于该地区对气候变化的敏感性，政府应该加强气候变化科普，提供预警信息和技术支持，农牧民应加强田间管理，更加关注极端天气事件，以便做好应对气候变化的措施。

6.5.3 生态富余乡村约束情景及策略

6.5.3.1 生态富余乡村约束情景

生态富余乡村位于中游山丹县霍城镇、民乐县的南丰乡、洪水镇、永固镇和三堡镇，甘州区的碱滩镇、沙井镇、长安乡、乌江镇、龙渠乡和梁家墩镇和高台县的巷道乡，以及下游额济纳旗的达来呼布镇。该类乡村所处地区平均植被覆盖度较高，为76.26%，属于半干旱区，自然生态本底状态较好，降水相对充沛并且气候湿润，风蚀程度较轻。结合调查问卷结果，生态富余乡村所处地区家庭年收入差距较大，民乐县最低为1.18万元，山丹县、甘州区、高台县为1.51万～1.60万元，额济纳旗最高为2.53万元。月平均生活用水量相差较大，山丹县、民乐县和额济纳旗低于4 t，甘州区和高台县月平均生活用水量在5～8 t，说明生态富余乡村农牧民生活压力和用水差距较大；在灾害感知中该地区农牧民认为自然灾害的频率较低，其中甘州区、高台县和额济纳旗农牧民认为沙尘暴最为严重，山丹县和民乐县农牧民认为干旱最为严重，农牧民的生活和生产分别受制于风沙灾害和水资源短缺，但总体受制程度较低。该地区农牧民整体上对气候变化的敏感性中等，由于良好的自然条件，受气候变化的影响相对较小。

总之，生态富余乡村降水充足，水条件和农业生产潜力较高，是农业生产的核心地带，受防风固沙功能承载力的约束较小。

6.5.3.2 生态富余乡村发展策略

1）突出区域资源优势，做大做强生态品牌，升级优化种植、养殖、蔬菜基地建设3个主导产业。对于沿山分布，气候冷凉，饲草资源丰富的区域，应重点发展畜牧业，通过合作赢得市场，为养殖合作社和农户打开品牌增收出路。对于适宜发展种植业的乡镇，大力培育生态精品玉米制种、高原夏菜、食用菌、中药材、小杂粮等产业，推进农业废弃物资源化利用，全面提升制种和蔬菜等产业。

2）针对性选择经济发展方式。对于收入较低的生态富余乡村，可以调整产业结构，侧重经济发展，并充分挖掘本地现有的自然风景和人文景观等资源潜力，打造良好的生态旅游资源和旅游景点，推进田园综合体示范项目。对于收入较高的生态富余乡村，可以发展特色产业，适当加快信息化建设步伐，深入推进宽带乡村工程等项目建设，推动互联网、大数据和实体经济深度融合。

3）优化水资源配置，统筹协调生活、生态和生产用水。水平效益好且耗水少的产业可以优先水资源配置，对农业种植结构进行合理的调整，对于高效益、低耗水的作物，水资源可以适当倾斜，带动农民群众参与，实现优化水资源配置与经济效益双赢。

4）科学开发利用农业气候资源以应对气候变化。通过气候论证开发气候资源，挖掘适宜产业，推进气候资源发挥最大作用，带动农民增收。努力解决气候条件与气候资源之间的结合与转化问题，切实形成可持续发展的特色之路。

6.6 生态旅游型沙漠村镇可持续发展模式

鸣沙山月牙泉风景区位于我国河西走廊西端、古丝绸之路核心的甘肃省敦煌市，拥有沙山—泉水共存的独特自然景观，是我国西北干旱区最著名的沙漠景点之一，每年吸引游客可达 300 万人。依托鸣沙山月牙泉优质的旅游资源，生态旅游产业成为周边村镇居民的主要收入来源，村镇的发展与景区密不可分。随着景区从传统单一景点向沙漠生态综合旅游度假区的功能转型，对作为景区接待中心的月牙泉周边村的发展也提出了新的要求。因此有必要梳理和研究月牙泉村在与景区协同发展过程中的经验和存在的问题，并结合景区未来发展方向，从可持续发展角度提出周边村镇的发展模式。

6.6.1 月牙泉村概况

月牙泉村位于甘肃省敦煌市月牙泉镇，地处国家级风景旅游名胜区鸣沙山下、月牙泉畔，因鸣沙山月牙泉而得名，距敦煌市区 5 km。据统计，全村 3 个村民小组、221 户、887 人，其中有劳动力 503 人，总耕地面积 1 887 亩，其中果园面积 118.4 hm^2，占耕地面积的 94%以上，人均耕地面积 0.1 hm^2。近年来，月牙泉村依托地处城郊、旅游资源丰富的产业优势，老百姓依靠李广杏、驼运、农家客栈三大特色产业，在集体经济、家庭经济和村庄建设方面取得了突出成效。

根据农业农村部发布的《2020 年全国乡村特色产业十亿镇亿元村名单公示》，依据全国“一村一品”示范村镇监测结果，经各级农业农村部门审核和专家复核，敦煌市月牙泉镇月牙泉村入选全国乡村特色产业亿元村。在这些村庄中，月牙泉村是景区依托型村庄发展的典型代表，围绕景区和游客需求，月牙泉村以打造“敦煌城市的后花园、城乡居民的菜篮子、中外游客的度假村和观光农业的展示区”为目标，不仅盘活了农户家庭的闲置资产，而且促使了传统农业与现代旅游产业的进一步融合，先后被授予“新农村示范村”“全国造林绿化千佳村”等称号。

6.6.2 旅游业发展对村镇的影响

景区和旅游业发展对月牙泉村带来如下影响。

（1）收入增加

月牙泉村依托地处城郊、旅游资源丰富的产业优势，因地制宜走上了李广杏、驼运、农家客栈三大特色产业的道路，促进了全村经济的快速发展。全村共有骆驼 1 200 多峰，96%的农户从事驼运产业，年接待游客 150 多万人，驼运收入 4 000 多万元，户均收入 16 万元以上。近年来，月牙泉村把李广杏作为旅游商品向中外游客宣传推介，在兰州、北京、上海等 20 多个大、中城市建立了销售网络。目前，全村种植李广杏 1 700 亩，90%以上的耕地栽植了李广杏。此外，月牙泉镇各类农家客栈已达 319 个，可提供床位 10 827 张，农家园 53 个，可提供餐位 2 755 个。月牙泉村依靠三大特色产业，实现了致富梦、过上了小康生活。

（2）基础设施改善

在城市发展和旅游经济发展的带动下，月牙泉村社会发展也取得了很好的成效，村民生活设施完善，村庄环境优美。目前，全村 90%以上的家庭通上了天然气。2014 年，月牙泉村实施了污水处理工程，埋设排污管道 6.2 km，修建沉淀池 1 个、排污井 107 个，污水处理并入城市管网，当年完成施工，解决了月牙泉村污水处理难的问题。同时，月牙泉村加大环境卫生整治力度，新购置垃圾清运车2辆，安装垃圾箱300个，聘用专职保洁人员4名，确保环境卫生清洁。此外，近年来，月牙泉村还配套建成村级卫生所、生态停车场、文化活动中心、农民健身广场等。

（3）村庄景观提升

近年来，月牙泉村依托毗邻鸣沙山月牙泉景区的地理优势，坚持传统特色农业与现代旅游服务业深度融合，以打造特色旅游示范村为目标，全面改造农户生活、居家环境，大力提升游客接待条件，把村庄景观提升作为发展壮大文化旅游产业的核心。在村庄景观提升工作中，月牙泉村充分利用旅游资源，将环境整治和产业发展紧密结合，按照打造景区的标准，完成房前屋后柴草堆、水渠垃圾、消防通道的清理整治，拆除破旧房屋、骆驼圈、柴墙等，辅助种植棉花、李广杏、葡萄等。如今，月牙泉村的土坯房已基本置换为砖瓦房，建成了以家庭式、别墅式和园林式为主的农家客栈一条街、月牙泉特色文化小镇，形成了“一村两街三片区”的农家客栈发展格局。

6.6.3 村民参与旅游经营的现状分析

在临近景区的现实环境下，月牙泉村委和村民在获得了良好收益的同时，也积极配合景区的保护与开发工作，不断规范村民参与旅游经营的行为，取得了不错的效果，如支持景区为恢复风沙流场平衡而接受了间伐果树、用材林1万多棵。但是，村民中存在既得利益者的守旧思想，不利于景区与村庄在新发展阶段的协同发展。基于这样的原因，有必要分析和总结月牙泉村参与景区发展的特点，为未来村庄与景区协同发展提供借鉴。

（1）村民参与旅游经营行为积极性高

由于景区旅游业吸纳农村剩余劳动力，带领村民取得经济收益，因此村民积极参与旅游相关的经营性活动。目前村民参与旅游经营活动的类型主要有为游客提供骆驼骑行服务、经营农家客栈、种植李广杏和摆卖旅游商品等。其中，与景区一起参与旅游经营行为的只有骆驼骑行服务，采取对村民参与骑行活动的骆驼进行排号管理的方式，规范村民的行为。

（2）村委参与管理，规范村民经营行为

为了更好地发展乡村旅游，带动周边贫困群众共同发展，月牙泉村委积极探索景区与村庄融合发展模式。一是月牙泉村与鸣沙山月牙泉景区管理处沟通协调，制定了骆驼排号运行的管理方法，通过景区骆驼编号的模式有效规范了驼运行业经营秩序；二是村里成立客栈协会，吸引会员 161 名，按照统一管理、统一定价、整合利用资源等方式进行经营管理；三是邀请宾馆专业人员对“农家乐”服务人员进行服务技能培训，有效提升了村民发展旅游产业的信心和能力；四是村里依托传统节日，举办新春庙会、社火表演、中秋赏月、沙滩排球等活动，有效提升了游客的旅游体验。

（3）村民参与景区相关经营层次浅

目前，村民和村委主动参与组织和管理旅游经营行为和活动还比较少，参与的层次也较浅，除了骆驼骑行的活动之外，村民的经营性行为，包括民宿、餐饮、旅游商品销售等活动，与景区之间是分离的状态，表现出来的经营状况是零散和机动的，不能保证经营服务的品质。例如，针对沙漠景区内步行难的特点，景区为游客提供鞋套租用的服务，景区定制的鞋套品质好，收费 15 元，而村民在景区外出售鞋套，价格也为 15 元，与景区内鞋套租用的服务形成竞争，但村民提供的鞋套耐用性差，更不利于环境保护和环境卫生。

总体来说，当前村民与景区之间是一种低层级的、易于打破的平衡，各方旅游产业经营活动中缺乏一种更为高效的组织形式，能够促进各方效益的最大化，并不断提升和优化游客的旅游体验。

（4）村民与景区之间矛盾普遍存在

当前以政府为代表的景区公司在景区管理占主导地位，而农民在利益上的诉求必然随着公司经营性行为的扩张和发展表现得越来越强。而作为旅游产业经营的利益各方，由于缺乏有效的管理机制来统一和协调相互之间的关系，村民和景区不可避免地会出现对立的局面。例如，景区围墙调整造成村民自有土地与景区发展的矛盾，村民私自带领游客进入沙漠活动造成安全隐患；再如，从景区的长远发展角度来看，景区入口大门正在进行调整，解决目前单进单出、游线单一的问题，但入口调整势必导致目前大门外村民赖以生存的餐饮、旅游商品销售等产业发生重大结构改变，甚至可能难以为继，可能导致村民与景区管理部门之间的巨大冲突。

6.6.4 基于社区参与的景区发展的建议

（1）村镇参与景区经营的必要性

建立科学的合作模式，整合双方的资源协同发展，是减少村镇与景区之间的矛盾、实现村庄和景区双赢的最佳途径。对于景区而言，统一村民的认识，化解各方矛盾，将村民的力量形成合力，探索出一条新型城镇化、城乡统筹发展的道路，无论是对于景区周边的村民，还是对于全社会而言，都是一件功在春秋的事。

（2）月牙泉村社区参与景区发展的路径

应考虑通过政府有限主导、社区能力建设、民主参与、合同制约、第三方力量的介入等路径，提高社区的参与度。

路径一：政府有限主导。

政府在各个领域中的主导地位有着牢固的现实基础。这意味着社区参与本身就离不开政府的干预，但关键是要明确干预什么、何时干预、干预到何种程度、以何种方式干预。可开展的工作包括：制定可行的旅游公共政策；提供社区民主参与的制度平台。参与渠道不畅或单纯自上而下决策的后果是矛盾、冲突和农民的反抗；参照成功经验，搭建社区参与平台；明确地方政府在社区参与中的角色定位。当好社区参与规范制定者的角色、摆脱经营者的角色、充当旅游业利益相关者关系的协调者角色。

路径二：村镇能力建设。

建立村镇旅游协会等社区组织，推行参与式发展；发挥社区旅游精英的带动作用，培育社区组织和社区精英；利用传统社区组织和基层行政组织的沟通动员作用，加强知识教育和技能培训。

路径三：合同制约与法制规范。

通过合同规范村镇参与旅游经营活动的行为，保障其利益；避免不公平或不透明的合同，不使农民处于不合理的弱势地位；通过法制规范所有利益相关者的行为。

路径四：第三方力量的介入。

第三方力量主要是指涉独立于政府之外又区别于市场部门的非政府组织（NGO）、非营利组织（NPO）、行业协会、志愿者团体、学者阶层、新闻媒体等组织和群体，借助第三方力量为政府提供咨询和服务，扶助相对弱势的居民，平衡政府与社区的关系。

6.6.5 村镇参与景区发展的模式

（1）基本模式

如图6-31所示，包括政府和旅游主管部门、旅游企业、村镇主体、相关第三方力量深度参与、共同发展。其中，政府通过指导旅游公共政策、制定旅游参与平台和社区参与的规范，支持村民以各种形式实现参与景区发展并从中收益；以村民为主的社区进行能力建设，包括推行参与式发展、接受知识教育和技能培训、培育社区组织、培育社区旅游经营的方式，以村镇发展为目标参与景区建设；旅游企业以投资开发社区旅游的形式，为社区提供参与机会，促进旅游业良性发展；各类NGO组织等第三方力量扶持相对弱势的社区群体，社区为NGO提供地方支持，NGO为社区提供技术援助和能力培养，并为政府提供咨询服务；建章立制以合同之约和法制规范协调各方关系。

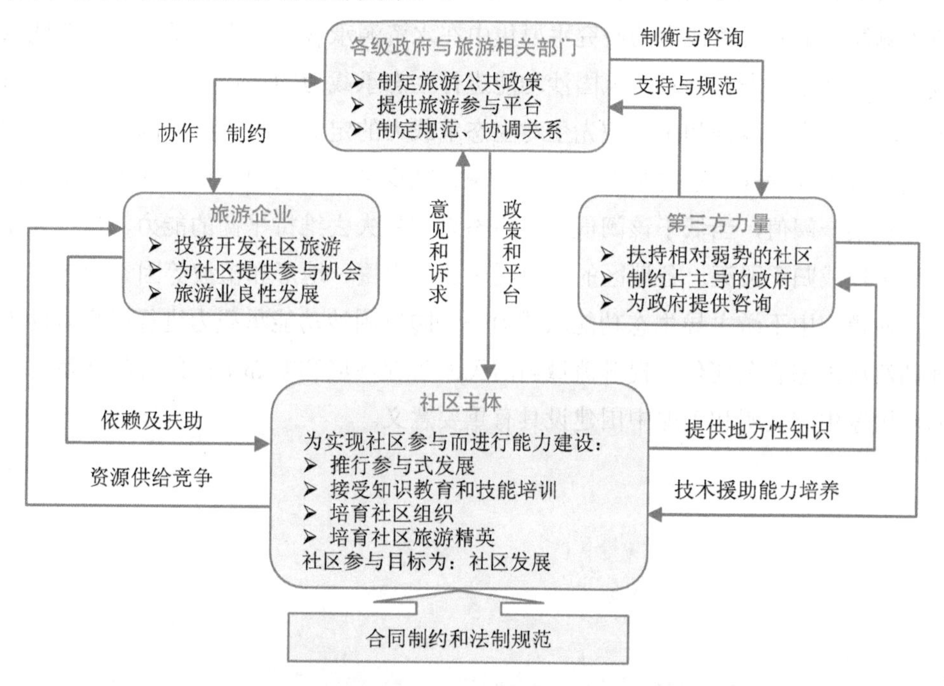

图6-31 月牙泉镇居民参与景区发展的基本模式

（2）运行原则

政府作为行动的核心，“自上而下”实施主导型管理和决策；村镇社区“自下而上”发挥自身的能动性，进行参与方式和途径的选择，并提出参与意见和建议供政府决策；社区力量是“由内而外”发展起来的，其参与热情高、利益诉求强、参与能力成长快、社区参与内源性动力充足；社区在能力建设、法律援助等方面需要第三力量、政府及企业等多方面“由外而内”进行推动和扶持。

总之，这是一种多向度、多层次的运行机制，只有政府主导、社区反应的自上而下与社区主导、政府反应的自下而上的方式实现双向合流，并在自下而上与自上而下之间加上第三方力量的制约和平衡，村镇的深入参与、景区的协同发展才能真正实现。

防风固沙是生态系统通过其结构与过程减少由于风蚀所导致的土壤侵蚀的作用，这种保持土壤、抑制风蚀过程的功能即防风固沙功能。防风固沙功能对于气候干旱和风沙灾害频发的黑河中下游荒漠化防治和生态安全维护的作用巨大，但以往关于黑河流域的生态承载力研究主要包括利用NPP法和综合评价法对生态承载力测算，单要素承载力的研究主要集中在水资源承载力，人口承载力和草地承载力等，至今尚未有针对防风固沙功能进行生态承载力的评估与分析。参考防风固沙功能的影响因素和王家骥先生对生态承载力的定义，认为防风固沙功能承载力是指防风固沙区维系生态系统保持土壤、减少风蚀的能力。该承载力在特地区域存在某一阈值，当低于该阈值时，生态系统将失去维持平衡的能力，自然体系遭到破坏或归于毁灭。各地区的阈值受风速、土壤、地形和植被等因素影响。

对黑河中下游主导生态功能承载力——防风固沙功能承载力进行研究有助于评估流域生态安全变化，提升流域内居民的生存环境和毗邻地区的环境质量，进而对国家生态文明和美丽中国建设具有重要意义。

第7章

川西北地区村镇绿色生态建设模式

7.1 区域与典型村镇概况

7.1.1 重点生态功能区概况与资源环境面临的挑战

7.1.1.1 重点生态功能区概况

（1）自然概况

汶川县位于岷江上游，青藏高原东南部、四川省西北部，幅员面积为 4 084 km^2，辖威州镇、灞州镇、绵虒镇、映秀镇、漩口镇、水磨镇、三江镇、耿达镇、卧龙镇 9 个镇，75 个行政村、8 个社区。截至 2021 年年底，全县户籍人口数为 90 884 人，是藏、羌、回、汉等各民族交汇融合的地带。

汶川县地理区位特殊，是四川盆地向青藏高原过渡地带、藏羌彝文化产业走廊门户地带、阿坝州南向接入成渝地区双城经济圈开放地带。同时，该地生态地位重要，位于长江上游的“绿色生态屏障”和重要水源涵养区，是全国重要的天然林保护区，在“两屏三带”为主体的生态安全战略格局中，是黄土高原—川滇生态屏障的重要组成部分。区域内覆盖长江上游一级支流岷江水生态文明保护区、成渝地区双城经济圈生态屏障及水源保护涵养区、川滇森林及生物多样性生态主体功能区、大熊猫国家公园试点核心区，承担了成都平原重要的水源保护和涵养生态功能。

（2）汶川县红线划定情况

根据2018年7月发布的《四川省生态保护红线方案》，汶川县属于岷山生物多样性维护—水源涵养生态保护红线，全县约70%的国土划入生态保护红线，生态区位重要，生态系统服务价值大。区域内红线由四川卧龙国家级自然保护区及四川草坡省级自然保护区核心区、缓冲区和部分实验区、三江省级风景名胜区核心景区、地质灾害点及科学评估区组成。

近年来，汶川县全面推进绿化全川行动、岷江流域水生态综合治理，自2016年以来完成人工造林7.66万亩、有效保护森林资源273.16万亩，巩固提升退耕还林成果6.28万亩，大熊猫国家公园启动建设，自然保护区面积达55 612.1 hm^2。污染防治“三大战役”强力推进，“一江四区”环境污染整治全面实施，“三治岷江”系统工程有序推进，认真落实环保督察整改措施。防灾减灾体系不断完善，成功抵御百年不遇的“8·20”强降雨特大山洪泥石流灾害，灾后重建有序推进。2022年汶川县入选首批省级生态县名单。

7.1.1.2 资源环境面临的挑战

（1）生态环境脆弱，自然灾害频发

汶川县境内山高坡陡、地势险峻、地层复杂，汶川县位于地质灾害易发区、频发区和多发区，是全国地质灾害重点县。“5·12”汶川特大地震后，地质结构更趋脆弱，全县次生灾害隐患激增，地质灾害隐患点共1 309处（已治理销号434处），涉及全县9个镇、75个村，集中体现为崩塌、滑坡、泥石流、地面沉降等灾害类型。

受自身防御能力不足等多种因素影响，汶川县防汛减灾和地质灾害防治形势不容乐观，防灾减灾工作任务异常艰巨。汶川县地形地貌特殊，地质结构复杂，隐患点分布广、数量多，加之多次大地震叠加影响，导致地质灾害形成机理复杂，隐蔽性强，勘查难度大。隐患规模较大，山洪、泥石流等灾害呈多发、伴发态势，治理难度大。从排查结果来看，汶川县地质灾害隐患点大多在重要交通沿线或城镇周边，危害程度深，波及面广，治理条件差、难度大。特殊的交通运输条件、狭窄的施工作业面，以及无霜期短等因素，导致地质灾害治理成本高、投入大；汶川县财力有限，主要靠国家、省政府解决治理资金，致使防灾工作进程受限。汶川县防汛安全和地质灾害防治专业技术人才极少，自然资源部门基本依赖地质队支撑，水务部门则没有技术支撑单位，加之隐患构成复杂，灾害治理项目建成使用后，后期管护资金严重不足，难以发挥治理工程防灾应有的功能。

（2）经济发展与生态环境保护之间矛盾将长期存在

汶川县生态保护红线、生态敏感区面积占比极大，增加了产业发展和布局的难度。例如，生态旅游重心在世界遗产和国家级自然保护区内，可利用土地稀缺，城市和产业沿江布置，使得发展与保护难以做到双赢。

汶川县位于阿坝州与成都平原连接的咽喉部位，特殊的地理位置，在成都平原这一大区域的持续发展中扮演着尤为重要的生态屏障功能，担负着为整个成都平原和成都经济圈提供灌溉、工业、生活和环保用水的重大责任。其在区域中所处的这种特殊生态功能和战略地位，使得其经济发展特别是产业发展受到较大的制约。

虽然汶川县始终坚持旅游主导的绿色生态发展之路，但是随着城乡统筹推进、建成区扩大，以旅游业为主导的产业快速发展，城镇人口和游客数量增加，汽车保有量持续攀升，能源资源消耗增加，生活污水、生活垃圾处理压力加大，餐饮油烟、机动车尾气、建筑施工扬尘、道路扬尘等环境问题将更加突出，节能治污减排压力增大。未来生态环境质量继续提升的边际成本加大。环境成为资源，具有自然资本的价值，影响社会经济发展，随着新时期我国经济由高速发展迈入高质量发展阶段，经济结构、能源结构将持续改善，生态环境将继续向好发展，但生态环境保护事业仍然任重道远。规划期内生态环境保护将走出环境库兹涅茨曲线峰值期，相对容易解决的生态环境问题已经得到普遍改善，要想进一步提升生态环境质量，环境治理和生态建设的难度将不断增加，所需付出的边际成本也会越发高昂，规划期内将进入生态环境质量提升的爬坡期。

（3）守住生态服务功能底线压力大

汶川县生态区位重要，生态系统服务价值大，全县超过一半的国土划入生态保护红线，但生态系统也面临一系列挑战，想要保持并不断提高县域生态系统服务功能价值难度大。

近年来，通过灾后生态修复、天保工程、退耕还林等工程的实施，汶川县森林资源实现了较快增长，但仍存在森林总量不足，树种单一、林相残缺、林分结构不合理、经营不善等问题；此外人工造林、封山育林地块主要分布在高山峡谷森林保育区和干热干旱河谷，造林地立地条件差、造林难度大、造林成本高，区内人工造林和封山育林的资金缺口大，巩固治理成效困难。各种因素导致汶川县森林生态系统的生产力降低，抵御自然灾害能力变差，森林的生物多样性保护、水源涵养、水土保持等生态服务功能仍需加强。

汶川县水土流失较为严重，目前全县水土流失面积仍然占全县国土面积的1/3以上。治理资金基本来源于国家和省级资金，资金渠道单一，资金总量仍不足，水土保持预防监督和动态监测工作滞后。严重的水土流失削弱了区域涵养水源的生态功能，流失的泥沙通过其支流流入岷江，威胁到区域的生态安全。

汶川县地处龙门山系和邛崃山系之间，山麓高耸，河谷深切，地形地貌复杂，地质构造发育，降雨集中，自然灾害的频发对汶川县自然生态系统保护和社会经济发展形成了较为严重的制约。

此外，随着经济快速增长，能源资源消耗增加，人为活动对生态系统扰动较大。还存在城区建设用地不断扩张，导致城郊生态用地有所减少的问题。

7.1.2 典型村镇概况与产业发展现状

截至2020年，汶川共建设全国综合减灾示范社区名单5个，分布在汶川县水磨社区、威州镇阳光社区、漩口镇漩口社区、威州镇南桥社区和威州镇桑坪社区。汶川全县地势由西北向东南倾斜，北部为高山地区，日照充足，干旱少雨；南部为中低山地区，气候湿润，雨量丰沛，独特的山地气候特征，适宜在南部发展现代林业，在北部发展“汶川三宝”（甜樱桃、脆李子、香杏子）等生态果业。

（1）布瓦村：以产业高质量发展助力乡村振兴

布瓦村位于汶川县威州镇西北部的杂谷脑河左岸高半山地带，海拔为2 000 m左右，是威州镇的高山村之一。该村属于生态农业种植养殖区，村域南与双河村黄岩组接壤，东部与芃山村接壤，西部与大寺村接壤，距离县城11.5 km，总面积152 km^2，是特色羌族村寨，有国家级文物羌碉，古老的羌式石墙和土筑建筑等。全村共有面积14 671亩，退耕还林面积758.74亩，耕地面积1 398亩，有林地面积11 000亩，耕地面积广，具备发展现代农业的资源优势，主导产业有甜樱桃、青红脆李、其他水果等。全年农作物种植面积 1 398 亩，其中青红脆李种植面积1 300亩，甜樱桃种植面积98亩。

布瓦村是汶川“无忧生态花果山”现代农业园区的核心园区。作为重要节点，布瓦村将“生态底色、文化本色”作为建设宗旨，抓住农业产业结构调整，大力发展甜樱桃、脆李子、香杏子等汶川“三宝”特色产业。2020年，布瓦村成功创建了阿坝州五星级现代农业园区和四川省四星级现代农业园区，并被评定为阿坝州乡村振兴示范村。目前，布瓦村现代农业园区土地面积达 4 500 余亩，全部用于种植甜樱桃、脆李子，其中甜樱桃 1 000 亩、脆李子 3 500 亩已实现规模化连片种植。2020 年，园区产量 600 万 kg，平均亩产 1 330 kg，园区内单位面积产量较全县平均水平高 52.8%，园区村民人均可支配收入达 2.1 万元。

布瓦村结合康养汶川建设、农业园区建设，通过深入挖掘布瓦村羌族文化、大力实施农旅、文旅融合发展，将“无忧花果山”打造成集时尚绿色、健康生态、康养旅游于一体的休闲旅游目的地。按照“南林北果+特色畜牧”的发展定位，秉承“产业园区化、园区景区化”的发展理念，布瓦村走出了一条“生态特色、优质高端、三产融合”的发展之路。目前，该村正围绕克布旅游环线进行的基础设施改造、提升和新建等工程正在稳步推进。完善的交通路网，丰富的产业形态，将为下一步布瓦村实现农旅融合、文旅融合的现代农业综合服务区打下坚实的基础。

（2）七盘沟村

七盘沟村位于汶川县南部，距县城 5 km，东邻万村，南界绵虒镇板桥村，西与新桥村相连，地处高山地带，平均海拔高度为 1 580 m，其中竹子岭海拔高度为 1 800 m，境内有映汶高速和国道 213 线，交通优势较为突出。土地总面积 11.67 km^2，其中耕地 788 亩，人均耕地 0.63 亩，实际耕种 788 亩；生态公益林 19 974 亩，经济林 421.66 亩。主要发展甜樱桃、青红脆李、核桃等特色农产品。凭借地理位置和生态资源优势，汶川县加快产业园区建设，打造七盘沟经济开发新区，汶川是高原山区和资源富区，现已逐步发展为川甘青物流集散中心。

近年来，汶川县大力实施“互联网+”现代农业示范行动，于 2018 年建设川青甘高原物流产业园区。园区位于七盘沟内，规划面积为 37 698 m^2，建成电商发展中心、物流商库 17 000 m^2，冷链中心 6 340 m^2，主要包括仓储物流片区、综合配套片区、城市配送片区、商贸片区四大功能区，形成县、乡、村三级电子商务运营服务网络，全面推进农特产品与互联网深度融合。四川阳光净土电子商务公司、义乌市场集团等 28 家企业入驻园区，创造电商产值达 1 000 余万元。截至2021年年底，园区招引入驻企业22家，川青甘物流产业园全年营收1.5亿元，创造税收560万元，产业园区正不断扩大合作成果。立足川青甘物流产业园，2022年汶川县加快七盘沟中小微企业冷链仓储、运输通道等设施建设，为当地农产品销售提供有力支持。

七盘沟以阿坝州科技孵化园、县创业孵化中心为平台，打造绿色农副产品加工、新材料产业、机械制造业，推进绿色生态园区建设，初步建成七盘沟绿色中小微科技产业园区，构建"一园四区一线+飞地"工业发展布局，规模以上企业达37户，占全州的34.4%，规模以上工业总产值占全州的42.5%，稳居全州13县（市）第一位。

7.2 村镇建设主导生态功能辨识

7.2.1 辨识步骤

7.2.1.1 数据来源与处理

汶川县作为我国重要的防灾减灾生态保护区，其县城所属地生态系统服务功能研究显得尤为必要。本研究依据《四川省主体功能区规划》《四川省"十四五"生态环境保护规划》以及现有学术研究，明确了四川省汶川县威州镇主要是水源涵养、水土保持、生物多样性维护3种生态系统服务功能。威州镇受洪涝灾害造成的水土流失问题较严重，又因其是重要的大熊猫保护地，生态林所占比重较大。因此，水土流失与大熊猫保护地生态红线是其最关注的生态环境问题。本研究从生态系统服务功能的重要性出发，选取威州镇的水源涵养、水土保持、生物多样性功能测算其生态系统服务功能重要性与分区。所选数据如表7-1所示。

NPP数据来源于2001年、2004年、2007年、2010年、2013年、2016年这6年Landsat数据反推演的30 m分辨率平均值。气温、降水数据为37年平均数据，以多年平均来测算其水源涵养和生物多样性服务功能。土壤数据主要依据选取的计算模型以及测算指标而定，利用1∶100万土壤数据计算土壤渗流因子和土壤可蚀性因子。高程数据选取分辨率较高的ASTER GDEM 30 m数据，求取其坡度和海拔高度。最后将栅格大小均重采样至30 m×30 m，归一化后运行生态系统服务功能模型计算其水源涵养、水土保持、生物多样性重要性服务功能分区。

表 7-1 数据来源与介绍

数据名称	下载地址	数据介绍
NPP	地理科学数据网（https:// www. csdn.store/portal.html）	2001—2016 年 Landsat 数据反演 30 m 空间分辨率数据
降水量、温度	四川省气象局（http://sc.cma.gov.cn/）	1980—2016 年平均数据
土壤数据	寒区旱区科学数据中心（westdc.westgis.ac.cn）	第二次全国土地调查南京土壤所提供的 1∶100 万土壤数据
高程数据	地理空间数据云（http://www.gscloud.cn/）	ASTER GDEM 30 m 分辨率数字高程数据

7.2.1.2 研究方法

本研究主要利用生态系统服务功能重要性对汶川县威州镇进行生态系统服务功能识别。生态系统服务功能重要性依据生态环境部颁布实施的《生态保护红线划定指南》进行单因子生态系统服务功能重要性分级，利用 GIS 栅格计算器，得到归一化后的生态系统服务值，再依据自然间断点法与重分类工具，将单因子生态服务功能重要性分为极重要、重要和一般重要 3 个等级。

（1）水源涵养

水源涵养是指林地、草地等生态系统通过其特有的结构与水相互作用，对降水进行截留、渗透、蓄积，并通过蒸发来实现对水流、水循环的调控，主要表现在缓和地表径流、补充地下水、减缓河流流量的季节波动、滞洪补枯、保证水质等方面[4]。以水源涵养服务能力指数作为评价指标，计算公式为

$$\mathrm{WR} = \mathrm{NPP}_{\mathrm{mean}} \times F_{\mathrm{sic}} \times F_{\mathrm{pre}} \times (1 - F_{\mathrm{sio}}) \quad (7\text{-}1)$$

式中，WR 为水源涵养服务能力指数；$\mathrm{NPP}_{\mathrm{mean}}$ 为多年植被净初级生产力平均值；F_{sic} 为土壤渗流；土壤渗流因子的计算是利用土壤数据集中的“T_USDA_TEX”字段的属性值除以 13 即可得到土壤渗流因子的值；F_{pre} 为多年平均降水量；F_{sio} 为坡度。

（2）水土保持

水土保持是指生态系统通过植物根系固持与截留、吸收、下渗等作用，减少土壤肥力损失以及减轻河流、湖泊、水库淤积的重要功能。以水土保持服务能力指数作为评价指标，计算公式为

$$S_{\mathrm{pro}} = \mathrm{NPP}_{\mathrm{mean}} \times (1-K) \times (1-F_{\mathrm{sio}}) \tag{7-2}$$

$$K = (-0.01383 + 0.51575K_{\mathrm{EPIC}}) \times 0.1317 \tag{7-3}$$

$$\begin{aligned} K_{\mathrm{EPIC}} = & \left\{0.2 + 0.3\exp\left[-0.0256m_s\left(1-m_{\mathrm{silt}}/100\right)\right]\right\} \times \left[m_{\mathrm{silt}}/\left(m_c+m_{\mathrm{silt}}\right)\right]^{0.3} \\ & \times \left\{1-0.25\mathrm{org}C/\left[\mathrm{org}C+\exp\left(3.72-2.95\mathrm{org}C\right)\right]\right\} \\ & \times \left\{1-0.7\left(1-m_s/100\right)/\left\{\left(1-m_s/100\right)+\exp\left[-5.51+22.9\left(1-m_s/100\right)\right]\right\}\right\} \end{aligned} \tag{7-4}$$

式中，S_{pro} 为水土保持服务能力指数；$\mathrm{NPP}_{\mathrm{mean}}$ 和 F_{sio} 同上；K 为修正后的土壤可蚀性因子，K 值越大，越容易受侵蚀；K_{EPIC} 为修正前的土壤可蚀性因子；m_c、m_{silt}、m_s 和 org$C$ 分别为黏粒（＜0.002 mm）、粉粒（0.002～0.05 mm）、砂粒（0.05～2 mm）和有机碳的百分比含量（%）。

（3）生物多样性维护

生物多样性维护是指生态系统在维持基因、物种、生态系统多样性中发挥的作用，这与珍稀濒危和特有动植物的分布丰富程度密切相关。以生物多样性维护服务能力指数作为评价指标，计算公式为

$$S_{\mathrm{bio}} = \mathrm{NPP}_{\mathrm{mean}} \times F_{\mathrm{pre}} \times F_{\mathrm{tem}} \times (1-F_{\mathrm{alt}}) \tag{7-5}$$

式中，S_{bio} 为生物多样性维护服务能力指数；$\mathrm{NPP}_{\mathrm{mean}}$ 和 F_{pre} 同上；F_{tem} 为多年平均气温；F_{alt} 为海拔高度。

7.2.1.3 技术路线图

采用生态系统服务功能评估模型和方法，在村镇尺度上进行水源涵养、水土保持和生物多样性 3 种类型生态功能重要性评价。从提出问题-分析问题-解决问题的角度构建生态系统服务功能辨识步骤，主要包括确定科学问题、数据准备与预处理、评估模型与方法选择、评估结果分析部分，如图 7-1 所示。

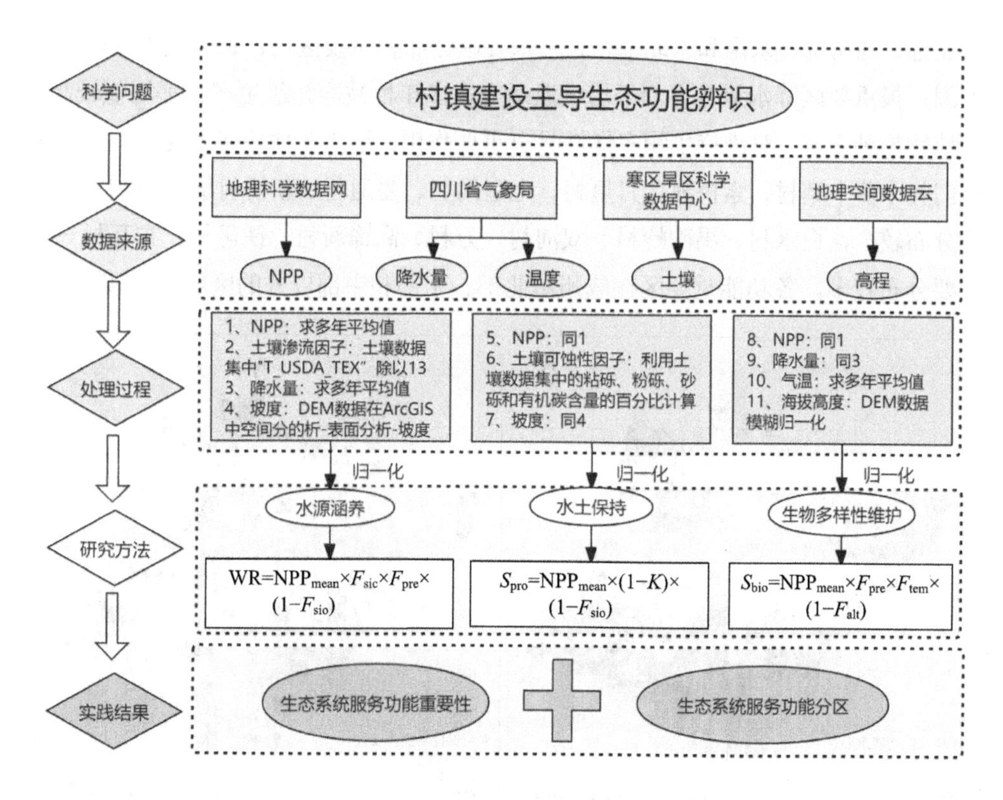

图 7-1 技术路线图

7.2.2 辨识结果

7.2.2.1 生态系统服务功能重要性结果

各单项生态系统服务功能重要性评价结果，如图 7-2 所示。其中，由水源涵养服务功能重要性图可以看出威州镇南部和东北角的极重要和重要区分布较多，西北角重要区分布多，一般重要区主要分布于威州镇中部和北部；极重要区 NPP 和多年平均降水量较高，对维持水质、防洪调蓄、清洁水源供给等意义重大。水土保持服务功能重要性图中极重要和重要区分布较为零散，极重要区主要分布于最北部、西部和东北部的部分区域，重要区在除西北角外的区域分散分布，一般重要区分布较广；极重要区土壤可蚀性和坡度较小，不易受雨水侵蚀，水土保持效果较好。由生物多样性功能重要性图可以明显看出，极重要和重要区集中分布于西部、西北部、西南部、东南和东北部，且极重要区分布在重要区内部，一般重要区在最外围；极重要区降水量较多，平均气温适宜，多年植被净初级生产力平均值较高，动植物物种丰富，对维持生物多样性具有重要作用。结合3种功能重要性可以看出雁门村、萝卜寨村、索桥村、月里村、七盘沟村、麦通村、新桥村极重要和重要区域分布较广，白水村、禹碑岭村、双河村、万村、高锋新村、铁邑村、布瓦村一般重要分布较多，各功能重要区在威州镇北部、东部和中部以外的区域分布较广。

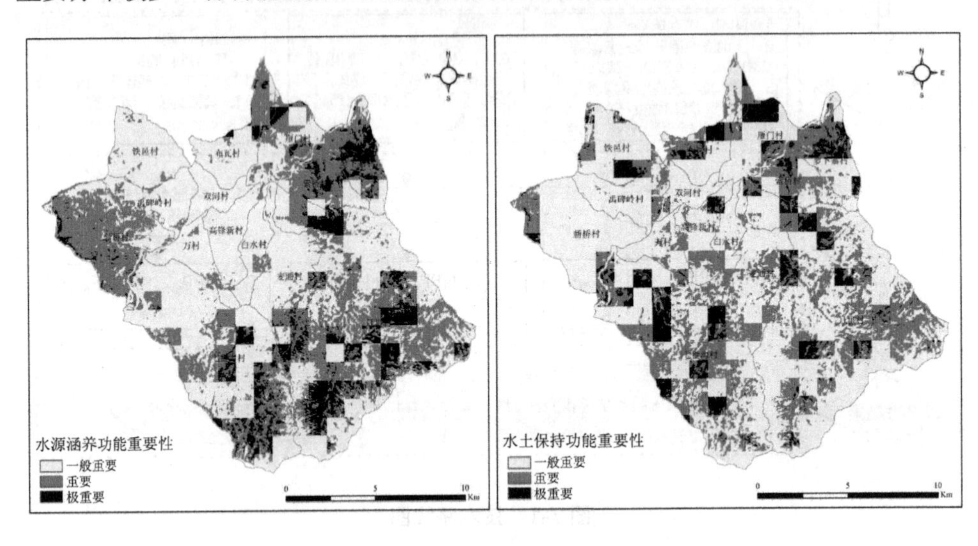

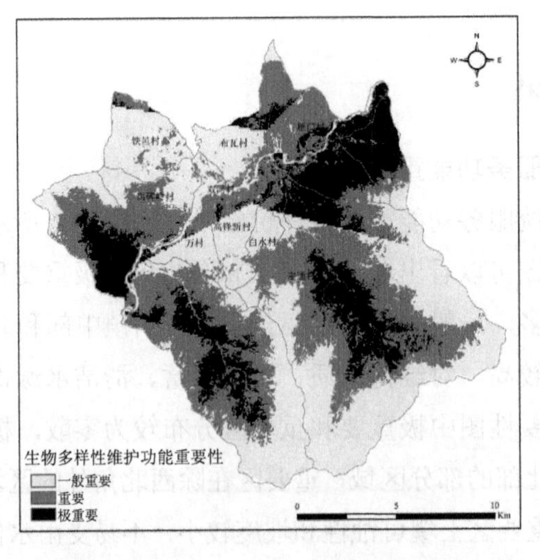

图7-2 生态系统服务功能重要性空间分布

统计分析威州镇各村的水源涵养、水土保持、生物多样性功能一般重要、重要、极重要面积结果占比如表 7-2 所示。从 3 种功能的分区占比可以看出，一般重要区最多，其次是重要区，最少的是极重要区；极重要功能区中生物多样性维护功能面积占比较水源涵养和水土保持功能面积高。

表 7-2　生态系统服务功能重要性评价结果

	生物多样性维护功能占比/%			水源涵养功能占比/%			水土保持功能占比/%		
	一般重要	重要	极重要	一般重要	重要	极重要	一般重要	重要	极重要
威州镇	42.05	37.99	19.96	56.48	34.05	9.47	62.07	29.23	8.70
布瓦村	2.40	1.44	0.33	2.79	1.07	0.27	2.27	1.21	0.67
雁门村	0.39	3.28	1.38	2.45	2.21	0.38	2.83	1.23	0.97
萝卜寨村	0.36	0.55	2.39	0.63	1.56	1.16	1.59	1.00	0.76
铁邑村	3.87	0.63	0.06	4.33	0.23	0	3.23	0.80	0.53
索桥村	0.22	0.72	2.32	0.89	1.94	0.44	1.37	1.57	0.32
双河村	1.09	0.81	0.01	1.90	0	0	1.68	0.22	0.01
禹碑岭村	2.11	1.50	0.01	2.94	0.67	0	3.08	·0.50	0.03
麦通村	1.87	3.35	0.85	4.78	1.07	0.22	3.91	1.89	0.25
白水村	1.45	0.78	0.08	2.08	0.23	0	1.69	0.59	0.03
月里村	15.56	10.27	5.51	13.82	12.76	4.87	19.10	10.37	1.98
高锋新村	2.21	0.79	0.19	3.13	0.06	0	2.10	0.89	0.19
万村	2.06	0.60	0.07	2.49	0.24	0	2.08	0.62	0.02
新桥村	1.62	3.76	2.74	1.94	5.83	0.30	6.80	1.11	0.19
七盘沟村	6.84	9.49	4.02	12.30	6.17	1.83	10.33	7.23	2.76

从水源涵养服务功能图可以得出，一般重要和重要区面积占比较高，分别为总面积的 56.48%和 34.05%，极重要区占比最少，仅有 9.47%。其中 14 个行政村中一般重要功能区占比最高的村庄是月里村、七盘沟村，最低的是萝卜寨村、双河村、新桥村、索桥村；重要功能区占比较高的村庄是月里村，最低的是铁邑村、

双河村、白水村、禹碑岭村、高峰新村、万村；极重要功能区占比较高的村庄是月里村、七盘沟村、萝卜寨村，最低的是铁邑村、双河村、白水村、禹碑岭村、高峰新村、万村。可以看出威州镇村庄中月里村、七盘沟村土地面积最广，其 3 种类型水源涵养功能面积占比均高于其余村庄，而双河村、白水村、万村、高峰新村占比均较低，布瓦村、麦通村处于中等水平。

水土保持服务功能占比显示，一般重要区占比高达 62.07%，重要区占 29.23%，极重要区最少，占总面积的 8.7%。一般重要功能区占比最高的村庄是月里村、七盘沟村、新桥村，最低的是雁门村、萝卜寨村、索桥村；重要功能区占比较高村庄是月里村、七盘沟村，最低的是铁邑村、双河村、白水村、禹碑岭村、高峰新村、万村；极重要功能区占比较高的村庄是月里村、七盘沟村，最低的是双河村、白水村、禹碑岭村、万村。同样，威州镇村庄中月里村、七盘沟村 3 种类型水土保持服务面积均较高，而双河村、禹碑岭村、万村占比均较低，雁门村、布瓦村、麦通村处于中等水平。

生物多样性服务功能中，一般重要区和重要区分别占总面积的 42.05%和 37.99%，占比较为相近，极重要区占 19.96%。一般重要功能区占比最高的村庄是月里村、七盘沟村，最低的是双河村、铁邑村、禹碑岭村、白水村、高锋新村、万村；重要功能区占比较高的村庄是月里村、七盘沟村、新桥村、麦通村、雁门村，最低的是铁邑村、索桥村、双河村、白水村、高峰新村、万村；极重要功能区占比较高的是月里村、七盘沟村、萝卜寨村，最低的是铁邑村、双河村、白水村、禹碑岭村、万村。整体看来，月里村、七盘沟村 3 种类型生物多样性服务面积亦均高，而铁邑村、禹碑岭村、双河村、白水村、万村、萝卜寨村占比均较低，布瓦村、麦通村处于中等水平。

7.2.2.2 主导生态系统功能分区结果

对重分类后的水源涵养、水土保持、生物多样性维护 3 种功能的栅格进行叠加分析，按照单个功能（水土保持、水源涵养、生物多样性维护），两两组合功能（水土保持—水源涵养、水土保持—生物多样性维护、水源涵养—生物多样性维护），3 种功能叠加（水土保持—水源涵养—生物多样性维护）以及生态功能一般区共分为 8 种类型的功能区。图 7-3 分别为 30 m×30 m 栅格数据的主导生态功能区、叠加省级生态红线数据的主导生态功能分区、省级生态红线在威州镇的叠加图。

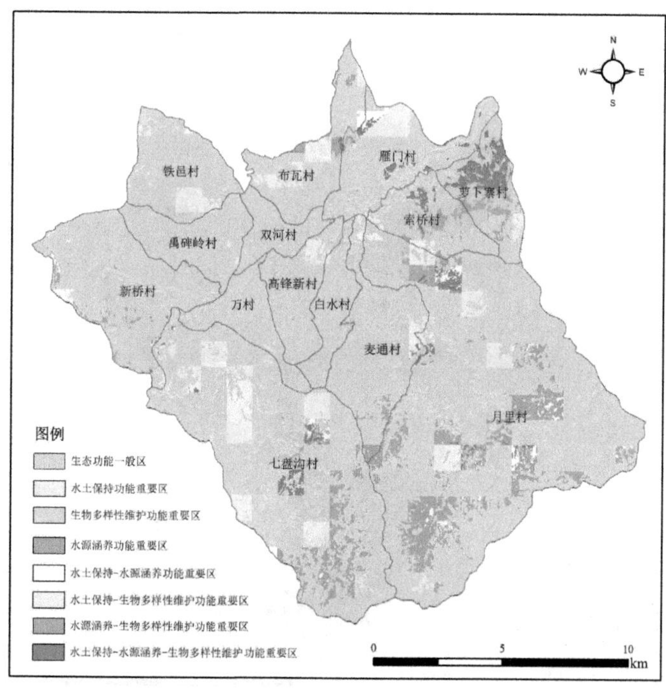
N
W
E
S
铁邑村
布瓦村
雁门村
萝卜寨村
索桥村
禹碑岭村
双河村
新桥村
高锋新村
万村
白水村
麦通村
月里村
七盘沟村
图例
生态功能一般区
水土保持功能重要区
生物多样性维护功能重要区
水源涵养功能重要区
水土保持-水源涵养功能重要区
水土保持-生物多样性维护功能重要区
水源涵养-生物多样性维护功能重要区
水土保持-水源涵养-生物多样性维护功能重要区
0
5
10
km

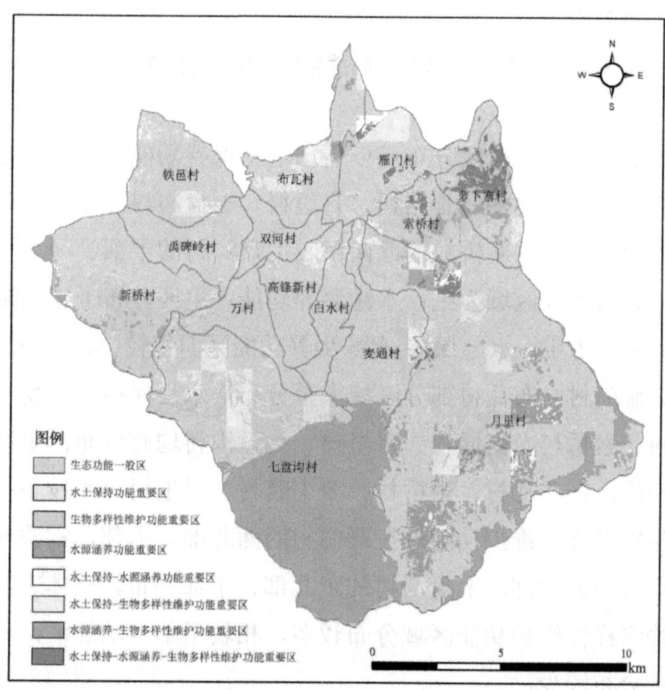
N
W
E
S
铁邑村
布瓦村
雁门村
萝卜寨村
索桥村
禹碑岭村
双河村
新桥村
高锋新村
万村
白水村
麦通村
月里村
七盘沟村
图例
生态功能一般区
水土保持功能重要区
生物多样性维护功能重要区
水源涵养功能重要区
水土保持-水源涵养功能重要区
水土保持-生物多样性维护功能重要区
水源涵养-生物多样性维护功能重要区
水土保持-水源涵养-生物多样性维护功能重要区
0
5
10
km

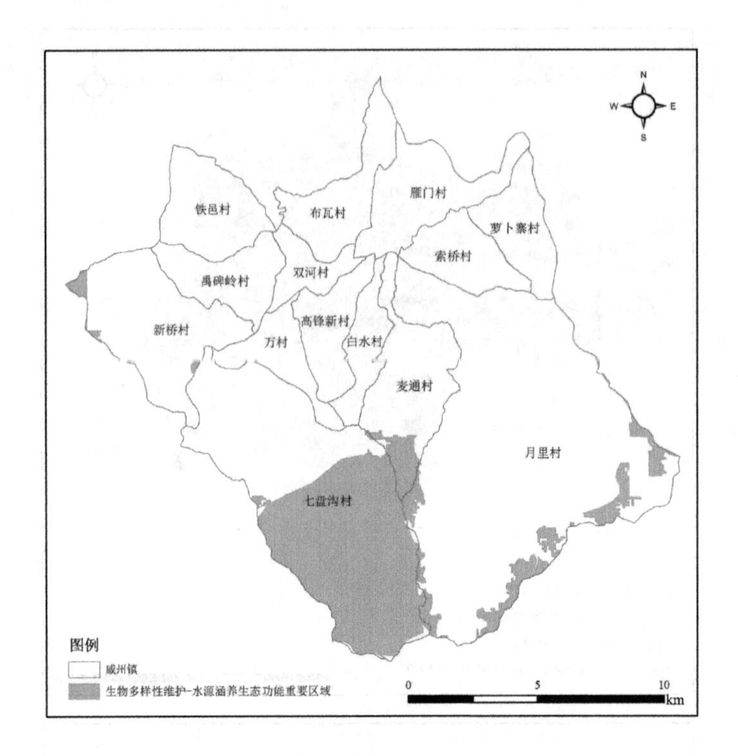

图 7-3 威州镇的主导生态功能区分布

威州镇的主导生态功能区分布可以看出水土保持功能区分布较为分散，铁邑村的南部、布瓦村的西北部、雁门村、月里村、七盘沟村的北部均有分布区域；生物多样性维护功能区以新桥村的西南部、七盘沟村的中部、月里村的西北部、索桥村、萝卜寨村较大区域为主；水源涵养功能区主要分布于威州镇的南端，以七盘沟村和月里村为主；水土保持-水源涵养功能区面积较小，在新桥村、七盘沟村、月里村、雁门村、布瓦村部分区域零星分布；水土保持—生物多样性维护功能区在布瓦村、索桥村、麦通村、月里村、七盘沟村均有分布；水源涵养—生物多样性维护功能区在布瓦村、索桥村、萝卜寨村、月里村分布较多；水土保持—水源涵养—生物多样性维护功能区在雁门村的西北部、中部，索桥村、萝卜寨村的北部，月里村的西北部，七盘沟村的东北部、中部分布。整体来看，威州镇水源涵养和生物多样性维护功能区域分布较多，相较于单一功能区，两种及以上功能类型的区域分布较少。

为了明晰各乡镇主导生态功能，制定差异化的生态分区保护策略，分别统计威州镇各村庄水源涵养、水土保持、生物多样性维护这 3 项评价极重要区域的面积占比，利用 SPSS 软件，采用 K-Means 法及人工辨识对这 3 项面积占比进行聚类分析，通过分析不同类别 3 项评价面积占比的相似性和差异性，兼顾地域毗邻、区内生态保护问题和生态措施相对一致且区间差异明显的原则，划定主导生态功能分区。将像元尺度的评价栅格数据以村庄为基本评价单元进行获取，得到村尺度的主导生态功能分区。

从图 7-4 中可以看出，生态功能一般区包括 4 个村庄，分别是万村、白水村、双河村、禹碑岭村；铁邑村、布瓦村为水土保持功能重要区；新桥村、麦通村为生物多样性维护功能重要区；雁门村、高锋新村为水土保持—生物多样性维护功能重要区；月里村、索桥村为水源涵养—生物多样性维护功能重要区；七盘沟村、萝卜寨村为水土保持—水源涵养—生物多样性维护功能重要区。

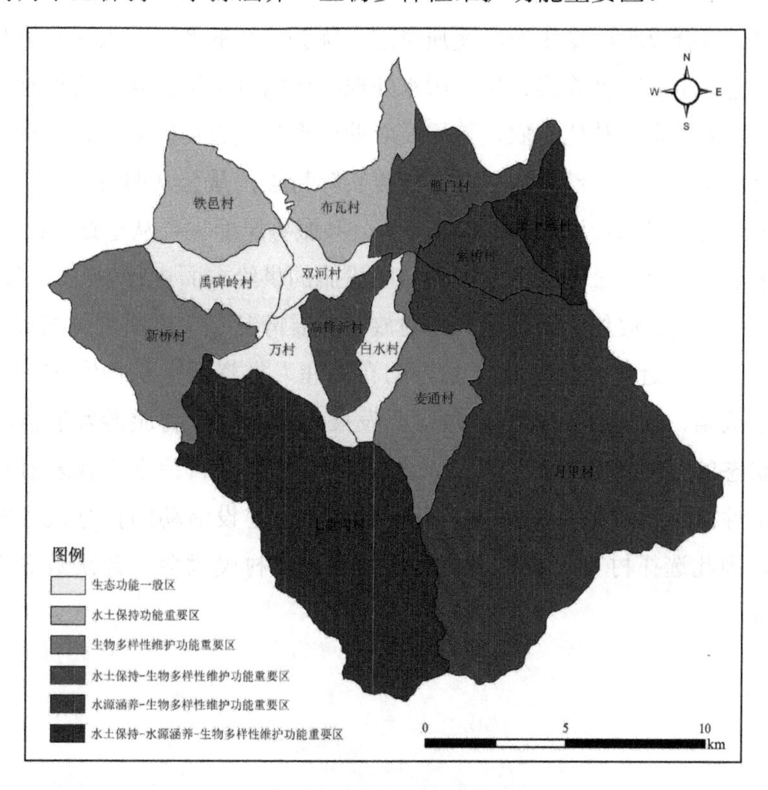

图 7-4　威州镇村级主导生态功能区分布

7.3 行政村尺度生态建设成效评估——以汶川县为例

7.3.1 指标体系构建

遵循系统性、科学性、可及性与可比性原则，参考已有的研究成果，借鉴《生态文明建设目标评价考核办法》《绿色发展指标体系》和《生态文明建设考核目标体系》《四川省乡村振兴战略规划（2018—2022年）》等文件，将生态环境、社会发展两个维度作为准则层，进一步提出约束层并遴选评估指标构建汶川县农村生态建设成效评估指标体系，如表7-3所示。对于生态环境准则层，基于农村地域空间的生态、生活、生产3类属性，将生态保育、人居环境、生产环境列为约束层指标。其中，生态保育状态借助遥感生态指数进行表征，这主要出于对该指数能够客观、综合反映区域生态环境质量这一优势特征的考量；人居环境状态从卫生厕所改建、生活垃圾收集、生活污水处理、环境卫生维护4个方面遴选具体指标；生产环境状态则从化肥农药施用及农业废弃物回收情况着手选择评价指标。对于社会发展准则层，结合农村生态建设实际特点，从公共服务、经济发展与村民自治3个约束层选择评估指标。其中，公共服务层面主要从道路（设施）、天然气、自来水、医疗及公共开敞空间等资源设施的供给方面进行表征；经济发展层面包括农村居民及集体收入情况、乡村旅游发展情况等3方面具体指标。需要指出的是，汶川县近年来依托得天独厚的自然和人文资源，积极实施农旅融合及康养旅游战略，促进了乡村高质量振兴发展，因此将乡村旅游发展情况作为经济发展状态的重要衡量指标之一纳入评估体系。村民自治水平代表着农村居民主观能动性能够得以发挥的程度，其对农村生态建设活动的执行效率发挥着重要影响，因此选择村支书、村主任受教育水平及村民大会召开次数等指标对其进行刻画。

表 7-3 汶川县农村生态建设成效评估指标体系

准则层	约束层	指标内容	性质
生态环境（EE）	生态保育	遥感生态指数（绿度、湿度、温度、干度）	正向
	人居环境	完成改厕村民小组占比	正向
		生活垃圾集中收集户占比	正向
		生活污水集中处理户占比	正向
		百人保洁员数	正向
	生产环境	亩均化肥施用量	负向
		亩均农药施用量	负向
		农业废弃物利用回收率	正向
社会发展（SD）	公共服务	主道有路灯村民小组占比	正向
		通天然气村民小组占比	正向
		通自来水农户占比	正向
		百人卫生室个数	正向
		体育健身广场个数	正向
	经济状态	农村居民人均可支配收入	正向
		人均村集体收入	正向
		乡村旅游接待人次	正向
	村民自治（VA）	村支书受教育程度	正向
		村主任受教育程度	正向
		村民大会召开次数	正向

7.3.2 研究方法

7.3.2.1 指标赋权

指标权重确定方法通常包括主观赋权、客观赋权、主客观组合赋权 3 种常用方法，其中主客观组合赋权的优势得到了越来越多的认可，常见的组合方法有加法合成、乘法合成、级差最大化等。其中，加法/乘法合成的本质是通过主客观权重按某种关联直接相加或相乘得到，很难解释组合的合理性与优越性；级差最大化组合则不再直接对权重进行相加或相乘，而是在权重的合理区间内通过求解组合权重优化模型的目标函数来组合权重，科学性更强但计算过程复杂。

博弈论组合赋权法，是在独立计算出各权重值的基础之上，遵循“既有一定冲突又尽量兼顾协调”的博弈论指导思想，通过寻求各权重值之间的均衡以实现最优化的权重组合。该确权过程并非直接利用相加或相乘计算，而是将多种权重构建为一个权重集，进而通过求取该权重集的最优向量（与各权重之间的偏差之和达到最小）而获取最终组合权重。其计算过程科学、全面、客观且便于实现，故采用该方法获得每个评价指标的最优集成权重。其中主观赋权采用层次分析法、客观赋权采用 CRITIC 法实现。本书中统一用 X_{ij} 表示第 i（$1 \leqslant i \leqslant n$）个行政村中第 j（$1 \leqslant j \leqslant m$）个评价指标的原始指标值。

（1）层次分析法

借助 Yaanp 软件建立层次结构模型，构造判断矩阵，层次单排序及一致性检验，最终得出指标权重值。

（2）CRITIC 法

CRITIC 法作为客观权重计算方法，同时考虑了指标数值的差异及评价指标间的相关性，是一种比熵权法和标准离差法更好的客观赋权法。

对正向和负向指标进行标准化处理得到标准化矩阵。公式如下：

$$X_{ij} = \frac{x_{ij} - x_{i\_\min}}{x_{i\_\max} - x_{i\_\min}} \tag{7-6}$$

$$X_{ij} = \frac{x_{i\_\max} - x_{ij}}{x_{i\_\max} - x_{i\_\min}} \tag{7-7}$$

计算指标的标准差：

$$\sigma_j = \sqrt{\frac{\sum_{i=1}^{n}\left(X_{ij} - \overline{X_j}\right)^2}{n-1}} \tag{7-8}$$

$$\overline{X_j} = \frac{1}{n}\sum_{i=1}^{n} X_{ij} \tag{7-9}$$

计算指标 j 和 k 之间特征的冲突性 R_{jk}，其中 r_{jk} 为二者相关系数：

$$R_{jk} = \sum_{j,k=1}^{m}\left(1 - r_{jk}\right) \tag{7-10}$$

$$r_{jk} = \frac{\sum_{i=1}^{n}\left(X_{ij} - \overline{X_j}\right)\left(X_{ik} - \overline{X_k}\right)}{\sqrt{\sum_{i=1}^{n}\left(X_{ij} - \overline{X_j}\right)^2}\sqrt{\sum_{i=1}^{n}\left(X_{ik} - \overline{X_k}\right)^2}} \tag{7-11}$$

进一步计算指标 j 所包含的信息量 G_j 为：

$$G_j = \sigma_j R_{jk} \tag{7-12}$$

最终获得 CRITIC 法权重值 w_{j_c} 为：

$$w_{j\_c} = \frac{G_j}{\sum_{j=1}^{m} G_j} \tag{7-13}$$

（3）博弈论赋权

不同赋权方法所得指标权重可能差别很大甚至相互冲突，因此在博弈论组合赋权之前需对权重进行一致性检验，距离函数如下：

$$\mathrm{d}\left[w_{j\_a} w_{j\_c}\right] = \left\{\frac{1}{2}\sum_{j=1}^{m}\left[w_{j\_a} - w_{j\_c}\right]^2\right\}^{\frac{1}{2}} \tag{7-14}$$

式中，w_{j_a} 和 w_{j_c} 为参与博弈的两组权重，$\mathrm{d}\left[w_{j\_a} w_{j\_c}\right]$ 越小代表两组权重越接近，当 $\mathrm{d}\left[w_{j\_a} w_{j\_c}\right] < 0.2$ 时被认为通过一致性检验，可进行组合。

由层次分析法和 CRITIC 法确立基本权重向量集 $w = \left(w_{j\_a}, w_{j\_c}\right)^T$，对向量集进行任意线性组合，$w = \left(a_1 w_{j\_a}{}^T + a_2 w_{j\_c}{}^T\right)$，为得到组合权重 w 与两种权重（w_{j_a}，w_{j_c}）之间离差极小化，由矩阵的微分性质，求得 a_1 和 a_2，并进行归一化求得 a_1^*

和 a_2^*，公式如下：

$$\begin{pmatrix} w_{j\_a}w_{j\_a}{}^T & w_{j\_a}w_{j\_c}{}^T \\ w_{j\_c}w_{j\_a}{}^T & w_{j\_c}w_{j\_c}{}^T \end{pmatrix}\begin{pmatrix} a_1 \\ a_2 \end{pmatrix}=\begin{pmatrix} w_{j\_a}w_{j\_a}{}^T \\ w_{j\_c}w_{j\_c}{}^T \end{pmatrix} \tag{7-15}$$

$$a_1^*=\frac{a_1}{a_1+a_2} \tag{7-16}$$

$$a_2^*=\frac{a_2}{a_1+a_2} \tag{7-17}$$

最终计算出组合权重 $w=\left(a_1^*w_{j\_a}{}^T+a_2^*w_{j\_c}{}^T\right)$。

7.3.2.2 评估方法

VIKOR 作为新近受到关注的多准则决策方法之一，其最大特色在于为决策者提供了一种综合考量最大群体效益和最小个体遗憾的折中可行方案。群体效益与个体遗憾都以各指标间的相对重要性为基础，群体效益刻画的是评估对象间整体差异，即评估对象所有指标值与理想值之间的距离总和；个体遗憾则用来反映评估对象中发展最薄弱的指标，即评估对象中与正理想解间最大差额的指标。因顾及对行政村生态建设整体水平及短板因素的双重考量，采用 VIKOR 方法开展生态建设成效测度与分析。为更加科学精确地获取待评估对象与理想值之间的距离，我们采用欧式距离公式替代了 VIKOR 法常用的线性加权距离公式，主要步骤如下：

对正向和负向指标进行标准化处理，公式如下：

$$f_{ij}=\frac{x_{ij}}{\sqrt{\sum_{j=1}^{m}x_{ij}{}^2}} \tag{7-18}$$

$$f_{ij}=\frac{1}{x_{ij}}\Bigg/\sqrt{\sum_{j=1}^{m}\frac{1}{x_{ij}{}^2}} \tag{7-19}$$

算正理想解（f_j^+）和负理想解（f_j^-）：

$$f_j^+=\max_j f_{ij} \tag{7-20}$$

$$f_j^- = \min_j f_{ij} \tag{7-21}$$

以欧式距离为测算依据，计算群体效益（S_i）和个人遗憾值（R_i）：

$$S_i = \sqrt{\sum_{j=1}^{m} w_j \left(f_j^+ - f_{ij}\right)^2 / \left(f_j^+ - f_j^-\right)^2} \tag{7-22}$$

$$R_i = \max_j \sqrt{w_j \left(f_j^+ - f_{ij}\right)^2 / \left(f_j^+ - f_j^-\right)^2} \tag{7-23}$$

确定最大、最小群体效益值S_i^+、S_i^-；最大、最小个体遗憾值R_i^+、R_i^-：

$$S_i^+ = \max_i S_i ; S_i^- = \min_i S_i \tag{7-24}$$

$$R_i^+ = \max_i R_i ; R_i^- = \min_i R_i \tag{7-25}$$

计算折中可行解 Q_i：

$$Q_i = \varepsilon \frac{S_i - S_i^-}{S_i^+ - S_i^-} + \left(1 - \varepsilon\right) \frac{R_i - R_i^-}{R_i^+ - R_i^-} \tag{7-26}$$

式中，ε为群体效益比重，可根据决策需要对ε进行取值。分别对ε取0、0.2、0.5、0.8、1，以展现不同偏好下评估结果。

使用VIKOR方法，需满足以下2项约束条件：①优秀阈值条件。根据Q_i值大小进行排序，需满足$Q_2-Q_1 \geqslant 1/(n-1)$，其中$Q_1$为排序靠前的评估对象$Q$值，$Q_2$为排在其后的评估对象$Q$值。当满足此条件时说明排名前者显著优于后者。②决策可靠度条件。根据Q_i值大小进行排序，排序后位的S_i或者R_i位序也应大于前者。

7.3.3 评估结果

利用VIKOR方法测算得出汶川县各行政村生态建设成效的评估值Q_i，其值越小、排名越靠前表明生态建设成效越好。在得出全部行政村的Q_i值之后，结合前述约束条件发现，部分行政村的排名顺序尚无法完全依靠Q_i值进行确定。为解决该问题，本研究首先引入自然断点分级法将全部行政村的Q_i值划分为5个等级，其次明确下述规则“Q_i值位于分类断点处的行政村对排在其后的行政村具有显著优势”，最终利用VIKOR+自然断点分级法将汶川县农村生态建设成效评估作出全排序评估。基于不同ε值，所得的分类结果如图7-5所示。

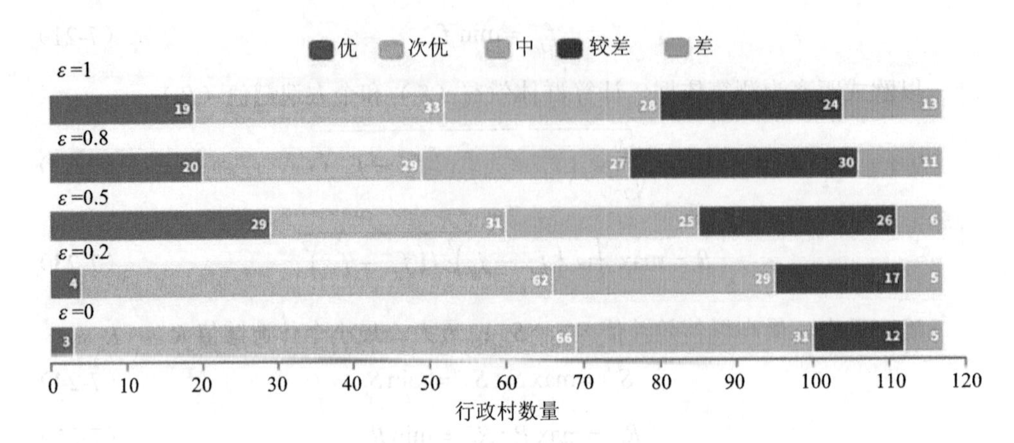

图 7-5 汶川县生态建设成效评估行政村分类

评估结果呈现出即使基于不同ε取值，汶川县整体生态建设成效都相对较好。分类等级处于“优”和“次优”的行政村数量最少为 49，占总数的 41.88%。进一步统计发现高于中值的行政村数量均为 59，占总数的 50.43%。从具体行政村排序来看，排序第一位的均为卧龙镇转经楼村。不同ε取值，旨在满足决策者偏重整体效益或个体遗憾的决策需求。本书将以$\varepsilon=0.5$，即兼顾群体效益和个体遗憾值为例，对汶川县行政村生态建设成效进行详细论述。

7.3.3.1 汶川县行政村生态建设整体成效

兼顾群体效益和个体遗憾值，所得详细排序结果如表 7-4 所示。

表 7-4 汶川县各行政村生态建设成效评估值排序分类

评估值范围	行政村	分类
0～0.313 5	卧龙镇转经楼村、绵虒镇龙潭沟村、三江镇街村、三江镇河坝村、耿达镇耿达村、绵虒镇绵锋村、威州镇新桥村、龙溪乡俄布村、绵虒镇羊店村、绵虒镇高店村、龙溪乡马登村、克枯乡大寺村、卧龙镇足木山村、三江镇漆山村、映秀镇枫香树村、克枯乡下庄村、龙溪乡龙溪村、绵虒镇两河村、雁门乡通山村、耿达镇幸福村、三江镇草坪村、三江镇照壁村、水磨镇马家营村、绵虒镇樟排村、水磨镇啣凤岩村、绵虒镇码头村、龙溪乡布兰村、绵虒镇板桥村、水磨镇老人村	优

评估值范围	行政村	分类
0.326 4～0.410 6	威州镇七盘沟村、绵虒镇克约村、映秀镇黄家村、绵虒镇半坡村、威州镇增坡村、三江镇龙竹村、三江镇邓家村、龙溪乡阿尔村、威州镇万村村、龙溪乡垮坡村、水磨镇茅坪子村、水磨镇刘家沟村、克枯乡周达村、水磨镇郭家坝村、水磨镇牛塘沟村、克枯乡木上村、三江镇麻柳村、绵虒镇硝头村、绵虒镇克充村、绵虒镇金波村、水磨镇高峰村、银杏乡沙坪关村、漩口镇群益村、水磨镇大槽头村、漩口镇赵家坪村、雁门乡萝卜寨村、绵虒镇羌锋村、龙溪乡大门村、绵虒镇和平村、雁门乡白水村、绵虒镇小茅坪村	次优
0.421 0～0.503 8	绵虒镇沙排村、绵虒镇板子沟村、威州镇秉里村、水磨镇寨子坪村、水磨镇大岩洞村、耿达镇龙潭村、水磨镇灯草坪村、威州镇茨里村、水磨镇白果坪村、漩口镇安子坪村、威州镇牛脑寨村、漩口镇集中村、映秀镇黄家院村、水磨镇白石村、银杏乡桃关村、雁门乡索桥村、卧龙镇卧龙关村、威州镇茅岭村、绵虒镇白土坎村、水磨镇连山坡村、漩口镇宇宫庙村、威州镇禹碑岭村、水磨镇黄家坪村、水磨镇陈家山村、威州镇布瓦村	中
0.522 3～0.673 8	漩口镇红福山村、雁门乡玍山村、漩口镇古溪沟村、映秀镇老街村、雁门乡麦地村、水磨镇黑土坡村、克枯乡克枯村、漩口镇核桃坪村、银杏乡兴文坪村、漩口镇油碾村、银杏乡东界脑村、映秀镇渔子溪村、绵虒镇足湾村、漩口镇瓦窑岗村、三江镇席草村、绵虒镇涂禹山村、漩口镇八角庙村、漩口镇响黄沟村、漩口镇水田坪村、银杏乡一碗水村、雁门乡月里村、漩口镇圣音寺村、映秀镇中滩堡村、映秀镇张家坪村、漩口镇蔡家杠村、雁门乡青坡村	较差
0.700 5～0.899 7	漩口镇小麻溪村、雁门乡过街楼村、威州镇双河村、威州镇铁邑村、绵虒镇三官庙村、龙溪乡联合村	差

评估结果既反映了汶川县各行政村生态建设的当前状态，又一定程度体现了其长期发展的累积效应。整体而言，汶川县有统计数据的 117 个行政村整体生态建设成效相对较好，平均值为 0.430 4。分类等级处于“优”和“次优”的行政村数量为 60，占总数的 51.28%；高于平均值的行政村数量为 64，占总数的 54.70%。从图 7-6 可看出，汶川县各行政村生态建设成效差异较大，空间分异特征显著。生态建设成效优越区（优、次优 2 类）沿县域西北-中部-东南一线分布，劣势区（较差、差 2 类）则主要集中于县域东北与中南地区。从乡镇层级不难看出，龙溪、

克枯、绵虒、耿达、卧龙和三江 6 乡镇的生态建设成效较为优越，以优、次优等级为主。雁门、银杏、映秀及漩口 4 乡镇的生态建设成效有待提高，以中等成效以下为主。此外，乡镇内部之间差别也大，龙溪、威州、绵虒 3 乡镇差异最为显著，内部既有优级又有差级行政村分布；耿达、卧龙、克枯 3 乡镇各村整体位于中等及以上分类；映秀、漩口 2 镇各村则整体位于中等以下分类。具体到行政村尺度，排序前 5 位的依次是卧龙镇转经楼村、绵虒镇龙潭村、三江镇街村、三江镇河坝村和耿达镇耿达村；排序后 5 位的依次是龙溪乡联合村、绵虒镇三官庙村、威州镇铁邑村、威州镇双河村及雁门乡过街楼村。

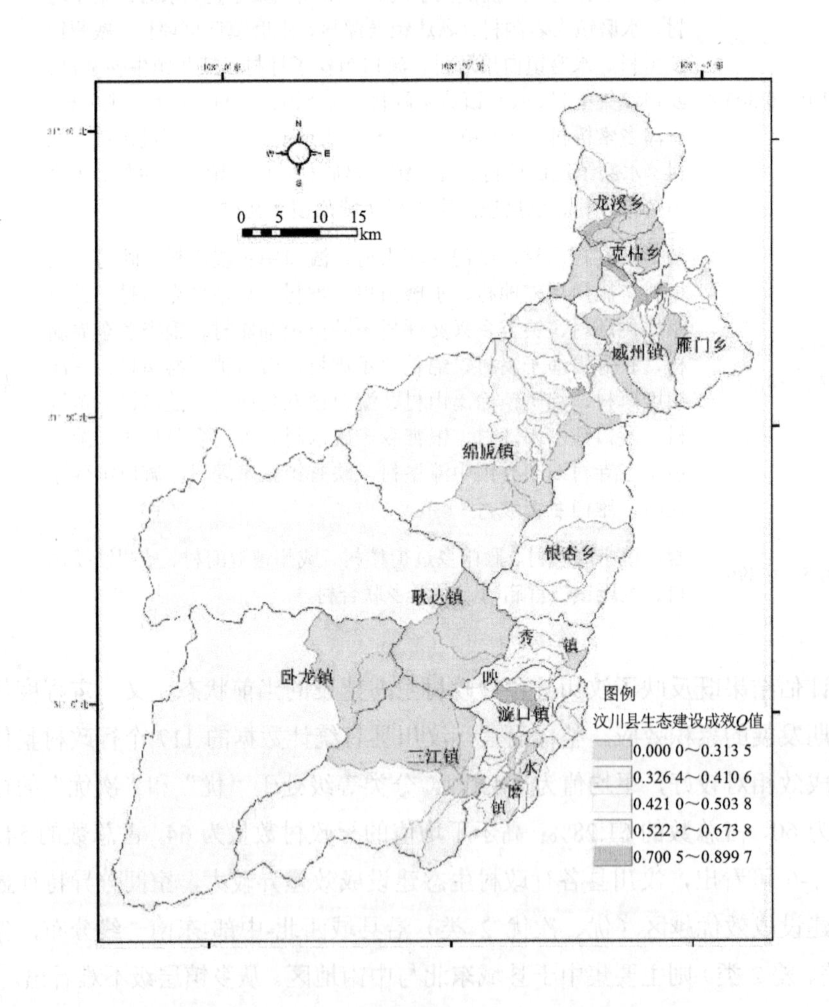

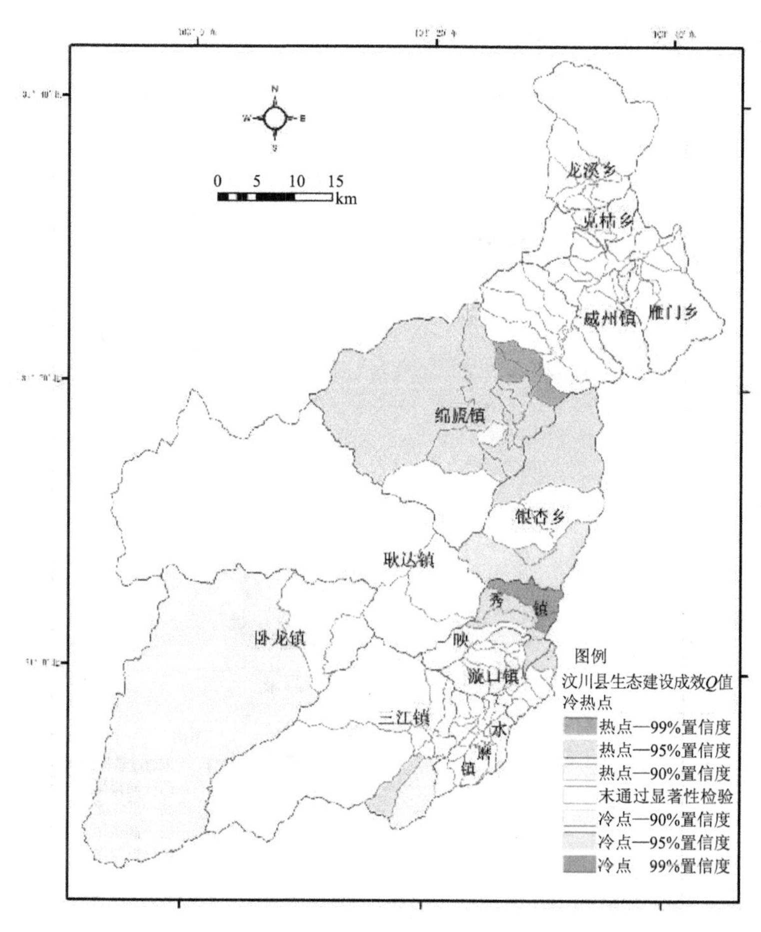

图 7-6 汶川县各行政村生态建设成效空间分布

进一步利用 Global Moran's I、Anselin Local Moran's I 对行政村生态建设成效进行空间相关性分析。①全局空间相关性。Moran's I 为 0.10，Z 得分 3.93，P 值 0.000 084 且通过 0.01 置信度检验，表明汶川县各行政村生态建设成效在整体上存在弱空间正相关、弱集聚格局。②局域空间相关性。从 Anselin Local Moran's I 的空间分布（图 7-7）可以看出，汶川县绝大部分地区尚未出现显著的集聚形态，通过显著性检验的优势区主要聚集在绵虒镇、卧龙镇及三江镇；劣势聚集区则位于映秀镇与漩口镇。③结合各行政村生态建设成效情况看，县域内自然环境相近村际之间相关性较弱，未明显形成生态建设优势或劣势集中连片区，主动建设行为对农村生态建设发挥着重要作用。

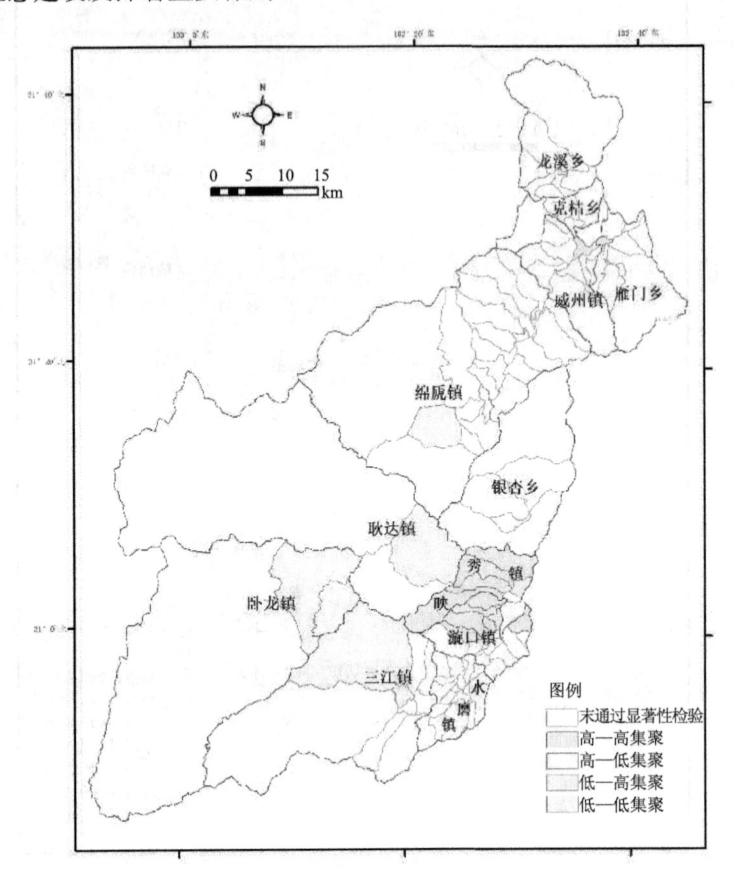

图 7-7　汶川县各行政村生态建设成效局部莫兰指数

7.3.3.2　汶川县行政村生态建设制约因素

个体遗憾值所表征的为生态建设成效评估指标中评估值最低的指标，既是当前生态建设成效评估中的短板，也意味着未来生态建设着重提升的方向。因此，本书将 VIKOR 方法中的个体遗憾值作为生态建设的制约因素来进行分析。就本研究而言，生态环境中的生态保育和社会发展中的村民自治状况是汶川县农村生态建设成效得以提高的重要制约因素。具体而言，代表生态保育水平的遥感生态指数与代表村民自治的村支书及村主任受教育水平所制约的行政村个数分别为 76 个（占总数的 64.96%）、22 个（占 18.80%）及 15 个（占 12.82%），其具体分布格局如图 7-8 所示。

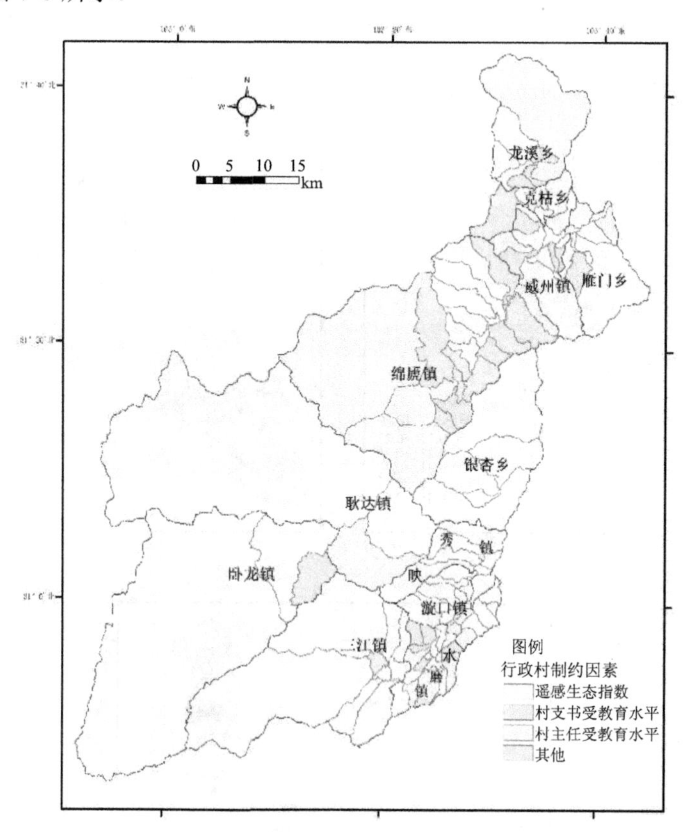

图 7-8 汶川县各行政村生态建设制约因素

由遥感生态指数的空间分布可知，生态环境保育优越区位于龙溪、克枯、绵虒 3 乡镇，生态环境劣势区则分属银杏、映秀、漩口 3 乡镇，这与生态建设成效优劣区的空间格局较为相似但并不完全一致。由村支书受教育水平的空间格局可知，研究区各村支书受教育程度主要居于初中、高中水平，龙溪、绵虒、卧龙 3 乡镇有受过高等教育的村支书，小学教育水平的村支书主要分布于银杏乡和漩口镇。由图 7-9 可知，汶川县村主任的受教育程度主要居于初中水平，克枯乡、卧龙镇的村主任个别接受过高等教育。结合生态建设成效结果可知，汶川县生态建设成效优越农村的制约因素多为村主任或村支书的受教育水平，而生态建设成效薄弱地区的制约因素主要体现为生态保育状况。

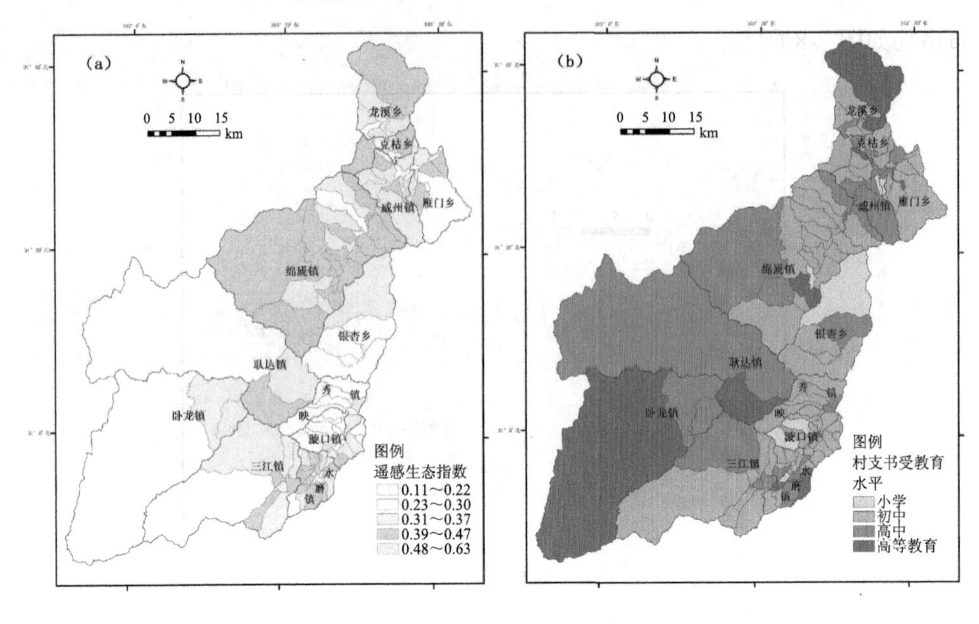

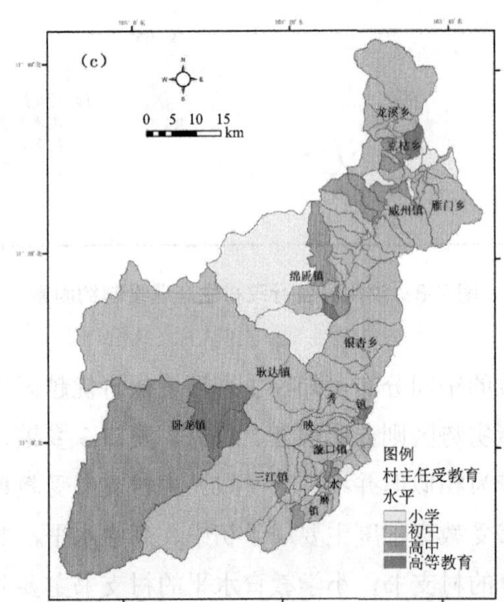

图 7-9　汶川县各行政村生态建设主要制约因素

7.4 川西北地区典型村镇绿色生态建设模式

7.4.1 典型村镇筛选

7.4.1.1 典型镇筛选

威州镇位于汶川县东北部，东临茂县，南接彭州市，西连绵虒镇，北靠灞州镇，总面积为 274 km^2。威州镇是汶川县政治、交通、文化和经济中心，是县城所在地。同时威州镇还是九环线的必经之路，是阿坝州的交通枢纽。镇域范围内文化站、村级文化中心及各类图书室齐备。截至 2019 年，全镇有 4 个规模以上工业企业，营业面积超过 50 m^2 的综合商店或超市有 6 个。

威州镇是汶川县生态功能区、农村防灾减灾能力建设、产业发展园区等方面的集中代表。就生态功能而言，汶川县主要涉及水土保持、水源涵养及生物多样性 3 项主导生态功能，这 3 项主导生态功能在威州镇中均有大面积分布。就农村防灾减灾能力建设而言，汶川县共计成功创建了 5 个全国综合减灾示范社区，威州镇占据 3 席。就产业发展而言，威州镇以“汶川三宝”特产农产品种植为主导，同时还拥有 AAAA 级风景名胜区、国家级文物羌碉等旅游资源及川青甘高原物流产业园区等服务业发展方面的资源和平台优势。

威州镇已成功创建 3 个全国综合减灾示范社区，即桑坪社区、南桥社区、阳光社区。结合本区防灾减灾建设的地区特色，对威州镇的 3 个全国综合减灾示范社区进行了实地调研。

综合考虑威州镇的生态地位、经济特色及减灾能力建设等方面的典型性，将威州镇作为汶川县的典型区，开展村镇生态建设模式研究。

图 7-10 课题组在桑坪社区、南桥社区、阳光社区调研

7.4.1.2 典型村筛选

（1）七盘沟村

七盘沟村位于汶川县南部，距县城 5 km，东邻万村，南界绵虒镇板桥村，西与新桥村相连。七盘沟村地处高山地带，平均海拔为 1 580 m，其中竹子岭海拔为 1 800 m。境内有映汶高速和国道 213 线，交通优势较为突出。土地总面积约 11.67 km^2，其中耕地 788 亩，人均耕地 0.63 亩，实际耕种 788 亩，生态公益林 19 974 亩，经济林 421.66 亩。主要发展甜樱桃、青红脆李、核桃等特色农产品。凭借地理位置和生态资源优势，汶川县加快产业园区建设打造七盘沟经济开发新区。汶川县是高原山区和资源富区，现已逐步发展为川青甘物流集散中心。

近年来，汶川县大力实施“互联网+”现代农业示范行动，于 2018 年建设川青甘高原物流产业园区。园区位于七盘沟内，规划面积为 37 698 m^2，建成电商发展中心、物流商库 17 000 m^2，冷链中心 6 340 m^2，主要包括仓储物流片区、综合配套片区、城市配送片区、商贸片区四大功能区，形成县、乡、村三级电子商务运营服务网络，全面推进农特产品与互联网深度融合。四川阳光净土电子商务公司、义乌市场集团等28家企业入驻园区，创造电商产值达1 000余万元。截至2021年年底，园区招引入驻企业22家，川青甘物流产业园全年营收1.5亿元，创造税收560万元，产业园区正不断扩大合作成果。立足川青甘物流产业园，2022年汶川县加快七盘沟中小微企业冷链仓储、运输通道等设施建设，为当地农产品销售提供有力支持。

七盘沟以阿坝州科技孵化园、县创业孵化中心为平台，打造绿色农副产品加工、新材料产业、机械制造业，推进绿色生态园区建设，初步建成七盘沟绿色中小微科技产业园区，构建“一园四区一线+飞地”工业发展布局，规模以上企业达37户，占全州的34.4%，规模以上工业总产值占全州的42.5%，稳居全州13县（市）第一位。

（2）布瓦村

布瓦村位于汶川县威州镇西北部的杂谷脑河左岸高半山地带，海拔为2 000 m左右，是威州镇的高山村之一。该村属于生态农业种植养殖区，村域南与双河村黄岩组接壤，东部与禾山村接壤，西部与大寺村接壤，距离县城11.5 km，总面积为152 km^2，是特色羌族村寨，有国家级文物羌碉，古老的羌式石墙和土筑建筑等。全村共有面积14 671亩，退耕还林面积758.74亩，耕地面积1 398亩，有林地面积11 000亩，耕地面积广，具备发展现代农业的资源优势，主导产业有甜樱桃、青红脆李、其他水果等。全年农作物种植面积1 398亩，其中青红脆李种植面积1 300亩，甜樱桃种植面积98亩。

布瓦村是汶川“无忧生态花果山”现代农业园区的核心园区。作为重要节点，布瓦村将“生态底色、文化本色”作为建设宗旨，抓住农业产业结构调整，大力发展甜樱桃、脆李子、香杏子等汶川“三宝”特色产业。2020年，布瓦村成功创建了阿坝州五星级现代农业园区和四川省四星级现代农业园区，并被评定为阿坝州乡村振兴示范村。目前，布瓦村现代农业园区土地面积达4 500余亩，全部用于种植甜樱桃、脆李子，其中甜樱桃1 000亩、脆李子3 500亩已实现规模化连片种植。2020年，园区产量600万kg，平均亩产1 330 kg，园区内单位面积产量较全县平均水平高52.8%，园区村民人均可支配收入达2.1万元。

布瓦村结合康养汶川建设、农业园区建设，通过深入挖掘布瓦村羌族文化、大力实施农旅、文旅融合发展，将“无忧花果山”打造成集时尚绿色、健康生态、康养旅游于一体的休闲旅游目的地。按照“南林北果+特色畜牧”的发展定位，秉承“产业园区化、园区景区化”发展理念，布瓦村走出了一条“生态特色、优质高端、三产融合”的发展之路。目前，该村正围绕克布旅游环线进行的基础设施改造、提升和新建等工程正在稳步推进。完善的交通路网，丰富的产业形态，将为下一步布瓦村实现农旅融合、文旅融合的现代农业综合服务区打下坚实的基础。

考虑到本区面临兼顾地区防灾减灾和经济协调发展的需求，以七盘沟社区及七盘沟村为调研点开展了实地调研。

图 7-11 课题组在汶川县七盘沟村及七盘沟社区调研

7.4.2 典型村镇生态建设面临的挑战分析

（1）防灾减灾方面

防灾减灾管理上，村镇在管理、投入、危机认知、信息获取、资源保障等方面管理薄弱。在突发事件应急管理制度的完善性和成熟性上与城市相比较为落后。由于村镇地区特殊的地理环境，各类灾害在时空上相互耦合和作用，导致灾害链、多灾种和灾害遭遇现象普遍。村镇既是应对突发灾害的前沿阵地，也是突发公共事件治理的重点地区和薄弱环节。自然环境的复杂性、信息获取的有限性、社会组织管理的局限性等导致其应对突发灾害的特殊性和复杂性。当前村镇地区突发危机事件的应对机制多是在紧急响应情况下临时制定，虽然在短时间内有一定成效，但缺乏系统性和完备性，随突发危机事件的结束而终止，仍缺少应对机制的长期性建设。

综合防灾减灾示范社区建设上，创建工作不仅需要整理大量书面材料，而且需要大量的技能培训和防灾演练，这对社区基层干部提出了较高要求。示范社区创建成功之后，没有后续的专项资金或技术支持。这既不利于激励带动，又不利于综合减灾能力的持续提升。威州镇社区居民防灾减灾意识较汶川地震之前有较大提升，但在震后山地灾害频度持续增加、恢复重建大规模完成的背景下，过度追求短期经济效益仍是村镇建设和发展的首要阻碍。村镇居民对安全发展理念重视程度和落实执行不够理想。

地质灾害治理上，受特殊的交通运输条件、狭窄的施工作业面，以及无霜期短等因素影响，导致地质灾害治理成本高、投入大；汶川县财力有限，主要靠国家、省解决治理资金，致使防灾工作进程受限。汶川县地质灾害防治专业技术人才极少，自然资源部门基本依赖地质队支撑，加之隐患构成复杂，灾害治理项目建成使用后，后期管护资金严重不足，难以发挥治理工程防灾应有的功能。

（2）生态环境与产业协调发展方面

生态建设成效上，威州镇主要受生态保育因素的影响，整体建设水平一般，还有待进一步提升。此处的生态保育状态是借助遥感生态指数进行的表征，主要出于对该指数能够客观、综合反映区域生态环境质量这一优势特征的考量。反映出虽然坚持绿色生态发展之路，但是随着城乡统筹推进、建成区扩大，环境问题或会更加突出。作为既具有自然资本价值，又影响社会经济发展的生态环境，威州镇在此方面仍然任重道远。

生态系统服务功能上，威州镇具有汶川县涉及的水源涵养、水土保持及生物多样性所有功能。七盘沟村近一半的地区划入生态保护红线，面临守住生态保护红线的责任。同时生态系统也面临一系列挑战，保持并不断提高地区生态系统服务功能价值难度大。在森林资源方面，虽实现了较快的增长，但总量仍有不足，加之树种单一、林相残缺、人工造林难度大、成本高，巩固治理困难。使得森林的生物多样性保护、水源涵养、水土保持等生态服务功能仍需加强。

总之，随着经济快速增长，能源资源消耗增加，一系列人为活动对生态系统的干扰增大，生态环境与产业协调发展是未来发展面临的挑战。

7.4.3 典型村镇生态建设提升措施

（1）基于 PPRR 框架推进乡村防灾减灾治理能力现代化

就防灾减灾管理而言，以 PPRR 模型为理论框架，推进乡村治理体系和治理能力现代化。

1）因地制宜完善农村自然灾害风险评估。因农村地区自然环境复杂，各地经济、文化差异较大，致灾因子和抵御风险的能力也不尽相同。进而通过访谈、问卷调查、系统模拟等，分析致灾因子及其强度、灾害发展趋势、经济规模等，评估地区风险抗逆力。

2）重视科技减灾，加强新兴技术应用。将监测预警技术和大数据技术等新兴技术普及到农村，实现农村防灾救灾的精细化。

3）保障农村自然灾害应急资源供应。加强保障应急物质，进一步均衡城乡资源差异，包括抢险救援的装备、救援人员配备、应急交通工具、受灾群众的救灾物资等。

4）加强农村防灾救灾的科普和宣传教育。构建全体村民参与防灾减灾救灾的文化氛围，组织开展防灾减灾救灾基本知识、防灾避险、自救互救技能等知识培训，提高村民减灾意识和掌握自救技能。

5）优化农村自然灾害应急预案和防灾空间规划。根据本地致灾因子、可能发生的灾害程度，编制和实施以村、屯为单位的防灾减灾救灾规划，将农村总体布局设计与防灾空间体系相结合，并与上级乡镇的防灾规划进行衔接。把农村“最后一公里”的短板补齐。

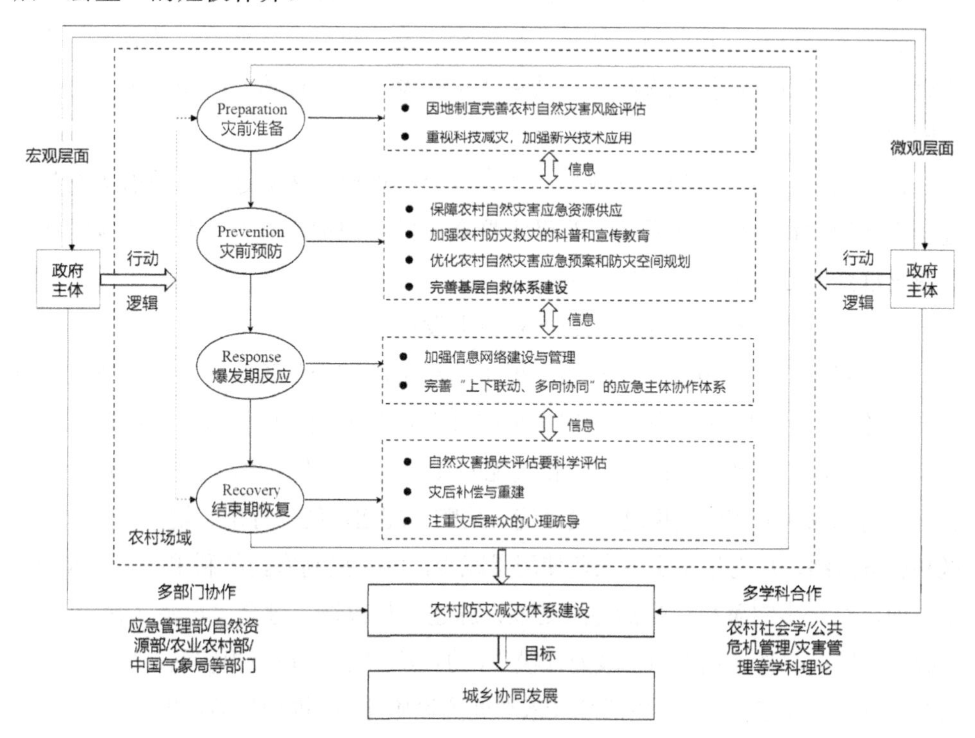

图 7-12　完善农村防灾减灾管理框架

6）完善基层自救体系建设。在中国农村综合防灾规划体系的建立探索上，应考虑乡村独有的地方性治理网络，构建以村委会为主导的基层防灾减灾组织，形成村民间互助型防灾减灾组织，并且培养更加专业化的防灾减灾组织。

7）加强信息网络建设与管理。利用电视、广播、新媒体等信息平台，准确公布自然灾害信息，及时更新灾情的最新进展，让公众了解真实情况，建立公众对话机制，避免谣言产生和传播，造成群众恐慌及对政府的不信任，及时消除民众疑虑，安抚人心。

8）完善“上下联动、多向协同”的应急主体协作体系。增强“县、乡、村”三级纵向协调联动，建立政府主导、社会组织支持、民众参与的多元横向协同救灾机制，实现各应急主体之间的协调联动与有效整合。

9）灾后补偿与重建。给房屋受损的灾民安置临时住宅和生活食品、物品，提供补贴、减免税收、安置就业等，保障灾民基本生活需求。对于灾区贫困人口及弱势群体，要将临时救助与长期救助相结合。完善农村灾害保险以及灾害基金的建设，让市场资源对接到农村防灾减灾体系建设当中，保障农民受到灾害之后尽快地重建家园。

10）注重灾后群众的心理疏导。加强社会心理服务体系建设。政府需要建立健全灾区的精神卫生服务系统，为受灾群众提供心理健康教育和服务，预防和治疗受灾群众的心理障碍。

（2）推进生态环境建设与农村产业协调发展

在农村生产环境方面，应积极开展土壤污染源综合整治，完善应急预案，开展土壤监督性监测。对区域内农田、果园分布较多地段，应积极落实绿色防控技术及方案，推广高效、低毒农药和相关配套使用技术，不断提高病虫害测报水平，加强对高毒农药的监管，推进建设“统一采购、配送，统一标准、规范”的农资配送和服务网络，从而稳步实现农药使用量减少，同时提高农药的利用率。在人居环境方面，进一步完善村镇生活污水处理设施建设与改造。健全“户集（含分类）、村收、镇转运、县处理”的垃圾处理模式，加强垃圾池、垃圾中转站，配备垃圾转运车等硬件设施建设，加强生活垃圾末端处置设施建设，推动生活垃圾无害化处理。发展和使用太阳能、风能和生物质能等可再生能源，支持农村新建住房安装省柴节煤灶、铸铁太阳灶、太阳能热水器，实现能源的高效利用、清洁利用。

就本区域水土流失、水源涵养、生物多样性的生态功能加强而言，应继续加强天然林保护工作，对现有林地进行全面有效的保护。对坡度为 25°以上的坡耕地，水土流失严重、生态区位重要的地区，继续实施退耕还林。对于水源保护，完善饮用水水源地标识、标牌、隔离网等保护设施建设，加强饮用水水源地保护区的日常巡查与监督管理，确保覆盖从水源水、出厂水、管网水、末梢水的全过程管理。对于生物多样性，加强野生动植物生态保护，开展生物多样性保护宣传和国际合作，完善地面站网、遥感监测、数据平台等配套设施；开展有害生物防治，提高危险性林业有害生物的预防和除治水平，阻止危险性林业有害生物的传入。

在维护好地区生态系统服务功能的原则下，将绿色发展理念融入生产生活中，在打造美丽、宜居、幸福家园的同时，实现村民与环境相均衡、经济与生态效益相统一，促进经济、社会、环境协调可持续发展。

7.4.4 典型村镇生态建设模式

在综合本地区生态建设面临的挑战及提升措施的基础上，结合两个典型村的自身发展特征，初步提出符合国情、区情与村情实际的村级尺度生态建设模式。

（1）七盘沟村生态建设模式

七盘沟村面临较为严重的泥石流、山洪等山地灾害威胁，并曾于 2013 年 7 月发生较大规模泥石流灾害。评估显示，七盘沟村取得了较好的生态建设成效。此外，该行政村是威州镇重要的水源涵养、水土保持及生物多样性保护重点区，且近一半面积位于阿坝州生态保护红线范围内。结合其自身主要发展甜樱桃、青红脆李等特色农产品，以及凭借交通区位和生态资源优势等，已逐步发展为七盘沟川甘青物流集散中心的产业特色。在此提出以防灾减灾能力建设为基础，以严守生态红线为原则，以保障安全发展为核心的七盘沟“安全—绿色”生态建设模式。

图 7-13　七盘沟村生态建设模式

"安全—绿色"生态建设模式是在打造安全空间的基础上，以及严守生态红线的原则上，实现三产融合绿色发展的目标。

属于灾害易发、多发的七盘沟村主要通过治理山地灾害隐患及提升社区应对灾害的韧性来实现全国综合减灾示范社区的创建。在此过程中，七盘沟村应对山地灾害的整体能力得到提升，安全的空间基础得到夯实。同时，七盘沟村具有重要的生态系统服务功能，在严守生态红线的原则下，需要维护好该村生物多样性，保持水源涵养及防治水土流失。

基于安全的空间基础及严守生态红线的原则，推动三产融合绿色发展。就建设现代农业而言，应在现有特色农产品基础上进一步加强特色农业产业品牌的创建，健全新型农业经营体系，与"互联网+"的流通、营销等农业社会化服务体系融合起来，提升现代农业绿色、高效生产。就提振绿色轻工业而言，应通过重点发展食品饮料、果蔬加工、来料加工等绿色产业企业，提高农副产品精深加工程度，延长农业产业链条，提升产品附加值，扩大市场占有率，增加特色农产品效益。就发展物流集散而言，应充分依托交通区位优势，加快构建便捷高效、货畅其流的现代物流体系，建设川甘青高原物流产业园 5G 智能化平台。最终实现集标准化原料基地、集约化加工园区、体系化物流配送的三产融合，发展乡村经济新业态。

（2）布瓦村生态建设模式

布瓦村灾害隐患相对较少，生态建设成效整体一般，同时是水土保持重要区，村域内未涉及生态保护红线。结合其自身主导产业有甜樱桃、青红脆李、其他水果等，已具备发展现代农业的资源优势，且是特色羌族村寨，有国家级文物羌碉等旅游资源。在此提出布瓦村基于"农文旅生"四位一体生态建设模式，其内涵框架如图 7-14 所示。

"农文旅生"四位一体生态建设模式的内涵在于，将生态建设与农-文-旅的发展视作有机整体，以生态与环境保护为核心，四者形成复杂的相互作用和反馈回路。模式中的特色农业是布瓦村现有的甜樱桃、青红脆李等特色水果种植业；羌族文化是布瓦村作为特色羌族村寨所传承已久的民族文化；生态旅游一方面是基于特色农业所开发的系列农耕趣味体验活动和产业，另一方面是基于羌族文化内含的羌碉建筑及非遗技艺而开展的文化旅游及文创产业活动。特色农业、羌族文化及生态旅游，对于生态与环境保护均发挥着促进-重塑作用；同时，生态与环境保护的变化对于三者亦产生重要的促进-重塑影响。生态旅游和特色农业的良性发展均会促进羌族文化的保护与传承；而生态旅游开发和羌族文化的传承发扬也会对特色农业走向品牌化、内涵化及高质量发展之路发挥关键的催化作用。

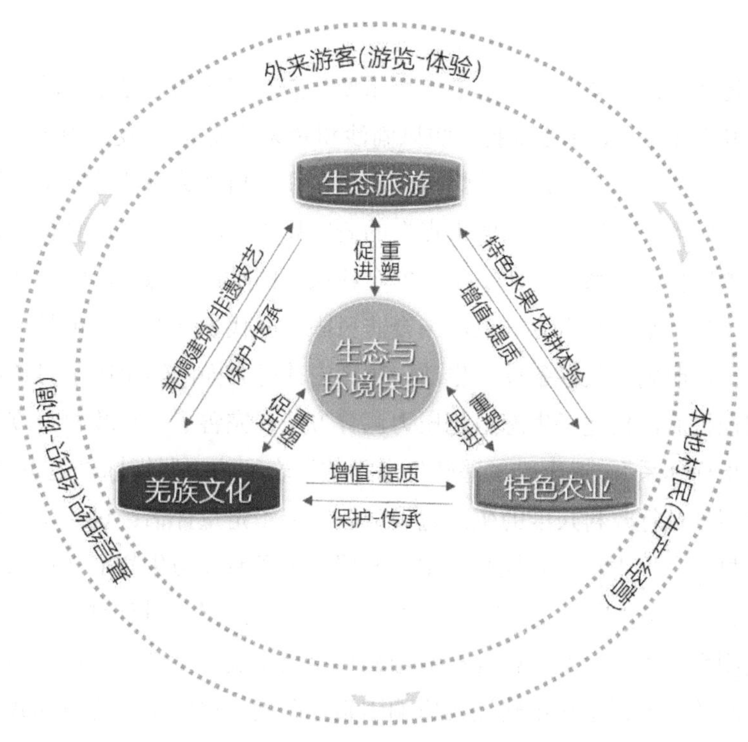

图 7-14　布瓦村生态建设模式

作为特色农业、羌族文化及生态旅游 3 项主要内容的利益相关者，本地村民、基层组织及外来游客通过生产-经营、组织-协调及游览-体验等一系列自组织及他组织互动行为，对于维护良性可持续的活动交互成为农文旅融合促进发展“旅游+”模式的主要行为。

总 结

通过近 4 年的课题研究，基于 5 个重要生态功能区的主导生态功能（水源涵养、生物多样性维护、水土保持、防风固沙和减灾防灾），以及黄山市新明乡、仁怀市茅台镇、重庆市武陵镇、敦煌市月牙泉镇和汶川县威州镇等典型村镇产业特点，通过“以点带面”和“以面束点”的研究思路，明确了村镇复合生态承载力的内涵及测算指标体系，构建了生态安全约束下的重点生态功能区生态承载力评价与测算模型；基于水资源约束，结合防风固沙区代表性的张掖市甘州区境内村镇实际情况，明确了气候条件、生活、生产方式等方面的约束因子对该区域生态安全的调控机制，构建了生态退化压力测算方法；完善了“行政村尺度生态建设成效评估指标体系”，提出以“遥感生态指数”表征约束层指标“生态保育”，对川西北典型县域行政村尺度的生态建设成效开展了定量评估；进一步优化了村镇建设“一村一品”生产生态权衡模型，开展了水源涵养与生物多样性保护区、防风固沙区、水土保持区典型村镇建设“一村一品”生产生态权衡模型的实证研究，为不同类型乡镇主导产业选择与产业结构调整提供决策参考；通过典型村镇生态建设模式凝练，辨析了村镇建设的影响因素，明确了村镇生态建设模式对村镇建设的驱动作用，辨析了村镇生态建设承载力的调控路径和影响因素，并提出了茅台镇生态承载力提升对策建议，为不同类型乡镇主导产业选择与产业结构调整提供决策参考，明确了村镇建设发展的产业适宜性，支撑国家生态乡镇、特色小镇和森林小镇等典型村镇建设和可持续发展，助推了乡村振兴和生态文明建设。

但由于编者精力有限及村镇数据的难获取性等问题，同时我国重点生态功能区内村镇数量及种类繁多，本书中对不同重点生态功能区内村镇仅选择典型村镇进行研究和讨论，无法覆盖全部类型的村镇。此外，下一步如何依托本研究成果进一步开展村镇生态服务功能调节、主导功能调节及产业优化和调整仍值得深入研究，助力村镇建设生态承载力的持续提升和主导产业健康发展。

参考文献

[1] 薄鑫. 黑河流域生态补偿机制研究[D]. 兰州：兰州大学，2019.

[2] 曹巍，刘璐璐，吴丹，等. 三江源国家公园生态功能时空分异特征及其重要性辨识[J]. 生态学报，2019，39（4）：1361-1374.

[3] 曹玉红. 基于自然生态约束评价的县域生态安全格局构建——以无为县为例[J]. 中国农学通报，2009，25（5）：259-263.

[4] 常睿春，郭科，王顾希，等. RS 和 GIS 支持下的县域生态红线划定技术研究——以四川省汶川县为例[J]. 国土资源科技管理，2016，33（5）：111-116.

[5] 陈芳. 新农村规划建设中的生态安全问题探析[J]. 中国安全科学学报，2008（4）：116-20，4.

[6] 陈凤桂，张虹鸥，陈伟莲，等. 基于生态位理论的产业发展适宜性综合评价——以广东为例[J]. 人文地理，2011（6）：120-126.

[7] 陈炜，黄慧萍，田亦陈，等. 基于 Google Earth Engine 平台的三江源地区生态环境质量动态监测与分析[J]. 地球信息科学学报，2019，21（9）：1382-1391.

[8] 陈妍，王楠，赵立君，等. 大娄山区水源涵养与生物多样性保护重要区村镇生态建设模式研究[J]. 生态与农村环境报，2022，38（10）：1299-1308.

[9] 陈悦，陈超美，刘则渊，等. CiteSpace 知识图谱的方法论功能[J]. 科学学研究，2015，33（2）：242-253.

[10] 程前昌. 乡村（农村）、城镇（城市）与区域（空间）之间的内涵关系辨析[J]. 资源环境与发展，2010，11（3）：15-20.

[11] 储节旺，曹振祥. 乡村振兴战略科技支撑路径的理论模型构建[J]. 安徽大学学报（哲学社会科学版），2020，44（4）：133-143.

[12] 董昭恺，王东胜，隋欣. 基于 GIS 的流域水电开发生态约束性评价[J]. 科技导报，2017，35（10）：87-92.

[13] 段学军，王传胜，李恒鹏，等. 村镇建设资源环境承载力测算的基本逻辑与框架[J]. 生态与农村环境学报，2021，37（7）：817-826.

[14] 冯勇，刘志颐，吴瑞成. 乡村振兴国际经验比较与启示——以日本、韩国、欧盟为例[J]. 世界农业，2019（1）：80-85，98.

[15] 高吉喜. 可持续发展理论探索：生态承载力理论、方法与应用[M]. 北京：中国环境科学出版社，2001.

[16] 高吉喜. 区域生态学核心理论探究[J]. 科学通报，2018，63（8）：693-700.

[17] 高新才，赵玲. 黑河流域土地资源人口承载力动态预测分析[J]. 宁夏社会科学，2010（3）：58-61.

[18] 巩国丽，刘纪远，邵全琴. 基于 RWEQ 的 20 世纪 90 年代以来内蒙古锡林郭勒盟土壤风蚀研究[J]. 地理科学进展，2014，33（6）：825-834.

[19] 郭兆夏，贺文丽，李星敏，等. 基于 GIS 的陕西省烤烟气候生态适宜性区划[J]. 中国烟草学报，2012，18（2）：21-24.

[20] 韩永伟，拓学森，高吉喜，等. 黑河下游重要生态功能区防风固沙功能辐射效益[J]. 生态学报，2010，30（19）：5185-5193.

[21] 韩永伟，王宝良，刘成程，等. 关于重点生态功能区生态补偿量计算中应用辐射效应理论的探讨——以黑河下游防风固沙重点生态功能区为例[J]. 生态经济，2015，31（1）：31-54.

[22] 韩振华，李建东，殷红，等. 基于景观格局的辽河三角洲湿地生态安全分析[J]. 生态环境学报，2010，19（3）：701-705.

[23] 何洪容，刘畅，周燕凌，等. 基于 40 个国家特色小镇数据分析的乡镇产业发展研究——以张掖市甘州区乡镇为例[C]//生态·交通·人居：山地城市融贯的智慧与实践：2021 山地人居环境国际学术研讨会论文集. 中国建筑工业出版，2022，103-108.

[24] 胡喜生. 福州土地生态系统服务价值空间异质性及其与城市化耦合的关系[D]. 福州：福建农林大学，2012.

[25] 环境保护部，中国科学院.《全国生态功能区划（修编版）》（公告 2015 年第 61 号）[EB/OL]. 北京：环境保护部，2015-11-13.

[26] 环境保护部，国家发展和改革委员会. 生态保护红线划定指南[EB/OL]. 北京：环境保护部，2017-07-20.

[27] 黄宝荣，欧阳志云，张慧智，等. 中国省级行政区生态环境可持续性评价[J]. 生态学报，2008（1）：327-337.

[28] 黄海，刘长城，陈春. 基于生态足迹的土地生态安全评价研究[J]. 水土保持研究，2013，20（1）：193-196，201.

[29] 黄金川，林浩曦，漆潇潇. 面向国土空间优化的三生空间研究进展[J]. 地理科学进展，2017，36（3）：378-391.

[30] 黄晶，薛东前，代兰海. 农产品主产区村镇建设资源环境承载力空间分异及影响因素——以甘肃省临泽县为例[J]. 资源科学，2020，42（7）：1262-1274.

[31] 黄润秋. 黄润秋副部长在“三线一单”试点工作启动会上的讲话[J]. 环保工作资料选，2017（8）：4-6.

[32] 黄伟娇，黄炎和，金志凤. 基于 GIS 的杭州市山核桃种植生态适宜性评价[J]. 浙江农业学报，2013，25（4）：845-851.

[33] 黄兴义. 贵州喀斯特地区生态经济协调发展的对策思考[J]. 科学学与科学技术管理，1999（8）：3-5.

[34] 惠丽，鲁小珍，张大勇，等. 基于生态足迹法县级区域可持续发展趋势探讨[J]. 中国人口·资源与环境，2010，20（S1）：486-488.

[35] 纪荣婷，陈梅，程虎，等. 国家“两山”基地经济与生态环境协调发展评价：以浙江省宁海县为例[J]. 环境工程技术学报，2020，10（5）：798-805.

[36] 贾克敬，何鸿飞，张辉，等. 基于“双评价”的国土空间格局优化[J]. 中国土地科学，2020，34（5）：43-51.

[37] 贾立斌，吴伟宏，袁国华. 基于 Mann-Kendall 的中国近岸海域海洋生态环境承载力评价与预警[J]. 生态经济，2019，35（2）：208-224.

[38] 贾丽. 基于水足迹理论的黑河中游水资源承载力研究[D]. 郑州：华北水利水电大学，2017.

[39] 姜栋栋，马伟波，邹凤丽，等. 乡镇尺度大娄山区生态系统服务价值时空变化研究[J]. 环境科学研究，2020，33（12）：2713-2723.

[40] 姜栋栋，杨帆，马伟波，等. 大娄山区生态系统服务价值变化与情景预测[J]. 环境科学研究，2022，35（7）：1670-1680.

[41] 蒋辉，罗国云. 资源环境承载力研究的缘起与发展[J]. 资源开发与市场，2011（5）：71-74.

[42] 金垚，熊士斌，刘琰琰，等. 基于 GIS 的旺苍县红心猕猴桃生态适宜性区划[J]. 西南农业学报，2019，32（9）：2141-2149.

[43] 柯珍堂. 发展乡村生态旅游与“三农”问题关系探析[J]. 生态经济，2010（1）：114-117.

[44] 李超，李文峰，赵耀，等. 基于 GIS 的云南山区玉米生态适宜性评价方法与应用[J]. 中国农业科学，2019，52（3）：445-454.

[45] 李超. 基于物元分析的我国洪灾损失综合评估[J]. 统计教育，2006（3）：44-46.

[46] 李桂华，金少华. 雹云识别的物元可拓模型及其效果检验[J]. 高原气象，2005（2）：280-284.

[47] 李海东，马伟波，高媛赟，等. 生态环保扶贫减损增益和“绿水青山就是金山银山”转化研究[J]. 环境科学研究，2020，33（12）：2761-2770.

[48] 李海东，赵立君，张龙江，等. 村镇建设生态承载力内涵、对象测算和提升路径[J]. 生态与农村环境学报，2021，37（7）：834-842.

[49] 李海东，赵立君，张龙江，等. 村镇建设生态承载力：内涵、对象测算和提升路径[J]. 生态与农村环境学报，2021，37（7）：834-842.

[50] 李晶，王媛，殷守强，等. 张家口市生态保护重要性评价及主导生态功能分区研究[J]. 土壤通报，2020，51（2）：280-288.

[51] 李天威，李巍，李元实，等. 基于战略环境评价的鄂尔多斯“三线一单”编制试点实践[J]. 环境影响评价，2018，40（3）：9-13.

[52] 李潇. 乡村振兴战略下农村生态环境治理的激励约束机制研究[J]. 管理学刊，2020，33（2）：25-35.

[53] 李晓明，孙从建，孙九林，等. 基于遥感信息的黄土高原主要灌溉农业分布区生态安全特征[J]. 应用生态学报，2021，32（9）：3177-3184.

[54] 李有福. 黄淮海农林生态系统经济效益评价[J]. 农业技术经济，1995（5）：44-47.

[55] 林洁. 福建省三生空间分类评价和时空格局分析[J]. 农业灾害研究，2021，11（10）：178-180.

[56] 林思纯. 乡村振兴战略背景下大岭村产业与生态融合发展对策研究[J]. 古今农业，2019（3）：7-13.

[57] 刘畅，周燕凌，何洪容. 近 30 年国内外生态约束下农村产业适宜性研究进展[J]. 生态与农村环境学报，2021，37（7）：852-860.

[58] 刘春艳，张继飞. 基于生态位模型的岷江上游典型县域乡村聚落用地适宜性评价[J]. 农业工程学报，2021，37（14）：266-273.

[59] 刘丹，杜春英，于成龙. 黑龙江省玉米的生态适宜性评价及种植区划[J]. 玉米科学，2009，17（5）：160-163.

[60] 刘冠生. 城市、城镇、农村、乡村概念的理解与使用问题[J]. 山东理工大学学报（社会科学版），2005，32（1）：54-57.

[61] 刘慧明，高吉喜，刘晓，等. 国家重点生态功能区 2010—2015 年生态系统服务价值变化评估[J]. 生态学报，2020，40（6）：1865-1876.

[62] 刘娇. 基于 3S 技术的黑河流域植被生态需水量研究[D]. 西安：西北农林科技大学，2014.

[63] 刘孟浩，席建超，陈思宏. 多类型保护地生态承载力核算模型及应用[J]. 生态学报，2020，40（14）：4794-4802.

[64] 刘蓉，文军，王欣. 黄河源区蒸散发量时空变化趋势及突变分析[J]. 气候与环境研究，2016，21（5）：503-511.

[65] 刘彦随，陈聪，李玉恒. 中国新型城镇化村镇建设格局研究[J]. 地域研究与开发，2014，33（6）：1-6.

[66] 刘彦随，周扬，李玉恒. 中国乡村地域系统与乡村振兴战略[J]. 地理学报，2019，74（12）：2511-2528.

[67] 刘洋，毕军，吕建树. 生态系统服务权衡与协同关系及驱动力：以江苏省太湖流域为例[J]. 生态学报，2019，39（19）：7067-7078.

[68] 柳本立，彭婉月，刘树林，等. 2021 年 3 月中旬东亚中部沙尘天气地面起尘量及源区贡献率估算[J]. 中国沙漠， 2022，42（1）：79-86.

[69] 罗海平，宋焱，彭津琳. 基于 Costanza 模型的我国粮食主产区生态服务价值评估研究[J]. 长江流域资源与环境，2017，26（4）：585-590.

[70] 罗士轩. 乡村振兴背景下农村产业发展的方向与路径[J]. 中国延安干部学院学报，2019，12（1）：119-127.

[71] 马伟波，赵立君，田佳榕，等. 基于地形位置指数的赤水河流域植被时空变化研究[J]. 环境科学研究，2020，33（12）：2705-2712.

[72] 马伟波，赵立君，邹凤丽，等.基于微地貌约束的山区型特色小镇“三生”空间布局优化[J]. 环境科学研究，2020，33（12）：2724-2733.

[73] 孟岩，赵庚星. 基于卫星遥感数据的河口区生态环境状况评价——以黄河三角洲垦利县为例 [J]. 中国环境科学，2009，29（2）：163-167.

[74] 欧阳志云，王如松，赵景柱. 生态系统服务功能及其生态经济价值评价[J]. 应用生态学报，1999，10（5）：635-640.

[75] 彭婉月，王兆云，李海东，等. 黑河中下游防风固沙功能时空变化及影响因子分析[J]. 环境科学研究，2020，33（12）：2734-2744.

[76] 乔媛媛，于晴，金鹏，等. 天目山—怀玉山区水源涵养与生物多样性保护重要区生态承载力评价[J]. 安徽农业大学学报，2020，47（6）：979-985.

[77] 邵春浩. 防灾减灾工作的经济社会效益分析及阐述[J]. 农村经济与科技，2018，29（8）：14.

[78] 申陆，田美荣，高吉喜，等. 浑善达克沙漠化防治生态功能区防风固沙功能的时空变化及驱动力[J]. 应用生态学报，2016，27（1）：73-82.

[79] 沈渭寿，张慧，邹长新，等. 区域生态承载力与生态安全研究[M]. 北京：中国环境科学出版社，2010.

[80] 施雅风，沈永平，胡汝骥. 西北气候由暖干向暖湿转型的信号、影响和前景初步探讨[J]. 冰川冻土，2002（3）：219-226.

[81] 史纪安，刘玉华，师江澜，等. 江河源区生态环境质量综合评价[J]. 西北农林科技大学学报（自然科学版），2006（10）：61-66.

[82] 史培军，李晓兵，王静爱，等. 生态区评价中的空间范围确定及其对全球变化的响应[J]. 第四纪研究，2001（4）：321-329.

[83] 宋艳春，余敦. 鄱阳湖生态经济区资源环境综合承载力评价[J]. 应用生态学报，2014，25（10）：2975-2984.

[84] 苏毅清，游玉婷，王志刚. 农村一二三产业融合发展：理论探讨、现状分析与对策建议[J]. 中国软科学，2016（8）：17-28.

[85] 谭纵波，龚子路. 任务导向的国土空间规划思考——关于实现生态文明的理论与路径辨析[J]. 城市规划，2019，43（9）：61-68.

[86] 田琪. 嫩江流域径流时空演化规律及其对下垫面变化的响应[D]. 长春：吉林大学，2016.

[87] 汪莹，王光岐. 灰色关联分析在矿产资源开发优先序列中的应用[J]. 沈阳大学学报（自然科学版），2014，26（4）：290-295.

[88] 王成新，姚士谋，陈彩虹. 中国农村聚落空心化问题实证研究[J]. 地理科学，2005（3）：3257-3262.

[89] 王澄海，张晟宁，张飞民，等. 论全球变暖背景下中国西北地区降水增加问题[J]. 地球科学进展，2021，36（9）：980-989.

[90] 王丹玉，王山，潘桂媚，等. 农村产业融合视域下美丽乡村建设困境分析[J]. 西北农林科技大学学报（社会科学版），2017，7（2）：152-160.

[91] 王红旗，王国强，顾琦玮，等. 中国重要生态功能区资源环境承载力评价理论与方法[M]. 北京：科学出版社，2019.

[92] 王家骥，姚小红，李京荣，等. 黑河流域生态承载力估测[J]. 环境科学研究，2000（2）：44-48.

[93] 王开运，邹春静，张桂莲. 生态承载力复合模型系统与应用[M]. 北京：中国科学出版社，2007.

[94] 王林威，武见，贾正茂，等. 生态视域下宁蒙引黄灌区节水潜力分析[J]. 节水灌溉，2017（11）：84-86，92.

[95] 王楠，吕锡斌，李辉，等. 贵州省河谷型村镇建设中外来植物的入侵风险评估[J]. 环境科学研究，2021，34（7）：1719-1727.

[96] 王晓峰，吕一河，傅伯杰. 生态系统服务与生态安全[J]. 自然杂志，2012，34（5）：273-276，98.

[97] 王兴国. 推进农村一二三产业融合发展的思路与政策研究[J]. 东岳论丛，2016，37（2）：30-37.

[98] 王永生，施琳娜，刘彦随. 乡村地域系统环境污染演化过程及驱动机制研究[J]. 农业环境科学学报，2020，39（11）：2495-2503.

[99] 魏小岛，周忠发，王媛媛. 基于格网 GIS 的喀斯特生态安全研究——以贵州花江石漠化综合治理示范区为例[J]. 山地学报，2012，30（6）：681-687.

[100] 吴军. 水利水保工程在社会主义新农村建设中的作用[J]. 中国水土保持，2008（4）：18-20.

[101] 吴善堂，邹超亚. 浅析农业结构与高产优质高效农业[J]. 耕作与栽培，1995（1）：21-23.

[102] 吴晓青. 加强生态保护维护国家生态安全[J]. 环境保护，2006（11）：9-12.

[103] 席建超，王首琨，张瑞英. 旅游乡村聚落“生产-生活-生态”空间重构与优化：河北野三坡旅游区苟各庄村的案例实证[J]. 自然资源学报，2016，31（3）：425-435.

[104] 夏光. 中国环境污染损失的经济计量与研究[M]. 北京：中国环境科学出版社，1998：21-70.

[105] 谢高地，张彩霞，张雷明，等. 基于单位面积价值当量因子的生态系统服务价值化方法改进[J]. 自然资源学报，2015（8）：1243-1254.

[106] 谢高地，张钇锂，鲁春霞，等. 中国自然草地生态系统服务价值[J]. 自然资源学报，2001，18（2）：46-52.

[107] 徐涵秋. 城市遥感生态指数的创建及其应用[J]. 生态学报，2013，33（24）：7853-7862.

[108] 徐涵秋. 水土流失区生态变化的遥感评估[J]. 农业工程学报，2013，29（7）：91-97，294.

[109] 徐庭灿，李敏. 区域规划中选择典型的方法[J]. 中国水土保持，1986（4）：20-22.

[110] 严军，侯源远，张仲昊. 基于 GIS 的农业观光园生态适宜性评价与规划——以安徽省庐江农业观光园为例[J]. 江苏农业科学，2015，43（12）：520-524.

[111] 燕守广，张慧，李海东，等. 江苏省陆地和生态红线区域生态系统服务价值[J]. 生态学报，2017，37（13）：4511-4518.

[112] 杨秉珣，刘泉，董廷旭. 川西北不同沙化程度草地土壤细菌群落特征[J]. 水土保持研究，2018，25（6）：45-52.

[113] 杨坤士，卢远，翁月梅，等. Google Earth Engine 平台支持下的南流江流域生态环境质量动态监测[J]. 农业资源与环境学报，2021，38（6）：1112-1121.

[114] 杨敏莹. 基于遥感数据的阿坝州荒漠土地空间变化及其驱动力分析[D]. 南充：西华师范大学，2019.

[115] 姚雄，余坤勇，刘健，等. 南方水土流失严重区的生态脆弱性时空演变[J]. 应用生态学报，2016，27（3）：735-745.

[116] 尹念文，何明华. 北道区地质灾害防灾减灾效益分析[J]. 甘肃科学学报，2003（S1）：159-162.

[117] 尤南山，蒙吉军. 基于生态敏感性和生态系统服务的黑河中游生态功能区划与生态系统管理[J]. 中国沙漠，2017，37（1）：186-197.

[118] 于晴，沈童，王淑，等. 中国特色小镇空间分布特征及其影响因素[J]. 安徽师范大学学报（自然科学版），2021，44（3）：268-275.

[119] 于晴，沈童，王淑，等. 基于地理信息系统的黄山市乡镇人居环境自然适宜性评价[J]. 环境污染与防治，2021，43（7）：880-885.

[120] 余健，温建萍，房莉. 基于物元分析的高校教师教学质量评价探讨[J]. 绵阳师范学院学报，2012，31（2）：149-152，155.

[121] 余沛东，陈银萍，李玉强，等. 植被盖度对沙丘风沙流结构及风蚀量的影响[J]. 中国沙漠，2019，39（5）：29-36.

[122] 喻阳华，李光容，皮发剑，等. 赤水河上游主要森林类型水源涵养功能评价[J]. 水土保持学报，2015，29（2）：150-156.

[123] 喻忠磊，张文新，梁进社，等. 国土空间开发建设适宜性评价研究进展[J]. 地理科学进展，2015，34（9）：1107-1122.

[124] 张彩霞，杨勤科，李锐. 基于 DEM 的地形湿度指数及其应用研究进展[J]. 地理科学进展，2005，24（6）：116-123.

[125] 张富刚，刘彦随. 中国区域农村发展动力机制及其发展模式[J]. 地理学报，2008（2）：115-122.

[126] 张慧，沈渭寿，王延松，等. 黑河流域草地承载力研究[J]. 自然资源学报，2005（4）：514-521.

[127] 张军，周冬梅，张仁陟. 黑河流域 2004—2010 年水足迹和水资源承载力动态特征分析[J]. 中国沙漠，2012，32（6）：1779-1785.

[128] 张磊，陈晓琴，董晓翠，等. 三生互斥视角下工业用地空间布局优化：以天津市为例[J]. 地理与地理信息科学，2019，35（3）：112-119.

[129] 张龙江，纪荣婷，李辉，等. 基于主导生态功能保护的美丽宜居村镇生态建设模式研究[J]. 生态与农村环境学报，2021，37（7）：827-833.

[130] 张怡，段克勤，石培宏. 1979—2100 年青藏高原夏季大气 0℃层高度变化分析[J]. 冰川冻土，2022，44（1）：34-45.

[131] 张宇婷，肖海兵，聂小东，等. 基于文献计量分析的近 30 年国内外土壤侵蚀研究进展[J]. 土壤学报，2020，57（4）：797-810.

[132] 张正湘，王智姣，周沛洪，等. 低洼稻田区发展苎麻生产新途径[J]. 中国麻作，1995（1）：20-21，6.

[133] 赵刚，左德鹏，徐宗学，等. 基于集对分析可变模糊集的中国水利现代化时空变化特征分析[J]. 资源科学，2015，37（11）：2211-2218.

[134] 赵哈林. 沙漠化防治学[M]. 北京：现代教育出版社，2016.

[135] 赵立君，杨帆，王楠，等. 基于生态足迹模型的贵州省仁怀市可持续发展及其影响因素研究[J]. 生态与农村环境学报，2021，37（7）：870-876.

[136] 赵玲. 黑河流域人口承载力预测分析研究[D]. 兰州：兰州大学，2010.

[137] 赵同谦，欧阳志云，王效科，等. 中国陆地地表水生态系统服务功能及其生态经济价值评价[J]. 自然资源学报，2003，18（4）：443-452.

[138] 赵永杰，张开斌. 基于物元分析的典型城市选取研究[J]. 交通节能与环保，2013，9（6）：88-93.

[139] 钟漪泮，唐林仁，胡平波. 农旅融合促进农村产业结构优化升级的机理与实证分析——以全国休闲农业与乡村旅游示范县为例[J]. 中国农村经济，2020（7）：80-98.

[140] 周燕凌，刘畅，何洪容. 溧阳市河口村生态约束下产业适宜性研究[C]//生态·交通·人居：山地城市融贯的智慧与实践：2021 山地人居环境国际学术研讨会论文集. 中国建筑工业出版社，2022，96-102.

[141] 王云云. 灰色关联分析在矿产资源评价中的应用研究[D]. 合肥：合肥工业大学，2013.

[142] Ahamed T R N，Rao K G，Murthy J S R. GIS-based fuzzy membership model for crop-land suitability analysis[J]. Agricultural Systems，2000，63：75-95.

[143] Andreotti B，Claudin P，Pouliquen O. Measurements of the aeolian sand transport saturation length[J]. Geomorphology，2010，123（3-4）：343-348.

[144] Bagdanavičiūtė I，Valiūnas J. GIS-based land suitability analysis integrating multi-criteria evaluation for the allocation of potential pollution sources[J]. Environmental Earth Sciences，2013，68（6）：1797-1812.

[145] Baustert P，Othoniel B，Rugani B，et al. Uncertainty analysis in integrated environmental models for ecosystem service assessments：frameworks，challenges and gaps[J]. Ecosystem Services，2018，33：110-123.

[146] Liu B L，Qu J J，Niu Q H，et al. Impact of anthropogenic activities on airflow field variation over a star dune[J]. Catena，2021，196：104877.

[147] Liu B L，Peng W Y，Li H D，et al. Increase of moisture content in Mogao Grottoes from artificial sources based on numerical simulations[J]. Journal of Cultural Heritage，2020，45：135-141.

[148] Biggs E M，Gupta N，Saikia S D，et al. The tea landscape of Assam：Multi-stakeholder insights

into sustainable livelihoods under a changing climate[J]. Environmental Science & Policy，2018，82：9-18.

[149] Bohlool B B，Ladha J K，Garrity D P，et al. Biological Nitrogen-fixation for sustainable agriculture-a perspective [J]. Plant Soil，1992，141（1-2）：1-11.

[150] Bradley B A，Estes L D，Hole D G，et al. Predicting how adaptation to climate change could affect ecological conservation：secondary impacts of shifting agricultural suitability[J]. Diversity and Distributions，2012，18（5）：425-437.

[151] Chen D D，Jin G，Zhang Q，et al. Water ecological function zoning in Heihe River Basin，Northwest China[J]. Physics and Chemistry of the Earth，2016，96：74-83.

[152] Chen P，Li C，Chen S，et al. Tea cultivation suitability evaluation and driving force analysis based on AHP and Geodetector results：a case study of Yingde in Guangdong，China[J]. Remote Sensing，2022，14：2412.

[153] Clergue B，Amiaud B，Pervanchon F，et al. Biodiversity：function and assessment in agricultural areas. A review[J]. Agronomy for Sustainable Development，2005，25（1）：1-15.

[154] Costanza R，Arge R，Groot R D，et al. The value of the world's ecosystem services and natural capital[J]. Nature，1997，387（15）：253-260.

[155] Cravero A，Pardo S，Sepúlveda S，et al. Challenges to Use Machine Learning in Agricultural Big Data：A Systematic Literature Review[J]. Agronomy，2022，12：748.

[156] Crist E P. A TM tasseled cap equivalent transformation for reflectance factor data[J]. Remote sensing of Environment，1985，17：301-306.

[157] Crossman N D，Bryan B A，Ostendorf B，et al. Systematic landscape restoration in the rural-urban fringe：meeting conservation planning and policy goals[J]. Biodiversity and Conservation，2007，16（13）：3781-7802.

[158] Das A C，Noguchi R，Ahamed T. Integrating an expert system，GIS，and satellite remote sensing to evaluate land suitability for sustainable tea production in Bangladesh[J]. Remote Sensing，2020，12：4136.

[159] De Beurs K M，Henebry G M. A statistical framework for the analysis of long image time series[J]. International Journal of Remote Sensing，2005，26（8）：1551-1573.

[160] De G R S，Alkemade R，Braat L，et al. Challenges in integrating the concept of ecosystem

services and values in landscape planning，management and decision making[J]. Ecological Complexity，2010，7（3）：260-272.

[161] Dharumarajan S，Kalaiselvi B，Lalitha M，et al. Defining fertility management units and land suitability analysis using digital soil mapping approach[J]. Geocarto International，2021，36：1-21.

[162] Ding H，Hao X M. Spatiotemporal change and drivers analysis of desertification in the arid region of northwest China based on geographic detector[J]. Environmental Challenges，2021，4：100082.

[163] Ding Y S. Introduction to Chinese Tea Culture[M]. Science Press：Beijing，China，2018.

[164] Du H Q，Wang T，Xue X，et al. Estimation of soil organic carbon，nitrogen，and phosphorus losses induced by wind erosion in Northern China[J]. Land Degradation & Development，2019，30（8）：1006-1022.

[165] Durant D，Tichit M，Kerneis E，et al. Management of agricultural wet grasslands for breeding waders：integrating ecological and livestock system perspectives-a review[J]. Biodiversity and Conservation，2008，17（9）：2275-2295.

[166] El Kateb H，Zhang H，Zhang P，et al. Soil erosion and surface runoff on different vegetation covers and slope gradients：A field experiment in Southern Shaanxi Province，China[J]. Catena，2013，105：1-10.

[167] Estrada L L，Rasche L，Schneider U A. Modeling land suitability for Coffea arabica L. in Central America[J]. Environmental Modelling & Software，2017，95：196-209.

[168] Fang C L，Yang J Y，Fang J W，et al. Optimization transmission theory and technical pathways that describe multiscale urban agglomeration spaces[J]. Chinese Geographical Science，2018，28（4）：543-554.

[169] Feng Z Z，De-Marco A，Anav A，et al. Economic losses due to ozone impacts on human health，forest productivity and crop yield across China[J]. Environment International，2019，131（104966）：1-9.

[170] Friedman J H. Stochastic gradient boosting[J]. Computational Statistics & Data Analysis，2002，38：367-378.

[171] Fryrear D W，Bilbro J D，Saleh A，et al. RWEQ：improved wind erosion technology[J]. Journal

of Soil and Water Conservation，2000，55（2）：183-189.

[172] Gang C C，Gao X R，Peng S Z，et al. Satellite observations of the recovery of forests and grasslands in western China[J]. Journal of Geophysical Research-Biogeosciences，2019，124（7）：1905-1922.

[173] Gao Z，Zhang H，Yang X，et al. Assessing the impacts of ecological-living- productive land changes on eco-environmental quality in Xining City on Qinghai-Tibet Plateau，China[J]. Sciences in Cold and Arid Regions，2019，31（1）：35-43.

[174] Giampietro M. Socioeconomic pressure，demographic pressure，environmental loading and technological changes in agriculture[J]. Agriculture，Ecosystems and Environment，1997，65（3）：201-229.

[175] Gocic M，Trajkovic S. Analysis of changes in meteorological variables using Mann-Kendall and Sen's slope estimator statistical tests in Serbia[J]. Global and Planetary Change，2013，100：172-182.

[176] Groot J C J，Rossing W A H，Tichit M，et al. On the contribution of modelling to multifunctional agriculture：Learning from comparisons[J]. Journal of Environmental Management，2009，90：S147-S160.

[177] Guo Z，Shao X，Xu Y，et al. Identification of village building via google earth images and supervised machine learning methods[J]. Remote Sensing，2016，8：271.

[178] Guru S，Mahalik D K. A comparative study on performance measurement of Indian public sector banks using AHP-TOPSIS and AHP-grey relational analysis[J]. Opsearch，2019，56（4）：1213.

[179] Harris J M，Kennedy S. Carrying capacity in agriculture：global and regional issues[J]. Ecological Economics，1999，29（3）：443-461.

[180] Harris J M. World agricultural futures：Regional sustainability and ecological limits[J]. Ecological Economics，1996，17（2）：95-115.

[181] Hu Z，Hu J，Hu H，et al. Predictive habitat suitability modeling of deep-sea framework-forming scleractinian corals in the Gulf of Mexico[J]. Science of the Total Environment，2020，742：140562.

[182] Huang Q，Zhang Q，Singh V P，et al. Variations of dryness/wetness across China：Changing

properties，drought risks，and causes[J]. Global and Planetary Change，2017，155：1-12.

[183] Huston M A. The three phases of land-use change：Implications for biodiversity[J]. Ecological Applications，2005，15（6）：1864-1878.

[184] Jayasinghe S L，Kumar L. Climate change may imperil tea production in the four major tea producers according to climate prediction models[J]. Agronomy，2020，10：1536.

[185] Jayasinghe S L，Kumar L. Potential impact of the current and future climate on the yield，quality，and climate suitability for tea [*Camellia sinensis*（L.）O. Kuntze]：A systematic review[J]. Agronomy，2021，11：619.

[186] Jayasinghe S L，Kumar L，Hasan M K. Relationship between environmental covariates and ceylon tea cultivation in Sri Lanka[J]. Agronomy，2020，10：476.

[187] Jayathilaka P M S，Soni P，Perret S R，et al. Spatial assessment of climate change effects on crop suitability for major plantation crops in Sri Lanka[J]. Regional Environmental Change，2012，12（1）：55-68.

[188] Jia R N，Jiang X H，Shang X X，et al. Study on the water resource carrying capacity in the middle reaches of the heihe river based on water resource allocation[J]. Water，2018，10（9）：1203.

[189] Jiang L，Xiao Y，Zheng H，et al. Spatio-temporal variation of wind erosion in Inner Mongolia of China between 2001 and 2010[J]. Chinese Geographical Science，2016，26（2）：155-164.

[190] Jin C W，Du S T，Zhang K，et al. Factors determining copper concentration in tea leaves produced at Yuyao County，China[J]. Food and Chemical Toxicology，2008，46：2054-2061.

[191] Kang J，Guo X，Fang L，et al. Integration of Internet search data to predict tourism trends using spatial-temporal XGBoost composite model[J]. International Journal of Geographical Information Science，2021，36：236-252.

[192] Li B，Zhang F，Zhang L W，et al. Comprehensive suitability evaluation of tea crops using gis and a modified land ecological suitability evaluation model[J]. Pedosphere，2012，22：122-130.

[193] Li L，Wang Y，Jin S，et al. Evaluation of black tea by using smartphone imaging coupled with micro-near-infrared spectrometer[J]. Spectrochimica Acta Part A-Molecular and Biomolecular Spectroscopy，2021，246：118991.

[194] Liu C，Zhao R Y. Study on land ecological assessment of villages and towns based on GIS and

remote sensing information technology[J]. Arabian Journal of Geosciences，2021，14：529.

[195] Liu C，Chen L，Tang W，et al. Predicting potential distribution and evaluating suitable soil condition of oil tea camellia in China[J]. Forests，2018，9：487.

[196] Luo R，Yang S L，Zhou Y，et al. Spatial pattern analysis of a water-related ecosystem service and evaluation of the grassland-carrying capacity of the heihe river basin under land use change[J]. Water，2021，13（19）：2658.

[197] Malczewski J. Ordered weighted averaging with fuzzy quantifiers：GIS-based multicriteria evaluation for land-use suitability analysis[J]. International Journal of Applied Earth Observation and Geoinformation，2006，8：270-277.

[198] Mao L L，Zhang L Z，Zhang S P，et al. Resource use efficiency，ecological intensification and sustainability of intercropping systems[J]. Journal of Integrative Agriculture，2015，14（8）：1542-1550.

[199] Møller A B，Mulder V L，Heuvelink G B M，et al. Can we use machine learning for agricultural land suitability assessment？[J]. Agronomy，2021，11：703.

[200] Nichol J. Remote sensing of urban heat islands by day and night[J]. Photogrammetric Engineering and Remote Sensing，2005，71（6）：613-621.

[201] Nidamanuri R R. Hyperspectral discrimination of tea plant varieties using machine learning，and spectral matching methods[J]. Remote Sensing Applications-Society and Environment，2020，19：100350.

[202] Nowogrodzki A. How climate change might affect tea[J]. Nature，2019，566：S10.

[203] Ouyang Z Y，Zheng H，Xiao Y，et al. Improvements in ecosystem services from investments in natural capital[J]. Science，2016，352（6292）：1455-1459.

[204] Owuor P O，Wachira F N，Ng'etich W K. Influence of region of production on relative clonal plain tea quality parameters in Kenya[J]. Food Chemistry，2010，119：1168-1174.

[205] Park S，Jeon S，Kim S，et al. Prediction and comparison of urban growth by land suitability index mapping using GIS and RS in South Korea[J]. Landscape and Urban Planning，2011，99：104-114.

[206] Pearce J，Ferrier S. An evaluation of alternative algorithms for fitting species distribution models using logistic regression[J]. Ecological Modelling，2000，128：127-147.

[207] Pilevar A R，Matinfar H R，Sohrabi A，et al. Integrated fuzzy，AHP and GIS techniques for land suitability assessment in semi-arid regions for wheat and maize farming[J]. Ecological Indicators，2020，110：105887.

[208] Porta J，Parapar J，Doallo R，et al. High performance genetic algorithm for land use planning[J]. Computers Environment and Urban Systems，2013，37：45-58.

[209] Qu H J，Yin Y J，Li J L，et al. Spatio-temporal evolution of the agricultural eco-efficiency network and its multidimensional proximity analysis in China[J]. Chinese Geographical Science，2022，32（4）：724-744.

[210] Raji P，Shiny R，Byju G. Impact of climate change on the potential geographical suitability of cassava and sweet potato vs. rice and potato in India[J]. Theoretical and Applied Climatology，2021，146：941-960.

[211] Ranjitkar S，Sujakhu N M，Lu Y，et al. Climate modelling for agroforestry species selection in Yunnan Province，China[J]. Environmental Modelling & Software，2016，75：263-272.

[212] Ren G，Gan N，Song Y，et al. Evaluating Congou black tea quality using a lab-made computer vision system coupled with morphological features and chemometrics[J]. Microchemical Journal，2021，160：105600.

[213] Ribeiro R，Santos X，Sillero N，et al. Biodiversity and land uses at a regional scale：Is agriculture the biggest threat for reptile assemblages？[J]. Acta Oecologica，2009，35（2）：327-334.

[214] Richardson L，Loomis J，Kroeger T，et al. The role of benefit transfer in ecosystem service valuation[J]. Ecological Economics，2015，115：51-58.

[215] Sagoff M. Carrying capacity and ecological economics[J]. BioScience，1995，45（9）：610-620.

[216] Seo S N. Evaluation of the Agro-Ecological Zone methods for the study of climate change with micro farming decisions in sub-Saharan Africa[J]. European Journal of Agronomy，2014，52：157-165.

[217] Shahbazi F，Jafarzadeh A A. Integrated assessment of rural lands for sustainable development using MicroLEIS DSS in West Azerbaijan，Iran [J]. Geoderma，2010，157（3-4）：175-184.

[218] Singh R，Babu J N，Kumar R，et al. Multifaceted application of crop residue biochar as a tool for sustainable agriculture：An ecological perspective[J]. Ecological Engineering，2015，77：

324-347.

[219] Song X，Yang G，Yang C，et al. Spatial variability analysis of within-field winter wheat nitrogen and grain quality using canopy fluorescence sensor measurements[J]. Remote Sensing，2017，9：237.

[220] Song Y，Wang X，Xie H，et al. Quality evaluation of Keemun black tea by fusing data obtained from near-infrared reflectance spectroscopy and computer vision sensors[J]. Spectrochimica Acta Part A-Molecular and Biomolecular Spectroscopy，2021，252：119522.

[221] Taghizadeh-Mehrjardi R，Nabiollahi K，Rasoli L，et al. Land suitability assessment and agricultural production sustainability using machine learning models[J]. Agronomy，2020，10：573.

[222] Talukdar S，Singha P，Mahato S，et al. Land-use land-cover classification by machine learning classifiers for satellite observations—a review[J]. Remote Sensing，2020，12：1135.

[223] Tang Q L，Liu F，Liu X M，et al. Evaluation of ecosystem service value in karst mountains based on land use change[J]. Environmental Science & Technology，2019，42（1）：170-177.

[224] Tang S，Pan W，Tang R，et al. Effects of balanced and unbalanced fertilisation on tea quality，yield，and soil bacterial community[J]. Applied Soil Ecology，2022，175：104442.

[225] Tercan E，Dereli M A. Development of a land suitability model for citrus cultivation using GIS and multi-criteria assessment techniques in Antalya province of Turkey[J]. Ecological Indicators，2020，117：106549.

[226] Venter O，Sanderson E W，Magrach A，et al. Sixteen years of change in the global terrestrial human footprint and implications for biodiversity conservation[J]. Nature Communications，2016，7：12558.

[227] Wang L，Kisi O，Hu B，et al. Evaporation modelling using different machine learning techniques[J]. International Journal of Climatology，2017，37：1076-1092.

[228] Wang S，Zhang Z，Ning J，et al. Back propagation-artificial neural network model for prediction of the quality of tea shoots through selection of relevant near infrared spectral data via synergy interval partial least squares[J]. Analytical Letters，2013，46：184-195.

[229] Wang S C，Gao R，Wang L M. Bayesian network classifiers based on Gaussian kernel density[J]. Expert Systems With Applications，2016，51：207-217.

[230] Wen X，Wu X，Gao M. Spatiotemporal variability of temperature and precipitation in Gansu Province（Northwest China）during 1951-2015[J]. Atmospheric Research，2017，197：132-149.

[231] Xing W W，Zhou C，Li J L，et al. Suitability evaluation of tea cultivation using machine learning technique at town and village scales[J]. Agronomy，2022，12（9）：2010.

[232] Wilcove D S，Koh L P. Addressing the threats to biodiversity from oil-palm agriculture [J]. Biodiversity and Conservation，2010，19（4）：999-1007.

[233] Wong C P，Jiang B，Kinzig A P，et al. Linking ecosystem characteristics to final ecosystem services for public policy[J]. Ecology Letters，2015，18（1）：108-118

[234] Wu K，Zhao W，Liao F，et al. Study on ecological suitability of green tea garden in Guizhou province[J]. Earth Environment，2013，41：296-302.

[235] Xian Y，Liu G，Zhong L. Will citrus geographical indications face different climate change challenges in China？[J]. Journal of Cleaner Production，2022，356：131885.

[236] Yang P，Xia J，Zhang Y，et al. Temporal and spatial variations of precipitation in Northwest China during 1960-2013[J]. Atmospheric Research，2017，183：283-295.

[237] Yang S，Wang H，Tong J，et al. Impacts of environment and human activity on grid-scale land cropping suitability and optimization of planting structure，measured based on the MaxEnt model[J]. Science of The Total Environment. 2022，836：155356.

[238] Yao M，Shao D，Lv C，et al. Evaluation of arable land suitability based on the suitability function—A case study of the Qinghai-Tibet Plateau[J]. Science of The Total Environment，2021，787：147414.

[239] You L，Wood S. Assessing the spatial distribution of crop areas using a cross-entropy method[J]. International Journal of Applied Earth Observation and Geoinformation，2005，7：310-323.

[240] Yue S，Wang C. The Mann-Kendall test modified by effective sample size to detect trend in serially correlated hydrological series[J]. Water Resources Management，2004，18（3）：201-218.

[241] Zhang B，Li W，Xie G. Ecosystem services research in China：progress and perspective[J]. Ecological Economics，2010，69（7）：1389-1395.

[242] Zhang G F，Azorin-Molina C，Shi P J，et al. Impact of near-surface wind speed variability on

wind erosion in the eastern agro-pastoral transitional zone of Northern China，1982-2016[J]. Agricultural and Forest Meteorology，2019，271：102-115.

[243] Zhang H，Fan J，Cao W，et al. Response of wind erosion dynamics to climate change and human activity in Inner Mongolia，China during 1990 to 2015[J]. Science of the Total Environment，2018，639：1038-1050.

[244] Zhang J，Zhang S. Assessing integrated effectiveness of rural socio-economic development and environmental protection of Wenchuan county in southwestern China：An approach using game theory and VIKOR[J]. Land，2022，11：1912.

[245] Zhao H，Pan X，Wang Z，et al. What were the changing trends of the seasonal and annual aridity indexes in northwestern China during 1961-2015？[J]. Atmospheric Research，2019，222：154-162.

[246] Zhao K，Zhang L，Dong J，et al. Risk assessment，spatial patterns and source apportionment of soil heavy metals in a typical Chinese hickory plantation region of southeastern China[J]. Geoderma，2020，360：114011.

[247] Zhao Y C，Zhao M Y，Zhang L，et al. Predicting possible distribution of tea（*Camellia sinensis* L.）under climate change scenarios using MaxEnt model in China[J]. Agriculture，2021，11：1122.

[248] Zhu X F，Xiao G F，Wang S. Suitability evaluation of potential arable land in the Mediterranean region[J]. Journal of Environmental Management，2022，313：115011.